高等学校“十一五”规划教材 土木工程系列

沥青与沥青混合料

谭忆秋 编著

哈爾濱工業大學出版社

内容简介

本书分上篇和下篇两部分。上篇主要介绍沥青与沥青混合料的基本理论和基础知识，主要包括沥青、石料与集料、沥青混合料的组成结构、技术性质、检测方法和技术标准，沥青混合料的配合比设计方法以及级配设计的算例。为了配合我国目前沥青路面常用材料的研究和应用，下篇重点介绍了沥青流变学、改性沥青、沥青混合料的路用性能、配合比设计方法及算例，沥青混合料施工质量控制和新型沥青与沥青混合料等内容；同时，为了扩大知识面，介绍了目前常用的新型沥青与沥青混合料评价方法、设计方法和质量控制方法等。

本书可用作高等学校交通土建工程专业、道路桥梁与渡河工程专业本科生教材，下篇还可作为道路与铁道工程专业的硕士研究生的教材。同时，本书可供相关部门科研、设计、施工、管理、生产人员参考。

图书在版编目(CIP)数据

沥青与沥青混合料/谭忆秋编著.—哈尔滨：哈尔滨工业大学出版社，2007.4(2020.8 重印)

(高等学校“十一五”规划教材土木工程系列)

ISBN 978-7-5603-2490-6

Ⅰ.沥… Ⅱ.谭… Ⅲ.①沥青-高等学校-教材 ②沥青拌和料-高等学校-教材 Ⅳ.U414.7

中国版本图书馆 CIP 数据核字(2007)第 033340 号

责任编辑 王桂芝 张 瑞
出版发行 哈尔滨工业大学出版社
社 址 哈尔滨市南岗区复华四道街 10 号 邮编 150006
传 真 0451-86414749
网 址 http://hitpress.hit.edu.cn
印 刷 哈尔滨市工大节能印刷厂
开 本 787mm×1092mm 1/16 印张 17 字数 400 千字
版 次 2007 年 4 月第 1 版 2020 年 8 月第 7 次印刷
书 号 ISBN 978-7-5603-2490-6
定 价 42.00 元

前　言

近年来，随着我国交通运输事业的迅速发展，沥青路面在道路工程中所占比例日益增加，因此在对沥青与沥青混合料的需求日益增加的同时，对材料的质量要求也不断提高。特别是新材料和新技术不断涌现，沥青材料的应用技术和理论以及技术规范都有了较大的进展和更新。编著者根据多年教学和科研实践，在本书中力求反映近年来国内外沥青与沥青混合料理论和技术的新成就，以满足教学、科研和应用的需要。

本书是哈尔滨工业大学"十一五"重点建设教材，分为上篇和下篇两部分。上篇主要介绍沥青与沥青混合料的基础知识，讲述沥青、砂石材料和沥青混合料的生产、组成结构、技术性质和技术标准及评价方法，以及混合料的配合比设计方法。下篇则主要介绍目前沥青与沥青混合料的新技术和新材料，主要讲述材料的流变性、材料新的评价体系、分级标准以及设计方法等，同时介绍目前常见的新型混合料。本书采用的规范和技术标准均是现行的最新标准。

本书由哈尔滨工业大学谭忆秋等编著。参加编写的有谭忆秋(上篇第1章、第5章算例、下篇第7章、第8章中的8.1、8.3)、谢晓光(上篇第3章、第4章中的4.1、第5章、下篇第11章中的11.3、11.4)、周纯秀(上篇第2章、第4章中的4.2，下篇第11章中的11.1)、董泽蛟(上篇第2章中的2.2、第4章中的4.3和4.4、下篇第9章、第11章中的11.2)和李晓民(上篇第2章中的2.4、第4章中的4.3、下篇第6章、第10章、第11章中的11.5)。谭忆秋负责全书的统稿工作。

由于新材料、新技术不断涌现，加之编者学术水平和教学经验有限，书中错误在所难免，恳请使用本书的师生提出宝贵意见，径寄哈尔滨工业大学交通科学与工程学院道路与轨道工程系谭忆秋(150090)，以供再版时修改。

编者

2007年3月于哈尔滨

前　言

目　　录

上　篇

下　篇

上　篇

第1章 绪 论

1.1 沥青与沥青混合料的重要作用

任何工程实体都是用各种材料组成的,沥青、砂石材料和沥青混合料是道路工程的物质基础,它们的性能对道路工程,特别是路面工程的使用性能、耐久性能等起着决定性的作用,同时与工程造价有着密切的关系。

众所周知,材料的发展促进了结构形式和施工工艺的发展;同时结构的多样性与施工工艺的不断地发展和进步对材料的要求日益提高。对于路面而言,随着沥青与沥青混合料的使用品质不断提高,路面形式不断翻新和发展,如从砂石路面、块石路面逐渐演变为沥青贯入式、沥青碎石路面、碾压混凝土路面直至高速公路沥青路面及各类新型沥青路面;另一方面,沥青路面的发展不仅使沥青与沥青混合料在品种上日益增多,而且对材料的性能和质量提出了更高的要求。道路工作者不仅需要了解路面材料的基本特征、掌握适于不同用途的沥青混合料设计原理和方法,而且还要具备研究和开发新型沥青路面材料的能力。

随着我国经济的迅速发展,高速公路的里程不断增加。沥青路面由于其平整性好、行车平稳舒适、噪音低、养护方便、易于回收再利用等优点,成为国内外公路和城市道路高等级路面的主要结构类型。在我国已建成的高速公路路面中,90%以上是沥青路面。在今后的国道主干线建设中,沥青路面仍将是主要的路面结构形式。但是,随着近年来交通量的不断增长及交通特点的不断变化,一些沥青路面出现了严重的早期损坏,如车辙、开裂、松散等。沥青与沥青混合料的性质及其设计方法应用不当是路面损坏的主要原因之一。

目前,在我国的沥青路面的总造价中,沥青与沥青混合料的费用约占总费用的 50% ~ 60%。因此,合理地选择和使用材料,充分发挥沥青、集料和沥青混合料的性能,并延长路面的使用寿命具有重要的社会效益和经济效益。

1.2 本课程的主要研究对象

沥青与沥青混合料是道路工程专业的一门基础课,并兼有专业课的性质,为道路工程专业设计、施工和管理提供合理选择和使用材料的基础知识。

课程的任务是介绍沥青与沥青混合料的基础知识,掌握材料的技术性能、应用方法及其试验检测技能,同时介绍沥青与沥青混合料的生产、储运和保护方法,以便在今后的工作实践中能正确选择与合理使用沥青材料,也为进一步学习其他有关的专业课打下基础。

本课程主要讲述沥青、石料与集料、沥青混合料的种类、基本组成、技术性质、评价指标、检测方法以及技术标准、沥青混合料的设计方法等基本内容,具体内容如下。

1. 沥青

沥青包括石油沥青、稀释沥青、乳化沥青、煤沥青等，用于将松散粒料胶结在一起，经捣实或压实后成为具有一定强度的整体材料或用于将路面层粘结在一起，具有粘层或透层作用的材料。

2. 石料与集料

石料与集料有的是由地壳上层的岩石经自然风化得到的（即天然砂砾），有的是经人工开采或经轧制而得（如各种不同尺寸的块状石料和集料），有的是各种性能稳定的工业冶金矿渣（如钢渣、高炉矿渣等）。块状石料可用于铺砌路面及附属构造物；松散集料可用于生产沥青混合料，也可直接用于道路基层、垫层或低等级路面面层等。

3. 沥青混合料

沥青混合料是由砂石材料和沥青材料组成的混合料。如沥青混凝土、沥青碎石等，具有一定强度、柔性和耐久性，是用于路面面层、桥梁结构铺装层和基层的主要材料。

4. 新型材料

随着现代材料科学的进步，在这些常用材料的基础上，又出现了新型的“复合材料”、改性材料等。复合材料是两种或两种以上不同化学组成或组织相同的物质，以微观和宏观的物质形式复合而成的材料。复合材料可以克服单一材料的弱点，而发挥其综合的性能。改性材料是通过物理或化学的途径对其使用性能进行综合处理，使其更能满足实际使用要求的材料，如改性沥青等。

1.3 研究内容和学习方法

1.研究内容

沥青与沥青混合料的组成结构、基本技术性质、检验方法和设计方法是本课程主要介绍的内容。

(1)材料的组成结构

材料的组成结构很大程度上影响了材料的基本性质。它包括材料的化学组成、矿物组成以及结构组成等。

(2)材料的基本技术性质

路面是一种承受频繁交通瞬时动荷载的反复作用的结构物，同时又是一种裸露于自然界的结构物，它不仅受到交通车辆施加的荷载作用，同时又受到各种复杂的自然因素（如温度、阳光、水等）的影响。因此，用于修筑道路的材料一方面要具有抵抗荷载作用的综合力学性能，另一方面还要保证在各种自然因素长期作用下综合力学性能不发生明显的衰减，即耐久性。这就要求材料应具备以下的性质。

①力学性质。在行车荷载作用下，沥青材料将承受较大的竖向力、水平力和冲击力以及车轮作用下的磨损作用，因此，主要研究各种材料拉、压、弯、扭等强度和变形特性以及车轮作用的抗磨耗、磨光和冲击作用等。

②物理性质。主要研究材料的物理常数（密度、孔隙率、空隙率）及与水有关的性质，如吸水率、耐久性；与温度有关的性质，如坚固性、抗冻性和高低温性能等。

③化学性质。主要研究材料的化学组成，如材料的酸碱性、沥青的组成等。材料的化学

性质与其力学性能、耐久性能直接相关。同时研究材料抵抗各种环境作用的性能,如紫外线、空气中的氧以及湿度变化等综合作用引起材料性能的变化。

④工艺性质。主要研究材料适于按一定工艺流程加工的性能,它是保证材料在一定施工条件下满足使用要求,也是选择材料和确定设计参数时必须考虑的重要因素。

材料的这4方面性质互相联系、互相制约。材料的力学性能很大程度上取决于材料的组成结构、物理性质以及化学性质和工艺性质。因此,在研究材料性能时应注意这几方面之间联系。

(3)检验方法

前述的技术性质必须通过适当的测试手段来进行检验,主要检验内容如下。

① 物理性质试验。物理常数是材料内部组成结构的反应,因此由物理性质可以间接推断材料的力学性质。因此可通过常规试验测定材料的密度、空隙率等。

② 力学性质试验。主要是采用各种试验机测定材料拉、压、弯、扭等力学性能。近年来,随着基础科学的发展,材料的动态特性、粘弹特性的研究测试手段日益完善,材料在不同温度和不同作用时间条件下的动态性能和粘弹性能的检测方法逐渐得到了发展。

③ 化学性质试验。通常对材料只作元素或化合物分析,但对具有同分异构特征的有机材料,逐渐发展采用“化学组分”分析。随着近代测试手段的发展,核磁共振波谱、红外光谱、X-射线衍射和扫描电子显微镜等在材料科学研究中得到了广泛的应用,这使得对材料作用机理和材料微观结构的研究和测试成为可能,并通过微观结构解释材料的物理、力学性质。

④ 工艺性质试验。为了了解材料的工艺性质,可通过一定试验的经验指标来评价,如材料的离析性可通过检测密度和表面构造深度进行评价。

(4)材料质量的标准化和技术标准

沥青与沥青混合料必须具备一定的技术性质,以满足工程的需要;而各种材料由于材料的化学组成、结构和构造的差异而带来性质的差异,或因试验方法的不同而影响测定结果,因此必须有统一的试验方法进行评价。

为了保证沥青材料的质量,必对其上述性质进行要求。这些方法和要求体现在国家标准或有关行业标准规范、规定的各项技术指标中。

目前我国材料标准分为国家标准、行业标准、地方标准和企业标准等4类。国家标准是由国家标准局颁发的全国性指导技术文件,简称“国标”,代号“GB”。行业标准由国务院有关行政主管部门制定和颁布,也为全国性指导技术文件,在公布国家标准之后,该行业标准即行作废。地方标准是根据本地区的建设经验制定的标准,该标准对本地区的建设起到技术指导作用。企业标准适用于本企业,凡没有制定国家标准或行业标准的材料均应制定企业标准,代号“QB”。

国际上较有影响的技术标准有美国材料试验协会标准(ASTM)、日本工业标准(JIS)、德国工业标准(DIN)、欧洲标准(EN)、国际标准(ISO)等。

标准是根据一定时期的技术水平制定的,因而随着技术的发展与对材料性能要求的不断提高,将会对标准进一步修订。本书内容全部采用我国当前最新标准和规范。

2. 学习方法

沥青与沥青混合料是一门专业基础课。它与物理学、化学、力学及工程地质学等学科密切相关,同时也为后续的路面工程、路面施工等专业课提供材料方面的基础知识,并为今后从事道路设计、施工,合理选择和正确使用材料奠定坚实的理论基础。

本课程涉及材料品种多,名词、概念及专业术语多,且以叙述为主,缺乏逻辑性,因此切忌死记硬背。应掌握一条主线,即通过了解各种材料的组成、生产工艺、组成结构、技术性质以及各种性质的检测方法和评价指标,掌握材料的加工工艺、组成结构与技术性质的关系,掌握材料共性,通过对比不同材料的组成和结构来掌握材料的性质和应用,这在学习石料与集料中尤为重要。

第2章　沥青材料

■主要内容

本章主要讲述沥青的分类、生产工艺、组成和组分及胶体结构，沥青的技术性质、评价方法和评价指标，沥青的技术标准等。

通过学习，重点掌握沥青的组分、组成结构及沥青的技术性质，了解沥青的生产工艺、分类及技术标准。

2.1　概　　述

沥青是国民经济建设必不可少的重要物资。由于沥青材料具有防水、绝缘、防腐等多种特性，自公元前3 000多年前被人类发现利用以来，至今已渗透到公路交通、建筑、工业、农业、水利水电、涂料等多个领域。其中沥青材料在道路交通中的应用最为人瞩目，世界上85%的沥青用于道路建设。

2.1.1　历史与发展

据史料记载，远在公元前3800～公元前2500年间，人类就开始使用沥青。公元前600年，在古巴比伦曾出现第一条用沥青铺筑的路面，但这种技艺不久就失传了。直到19世纪，人们才又开始用沥青铺筑路面。1835年，在巴黎首先出现了用沥青铺筑的人行道路面。约20年后，在巴黎又出现了用碾压沥青铺筑的路面。

由于用沥青铺筑的路面的性能良好，目前，沥青已经成为修建高等级路面不可或缺的重要材料。不同等级公路的沥青耗用量可参见表2.1。随着我国道路交通事业的快速发展，道路沥青的需求量还将继续增加。

表2.1　不同等级公路的沥青耗用量

公路等级	沥青耗用量/($t \cdot km^{-1}$)	公路等级	沥青耗用量/($t \cdot km^{-1}$)
高速公路	470	三级公路	30
一级公路	240	四级公路	0
二级公路	80		

2.1.2　沥青的定义及分类

1.沥青的定义

长期以来，有关沥青的定义存在多种说法。国际道路会议常设委员会(简称AIPCR)在“道路名词技术辞典"中将沥青定义为:由天然或热分解或两者兼而有之得到的烃类混合物,它通常可以是气体、液体、半固体或固体,完全溶解于二硫化碳。美国材料试验协会(简称 ASTM)在 ASTM-D8 中明确指出,所谓沥青是指黑色或暗褐色的粘稠状物(固体、半固体或粘稠状物),由天然或人工制造而得,主要由高分子烃类组成。

在我国,通常将沥青定义为:由高分子碳氢化合物及其非金属(氧、硫、氮)的衍生物组成的固体或半固体混合物,呈暗褐色至黑色,可溶于苯或二硫化碳等溶剂,是自然界中天然存在的或从原油经蒸馏得到的残渣。

2.沥青的分类

沥青按其在自然界中的获得方式可分为两大类:地沥青和焦油沥青。

(1)地沥青(Asphalt)

地沥青是天然存在或由石油经人工提炼而得到的沥青。按其产源又可分为两类。

① 天然沥青(Natural Asphalt)是地壳中的石油在各种自然因素的作用下,经过轻质油分蒸发、氧化和缩聚作用而形成的天然产物。天然沥青的产状有以湖状、泉状等纯净状态存在的"纯地沥青",如产于中美洲委内瑞拉的特立尼达岛上的特立尼达湖沥青;也有存在于岩石裂隙中的"岩地沥青"(Rock Asphalt),岩地沥青中一般含有许多的砂石或岩石,可经过水熬煮法或溶剂抽提法得到纯净的沥青。

② 石油沥青(Petroleum Asphalt)是石油经过各种炼制工艺加工而得到的产品。

(2)焦油沥青(Tar)

焦油沥青是各种有机物干馏的焦油,经再加工而得到的。焦油沥青按其加工的有机物的不同来命名,如由煤干馏所得到的焦油经再加工后得到沥青,称为煤沥青(Coal Tar)。其他还有"木沥青""页岩沥青"等。

综上所述,沥青按其产源可分为如下几类。

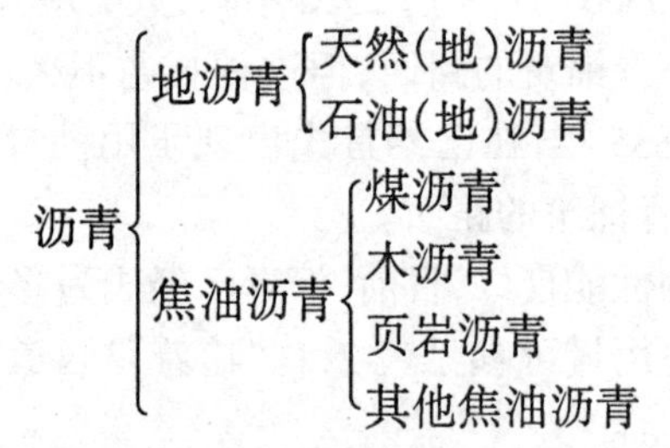

页岩沥青(Shale Tar)的技术性质近似于石油沥青,但其生产工艺基本与焦油沥青相同,目前暂归属于焦油沥青类。

在道路建筑中最常用的沥青主要是石油沥青和煤沥青,其次是天然沥青。

2.2 石油沥青的生产工艺

2.2.1 石油的基属分类

石油是炼制石油沥青的原料,石油沥青的性质首先与石油的基属有关。我国目前的原油分类是按照"关键馏分特性"和"含硫量"进行分类的。

1. 按关键馏分特性分类

石油在半精馏装置中,在常压下蒸得 250 ~ 275 ℃时的馏分称为“第一关键馏分”;在5.33 kPa的压力下减压蒸馏,取得 275 ~ 300 ℃时的馏分称为“第二关键馏分”。测定以上两个关键馏分的相对密度,并对照表 2.2 所列相对密度范围或特性因素,决定两个关键馏分的基属,如石蜡基、中间基或环烷基。

表 2.2　关键馏分的基属分类指标

指标 基属 / 关键馏分	石蜡基	中间基	环烷基
第一关键馏分	相对密度 $\rho_4^{20} < 0.8207$ ($K > 11.9$)	相对密度 $\rho_4^{20} = 0.8207 \sim 0.8506$ ($K = 11.5 \sim 11.9$)	相对密度 $\rho_4^{20} > 0.8506$ ($K < 11.5$)
第二关键馏分	$\rho_4^{20} < 0.8721$ ($K > 12.2$)	$\rho_4^{20} = 0.8721 \sim 0.9302$ ($K = 11.5 \sim 12.2$)	$\rho_4^{20} > 0.9302$ ($K < 11.5$)

注:K 为特性因数,根据关键馏分的沸点和密度指数查有关诺模图而求得。

根据原油两个关键馏分的相对密度(或特性因数)由表 2.2 决定其隶属的基属,原油可分为表 2.3 所列 7 类。

表 2.3　原油按关键馏分基属的分类

石油基属 / 第一关键馏分基属 / 第二关键馏分基属	石蜡基	中间基	环烷基
石蜡基	石蜡基	中间 - 石蜡基	-
中间基	石蜡 - 中间基	中间基	环烷 - 中间基
环烷基	-	中间 - 环烷基	环烷基

2.按含硫量分类

根据原油的含硫量,硫含量小于 0.5%的为低硫原油;硫含量大于或等于 0.5%的为含硫原油。

按照现行的石油沥青的常规生产工艺,为了生产优质的石油沥青,最好选用环烷基原油,其次是中间基原油,最好不选用石蜡基原油,因为石蜡的存在会对沥青的路用性能产生不良的影响。但是,随着现代生产工艺的不断改进,采用石蜡基原油也能生产出优质沥青。

2.2.2　石油沥青的生产工艺

1.蒸馏法

原油经过常压蒸馏和减压蒸馏工艺,将不同沸点的馏分分离出来后,得到的残渣为直馏沥青。直馏沥青是直接蒸馏得到的各种沥青产品的总称。蒸馏法是生产石油沥青最简单、最经济的方法。

原油脱水后加热至一定温度,进入常压塔,在塔内分馏出汽油、煤油和柴油等轻质油分。塔底常压渣油再进一步加热至更高的温度,进入减压蒸馏塔,此塔保持一定的真空度,分馏出减压馏分,塔底所存的减压渣油往往可以获得合格的道路沥青。蒸馏法生产的直馏沥青由于含有许多不稳定的烃,其温度稳定性和耐候性较差,但其粘度与塑性之间的关系较好(即粘度增加时延性降低较少)。

2.氧化法

氧化法是先将常减压渣油预热脱水,然后加热至240~290 ℃的高温,在氧化塔内吹入一定量的空气对渣油进行不同深度的氧化而生产沥青的加工工艺。采用此种方法生产的沥青称为"氧化沥青"或"吹制沥青"。

在采用此种工艺方法生产沥青的过程中,随着空气吹入量的增加、反应时间的延长及反应温度的增高,渣油中的化学组分将发生转化,其转化规律大致为饱和酚、芳香酚、胶质的含量逐渐减少,沥青质的含量不断增加,而蜡的含量几乎不变。随着化学组分的变化,其网状结构更为发达,最终可以使沥青的稠度和软化点提高,针入度减小,延度降低。

3.溶剂法

溶剂法是利用溶剂对各组分的不同的溶解能力,选择性地溶解其中一个或几个组分,从渣油中分离出富含有饱和烃和芳香烃的脱沥青油,同时得到胶质、沥青质含量高的不同稠度的溶剂沥青。目前常用的脱沥青溶剂为丙烷,采用溶剂法处理石蜡基原油能够生产出质量优良的沥青。

4.调和法

此种工艺方法是按照沥青的质量要求,将几种沥青按适当的比例进行调配,调整沥青组分之间的比例关系以获得所要求的产品。

调和法的关键在于配合比例正确并混合均匀。调和沥青的性质与各组分的比例不是简单的加和,而与形成的胶体结构类型有关。

综上所述,由石油炼制各种石油沥青的生产工艺流程如图2.1所示。

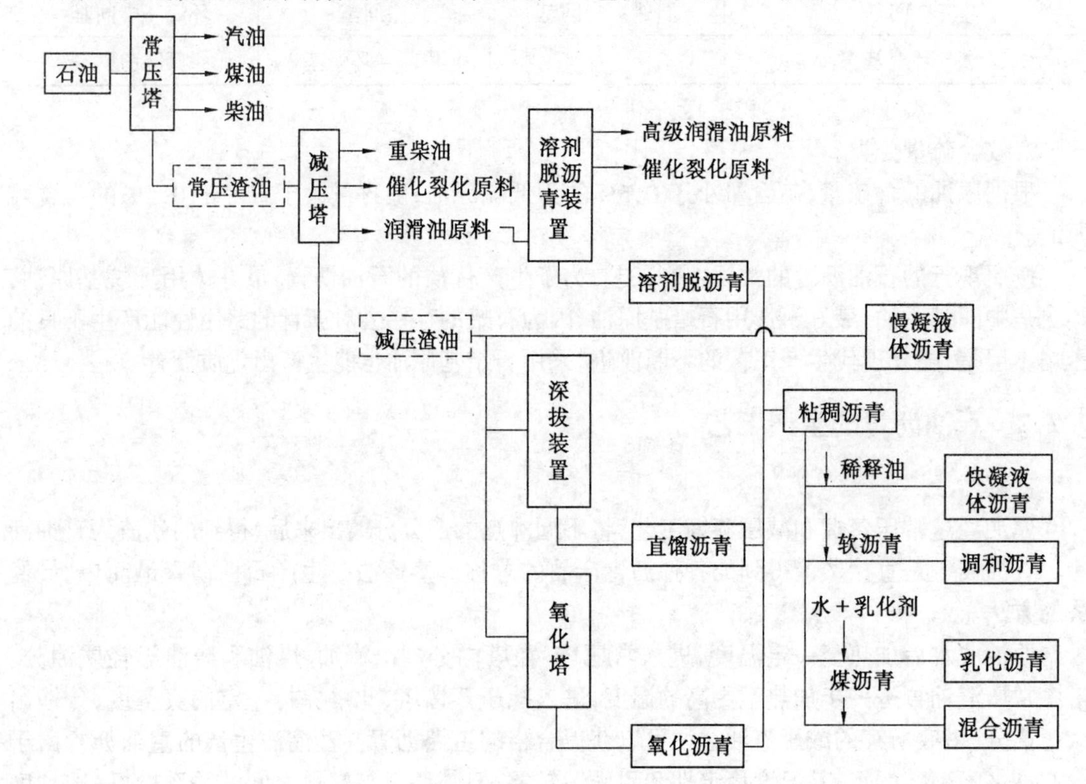

图2.1 石油沥青生产工艺流程示意图

2.3 石油沥青的组成与结构

2.3.1 石油沥青的元素组成

沥青是由多种复杂的碳氢化合物及其氧、硫、氮等非金属衍生物组成的混合物,其主要组成元素为碳、氢、氧、硫和氮5种元素。通常,石油沥青的含碳量为80%~87%,含氢量为10%~15%,氧、硫和氮的总含量小于3%。

几种典型的石油沥青的元素组成如表2.4所示。

表2.4 几种典型石油沥青的元素组成

沥青名称	分子量	元素组成(质量分数/%)					碳氢比(原子比)C/H	平均分子式
		碳(C)	氢(H)	氧(O)	硫(S)	氮(N)		
大庆丙脱A-60沥青(低硫石蜡基)	955	86.10	11.00	1.78	0.38	0.74	0.657	$C_{68.5}H_{104.2}O_{1.1}S_{0.1}N_{0.5}$
胜利氧化A-60沥青(含硫中间基)	1 020	84.50	10.60	1.68	2.51	0.71	0.669	$C_{71.8}H_{107.3}O_{1.1}S_{0.8}N_{0.5}$
孤岛氧化A-60沥青(含硫环烷-中间基)	1 142	84.10	10.50	1.24	3.12	1.04	0.672	$C_{80.0}H_{119.0}O_{0.9}S_{1.1}N_{0.5}$
外油A加工氧化A-60沥青(含硫环烷基)	1 300	81.90	9.60	1.50	6.47	0.53	0.716	$C_{88.6}H_{123.8}O_{1.2}S_{2.0}N_{0.5}$
美国加利福尼亚氧化AC-10沥青(含硫环烷基)	1 214	80.18	10.10	1.01	5.20	0.93	0.667	$C_{81.1}H_{122.6}O_{0.8}S_{2.0}N_{0.8}$
阿拉伯氧化AC-10沥青(含硫环烷基)	1 048	84.10	9.20	1.45	4.40	0.34	0.768	$C_{73.4}H_{45.7}O_{0.9}S_{1.6}N_{0.3}$

许多沥青材料的元素组成虽然十分相似,但由于沥青材料的组成结构极其复杂,而且高分子材料具有同分异构的特征,其性质往往有较大的差别。因此,还无法建立起沥青的化学元素含量与其性能之间的直接相关关系,其化学元素组成仅能用于概略地了解沥青的组成和性质。对于沥青组成与其性能的关系,必须进一步了解沥青的化学组分和化学结构。

2.3.2 石油沥青的化学组分

沥青材料是由多种化合物组成的混合物,由于它的结构复杂,将其分离为纯粹的化合物单体,在技术上还存在困难,而且,在实际生产应用中,也没有这种必要。因此,许多研究者就致力于沥青"化学组分"分析的研究。化学组分分析就是将沥青分离为化学性质相近、而且与其路用性质有一定联系的几个组,这些组就称为"组分"。

对于石油沥青化学组分的分析,研究者曾提出许多不同的分析方法。早在1916年德国的马尔库松就将石油沥青分离为沥青酸、沥青酸酐、油分、树脂、沥青质、沥青碳和似碳物等组分。

后来经过许多研究者的改进,美国的哈巴尔德(R.L.Hubbard)和斯坦菲尔德(K.E.Stanfield)将其完善为三组分分析法,1969年美国的科尔贝特(L.W.Corbett)又提出四组分分析法;此外,还有五组分分析法和多组分分析法等。现将目前较为常用的分析方法分述如下。

1.三组分分析法

三组分分析法是将石油沥青分离为油分(Oil)、树脂(Resin)和沥青质(Asphaltene)3个组分。由于国产沥青多属于石蜡基或中间基沥青,油分中往往还有蜡(Paraffin),在分析时还应将蜡分离出来,因此,它的主要组分应该是油分、树脂、沥青质和蜡4个组分。

由于这一组分分析法兼用了选择性溶解和选择性吸附的方法,所以又称为“溶解-吸附”法。这一方法的原理是将沥青在某一溶剂中沉淀出沥青质,再将可溶物用吸附剂吸附,最后再用不同溶剂进行抽提,分离出各组分。

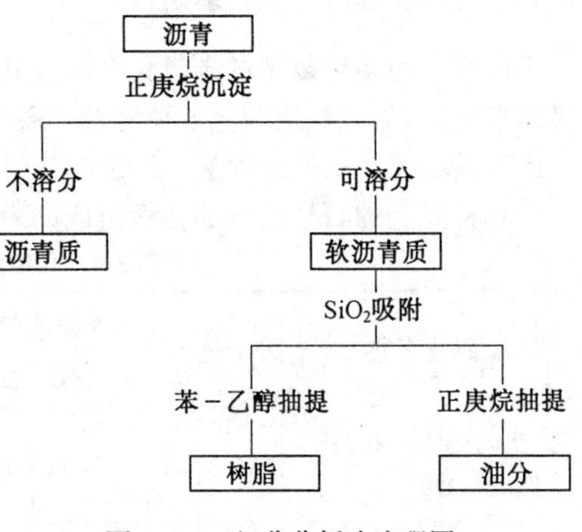

图2.2 三组分分析法流程图

该方法先用正庚烷沉淀沥青质,然后将溶于正庚烷中的可溶组分用硅胶吸附,装于抽提仪中,用正庚烷抽提油蜡,再用苯-乙醇抽提出树脂。最后将抽出的油蜡用丁酮-苯作脱蜡溶剂,在-20 ℃的条件下,冷冻过滤分离出油、蜡。该方法的流程如图2.2所示。

三组分分析法的优点是组分界线较明确,组分含量能在一定程度上反映出它的路用性能,但是它的主要缺点是分析流程复杂,分析时间较长。

2.四组分分析法

科尔贝特首先提出将沥青分离为饱和酚(Saturates,缩写为S)、环烷芳香酚(Naphetene-Aromatics,缩写为NA)、极性芳香酚(Polar-Aromatics,缩写为PA)和沥青质(Asphaltene,缩写为AT)等的色层分析方法。后来将上述四组分亦可简称为饱和酚、芳香酚、胶质和沥青质。故这一方法亦简称为“SARA”法。

该方法先用正庚烷沉淀沥青质,再将可溶组分吸附于氧化铝谱柱上;先用正庚烷冲洗,所得组分称为“饱和酚”,继而用甲苯先冲洗,所得组分称为“芳香酚”;最后用甲苯-乙醇冲洗,所得组分称为“胶质”。该方法的流程如图2.3所示。对于含蜡沥青,最后还可将分离得到的饱和酚和芳香酚用丁酮-苯作脱蜡溶剂,在-20 ℃的条件下,冷冻过滤分离出蜡。

四组分分析法是按沥青中各化合物的化学组成结构来进行分组的,所以它与沥青的路用性能的关系更为密切,这是此种方法的优越之处。

为了进一步了解石油沥青的组成,对沥青的某些性能特征进行更详尽的解释,还可以将其分离为更多的组分(五组分分析法或多组分分析法)。但是,其分析操作过程会更为繁杂,分析时间会更长。

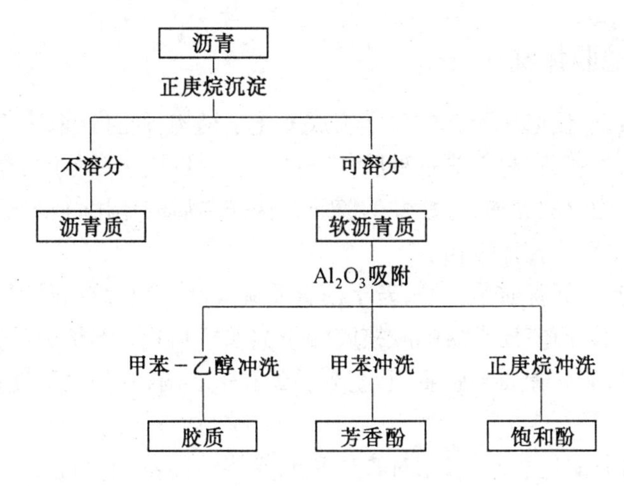

图 2.3　四组分分析法流程图

2.3.3　石油沥青的化学结构

石油沥青主要由含有少量氧、硫和氮的高度缩合芳香环及带有若干环烷环、数目和长度不等的烷侧链组成。

对沥青材料的化学结构，华特曼(H.I.Waterman)以及范·克雷费伦(Van Krevelen)等人曾采用折光率、相对密度、分子量和元素分析值等手段，应用数理统计的方法，将多成分系混合物的化学结构当作平均结构来进行研究，这便是早期的折光率－密度－分子量(n－d－M)法和元素－密度－分子量(E－d－M)法等。随着技术的进步，研究者开始采用红外光谱来研究沥青的结构。但是，由于沥青结构的复杂性，红外吸收光谱受到干扰，特征吸收不是很明显。直到 20 世纪 60 年代初期，威廉斯(R.B.Williams)以及布朗(J.K.Brown)等人提出应用质子核磁共振法研究石油重组分的化学结构，后来，拉姆齐(J.W.Ramsey)等将其应用于沥青化学结构的研究。20 世纪 70 年代初，布尔什(E.Hirsch)及片山等应用核磁共振－数学分析法来计算沥青的平均结构。为了推测出沥青更为详细的化学结构，还可采用其他一些分析方法(如 X－射线衍射、质谱分析、ESR 谱分析、电子显微镜等)及其组合的分析法。目前，最常用的方法是核磁共振法，该方法可以更为直接地求得沥青的化学结构。

研究发现，不同油源和不同工艺生产的沥青，即使它们具有相似的组分含量，其技术性质也可能存在较大的差别，其原因在于各个组分的化学结构并不相同。

根据目前的研究成果，沥青的化学结构与其技术性质的关系在以下几个方面存在一定的相关性。

(1) 沥青的感温性与沥青化学结构参数中的烷碳率(即在侧链上的碳数占总碳数的百分率)和侧链根数及平均侧链长度有关。通常烷碳率高、侧链根数少、平均侧链长度长的沥青具有较高的感温性。

(2) 沥青的粘附性与其芳烃指数(即芳碳数占总碳数的百分率)、芳香环数等有关。通常芳烃指数值高、芳香环数多的沥青具有较好的粘附性。

(3) 沥青的耐候性与其饱和碳率(即饱和碳占总碳数的百分率)有关。通常饱和碳率高的沥青耐候性好。

(4) 沥青的粘度与其分子量及聚合度等有关。沥青的劲度模量除与上述因素有关外，还与侧链平均长度等密切相关。

2.3.4 石油沥青的胶体结构

沥青的技术性质,不仅取决于它的化学组成及化学结构,而且还取决于它的胶体结构。

现代胶体理论认为:沥青材料是一种胶体分散系。它以固态微粒的沥青质为分散相,以液态的饱和酚和芳香酚为分散介质,过渡性的胶质起保护物质的作用,使分散相能够很好地胶溶于分散介质中,形成稳定的胶体结构。

在沥青胶体结构中,沥青质是核心,若干沥青质聚集在一起,胶质吸附于其表面而形成"胶团",然后逐渐向外扩散,而使沥青质的胶核胶溶于饱和酚和芳香酚组成的介质中。一般认为,在沥青的胶体结构中,从沥青质到胶质,乃至芳香酚和饱和酚,它们的极性是逐步递变的,没有明显的分界线。

根据沥青中各组分的化学特性、相对含量和流变特性的不同,可以形成不同的胶体结构。沥青的胶体结构通常可分为如下3个类型。

(1) 溶胶型(Sol Type)结构

当沥青中沥青质分子量较低,并且含量很少,同时有一定数量的芳香度较高的胶质,这样使胶团能够完全胶溶分散在芳香酚和饱和酚组成的介质中。在此情况下,胶团相距较远,它们之间吸引力很小(甚至没有吸引力),胶团可以在分散介质粘度许可范围内自由运动。具有这种胶体结构的沥青,称为溶胶型沥青。

这类沥青完全服从牛顿流体,在变形时剪应力(τ)与剪变率($\dot{\gamma}$)成直线关系,粘度(η)为一常数,弹性效应可以忽略或完全没有,所以这类沥青也称为"牛顿流沥青"(Newtomian Asphalt)。一般来说,直馏沥青多属于溶胶型沥青。这类沥青在路用性能上具有较好的自愈性和低温变形能力,但温度敏感性较强。

(2) 溶-凝胶型(Sol-gel Type)结构

如沥青中沥青质含量适当,并有较多的芳香度较高的胶质作为保护物质,这样形成的胶团数量增多,胶体中胶团的浓度增加,胶团距离相对靠近,胶团之间有一定的吸引力,这种介乎溶胶与凝胶之间的结构,称为溶-凝胶结构。具有这种结构的沥青称为"溶-凝胶型沥青"。

这类沥青的特点是在变形的最初阶段,表现出非常明显的弹性效应,但在变形增加至一定数值后,又表现出一定程度的粘性流动,粘度(η)随剪应力的增加而减小,是一种具有粘-弹特性的伪塑性体。这类沥青,有时还有触变性。大多数优质的道路用沥青都具有这类胶体结构类型。通常,环烷基稠油的直镏沥青或半氧化沥青,以及按要求组分重新组配的溶剂沥青等,往往能符合这类胶体结构。这类沥青在高温时具有较低的感温性,在低温时又具有较好的变形能力。

(3) 凝胶型(Gel Type)结构

如沥青中沥青质含量很高,并有相当数量的芳香度高的胶质来形成胶团,沥青中胶团浓度相对很大,它们之间相互吸引力增强,使胶团靠得很近,形成空间网络结构。此时,液态的芳香酚和饱和酚在胶团的网络中成为"分散相",连续的胶团成为"分散介质"。具有这种胶体结构的沥青称为凝胶型沥青。

这类沥青的特点是当施加荷载很小时,或在荷载时间很短时,具有明显的弹性效应。当应力超过屈服值(τ_0)之后,则表现为粘-弹性变形。有时,还具有明显的触变性。通常深度氧化的沥青多属于凝胶型沥青。这类沥青在路用性能上虽具有较低的温度感应性,但低温变形能力较差。

2.4　沥青材料的路用性能评价方法及指标

2.4.1　沥青材料的性能评价

2.4.1.1　沥青的粘滞性

沥青的粘滞性(简称粘性)是沥青在外力作用下抵抗剪切变形的能力。在沥青技术性质中,沥青粘性是与沥青路面力学行为联系最密切的一种性质。沥青的粘性通常用粘度表示,所以粘度是现代沥青等级(标号)划分的主要依据。

1. 沥青粘度的表达方式

(1) 牛顿流型沥青的粘度

溶胶型沥青或沥青在高温条件下,可视为牛顿流体。设在两金属板中夹一层沥青,如图2.4所示,按牛顿内摩擦定律可推导出牛顿流型沥青的粘度为

$$\eta = \frac{\tau}{\dot{\gamma}} \tag{2.1}$$

式中,η 为动力粘度系数(简称粘度),Pa · s;τ 为剪应力,Pa;$\dot{\gamma}$ 为剪应变速率(简称剪变率),s。

由式(2.1) 可知,流体流层间速度梯度(即剪变率) 为单位“1” 时,每单位面积所受到的内摩擦力称为“动力粘度”。如此采用长度、质量和时间等绝对单位表示的粘度称为“绝对粘度”。

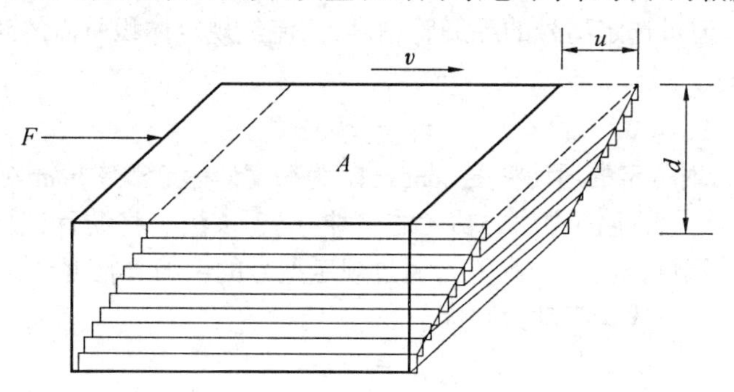

图 2.4　沥青粘度参数

动力粘度的计量单位按SI单位制为“帕 · 秒”(Pa · s)。目前也有沿用CGS制单位“泊”(P),1泊等于0.1帕 · 秒(即1 P = 0.1 Pa · s)。

在运动状态下测定沥青粘度时,考虑到密度的影响,动力粘度还可以采用另一种量描述,即沥青在某一温度下的动力粘度与同温度下沥青密度之比,称为“运动粘度”(或称“动比密粘度”)。运动粘度(v_T) 表示如下

$$v_T = \eta/\rho \tag{2.2}$$

式中,v_T 为运动粘度,$10^{-4}m^2/s$;η 为动力粘度,Pa · s;ρ 为密度,g/cm^3。

运动粘度的计量单位,按SI单位制为“米^2/秒”(m^2/s)。目前也有沿用CGS制单位“斯(托克斯)”(St) 的($1\ St = 1 \times 10^{-4}\ m^2/s$)。

(2) 非牛顿流型沥青的粘度

沥青是一种复杂的胶体物质，只有当其在高温时（例如加热至施工温度时）才接近于牛顿流体。而当其处于路面的使用温度时，沥青均表现为粘弹性体，故其在不同剪变率时表现出不同的粘度。因此沥青的剪应力与剪变率并非线性关系，通常以表观粘度（或称视粘度）表达如下

$$\eta_a = \frac{\tau}{\dot{\gamma}^c} \tag{2.3}$$

式中，η_a 为沥青表观粘度，Pa · s；τ、$\dot{\gamma}$ 意义同前；c 为沥青的复合流动度系数。

沥青的复合流动系数 c 是评价沥青流变性质的重要指标。$c = 1.0$ 表示牛顿流型沥青，$c < 1.0$ 表示非牛顿流型沥青，c 值愈小表示非牛顿性愈强。剪应力和剪变率关系曲线如图 2.5 所示。

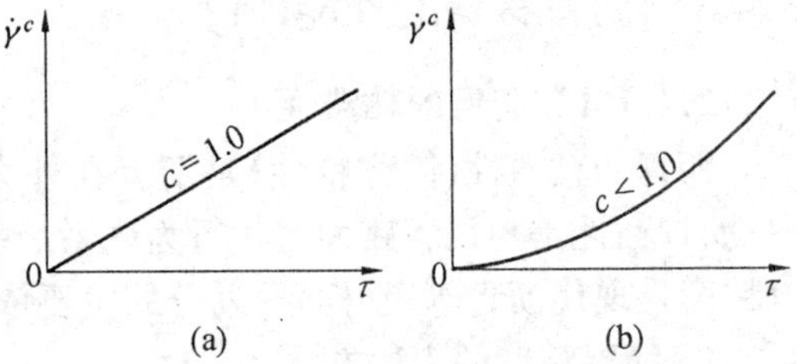

图 2.5　剪应力与剪变率关系曲线

2. 沥青粘度的测定方法

沥青粘度的测定方法可分为两类，一类为“绝对粘度”法，另一类为“相对粘度”（或称“条件粘度”）法，针入度、软化点亦属于条件粘度法的范畴。

(1) 绝对粘度测定方法

我国现行试验规程《公路工程沥青及沥青混合料试验规程》(JTJ 052 - 2000) 规定，沥青运动粘度采用毛细管法；沥青动力粘度采用减压毛细管法。

毛细管法是测定沥青运动粘度的一种方法。该法是将沥青试样在严密控温条件下，在规定温度（通常为 135 ℃），通过选定型号的毛细管粘度计，流经规定体积所需的时间（以 s 计），按下式计算运动粘度

$$v_T = ct \tag{2.4}$$

式中，v_T 为在温度 T ℃时测定的运动粘度，mm²/s；c 为粘度计标定常数，mm²/s²；t 为流经时间，s。

真空减压毛细管法是测定沥青动力粘度的一种方法。该法是将沥青试样在严密控制的真空装置内，保持一定的温度（通常为 60 ℃），通过规定型号的毛细管粘度计，流经规定的体积所需要的时间（以 s 计），按下式计算动力粘度

$$\eta_T = kt \tag{2.5}$$

式中，η_T 为在温度 T ℃时测定的动力粘度，Pa · s；k 为粘度计常数，Pa · s/s；t 为流经时间，s。

(2) 条件粘度测定方法

条件粘度测定方法可分以下两种。标准粘度计法是测定液体石油沥青、煤沥青和乳化沥青等粘度的方法。该试验方法（如图 2.6 所示）测定液体状态的沥青材料在标准粘度计中，于规定的温度条件下，通过规定的流孔直径流出 50 mL 体积所需的时间(s)。试验条件用 $C_{T,d}$ 表示，其中 C 为粘度，T 为试验温度，d 为流孔直径。试验温度和流孔直径根据液体状态沥青的粘度选择，常用的流孔有 3 mm、4 mm、5 mm 和 10 mm 等4种。按上述

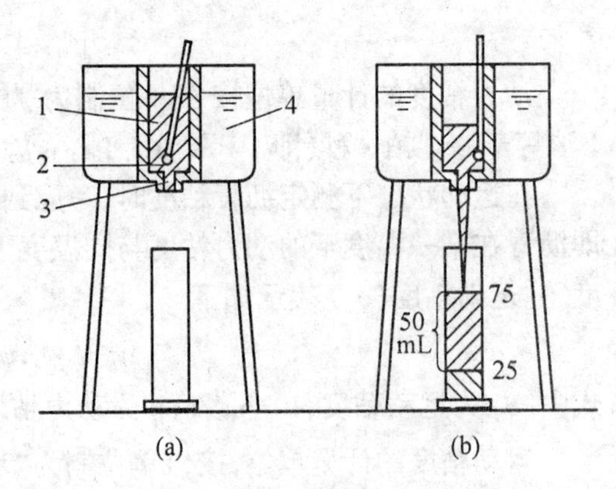

图 2.6　标准粘度计测定液体沥青粘度示意图
1— 沥青试样；2— 活动球杆；3— 流杆；4— 水

方法，在相同温度和相同流孔条件下，流出时间愈长，表示沥青粘度愈大。

针入度法是国际上经常用来测定粘稠（固体、半固体）沥青稠度的一种方法，如图2.7所示。该法测定沥青材料在规定温度条件下，以规定质量的标准针经过规定时间贯入沥青试样的深度（以1/10 mm为单位计）。实验条件以 $P_{T,m,t}$ 表示，其中 P 为针入度，T 为试验温度，m 为标准针（包括连杆及砝码）的质量，t 为贯入时间。常用的试验条件为 $P_{25\ ℃,100\ g,5\ s}$。此外，为确定针入度指数（PI），针入度试验常用条件为5 ℃、15 ℃、25 ℃和35 ℃等，但标准针质量和贯入时间分别为100 g和5 s。

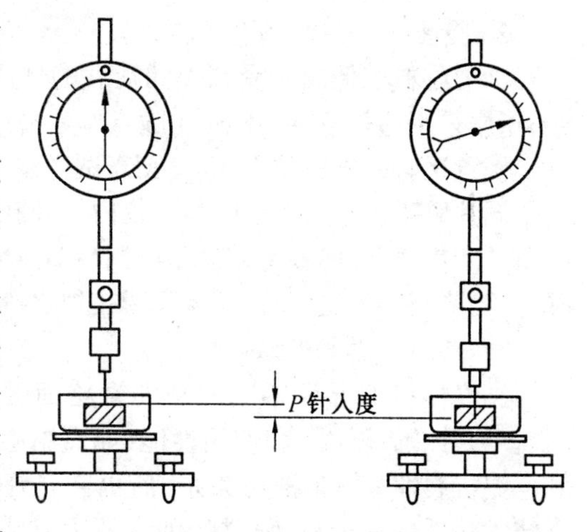

图2.7　针入度法测定粘稠沥青针入度示意图

按上述方法测定的针入度值愈大，表示沥青愈软（稠度愈小）。实质上，针入度是测定沥青稠度的一种指标。通常稠度高的沥青粘度越高。

沥青材料是一种非晶质高分子材料，它由液态凝结为固态，或由固态溶化为液态时，没有敏锐的固化点或液化点，通常采用条件的硬化点和滴落点来表示，称为软化点。沥青材料在硬化点至滴落点之间的温度阶段时，是一种粘滞流动状态。

软化点的数值随采用的仪器不同而不同，我国现行试验法是采用环与球法软化点。如图2.8所示，该方法规定将沥青试样注于内径为18.9 mm的铜环中，环上置一重3.5 g的钢球，在规定的加热速度（5 ℃/min）下进行加热，沥青试样逐渐软化，直至在钢球荷重作用下，测定使沥青产生25.4 mm挠度时的温度，称为软化点。

由此可见，针入度是在规定温度下测定沥青的条件粘度，而软化点则是沥青达到规定条件粘度时的温度。

2.4.1.2　沥青的延性和脆性

1. 延性

沥青的延性是当其受到外力的拉伸作用时，所能承受的塑性变形的总能力，通常用延度作为条件延性指标来表征。延度试验方法是，将沥青试样制成“8”字形标准试件（最小断面1 cm²），在规定拉伸速度和温度下拉断时的长度（以cm计）称为延度。沥青的延度是采用延度仪来测定的。

沥青的延度与沥青的流变特性、胶体结构和化学组分等有密切的关系。研究表明：沥青的复合流动系数 c 值的减小、胶体结构发育成熟度的提高、含蜡量的增加以及饱和蜡和芳香蜡比例的增大等，都会使沥青的延度值相对降低。

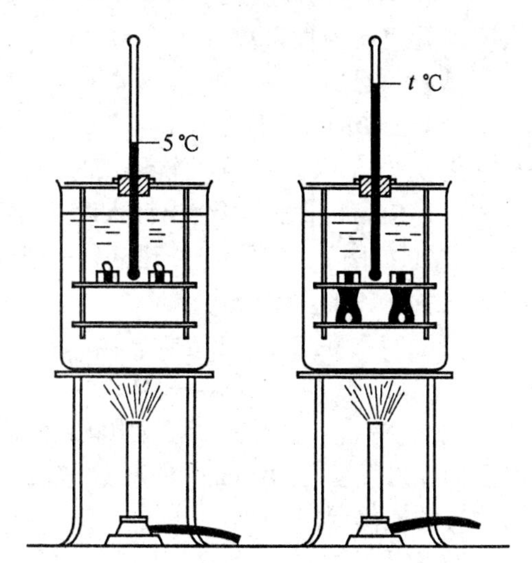

图2.8　环与球法测定沥青软化点示意图

以上所论及的针入度、软化点和延度是评价粘稠石油沥青路用性能最常用的经验指标，通称之为“三大指标”。

2. 脆性

沥青材料在低温时受到瞬间荷载的作用,通常表现为脆性破坏。沥青脆性的测定极为复杂,通常采用弗拉斯(A. Fraass)脆点作为条件脆性指标。

脆点试验的方法是将0.4 g沥青试样在一个标准的金属薄片上摊成薄层,把涂有沥青薄膜的金属片置于有冷却设备的脆点仪内,如图2.9所示,摇动脆点仪的曲柄,使涂有沥青薄膜的金属片产生弯曲。随着冷却设备中制冷剂温度以1 ℃/min的速度降低,沥青薄膜的温度亦逐渐降低,当降至某一温度时,沥青薄膜在规定弯曲条件下产生断裂时的温度,即为沥青的脆点。

2.4.1.3　沥青的感温性

沥青材料的温度感应性与沥青路面的施工(如拌和、摊铺、碾压)和使用性能(如高温稳定性和低温抗裂性)都有密切关系,所以它是评价沥青技术性质的一个重要指标。沥青的感温性采用"粘度"随"温度"而变化的行为(粘－温关系)来表达,目前最常用的方法是针入度指数法。

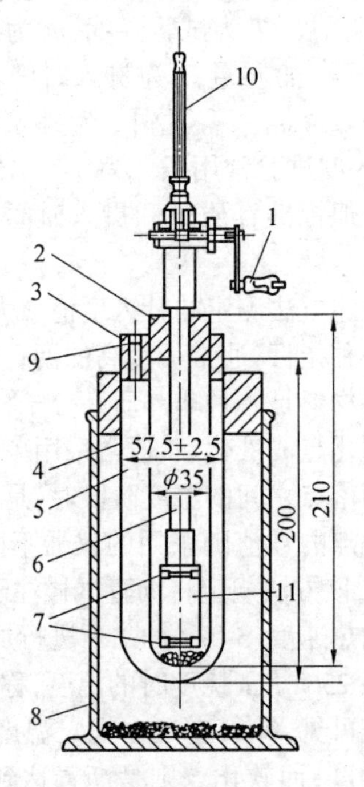

图2.9　沥青脆点仪(单位:mm)

1—摇把;2—内橡皮塞;3—皮塞;4—内试管;5—外试管;6—弯曲器;7—夹钳;8—圆柱形玻璃;9—漏斗插孔;10—温度计;11—钢片

针入度指数法(简称PI)是一种评价沥青感温性的指标,建立这一指标的基本思路是:沥青针入度值的对数($\lg P$)与温度(T)具有线性关系,如图2.10(b)所示,即

$$\lg P = AT + K \tag{2.6}$$

式中,A为直线斜率,K为截距(常数)。

采用斜率$A = d(\lg P)/dT$来表征沥青针入度值的对数($\lg P$)随温度(T)的变化率,故称A为针入度－温度感应性系数。

1. 基本公式

根据已知的针入度值$P_{25\,℃,100\,g,5\,s}$(1/10 mm)和软化点$T_{R\&B}$(℃),并假设软化点时的针入度值为800(1/10 mm),由此可绘出针入度－温度感应性系数图,如图2.11所示,并建立针入度－温度感应性系数A的基本公式,即

$$A = \frac{\lg 800 - \lg P_{25\,℃,100\,g,5\,s}}{T_{R\&B} - 25} \tag{2.7}$$

式中,$\lg P_{25\,℃、100\,g,5\,s}$为在25 ℃、100 g、5 s条件下测定的针入度值(1/10 mm)的对数;$T_{R\&B}$为环球法测定的软化点,℃。

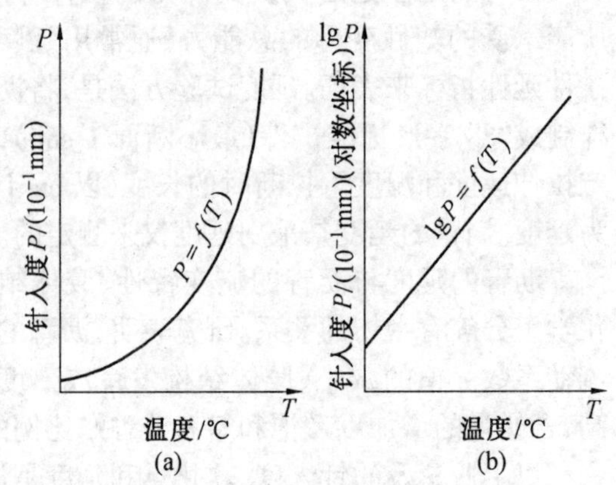

图2.10　针入度－温度关系图

2. 实用公式

按式(2.7)计算得到的A值均为小数,为使用方便起见,普费等作了一些处理,改用针入度指数(PI)表示,即

$$A = \frac{20 - PI}{10 + PI} \times \frac{1}{50} \tag{2.8}$$

$$PI = \frac{30}{1 + 50A} - 10 \tag{2.9}$$

针入度指数(PI)值愈大，表示沥青的感温性愈低。通常，按PI来评价沥青的感温性时，要求沥青的PI = -1 ~ 1。但是随着近代交通的发展，对沥青感温性提出更高的要求，因此也要求沥青具有更高的PI值。

将式(2.7)代入式(2.9)得

$$PI = \frac{30}{1 + 50\left(\frac{\lg 800 - \lg P_{(25\ ℃,100\ g,5\ s)}}{T_{R\&B} - 25}\right)} - 10 \tag{2.10}$$

此外，针入度指数(PI)值也可以作为沥青胶体结构类型的平均标准。

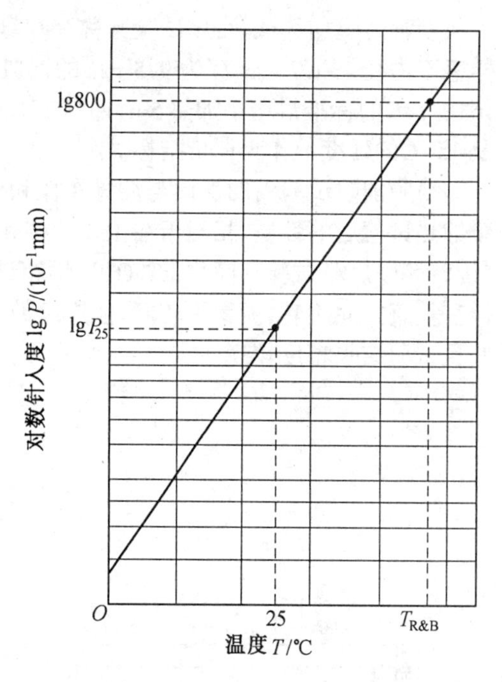

图2.11　针入度-温度感应性系数图

2.4.1.4　耐久性

采用现代技术修筑的高等级沥青路面，都要求具有很长的耐用周期，因此对沥青材料的耐久性，也提出更高的要求。

1. 影响因素

沥青在路面施工时，需要在空气介质中进行加热。路面建成后会长期裸露在现代工业环境中，经受日照、降水、气温变化等自然因素的作用。因此，影响沥青耐久性的因素主要有大气(氧)、日照(光)、温度(热)、雨雪(水)、环境(氧化剂)以及交通强度(应力)等因素。

(1)热的影响。热能加速沥青分子的运动，除了引起沥青的蒸发外，还能促进沥青化学反应的加速，最终导致沥青技术性能的降低。尤其是在施工加热(160 ~ 180 ℃)时，由于有空气中的氧参与共同作用，会使沥青性质产生严重的劣化。

(2)氧的影响。空气中的氧在加热的条件下，能促使沥青组分对其吸收，并产生脱氢作用，使沥青的组分发生移行(如芳香酚转变为胶质，胶质转变为沥青质)。

(3)光的影响。日光(特别是紫外线)对沥青照射后，能产生光化学反应，促使氧化速率加快，使沥青中羟基、羧基和碳氧基等基团增加。

(4)水的影响。水在与光、氧和热共同作用时，能起催化剂的作用。

综上所述，沥青在上述因素的综合作用下，发生“不可逆”的化学变化，导致路用性能的逐渐劣化，这种变化过程称为“老化”。

2. 评价方法

(1)热致老化

对于由路面施工加热导致沥青性能变化的评价，我国标准规定：对中、轻交通量道路用石油沥青，应进行“蒸发损失试验”；对重交通量道路用石油沥青应进行“薄膜加热试验”；对液体沥青，则应进行“蒸馏试验”。

沥青蒸发损失试验：该试验方法是将50 g沥青试样盛于直径为55 mm、深为35 mm的器皿中。在163 ℃的烘箱中加热5 h，然后测定其质量损失以及残留物的针入度占原试样针入度的百分率。由于沥青试样与空气接触面积太小，试样太厚，所以这种方法的试验效果较差。

沥青薄膜加热试验:该试验又称”薄膜烘箱试验“(简称 TFOT),试验方法是将 50 g 沥青试样盛于内径 139.7 mm、深为 9.5 mm 的铝皿中,使沥青成为厚约 3 mm 的薄膜。把沥青薄膜在 163 ± 1 ℃的标准烘箱中加热 5 h,如图 2.12(a)所示,以加热前后的质量损失、针入度比和 25 ℃及 15 ℃的延度值作为评价指标。

薄膜加热试验后的性质与沥青在拌和机中加热拌和后的性质有很好的相关性。沥青在薄膜加热试验后的性质,相当于在 150 ℃拌和机中拌和 1.0 ~ 1.5 min 后的性质。后来又发展了“旋转薄膜烘箱试验”(简称 RTFOT),烘箱试样如图 2.12(b)所示。这种试验方法的优点是试样在垂直方向旋转,沥青膜较薄;能连续鼓入热空气,以加速老化,使试验时间缩短为 75 min;并且试验结果精度较高。

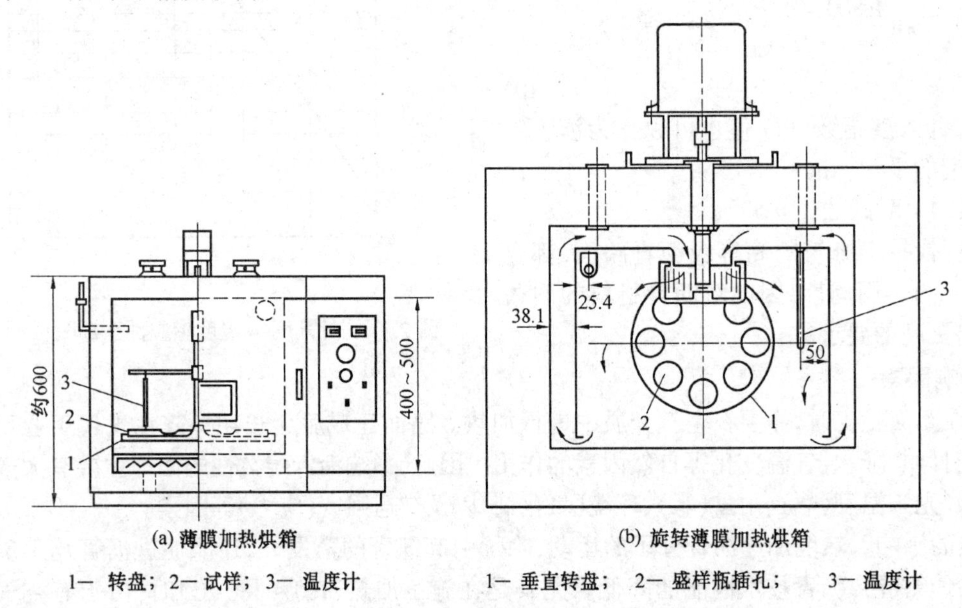

(a) 薄膜加热烘箱　　(b) 旋转薄膜加热烘箱

1— 转盘; 2— 试样; 3— 温度计　　1— 垂直转盘; 2— 盛样瓶插孔; 3— 温度计

图 2.12 沥青薄膜加热烘箱(单位:mm)

蒸馏试验:对于液体沥青可用该试验方法来代替蒸发损失试验。液体沥青的粘度较低,以便在施工中可以冷态(或稍加热)使用。液体沥青中轻质馏分挥发后,沥青粘度将明显提高,从而使路面粘聚力得到提高。蒸馏试验可以确定液体沥青含有此种轻质挥发性油的数量,以及挥发后沥青的性质。

蒸馏试验在标准蒸馏器内进行加热,将沸点范围接近、具有相近特性和物理化学性质的油分划分为几个馏程。为使馏分范围标准化,道路液体沥青划分为 225 ℃、315 ℃和 360 ℃等 3 个馏程。为了确定挥发性油排除后沥青的性质,残留沥青应进行在 25 ℃时的延度和浮漂度实验,用以说明残留沥青在道路路面中的性质。

(2)耐久性

评价沥青在气候因素(光、氧、热和水)的综合作用下路用性能下降的程度,可以采用“自然老化”和“人工加速老化”试验。人工加速老化试验是在由计算机程序控制、有氙灯光源和自动调温、鼓风、喷水设备的耐候仪中进行的,通常只有在科研工作时才进行耐候性试验。

(3)长期老化

沥青加速老化试验法(PAV 法)是用高温和压缩的空气对沥青进行加速老化(氧化)的试验方法,目的是模拟沥青在道路使用过程中发生的长期氧化老化。PAV 方法的惟一目的是准备老化胶结料,用作进一步试验和 Superpave 胶结料试验评估。

PAV 试验的设备系统由一个压力容器、压力控制设备、温度控制设备、压力与温度测量设备和温度与压力记录系统组成。图 2.13 是容器、盘和盘架的结构示意图和规定尺寸。

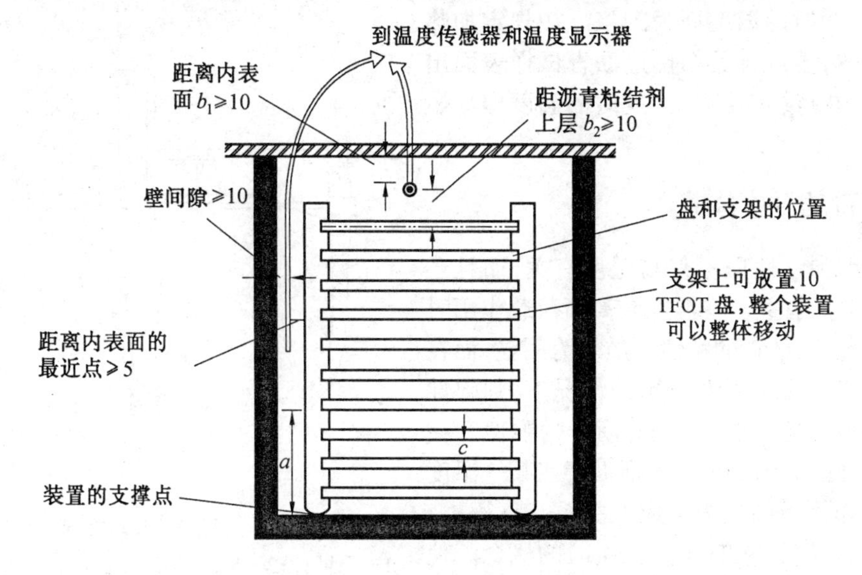

图 2.13　PAV 中的样品盘和温度传感器(RTD)位置示意图(单位:mm)

注:① 距离"a"为盘的水平控制点,装置支撑点有 3 个或更多,"a" 的距离之差应控制在 ± 0.05 mm,也可用其他方法调整水平;

② 温度传感器的任何活动部分到相邻表面的距离 b_1 和 b_2 大于 10 mm;

③ 距离"c"应大于 12 mm。

将试样加热到易于浇注的程度,并且搅拌均匀、浇样,每个压力老化容器试样质量为 50 g。预热压力容器。将 TFOT 盘放在天平上,向盘中加入 50 ± 0.5 g 的沥青,摊铺成约 3.2 mm 厚的沥青膜。将装有样品的盘放在盘架上,然后将装有试样的盘与盘架放入压力容器,关闭压力容器。将压力容器内部的温度和压力维持 20 h ± 10 min。当老化结束时,用放空阀开始慢慢减少 PAV 的内部压力,对老化试样进行真空脱气。将盘和盘架从 PAV 中移出,将盘放入设定在 163 ℃的烘箱中加热 15 ± 1 min。将真空烘箱预热到 170 ± 5 ℃。从烘箱中移出盘,将含有单一样品的盘中热的残留物单独倒入一个容器中,应选择尺寸合适的容器,使容器中的残留物厚度为 15 ~ 40 mm。刮完最后一个盘后,在 1 min 内将容器转移到真空烘箱中。将真空烘箱设定在 170 ± 5 ℃保持 10 ± 1 min。以加热前后的质量损失、针入度比和 25 ℃及 15 ℃的延度值作为评价指标。

2.4.1.5　安全性

沥青材料在使用时必须加热,当加热至一定温度时,沥青材料中挥发的油分蒸气与周围空气组成混合气体,此混合气体与火焰易发生闪火。若继续加热,油分蒸气的饱和度增加,由于此种蒸气与空气组成的混合气体遇火焰极易燃烧,而引起溶油车间发生火灾或使沥青烧坏。为此,必须测定沥青加热闪火和燃烧的温度,即所谓的闪点和燃点。

闪点和燃点是保证沥青加热质量和施工安全的一项重要指标。对粘稠石油沥青采用克利夫兰开口杯法(简称 COC 法)测定闪点及燃点;对液体石油沥青,采用泰格式开口杯(简称 TOC 法)测定闪点及燃点。克利夫兰开口杯式闪点仪如图2.14所示。测定闪点及燃点的试验方法是将沥青试样盛于标准杯中,按规定加热速度进行加热。当加热到某一温度时,点火器扫拂过沥青试样任何一部分表面,出现一瞬即灭的蓝色火焰状闪光时,此时的温度即为闪点。按规定加热速度继续加热,至点火器扫拂过沥青试样表面出现燃烧火焰,并持续 5 s 以上,此时的温度即为燃点。

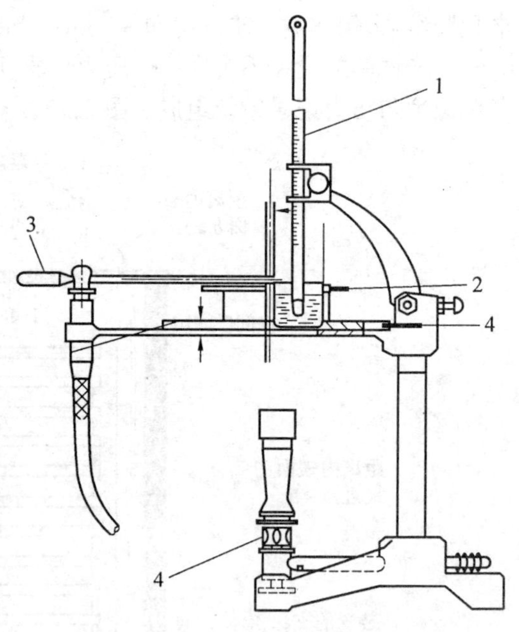

图 2.14 克利夫兰开口杯式闪点仪
1—温度计;2—标准杯;3—点火器;4—加热器

2.4.2 沥青的劲度模量

沥青的粘弹性性质不仅与温度有关,而且还与荷载作用时间有关。在温度较高而荷载作用时间较长的情况下,沥青的粘性性质较为明显;而在温度较低而荷载作用时间较短的情况下,则弹性性质较为明显。在一般情况下,沥青的弹性和粘性是不能明确区分的。为了表征沥青在某一温度和某一荷载作用下的应力与应变关系,范·德·波尔引入了劲度模量(Stiffness Modulus)的概念。他仍采用弹性模量的表达方式,但引入温度 T 和时间 t 的因素,应力与应变的关系表达式为

$$S_{T,t} = \left(\frac{\sigma}{\varepsilon}\right)_{T,t} \tag{2.11}$$

式中,σ、ε 分别为沥青材料所受到的应力和产生的应变;t 为荷载作用时间; T 为温度。

上式虽然在形式上与虎克定律没有很大区别,但它却反映了粘弹性材料应变与温度、时间的关系,解决了粘弹性材料应力与应变关系描述的问题。这种表达方式概念清楚,形式简单,已被各国学者接受。

由此可见,粘弹性材料的劲度模量并不是常数,而是随温度和时间改变的,因而它是随试验方法、环境条件以及边界条件的变化而变化的。范·德·波尔研究表明,温度、加荷时间以及沥青品种对其劲度模量均有明显影响。

1. 沥青劲度模量的计算

(1) 由沥青粘度计算劲度模量

当温度较高或荷载作用时间较长时,沥青的弹性效应不明显,可以近似地认为沥青为纯粘性材料,则有

$$\varepsilon' = \sigma/\lambda \quad 或 \quad \lambda = \sigma/\varepsilon' \tag{2.12}$$

式中,λ 为沥青的拉伸粘度;σ 拉应力;ε' 应变速率。

沥青可以被认为是不可压缩的液体,拉伸粘度与剪切粘度之间的关系为

$$\lambda = 3\eta \tag{2.13}$$

式中,η 为剪切粘度。

对于静载试验,将式(2.12) 代入式(2.13),积分得

$$\varepsilon = \frac{\sigma}{3\eta}t \tag{2.14}$$

式中，t 为加载时间。

根据式(2.13)和式(2.14)得

$$S = \frac{3\eta}{t} \tag{2.15}$$

式中，S 为劲度模量。

由此可见，纯粘性材料的劲度模量与加载时间成反比。

对于动载试验，其所加的应力为

$$\sigma(t) = \sigma \sin\omega t$$

此时，材料表现为相同频率变化的应变

$$\varepsilon(t) = \varepsilon \sin(\omega t - \Phi)$$

将以上两式代入式(2.12)，则有

$$\lambda\varepsilon\omega\cos(\omega\tau - \Phi) = \sigma\sin\omega t$$

对于纯粘性液体，$\Phi = \pi/2, \lambda\varepsilon\omega = \sigma$，故

$$S = 3\eta\omega \tag{2.16}$$

式中，ω 为动载的角频率($\omega = 2\pi f$，f 为频率)。如用 $1/\omega$ 代替加荷时间 t，则动态劲度与静态劲度模量相等。

(2) 由范·德·波尔诺模图求算沥青劲度

范·德·波尔根据大量的试验资料，于1954年发表了用沥青常规指标计算劲度的诺模图，如图2.15所示，以后又经过了W.霍克洛姆的修正。利用诺模图计算沥青劲度模量的步骤如下。

① 由沥青针入度、软化点计算针入度指数PI。

② 确定荷载作用时间。若按室内试验方法计算，则根据具体试验方法和要求确定；若按沥青路面实际车辆荷载作用时间计算，可以采用停4站停车时间计算，也可以按行车速度计算，如行车速度为60 km/h，则荷载作用时间按0.02 s计算。

③ 确定计算温度。同样可以按室内试验温度确定，也可以按路面实际温度确定。例如计算冬季沥青路面的劲度，以预估低温开裂。此时则以当地冬季路面最低温度作为计算温度，然后求得与软化点的温度差 T_{dif}。

④ 由针入度指数PI、温度差 T_{dif} 及荷载作用时间，按如图2.15所示方法求得沥青的劲度模量。

用范·德·波尔诺模图计算沥青劲度，对于含蜡量大于2%的沥青会引起大的偏差，该图对于改性沥青也不适用。在这种情况下，可通过试验方法确定。

(3) 由经验公式计算

为了便于计算沥青的劲度，Pettic和Ullidtz对范·德·波尔诺模图作了简化，并提出了以下计算公式

$$S_b = 1.157 \times 10^{-7} t^{-0.360} e^{-PI}(T_{R\&B} - T)^5 \tag{2.17}$$

在动载试验中，荷载作用时间 $t = 1/f$，f 为频率，Hz。

2. 沥青劲度模量的影响因素

(1) 温度的影响

首先沥青材料的劲度模量是温度的函数。在夏天，温度越高，劲度越小，使沥青不足以抵抗荷载的作用，而产生过大的累积变形和车辙流动变形；在冬天，温度越低，劲度越大，应力松弛

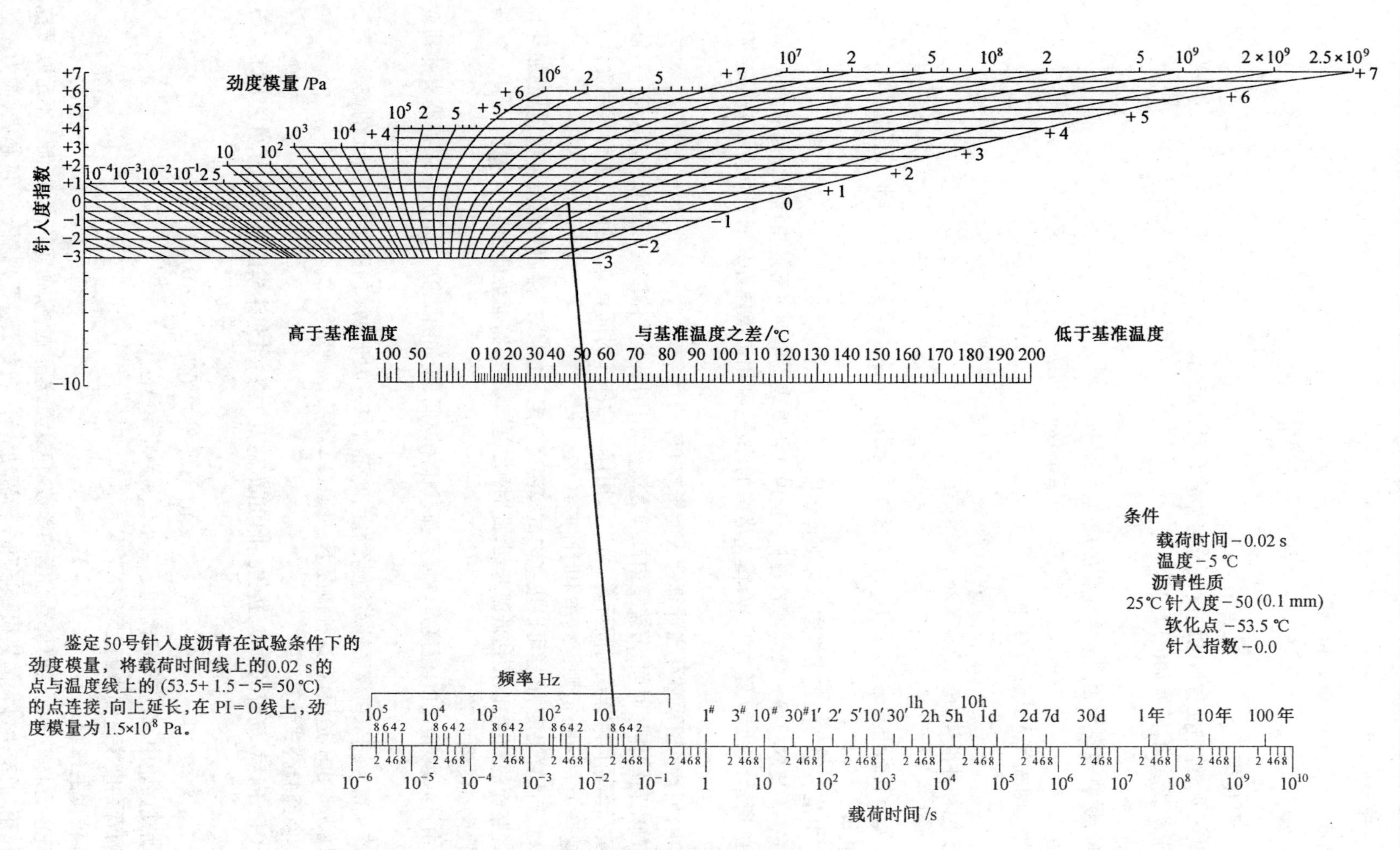

图2.15　确定沥青劲度模量的列线图

性能减弱，材料发脆，易出现温缩裂缝。通常所指的高温和低温（有时还有常温）是相对而言的，有些资料习惯于将20 ℃作为高温和低温的分界温度。在我国，温缩裂缝一般发生在10 ℃以下的温度，车辙一般发生在25～30 ℃以上的夏季，因此以10 ℃以下作为低温，25 ℃以上作为高温，10～25 ℃记作为常温的分界比较合理。

(2) 时间的影响

沥青材料的劲度模量还是荷载作用时间的参数。不过关于时间的概念要比温度复杂些，它可以有几种情况。

① 通常意义上的时间。高速行车的荷载作用时间较短，车速80 km/h时路面沥青层下缘产生变形的持续时间仅为0.01 s左右，呈现较高的劲度模量；慢速行车的荷载作用时间较长，车速10 km/h时路面沥青层下缘产生变形的持续时间长达0.1 s，劲度模量要低得多。现在往往将汽车通过一次荷载的时间取为0.02 s，大约相当于车速60 km/h时的情况。在试验过程中，蠕变试验直接采用加载时间作为荷载作用时间。

② 加载速率。在试验过程中，荷载的速率、频率都反映荷载作用时间。静载试验的加载速率快，动载试验的频率高，都相当于荷载作用时间短，劲度模量就高，慢速和低频加载的劲度模量低。静载加载的荷载作用时间可直接采用荷载持续时间，动载试验时可以换算成相当于静载作用的时间，若以正弦波方式加载，频率为f，角速度为ω，在沥青材料流变学中常以单位弧度的时间作为计算时间，且

$$t=\frac{1}{\omega}=\frac{1}{2\pi f}$$

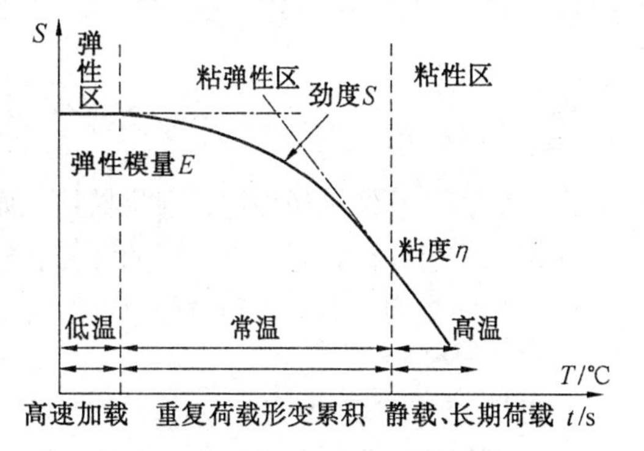

图2.16　沥青劲度模量与时间和温度关系图

③ 换算时间。在沥青材料流变学中，经常需要用到时间、温度换算法则，将不同温度的测定值换算为一个基准温度下的主曲线（也称总曲线），测定值沿时间轴（通常使用对数坐标）平移，得出移位因数，此时以$\lg t$或$\lg\omega$作为换算时间（详见本书流变学部分）。

由上可知沥青的劲度模量是表征沥青粘－弹性联合效应的指标。从图2.16可以看出：沥青在低温（高粘度）和瞬时荷载作用下，弹性形变占主要地位，沥青呈现弹性行为；而在高温（低粘度）和长时间作用下，主要为粘性变形，沥青呈现粘性行为；在大多数实际使用情况下，沥青表现为粘－弹性行为。

第3章　石料与集料

■主要内容

本章讲述了石料岩石学特征、冶金矿渣材料；石料和集料的技术性质、检测方法和评价指标，石料的技术标准，矿质混合料的级配理论等。

通过学习，应重点掌握石料和集料的技术性质及评价方法；重点掌握矿质混合料的级配理论，一般了解石料的岩石学特征及冶金矿渣材料。

3.1　天然砂石材料概论

天然岩石不经机械加工或经机械加工而得的材料统称为天然砂石材料。不同的成岩矿物或成岩条件使各类岩石具有不同的结构和构造特性，对天然砂石材料的物理、力学、化学性质具有较大的影响。因此，在工程实践中，需要了解和掌握天然砂石材料的岩石学特征。

1.造岩矿物

天然岩石是矿物的集合体。矿物是具有一定化学成分和结构特征的天然化合物或单质，组成岩石的矿物称为造岩矿物。某些岩石由一种矿物组成，多数岩石是由多种造岩矿物共同组成的。岩石的性质是由成岩矿物的性质及其含量决定的。道路工程中常用岩石的成岩矿物有石英、长石、云母、角闪石、方解石、白云石和黄铁矿等。

(1) 石英(Quartz)。石英为结晶的二氧化硅(SiO_2)，密度约为 2.65 g/cm^3，莫氏硬度为 7，是最坚硬、最稳定的矿物之一；纯净的石英无色透明，称为水晶；如含有杂质，则呈各种色调；如含Fe^{3+}呈紫色，称为紫水晶；含有细小分散的气态或液态物质呈乳白色者，称为乳石英，玛瑙也是石英的一种。

(2) 长石(Feldspar)。长石为结晶的铝硅酸盐类($[AlSi_3O_8]^-$)，是分布最广的一类矿物，约占地壳重量的 50%，包括正长石、斜长石；密度约为 2.5 ~ 2.7 g/cm^3，莫氏硬度为 6，长石强度较石英低，稳定性不及石英，易风化成高岭土；常见颜色为白、浅灰、桃红、红、青或暗灰色；包括 3 种基本类型：钾长石($K[AlSi_3O_8]$)、钠长石($Na[AlSi_3O_8]$)和钙长石($Ca[Al_2Si_2O_8]_2$)。

(3) 云母(Mica)。云母为片状、结晶的含水铝硅酸盐，密度为 2.7 ~ 3.1 g/cm^3，莫氏硬度为 2 ~ 3，颜色随含 Fe 量的增高而变暗，从无色透明至黑色，极易分裂成薄片。云母的主要种类为白云母和黑云母，后者易风化，降低岩石的耐久性和强度。

(4) 角闪石、辉石、橄榄石。角闪石、辉石、橄榄石为结晶的铁、镁铝酸盐，密度为 3.0 ~ 4.0 g/cm^3，莫氏硬度为 5 ~ 7，其强度高、坚固、耐久、韧性大；颜色为暗绿、棕色或黑色，又称暗色矿物。

(5) 方解石(Calcite)。方解石为结晶的碳酸钙($CaCO_3$)，密度为 2.7 ~ 3.0 g/cm^3，莫氏硬度

为3,强度中等,易被酸分解,微溶于水,易溶于含二氧化碳的水中;颜色呈白色，因含杂质而常呈白、灰、黄、浅红、绿、蓝等颜色;常分裂为菱面体。

(6) 白云石(Dolomite)。白云石为结晶的碳酸钙镁复盐($CaCO_3 \cdot MgCO_3$),密度为2.9 g/cm^3,莫氏硬度为4,物理性质与方解石相近,强度较高;呈白色或黑色。

(7) 黄铁矿(Pyrite)。黄铁矿为结晶的二硫化亚铁(FeS_2),密度为5.0 g/cm^3，莫氏硬度为6~7,遇水或发生氧化反应会生成游离的硫酸,污染并破坏岩石,是有害矿物;常为致密的块状、鳞片状、豆状或土状集合体,呈金黄色,有的具有金属光泽。

2.岩石的分类

岩石是天然产出的具有一定结构构造的矿物集合体,是构成地壳和上地幔的物质基础。依据其成因可分为岩浆岩(Igneous Rock)、沉积岩(Sedimentary Rock)和变质岩(Metamorphic Rock)3类,如图3.1所示,其中岩浆岩最多,它主要构成深部地壳和上地幔,约占整个地壳的65%。

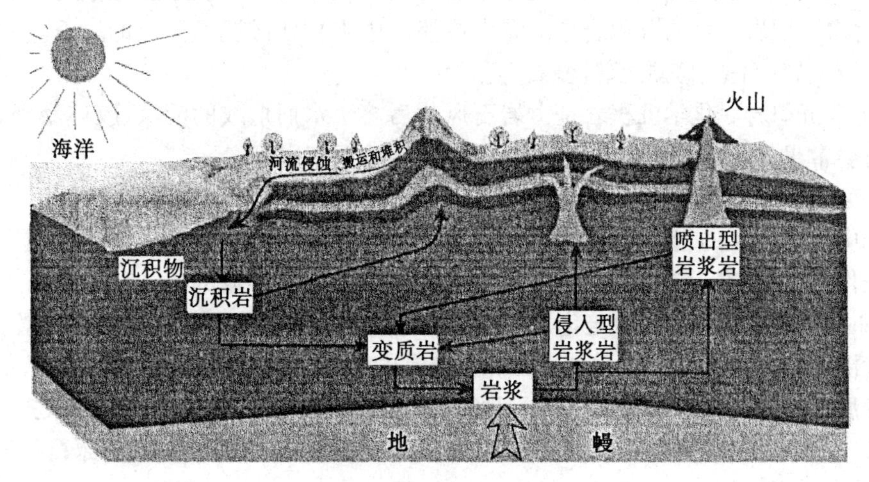

图3.1 地壳物质循环简图

(1) 岩浆岩

岩浆岩是由高温熔融的岩浆在地表或地下冷凝所形成的岩石,又称火成岩。岩浆是在地壳深处或上地幔天然形成的、富含挥发组分的、高温粘稠的硅酸盐熔浆流体,是形成各种岩浆岩和岩浆矿床的母体。火成岩按其形成条件的不同,分为侵入岩和喷出岩两类。

①侵入岩。侵入岩是指岩浆在地表不同深度处冷却结晶形成的岩石。其密度大,抗压强度高,吸水性小,抗冻性好。根据侵入深度、构造部位的不同,侵入岩可分为浅成岩(Hypabyssal Rock)和深成岩(Plutonic Rock or Plutonite)。浅成岩是岩浆侵入到离地表较浅处冷却形成的火成岩体(形成深度为0.5~3 km),形成时岩浆温度下降快,结晶较细,常有细粒、隐晶质结构及斑状结构等,岩体晶粒较小。如辉绿岩。深成岩是岩浆侵入在较深部位后冷却形成的岩石(形成深度大于10 km),其温度下降慢,故晶体一般较粗大,形成粗粒至巨粒结构和块状构造,结构致密。如花岗岩、正长岩、辉长岩、闪长岩等。

②喷出岩(Effusive Rock)。喷出岩是指岩浆喷出地表时在压力急剧降低和迅速冷却的条件下形成的岩石。因冷却速度快,大部分未结晶,多呈隐晶质或玻璃质结构。当喷出岩形成较厚岩层时,其结构致密,构造和性能接近于深成岩;当岩层形成较薄时,呈多孔构造,与火山岩相近,工程上常用的喷出岩有玄武岩(Basalt)和安山岩(Andesite)。

(2) 沉积岩

沉积岩是在地表或近地表不太深的地方形成的一种岩石类型。它是由风化产物、火山物质、有机物质等碎屑物质在常温常压下经过搬运、沉积和石化作用,最后形成的岩石,又称水成岩。与岩浆岩相比,沉积岩的成岩过程压力不大,温度不高,呈层状构造,各层的成分、结构、颜色、厚度都有差异,因此岩性不均,垂直层理与平行层理方向的性能不同。通常沉积岩密度小,空隙率和吸水率大,强度较低,耐久性差。它通常由碎屑和粘结物质组成,按照粘结物质的不同可分为碎屑岩类、粘土岩类和生物化学岩类。

① 碎屑岩。碎屑岩是母岩机械破碎的产物经搬运、沉积和成岩作用所形成的由碎屑颗粒和粘结物质组成的岩石。粘结物质通常为碳酸钙、氧化硅、氧化铁等,强度较大。常见的碎屑岩有砂岩、火山凝灰岩、砂、卵石等。

② 粘土岩。粘土岩是一种主要由粒径小于 0.003 9 mm 的细颗粒物质组成的并含有大量粘土矿物的沉积岩,强度较低。常见的粘土岩有高岭土(Kaolin)、膨润土、斑脱岩等。

③ 生物沉积岩。生物沉积岩是由海水或淡水中生物残骸沉积而成的岩石。常见的生物沉积岩有石灰岩、白垩、硅藻土、硅藻石等。

④ 化学沉积岩。化学沉积岩是由岩石风化后溶于水而形成的溶液、胶体经搬迁、沉淀而成的岩石。常见的化学沉积岩有石膏、菱镁矿和某些石灰岩等。

(3) 变质岩

地壳中已经存在的岩石(可以是沉积岩、火成岩,乃至早先已形成的变质岩),因温度、压力及介质条件的变化,在没有显著熔融和溶解的固体状态下而形成的一种新的岩石即为变质岩(Metamophic Rock)。温度、压力与化学活动性流体是控制变质作用的 3 个主要因素。

一般沉积岩由于在变质时受到高压和重结晶的作用,形成的变质岩结构致密,如石灰岩或白云岩变质而形成的大理岩,砂岩变质而形成石英岩,均较原岩石坚固耐久;反之,深成岩经变质后,常产生片状结构,结构和性能恶化,如花岗岩变质而形成的片麻岩,和原石英岩比较易分层剥落,耐久性差。

3.常见的岩石类型

(1) 花岗岩

花岗石是一种分布最广、深成酸性岩浆岩,如图 3.2 所示。主要由石英、长石和少量黑云母等暗色矿物组成,二氧化硅含量多在 70% 以上。颜色以灰白、肉红色为主。石英含量为 20% ~ 40%,碱性长石约占长石总量的 2/3 以上。典型的花岗岩结构为斑状结构,构造密实,密度大(1.5 ~ 2.8 g/cm^3),质地坚硬,耐磨性好。抗压强度约为 100 ~ 300 MPa。孔隙率小,吸水率小,耐久性好。

(2) 玄武岩

玄武岩属于喷出岩,如图 3.3 所示。成分与辉长岩相近,主要矿物为辉石、长石、橄榄石,呈灰黑色。常具气孔状、杏仁状构造和斑状结构。基质一般为细粒或隐晶质。按结构构造的不同,可分为气孔状玄武岩、杏仁状玄武岩等;其抗压强度随其结构和构造的不同而出现较大变化(100 ~ 500 MPa),密度约为 2.9 ~ 3.2 g/cm^3,是优质的沥青混合料用集料。

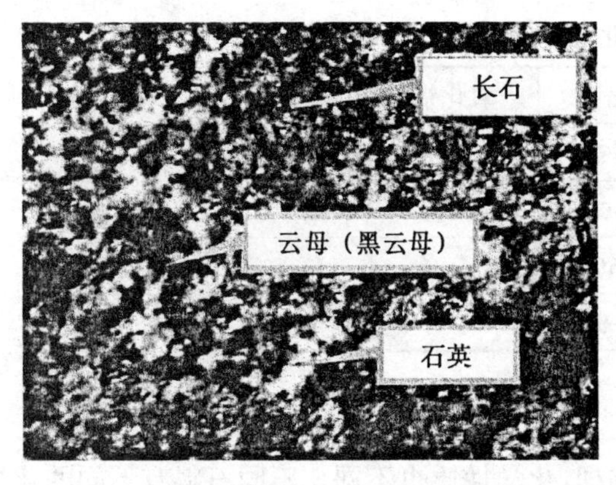

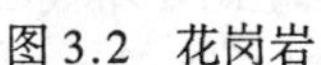
图3.2　花岗岩

图3.3　玄武岩

(3) 辉长岩(Gabbro)

辉长岩属侵入岩分布最广的一种岩石,如图3.4所示。主要矿物成分为长石、辉石、角闪石、黑云母和少量石英。其中 SiO_2 含量为45%～52%。岩石具有中至粗粒结构,结构构造均匀,密度为2.8～3.1 g/cm^3,孔隙率小,抗压强度一般为200～280 MPa,粗粒者较低,耐久性也很高。

(4) 石灰岩

石灰岩是地壳中分布最广的沉积岩之一,如图3.5所示。其矿物成分主要为方解石,伴有白云石、菱镁矿和其他碳酸盐矿物。莫氏硬度为3,一般呈灰色或白色,如含杂质较多可呈深色。密度为2.715 g/cm^3,有致密状、结晶粒状、生物碎屑等结构,性脆,遇稀盐酸发生化学反应产生气泡。按矿石中所含成分不同,石灰岩可分为硅质石灰岩、粘土质石灰岩和白云质石灰岩3种,硅质石灰岩强度高、硬度大、耐久性好,粘土质石灰岩抗冻性和耐水性较差,白云质石灰岩又称白云岩。

图3.4　辉长岩

图3.5　石灰岩

4.石料的化学成分

(1) 化学成分

岩石的化学成分主要为氧化硅、氧化钙、氧化铁、三氧化二铝、氧化镁以及少量的氧化锰、三氧化硫等。常见的岩石化学成分见表3.1。

表 3.1　岩石化学成分含量

岩石种类	氧化硅	氧化钙	氧化铁	氧化铝	氧化镁	氧化钠
玄武岩	50.5%	38%	6.5%	2.5%	1.5%	0.6%
花岗岩	73%	0.8%	0.5%	14%	0.4%	9.01%
石灰岩	1.2%	53.7%	12.6%	13.9%	18.6%	0.03%
辉长岩	49%	10%	13%	17%	4.3%	0.4%

(2) 石料的酸碱性

岩石中化学成分含量不同,石料表现出的物理、化学性质也不同。不同石料有不同的化学组成,相同的矿质石料由于产地不同等原因在化学组成上也可能有差别。

如表 3.1 所示,4 种石料化学成分完全不同,突出特点是石料中 CaO 和 SiO_2 的含量不同,石灰岩中 CaO 的含量较多,而 SiO_2 的含量较少;反之,花岗岩中 SiO_2 的含量较多,CaO 的含量则很少。

通常石料的酸碱性按其化学组成中 SiO_2 的含量来划分,根据 SiO_2 的相对含量,分为酸性石料(含量大于 65%)、中性石料(含量为 52% ~ 65%)和碱性石料(含量小于 52%),划分标准如图 3.6 所示。

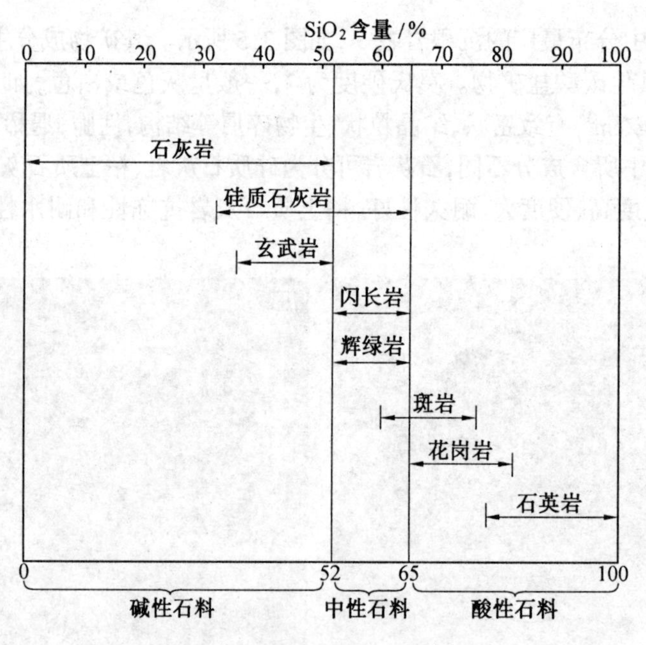

图 3.6　石料的酸碱性划分标准

3.2　冶金矿渣材料

工业冶金矿渣一般是指炼铁或炼钢过程中得到的高炉矿渣或钢渣。高炉炼铁时形成的熔渣称为高炉矿渣,是在炼钢过程中的氧化物。高炉渣及钢渣经自然冷却或经一定工艺处理,可用于修筑道路基层,也可作为水泥混凝土或沥青混凝土路面用的集料,其中粒化高炉矿渣还可以用作水泥混合材料。与天然岩石集料的主要不同之处在于这类材料含有较多的活性物质，且质量不够稳定。在使用这类集料时，为了保证结构物的质量和耐久性，必须充分了解它们的技术特性。

1.矿渣的主要化学成分及活性

高炉矿渣中的主要化学成分有酸性氧化物 SiO_2、Fe_2O_3、P_2O_5、TiO_2；碱性氧化物 CaO、MgO、MnO、BaO；中性氧化物 Al_2O_3；硫化物 CaS、MnS、FeS 等。酸、碱性氧化物含量比例对矿渣的性能影响较大。

矿渣的活性是指其与水、或某些碱性溶液、或硫酸盐溶液发生化学反应的性质。通常采用由式(3.1)及式(3.2)计算的碱性系数 M_0 及质量系数 K 反映高炉矿渣的活性。碱性系数 M_0 或质量系数 K 的数值越大，矿渣的活性越高。

$$M_0=\frac{CaO+MgO}{SiO_2+Al_2O_3} \tag{3.1}$$

$$K=\frac{CaO+MgO+Al_2O_3}{SiO_2+MnO} \tag{3.2}$$

矿渣的活性取决于其化学成分和处理工艺。一般来说，当矿渣中的 CaO、Al_2O_3 含量高而 SiO_2 含量低时，矿渣活性较高。采用自然冷却得到的高炉矿渣稳定性较好，而采用水淬处理的粒化高炉矿渣的活性较高。通常活性高的矿渣适宜于作为水泥混合材料，而在混凝土结构或道路结构中应使用低活性的矿渣。

钢渣与高炉矿渣虽然都是冶金矿渣，但它们的化学成分及矿物组成有着明显的区别，所以采用不同的方法判断它们的活性。钢渣的活性可用由式(3.3)计算的碱度 M 反映。碱度大的钢渣活性大，宜作为水泥原料。

$$M=\frac{CaO}{SiO_2+P_2O_5} \tag{3.3}$$

2.矿渣集料的技术特性

(1)物理力学特性

由于热熔矿渣的冷却加工方式的不同，矿渣集料的矿物成分和组织的致密程度有着很大的差别，其物理力学性能变化范围和分散性较大。如高炉矿渣集料中密实体的抗压强度可达 120～250 MPa，孔隙率为 7%～16%；而多孔体的抗压强度仅为 10～20 MPa，孔隙率高达 50%以上。由于矿渣集料含铁量较高，其密度一般高于石料。

(2)化学稳定性

在自然条件下，工业冶金矿渣中的某些成分会与水产生化学反应，发生体积变化。

①游离氧化钙($f-CaO$)消解。矿渣中的 $f-CaO$ 遇水后发生化学反应，生成氢氧化钙 $Ca(OH)_2$后体积将增大 1～2 倍，在矿渣颗粒中产生内应力，导致矿渣的崩裂破坏。这种现象在道路结构中较为多见。

②铁和锰分解。矿渣中的硫化物，如硫化亚铁 FeS 和硫化锰 MnS 可以与水生成氢氧化亚铁 $Fe(OH)_2$ 及氢氧化锰 $Mn(OH)_2$，体积分别增加 38%和 24%，引起矿渣体积安定性不良，这种现象称为铁或锰分解。

矿渣集料用于制作混凝土路面或路面基层材料时，必须具备良好的化学稳定性，否则就会由于某些化合物的分解、膨胀而破坏混凝土结构或路面结构。要使这类集料稳定的关键就是降低活性成分含量,一般 $f-CaO$ 含量小于3%的矿渣集料方可用于路面结构中。对于 $f-CaO$ 含量较高的矿渣,应该通过水解消化处理,如堆存渣场使其自然消化,如有条件可采用浇水消化、利用余热分解等方法使 $f-CaO$ 分解。

3.3 砂石材料的技术性质和技术标准

砂石材料是道路与桥梁建筑中用量最大的一种建筑材料,它可以直接(或经加工后)用作道路与桥梁的圬工结构;亦可加工成各种尺寸的集料,作为沥青混凝土的骨料。用作道路与桥梁建筑的石料或集料都应具备一定的技术性质,以适应不同工程建筑的技术要求。

3.3.1 砂石材料的技术性质

砂石材料包括天然砂石料、人工轧制的集料以及工业冶金矿渣集料等,本节将对这些材料的技术性质予以论述。石料的技术性质,主要从物理性质、力学性质和化学性质三方面来进行评价。

3.3.1.1 物理性质

石料的物理性质包括物理常数(如真实密度、毛体积密度和孔隙率等)、吸水性(如吸水率、饱水率等)和抗冻性(如耐候性、坚固性等)。

1.物理常数

石料的物理常数是石料矿物组成结构状态的反映,它与石料的技术性质有着密切的联系。石料可由各种矿物形成不同排列的各种结构,但是从质量和体积的物理观点出发,石料的内部组成结构主要是由矿质实体和孔隙(包括与外界连通的开口孔隙和不与外界连通的闭口孔隙)组成,如图3.7(a)所示。各部分的质量与体积的关系如图3.7(b)所示。

为了反映石料的组成结构以及它与物理-力学性质间的关系,通常采用一些物理常数来表征它。在路桥工程用块状石料中,最常用的物理常数主要是真实密度、毛体积密度和孔隙率。这些物理常数在一定程度上表征材料的内部组织结构,可以间接预测石料的有关物理性质和力学性质。此外,在混合料组成设计计算时,这些物理常数也是重要的原始资料。

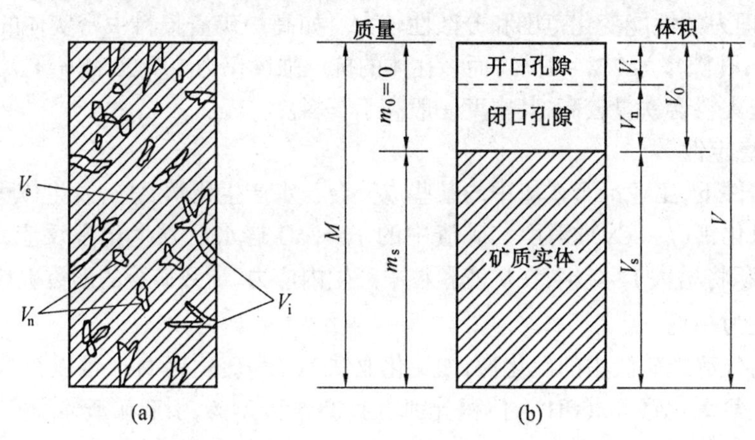

图3.7 石料组成结构示意图

(1) 真实密度

石料的真实密度(简称密度)是石料在规定条件下(105 ± 5 ℃烘干至恒重,温度 20 ℃)下,单位真实体积(不含孔隙的矿质实体的体积)的质量。真实密度用 ρ_t 表示。由图 3.7(b)体积与质量的关系可表示为

$$\rho_t = \frac{m_s}{V_s} \tag{3.4a}$$

式中,ρ_t 为石料的真实密度,g/cm^3; m_s 为石料矿质实体的质量,g; V_s 为石料矿质实体的体积,cm^3。

由于测定石料密度是在空气中称量石料质量的,所以石料中的空气质量 $m_0 = 0$,矿质实体的质量就等于石料的质量,即 $m_s = M$,故式(3.4)可改写为

$$\rho_t = \frac{M}{V_s} \tag{3.4b}$$

式中,ρ_t、V_s 意义同式(3.4a); M 为石料的质量,g。

石料真实密度的测定方法,按我国现行《公路工程石料试验规程(JTJ 054 - 94)》(T 0203 - 94)是将石料样品粉碎磨细后,在 105 ± 5 ℃条件下烘至恒重,称得其质量。然后在密度瓶中加水,经煮沸后,使水充分进入闭口孔隙中,通过"置换法"测定其真实体积。已知真实体积和质量即可按式(3.4b)求得真实密度。现行试验法也允许采用"李氏密度瓶法"近似测定石料的真实密度。

(2) 毛体积密度

石料的毛体积密度是石料在规定条件下,单位毛体积(包括矿质实体和孔隙的体积)的质量。毛体积密度用 ρ_h 表示,由图 3.7(b)体积与质量的关系可表示为

$$\rho_h = \frac{m_s}{V_s + V_n + V_i} \tag{3.5a}$$

式中,ρ_h 为石料的毛体积密度,g/cm^3; m_s、V_s 意义同式(3.4a); V_i、V_n 分别为石料开口孔隙和闭口孔隙的体积,cm^3。

由于 $m_s = M$,石料的矿质实体体积和孔隙体积之和即为石料的毛体积,$V_s + V_n + V_i = V$,故式(3.5a)可写为

$$\rho_h = \frac{M}{V} \tag{3.5b}$$

式中,ρ_h 为石料的毛体积密度,g/cm^3; M 为石料的质量,g; V 为石料的毛体积,cm^3。

石料毛体积密度的测定方法,按我国现行《公路工程石料试验规程(JTJ 054 - 94)》(T 0205 - 94)规定,采用"静水称量法"。该方法是将规则石料在 105 ± 5 ℃烘干至恒重,测得其质量,然后将石料吸水,使其饱水后用湿毛巾揩去表面水,即可称得饱和面干时的石料质量;最后用静水天平法测得饱和面干石料的水中质量,由此可计算出石料的毛体积。按式(3.5a)即可求得毛体积密度。此外,现行试验法也允许用"封蜡法"来测定毛体积密度。这两种方法各有优缺点。

(3) 孔隙率

石料的孔隙率是石料的孔隙体积占其总体积的百分率,即

$$P = \frac{V_0}{V} \times 100\% \tag{3.6a}$$

式中，P 为石料的孔隙率，%；V_0 为石料的孔隙（包括开口和闭口孔隙）的体积，cm^3；V 为石料的总体积，cm^3。

孔隙率也可由真实密度和毛体积密度计算求得，即

$$P = (1 - \frac{\rho_h}{\rho_t}) \times 100\% \tag{3.6b}$$

式中，P 为石料的孔隙率，%；ρ_t 为石料的真实密度，g/cm^3；ρ_h 为石料的毛体积密度，g/cm^3。

石料的物理常数（真实密度、毛体积密度和孔隙率）不仅反映石料的内部组成结构状态，而且能间接地反映石料的力学性质（如相同矿物组成的岩石，孔隙率愈低，其强度愈高）。尤其是石料的孔结构，会影响其所轧制成的集料在水泥（或沥青）混凝土中，对水泥浆（或沥青）的吸收、吸附等化学交互作用的程度。

2.吸水性

石料吸水性是石料在规定的条件下吸水的能力。由于石料的孔结构（孔隙尺寸和分布状态）的差异，在不同试验条件下吸水能力不同。为此，我国现行行业标准《公路工程石料试验规程（JTJ 054－94）》（T 0205－94）规定采用吸水率和饱水率两项指标来表征石料的吸水性。

(1) 吸水率

石料吸水率是指在室内常温（20±2 ℃）和标准大气压条件下，石料试件最大的吸水质量占烘干（105±5 ℃干燥至恒重）石料试件质量的百分率。石料吸水率公式为

$$W = \frac{m_2 - m_1}{m_1} \times 100\% \tag{3.7}$$

式中，W 为石料吸水率，%；m_1 为石料试件烘干至恒量时的质量，g；m_2 为石料试件吸水至恒量时的质量，g。

石料吸水率的测定方法是将石料加工为规则试件，经 105±5℃烘干称量后，在铺有薄砂的盛水容器中，用分层逐渐加水的方法使石料中的空气逐渐逸出，最后完全浸入水中任其自由吸水 48 h后，取出称量。测得烘干至恒重的质量和吸水至恒重的的质量，即可按式(3.7)求得吸水率。

石料吸水性的大小与其孔隙率的大小及孔隙构造特征有关。石料内部独立且封闭的孔隙实际上是不吸水的，只有那些开口且以毛细管连通的孔隙才吸水。孔隙构造相同的石料，孔隙越大，吸水率越大。表观密度大的石料，孔隙率小，吸水率也小，如花岗岩石料的吸水率通常小于 0.5%，而多孔贝类石灰岩石料的吸水率可高达 15%。石料的吸水性能够有效地反映岩石裂隙的发育程度，并用于判断岩石的抗冻性和抗风化能力。

(2) 饱水率

石料饱水率是在室内常温（20±2 ℃）和真空抽气（抽至真空度为残压）后的条件下，石料试件最大吸水的质量占烘干石料试件质量的百分率。其测定方法采用真空抽气法。因为真空抽气后石料孔隙内部的空气被排出，当恢复常压时，水即进入具有稀薄残压的石料孔隙中，此时水分几乎充满开口孔隙的全部体积，因此，饱水率长吸水率大。饱水率的计算方法与吸水率相似。

3.抗冻性

天然石料在道路和桥梁结构物中，长期受到各种自然因素的综合作用，力学强度逐渐衰降。在工程使用中引起石料组织结构的破坏而导致力学强度降低的因素，首先是温度的升降

(由于温度应力的作用,引起石料内部的破坏),其次是石料在潮湿条件下,受到正、负温度的交替冻融作用,引起石料内部组织结构的破坏。这两种因素的主、次要地位,需根据气候条件决定。在大多数地区,后者占主导地位。

目前已列入我国试验规程《公路工程石料试验规程》(JTJ 054-94)的方法有抗冻性和坚固性。抗冻性试验石料由于在潮湿状态下受正、负温度交替循环而产生破坏的机理是基于石料经自然饱水后,它与外界连通的开口孔隙大部分被水充满,当温度降低时水分体积缩小,水分集聚于部分孔隙中,直至4 ℃时体积达到最小;当温度再继续下降时水的体积又逐渐胀大,小部分水迁移至其他无水的空隙中;但是达到0 ℃以后,由于固态水移动困难,随着温度的下降,冰的体积继续胀大,而对石料孔壁周围施加张应力;如此多次冻融循环后,石料逐渐产生裂缝、掉边、缺角或表面松散等破坏现象。

归纳之,抗冻性是指石料在饱水状态下,能够经受反复冻结和融化而不破坏,并不严重降低强度的能力。

石料抗冻性的室内测定方法有直接冻融法和硫酸钠坚固性法。两种方法均需要将石料制成直径和高均为50 mm的圆柱体试件,或边长为50 mm的正方体试件,在105±5 ℃烘箱中烘干至恒重,并称重。

(1) 直接冻融法

该方法是将石料加工为规则的块状试样,在常温条件下(20±5 ℃)采用逐渐浸水的方法,使开口孔隙吸饱水分,然后置于负温(通常采用-15 ℃)的冰箱中冻结4 h,最后在常温条件下融解4 h,如此为一个冻融循环。经过10、15、25或50次循环后,观察其外观破坏情况并加以记录。采用经过规定冻融循环后的质量损失百分率表征其抗冻性。抗冻损失率为

$$Q_{fr}=\frac{m_1-m_2}{m_1}\times 100\% \tag{3.8}$$

式中,Q_{fr}为抗冻质量损失率,%;m_1为试验前烘干试件的质量,g;m_2为试验后烘干试件的质量,g。

此外,抗冻性也可采用未经冻融的石料试件抗压强度与冻融循环后的石料试件抗压强度的比值(称为耐冻系数)表示。耐冻系数为

$$K_{fr}=\frac{f_{mo(fr)}}{f_{mo}} \tag{3.9}$$

式中,K_{fr}为耐冻系数;f_{mo}为未经冻融循环试验的石料试件饱水抗压强度,MPa;$f_{mo(fr)}$经若干次冻融循环试验后的石料试件饱水抗压强度,MPa。

(2)硫酸钠坚固性法

石料的坚固性采用硫酸钠侵蚀法来测定。该法是将烘干并已称量过的规则试件,浸入饱和的硫酸钠溶液中经20 h后,取出置于105±5 ℃的烘箱中烘4 h。然后取出冷却至室温,这样作为一个循环。如此重复若干个循环。最后用蒸馏水煮沸洗净,烘干称量,采用直接冻融法的方法计算其质量损失率。此方法的机理是基于硫酸钠饱和溶液浸入石料孔隙后,经烘干,硫酸钠结晶体体积膨胀,产生和水结冰相似的作用,使石料孔隙周壁受到张应力,经过多次循环,引起石料破坏。坚固性是测定石料耐侯性的一种简易、快速的方法。有设备条件的单位,应采用直接冻融法试验。

3.3.1.2 力学性质

路桥工程所用石料在力学性质方面的要求,除了一般材料力学中所述及的抗压、抗拉、抗

剪、抗弯、弹性模量等纯力学性质外，还有一些为路用性能特殊设计的力学指标，如抗磨光性、抗冲击性、抗磨耗性等。由于道路建筑用石料多轧制成集料使用，故抗磨光、抗冲击和抗磨耗等性能将在集料力学性质中讨论。在石料的力学性质中，主要讨论确定石料等级的单轴抗压强度和磨耗性两项性质。

1. 单轴抗压强度

道路建筑用石料的单轴抗压强度，按我国现行《公路工程石料试验规程（JTJ 054－94）》（T 0212－94）标准，是将石料（岩块）制备成 50 mm×50 mm×50 mm 的正方体（或直径和高度均为 50 mm 的圆柱体）试件，经吸水饱和后，在单轴受压和规定的加载条件下，达到极限破坏时单位承压面积的强度，即

$$f_{fc} = \frac{F_{max}}{A_0} \tag{3.10}$$

式中，f_{sc} 为石料单轴抗压强度，MPa；F_{max} 为极限破坏时的荷载，N；A_0 为试件的截面积，mm^2。

石料的单轴抗压强度值，取决于石料的组成结构（如矿物组成、岩石的结构和构造、裂隙的分布等），同时也取决于试验的条件（如试件几何外形、加载速度、温度和湿度等）。

2. 磨耗性

磨耗性是石料抵抗撞击、剪切和摩擦等综合作用的性能。按我国现行《公路工程石料试验规程》（JTJ 054－94）标准，石料的磨耗试验有下列两种方法。

（1）洛杉矶磨耗试验

洛杉矶式磨耗试验，又称搁板式磨耗试验。试验机是由一个直径为711 mm、长为508 mm的圆鼓和鼓中搁板组成。试验用的试样是按一定规格组成的级配石料，总质量为 5 000 g。在试样加入磨耗鼓的同时，加入 12 个钢球，钢球总质量为 5 000 g。磨耗鼓以 30 ～ 33 r/min 的转速旋转，用 2 mm 圆孔筛筛去石屑，并洗净烘干称其质量。石料磨耗率公式为

$$Q_{ab} = \frac{m_1 - m_2}{m_1} \times 100\% \tag{3.11}$$

式中，Q_{ab} 为石料的磨耗率，%；m_1 为试验前烘干石料试样的质量，g；m_2 为试验后洗净烘干石料试样的质量，g。

（2）狄法尔式磨耗试验

狄法尔式磨耗试验又称双筒式磨耗试验。该试验的方法是将石料加工为一定块数（100块）的单粒级（50～70 mm）试样 2 份，分别放在磨耗机的两个筒中，以 30～33 r/min 转速旋转 10 000次，由于在旋转中石料受到相互摩擦作用以及旋转离心的冲击作用，使石料试样产生磨耗。与前述洛杉矶式磨耗试验方法相同，将石料样品过筛、冲洗并计算其磨耗率。

上述两种试验方法相比较，狄法尔式磨耗试验法采用的石料为单粒级的，与实际使用情况并不一致。同时由于仪器构造限制，只有摩擦和剪切的作用，所以磨耗率过低，不同品质的石料级差不明显，并且需旋转 10 000 次，费时、费工。而洛杉矶式磨耗试验法，按照石料的不同用途，采用不同的级配集料，而且磨耗机中的搁板可使石料与钢球带到高处落下，产生撞击、剪切和摩擦的综合作用，在上述条件下，使石料受到严峻的考验，所以只要旋转 500 次，对不同质量的石料就能得到明显的级差，而且省时、省工。

我国现行《公路工程石料试验规程》（JTJ 054－94）规定，石料磨耗试验以搁板式（洛杉矶式）磨耗试验法为标准方法，只有在不具备该磨耗试验条件时，方允许采用双筒式（狄法尔式）

磨耗试验法代替。

3.3.1.3　化学性质

1.化学组成

由表3.1可见,不同矿质石料有不同的化学组成。相同的矿质石料由于产地不同等原因在化学组成上也可能有差别。这里选择具有代表性的3种典型石料的化学组成为例说明,如表3.4所示。

表3.4　3种典型石料的化学组成

岩石名称	化学组成/%							
	氧化硅(SiO_2)	氧化钙(CaO)	氧化铁(Fe_2O_3)	氧化铝(Al_2O_3)	氧化镁(MgO)	氧化锰(MnO)	三氧化硫(SO_3)	磷酸酐(P_2O_5)
石灰石	1.00	55.57	0.27	0.27	0.06	0.01	0.01	—
花岗岩	76.72	1.99	2.87	17.29	0.02	0.02	0.15	0.02
石英石	98.25	0.21	1.23	0.09	—	0.01	0.21	—

根据石料的酸碱性分类标准,可得到3种石料的酸碱性,如表3.5所示。

表3.5　石料的酸碱性划分标准

石料种类	石灰石	花岗岩	石英石
SiO_2含量/%	1.00	76.72	98.25
石料酸碱性	碱性石料	酸性石料	酸性石料

2.石料化学性质对其路用性能的影响

在道路与桥梁的建筑中,各种矿质集料是与结合料(水泥或沥青)组成混合料而使用于结构物中的。早年的研究认为,矿质集料是一种惰性材料,它在混合料中只起物理作用。随着近代物理－化学研究的发展,逐渐认识到矿质集料在混合料中与结合料起着复杂的物理－化学作用,矿质集料的化学性质很大程度地影响着混合料的物理－力学性质。

在沥青混合料中,矿质集料的化学性质变化对沥青混合料的物理－力学性质起着极为重要的作用。例如,在其他条件完全相同的情况下,采用上海附近3种典型石料(包括无锡石灰岩、苏州花岗岩和常熟石英岩)与同一种沥青组成的沥青混合料,它们的强度和浸水后强度就有差异,具体比较如表3.6所示。

表3.6　不同矿物成分集料组成的沥青混合料强度比较

编号	矿质混合料名称	干燥抗压强度(20 ℃) $f_{R(d)}$/kPa	浸水后抗压强度(浸水72 h,20 ℃) $f_{R(w)}$/kPa	浸水后强度降低 S_t/%
1	石灰岩矿质混合料	2 058	1 893	8.01
2	花岗岩矿质混合料	1 372	1 166	15.01
3	石英岩矿质混合料	1 176	917	22.08

注:表中沥青混合料为细粒式密级配,沥青为环烷基沥青,其针入度为60(0.1 mm),沥青用量为7%。

从表 3.6 可以看出,在其他条件完全相同的情况下,仅是矿质集料的矿物成分不同,沥青混合料的强度和浸水后的强度以及强度降低百分率均有显著的差别。石灰岩矿质混合料强度最高,浸水强度降低最少;花岗岩矿质混合料次之;石英岩矿质混合料最差。按化学分析方法对上述 3 种岩石化学组成的分析结果见表 3.4。

从表 3.4 可以看出,3 种矿质混合料在化学组成上不同之处就在于石灰岩含有 CaO 成分很高,SiO_2 的成分很低。而花岗岩与石英岩则正与之相反,SiO_2 含量很高,CaO 含量很低。虽然各种石料有其大致的 SiO_2 含量范围,但是,石料造岩矿物是变化无常的,进行化学组成分析比较复杂,为确定石料与沥青的粘附性,通常在道路工程中采用一些简便的方法。

3.沥青与石料的粘附性

沥青与石料的粘附性直接影响沥青路面的使用质量和耐久性,所以粘附性是评价沥青技术性能的一个重要指标。沥青裹覆石料后的抗水性(即抗剥性)不仅与沥青的性质密切相关,而且也与石料性质有关。

(1)粘附机理

沥青与石料的粘附作用,是一个复杂的物理 - 化学过程。目前,对粘附机理有很多解释。按润湿理论认为,在有水的条件下,沥青对石料的粘附性,可用沥青 - 水 - 石料三相体系来讨论,如图 2.8 所示。设沥青与水的接触角为 θ,石料 - 沥青、石料 - 水和沥青 - 水的界面剩余自由能(简称界面能) 分别为 γ_{sb}、γ_{bw}、γ_{sw},沥青从石料单位表面积上置换水,所做的功 W 为

$$W = \gamma_{sb} + \gamma_{bw} - \gamma_{sw} \tag{3.12}$$

如沥青 - 水 - 石体系达到平衡时,必须满足杨格和杜布尔方程得

$$\gamma_{sb} - \gamma_{sw} - \gamma_{bw}\cos\theta = 0$$

即

$$\gamma_{sb} = \gamma_{sw} + \gamma_{bw}\cos\theta \tag{3.13}$$

把式(3.13) 代入式(3.12) 得

$$W = \gamma_{bw}(1 + \cos\theta) \tag{3.14}$$

由式(3.14) 可知,沥青欲置换水而粘附于石料的表面,主要取决于沥青与水的界面能 γ_{bw} 和沥青与水的接触角 θ。在确定的石料条件下,γ_{bw} 和 θ 均取决于沥青的性质。沥青的性质主要包括沥青的稠度和沥青中极性物质的含量(如沥青酸及其酸酐等)。随着沥青稠度和沥青酸含量的增加,沥青与石料的粘附性提高。

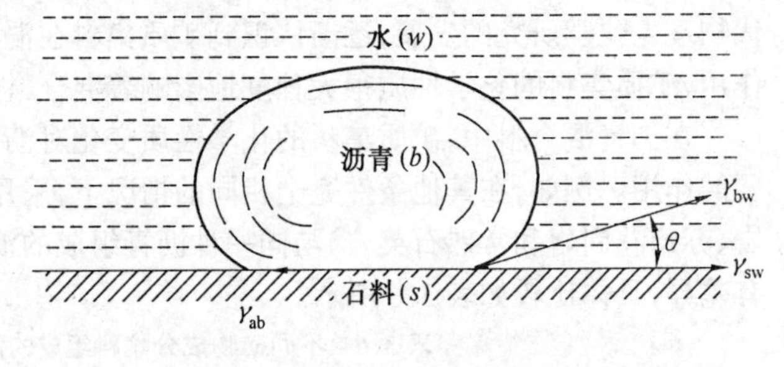

图 3.8 沥青 - 水 - 石料三相体系

(2) 评价方法

沥青与集料粘附性的评价方法最常用的有水煮法和水浸法。

我国现行试验法规定,沥青与集料的粘附性试验,根据沥青混合料的最大粒径决定,大于 13.2 mm 者采用水煮法;小于或等于 13.2 mm 者采用水浸法。

① 水煮法。选取粒径为 13.2 ~ 19 mm 形状接近正立方体的规则集料 5 个,经沥青裹覆后,在蒸馏水中沸煮 3 min,按沥青膜剥落的情况分为 5 个等级来评价沥青与集料的粘附性,等级愈高表示粘附性愈好。水浸法是选取 9.5 ~ 13.2 mm 的集料 100 g 与 5.5 g 的沥青在规定温度条

件下拌和。配制成沥青 - 集料混合料,冷却后浸入 80 ℃ 的蒸馏水中保持 30 min,然后按剥落面积百分率来评定沥青与集料的粘附性。

石料与沥青的粘附性不仅取决于石料的性质,同时也取决于沥青的性质。当沥青性质相同时,不同矿物成分的石料具有不同的粘附性。例如选取石灰岩、花岗岩和石英岩 3 种典型石料,试验结果见于表 3.7。

表 3.7　不同矿物组成石料的粘附性比较

岩石名称	石灰岩	花岗岩	石英岩
水煮法粘附性 (抗剥落面积的等级)	Ⅴ级	Ⅱ级	Ⅰ级

由表 3.7 可以看出,碱性石料与沥青的粘附性好。因此,为保证沥青混合料的强度,在选择石料时应优先考虑采用碱性石料;如当地缺乏碱性石料必须采用酸性石料时,可掺加各种抗剥剂以提高沥青的粘附性。

② 水浸法。该法是基于沥青 - 水 - 集料的体系中,水对沥青的置换作用,而使沥青自集料的表面产生剥离或剥落的原理。以染料作为示踪剂,此染料的特点是对集料吸附,而对沥青不吸附。已知浓度为 C_0 的染料溶液,当染料吸附于剥离和剥落的集料表面后,溶液浓度就降低为 C_1,应用分光光度计可以很快测出浓度的变化,按式(3.15) 可计算得集料表面的染料吸附量,即

$$q = \frac{(C_0 - C_1)V}{m} \tag{3.15}$$

式中,q 为染料吸附量,mg/g;C_0、C_1 分别为试验前和试验后染料溶液浓度,mg/mL;V 为集料溶液的体积,mL;m 为集料质量,g。

根据式(3.15) 计算出白色集料(未用沥青拌和的集料,作为测定的基准) 和黑色集料(拌和沥青后并经剥落试验后的集料) 的吸附量,即可按式(3.16) 计算出沥青 - 集料的吸附性

$$S_n = 1 - \frac{q_1}{q_0} \times 100\% \tag{3.16}$$

式中,S_n 为吸附性,%;q_0、q_1 分别为白色和黑色集料的吸附量,mg/g。

3.3.2　石料的技术标准

1.路用石料的技术分级

道路用天然石料按其技术性质分为 4 个岩类,如表 3.8 所示。各岩组按其物理 - 力学性质(主要为饱水状态的抗压强度和磨耗率)各分为 4 个等级,如表 3.9 所示。

表 3.8　岩石分级表

岩石类别	代表性岩石
Ⅰ岩浆岩类	花岗岩、正长岩、辉长岩、辉绿岩、闪长岩、橄榄岩、玄武岩、安山岩、流纹岩等
Ⅱ石灰岩类	石灰岩、白山岩、泥灰岩、凝灰岩等
Ⅲ砂岩和片岩类	石灰岩、砂岩、片麻岩、石英片麻岩等
Ⅳ砾石类	砾岩

表 3.9　岩石等级表

等级	Ⅰ级	Ⅱ级	Ⅲ级	Ⅳ级
强度说明	最坚强的岩石	坚强的岩石	中等强度的岩石	较软的岩石

2.路用石料的技术标准

不同岩类的各级石料的技术指标要求列于表 3.10。

表 3.10　路用天然石料等级和技术标准

岩石类别	主要岩石名称	石料等级	技术标准		
			极限抗压强度(饱水状态)/MPa	磨耗率/%	
				洛杉矶式磨耗机试验法	狄法尔式磨耗机试验法
1	2	3	4	5	6
Ⅰ岩浆岩类	花岗岩、正长岩、辉长岩、辉绿岩等	1	>120	<25	<4
		2	100~120	25~30	4~5
		3	80~100	30~45	5~7
		4	–	45~60	7~10
Ⅱ石灰岩类	石灰岩、白山岩、泥灰岩、凝灰岩等	1	>100	<30	<5
		2	80~100	30~35	5~6
		3	60~80	35~50	6~12
		4	30~60	50~60	12~20
Ⅲ砂岩和片岩类	石灰岩、砂岩、片麻岩、石英片麻岩等	1	>100	<30	<5
		2	80~100	30~35	5~7
		3	50~80	35~45	7~10
		4	30~50	45~60	10~15
Ⅳ砾石类	砾岩	1	–	<20	<5
		2	–	20~30	5~7
		3	–	30~50	7~12
		4	–	50~60	12~20
试验方法			JTJ 054 T 0212–94	JTJ 054 T 0220–94	JTJ 054 T 0221–94

3.4 集料的技术性质

集料包括岩石、自然风化而成的砾石(卵石)、砂以及岩石经人工轧制的各种尺寸的碎石。集料是在混合料中起骨架和填充作用的粒料,包括碎石、砾石、石屑、砂等。不同粒径的集料在沥青混合料中所起的作用不同,因此对它们的技术要求也不同。为此将集料分为细集料和粗集料两种。在沥青混合料中,一般粒径小于4.75 mm者称为细集料,大于4.75 mm者称为粗集料。

3.4.1 集料的物理性质

1.集料的密度

在计算集料的密度时,不仅要考虑到集料颗粒中的孔隙(开口孔隙或闭口孔隙),还要考虑颗粒间的空隙。集料的体积和质量的关系如图3.9所示。

(1)表观密度

集料的表观密度(简称视密度)是在规定条件(105±5 ℃烘干至恒重)下,单位表观体积(包括矿质实体和闭口孔隙的体积)的质量。

集料表观密度以 ρ_a 表示

$$\rho_a = \frac{m_s}{V_s + V_n} \tag{3.17a}$$

式中,ρ_a 为集料的表观密度,g/cm^3;m_s 为材料矿质实体的质量,g;V_s 为材料矿质实体的体积,cm^3;V_n 为材料不吸水的闭口孔隙的体积,cm^3。

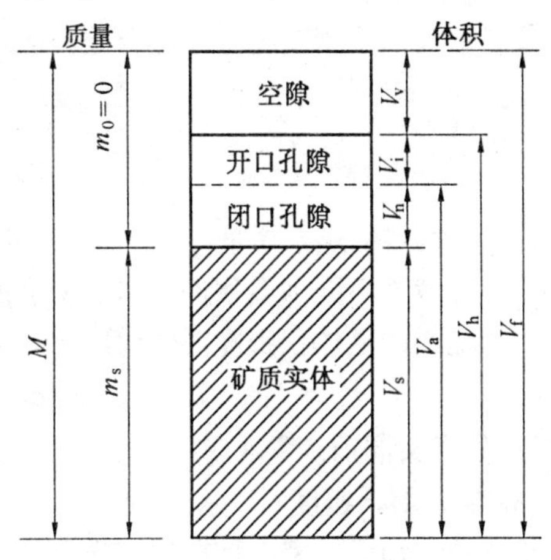

图3.9 集料的体积和质量的关系

集料表观密度测定原理按照《公路工程集料试验规程》(JTJ 058-2000 T 0308)的规定,采用静水天平法。将集料在规定条件(105±5 ℃烘干至恒重)下烘干后称其质量为 m_a,再将干燥集料装在金属吊篮中浸水24 h,使开口孔隙吸水饱和,然后在静水天平上称出饱水集料在水中的质量 m_w,再用湿毛巾擦干饱水集料的表面水后称得饱和面干质量 m_f,根据集料的烘干质量 m_a 和 m_w 按下式计算集料表观相对密度 γ_a

$$\gamma_a = \frac{m_a}{m_a - m_w}$$

式中,m_a 为集料的烘干质量,g;m_w 为集料饱水后在水中的质量,g。

同样,由于在不同水温条件下水的密度不同,集料在水中称得的质量也不同,必须考虑不同水温条件下水的密度的影响。例如,在实际的沥青混合料配合比设计或施工质量检验计算理论密度时,使用室温条件下粗集料与水的相对密度,此温度差对沥青混合料的空隙率有影响。所以一般应先计算集料的表观相对密度,再计算相应条件下集料的密度。其计算式为

$$\rho_a = \rho_T \times \gamma_a = (\gamma_a - \alpha_T)\rho_w \tag{3.17b}$$

式中,ρ_a 为集料的表观密度,g/cm^3;α_T 为实验温度 T 时的水温修正系数,见表3.11;ρ_T 为实验温度 T 时水的密度,见表3.11;ρ_w 为4℃时水的密度,取1.00 g/cm^3。

表 3.11 不同水温时水的密度和水温修正系数

水温/℃	15	16	17	18	19	20	21	22	23	24	25
ρ_T/(g·cm^{-3})	0.999 13	0.998 78	0.998 80	0.998 62	0.998 43	0.998 22	0.998 02	0.997 79	0.997 56	0.997 33	0.997 02
α_T	0.002	0.003	0.003	0.004	0.004	0.005	0.005	0.006	0.006	0.007	0.007

(2)毛体积密度

集料的毛体积密度是在规定的条件下,单位毛体积(包括矿质实体、闭口孔隙和开口孔隙)的质量。集料毛体积密度按图 3.9,可由下式求得

$$\rho_a = \frac{m_s}{V_s + V_n + V_i} \tag{3.18a}$$

式中,ρ_b 为集料毛体积密度,g/cm^3;V_s、V_n、V_i 分别为集料矿质实体、闭口孔隙和开口孔隙体积,cm^3;m_s 为矿质实体质量,g。

集料饱和面干密度测定原理与集料表观密度测定原理相同,但按下式计算饱和面干相对密度 γ_b

$$\gamma_b = \frac{m_a}{m_f - m_w}$$

式中,m_a 为集料的烘干质量,g;m_f 集料的饱和面干质量,g;m_w 为集料饱水后在水中的质量,g。

同样应考虑不同水温条件下水的密度的影响,先计算集料的毛体积相对密度,再计算相应条件下的集料的毛体积密度。其计算式为

$$\rho_b = \rho_T \gamma_b = (\gamma_b - \alpha_T)\rho_w \tag{3.18b}$$

式中,符号意义同前。

(3) 饱和面干密度

集料的饱和面干密度是在规定的条件下,单位毛体积(包括矿质实体、闭口孔隙和开口孔隙) 的饱和面干质量。集料饱和面干密度可由下式求得

$$\rho_s = \frac{m_f}{V_s + V_n + V_i} \tag{3.19a}$$

式中,ρ_s 为集料毛体积密度,g/cm^3;V_s、V_n、V_i 分别为集料矿质实体、闭口孔隙和开口孔隙体积,cm^3;m_f 为集料的饱和面干质量,g。

集料饱和面干密度测定原理与集料表观密度测定原理相同,但按下式计算饱和面干相对密度 γ_s

$$\gamma_s = \frac{m_f}{m_f - m_w}$$

式中,m_f 为集料的饱和面干质量,g;m_w 为集料饱水后在水中的质量,g。

同样应考虑不同水温条件下水的密度的影响,先计算集料的表干相对密度,再计算相应条件下的集料的表干密度。其计算式为

$$\rho_s = \rho_T \gamma_s = (\gamma_s - \alpha_T)\rho_w \tag{3.19b}$$

式中,符号意义同前。

(4) 堆积密度

集料的堆积密度是集料装填于容器中包括集料空隙(颗粒之间的)和孔隙(颗粒内部的)在内的单位体积的质量,可按下式求得

$$\rho_1 = \frac{m_s}{V_s + V_n + V_i + V_v} \tag{3.20a}$$

式中,ρ_1为集料的堆积密度,g/cm^3;V_s、V_n、V_i、V_v分别为集料矿质实体、闭口孔隙、开口孔隙和空隙的体积,cm^3;m_s为矿质实体的质量,g。

集料的堆积密度由于颗粒排列的松紧程度不同,又可分为自然堆积密度、振实堆积密度和捣实堆积密度。集料的自然堆积密度是干燥的粗集料用平头铁锹离筒口50 cm左右装入规定容积的容量筒的单位体积的质量;振实堆积密度是将装满试样的容量筒在振动台上振动3 min后单位体积的质量;捣实堆积密度是将试样分3次装入容量筒,每层用振捣棒均匀捣实25次的单位体积的质量。

堆积密度测定原理参考《公路工程集料试验规程》(JTJ 058 – 2000 T 0309)的规定,将干燥的材料用平头铁锹离筒口50 cm左右装入、振动台上振动或振捣棒均匀捣实成体积为V的容量筒内,并称得其质量为m_2,倒出材料再称得容量筒的质量为m_1。按式(3.20b)计算材料的堆积密度(包括堆积密度、振实密度和捣实密度)

$$\rho_1 = \frac{m_2 - m_1}{V} \tag{3.20b}$$

式中,ρ_1为集料的堆积密度,g/cm^3;m_1为容量筒的质量,g;m_2为容量筒和试样的总质量,g;V为容量筒的体积,cm^3。

(5) 沥青混凝土用粗集料捣实状态间隙率

粗集料捣实状态间隙率是沥青混合料配合比设计中选择级配时的一个重要参数,它反映了混合料的骨架结构特性。材料捣实状态的骨架(通常指粒径4.75 mm以上的部分)间隙率按下式计算

$$\mathrm{VCA_{DRC}} = \left(1 - \frac{\rho_1}{\rho_b}\right) \times 100\% \tag{3.21}$$

式中,$\mathrm{VCA_{DRC}}$为捣实状态下粗集料的骨架间隙率,%;ρ_b为粗集料的毛体积密度,g/cm^3;ρ_1为捣实状态下粗集料的堆积密度,g/cm^3。

(6) 含水率

集料含水率是集料在自然状态条件下含水量的大小,集料含水率ω可按式(3.22)计算

$$\omega = \frac{m_1 - m_2}{m_2 - m_0} \times 100\% \tag{3.22}$$

式中,m_0为容器质量,g;m_1为未烘干的试样与容器的总质量,g;m_2为烘干后的试样与容器的总质量,g。

集料在饱水状态下的吸水率与集料孔隙大小有一定的关系,因此,一般状态下要测定材料的吸水率。粗集料的吸水率可按式(3.23)计算

$$\omega_x = \frac{m_2 - m_1}{m_1 - m_3} \times 100\% \tag{3.23}$$

式中,m_1为烘干后的试样与容器的总质量,g;m_2为烘干前的试样与容器的总质量,g;m_3为容器质量,g。

2.集料的坚固性

坚固性试验是确定碎石或砾石经饱和硫酸钠溶液多次浸泡与烘干循环后,承受硫酸钠结晶膨胀而不发生显著破坏或强度降低的性能,测定石料坚固(也称安定性)的方法。

集料坚固性测定原理参考《公路工程集料试验规程》(JTJ 058 - 2000 T 0314)的规定,选取规定数量的集料,分别装在金属网篮中浸入饱和硫酸钠溶液中进行干湿循环试验。经一定的循环次数后,观察其表面破坏情况,并用质量损失百分率来计算其坚固性。

3.针片状颗粒含量

沥青混合料中粗集料的针片状颗粒含量对沥青混凝土性能影响较大,因此不同等级公路对粗集料针片状颗粒含量的要求也有所不同。

粗集料针片状颗粒含量试验(游标卡尺法)是指用游标卡尺测定的粗集料颗粒的最大长度(或宽度)方向与最小厚度(或直径)方向的尺寸之比大于3倍的颗粒。

粗集料针片状颗粒含量测定原理参考《公路工程集料试验规程》(JTGE 42 - 2005 T 0312)的规定,选取规定数量的集料平摊于桌面,首先用目测挑出接近立方体的颗粒,剩下颗粒用卡尺逐一测量,挑出针片状颗粒,并称取针片状颗粒的质量。以针片状颗粒的质量与试验用的集料总质量的百分比作为粗集料针片状颗粒含量,以百分率计。此值可用于评价集料的形状和抗压碎能力,以评价石料生产厂的生产水平及该材料在工程中的适用性。

4.含泥量和泥块含量

存在于集料中或包裹在集料颗粒表面的泥土会降低水泥的水化反应速度,也会妨碍集料与水泥(或沥青)间的粘结能力,显著影响混合料的整体强度和耐久性,应对其含量加以限制。

(1) 含泥量与石粉含量

含泥量是指集料中粒径小于0.075 mm的颗粒含量,石粉含量是指人工砂中小于0.075 mm的颗粒含量,两者均按照式(3.24)计算

$$Q_a = \frac{m_0 - m_1}{m_0} \times 100\% \tag{3.24}$$

式中,Q_a为集料的含泥量和石粉含量,%;m_0为试验前烘干集料试样的质量,g;m_1为经过筛洗后,0.075 mm筛上烘干试样的质量,g;

严格地讲,含泥量应该是集料中的泥土含量,而采用筛洗法得到的粒径小于0.075 mm的颗粒中实际上包含了矿粉、细砂和粘土成分,而筛洗法很难将这些成分加以区别。将通过0.075 mm颗粒部分全部当作“泥土”的做法欠妥,因此,在《公路沥青路面施工技术规范》(JTJ 032 - 94)中,以“砂当量SE”代替含泥量指标,将筛洗法测定的结果成为小于0.075 mm颗粒的含量;在《建筑用砂》(GB/T 14684 - 2001)中,增加了“甲基兰MB值”指标。

① 砂当量SE。砂当量用于测定细集料中所含粘性土和杂质的含量,判断集料的洁净程度,对集料中小于0.075 mm的矿粉、细砂与“泥土”加以区别,砂当量值越大表明在小于0.075 mm部分所含的矿粉与细砂比例越高。在《公路工程集料试验规程》(JTG E42 - 2005 T 0334)中规定了砂当量的测试方法。

② 亚甲基MBV值。亚甲蓝MBV用于判别人工砂中小于0.075 mm颗粒含量主要是泥土还是与被加工母岩化学成分相同的石粉。按照《公路工程集料试验规程》(JTG E42 - 2005 T 0349)的方法,“亚甲蓝MBV值”的测定方法是将小于2.36 mm的人工砂试样200 g与500 mL水持续搅拌形成悬浮液。在悬浮液中加入5 mL亚甲蓝溶液,搅拌1 min,用玻璃棒沾取一滴悬浮液,滴

于滤纸上,观察沉淀物周围是否出现色晕,重复这个过程,直到沉淀物周围出现约1 mm直径的稳定浅蓝色色晕,然后继续进行搅拌和沾染试验,至色晕可以持续5 min。“亚甲蓝MBV值”按式(3.25)计算,精确至0.1。“亚甲蓝MBV值”较小时表明粒径小于0.075 mm颗粒主要是与母岩化学成分相同的石粉。

$$\mathrm{MBV} = \frac{V}{G} \times 10 \tag{3.25}$$

式中,MBV为亚甲蓝值,g/kg,表示1 kg人工砂试样(0 ~ 2.36 mm)所消耗的亚甲蓝克数;G为试样质量,g;V为所加入的亚甲蓝溶液的容量,mL。

为了缩短试验时间,可以采用亚甲蓝快速试验。在悬浮液中一次加入30 mL亚甲蓝溶液后持续搅拌8 min后,用玻璃棒沾取一滴悬浮液,滴于滤纸上,观察沉淀物周围是否出现明显色晕。若沉淀物周围出现明显色晕,则判定亚甲蓝快速试验为合格;若沉淀物周围未出现明显色晕,则判定亚甲蓝快速试验为不合格。

(2) 泥块含量

泥块含量是指粗集料中原尺寸大于4.75 mm(细集料中则为1.18 mm),经水浸洗、手捏后小于2.36 mm(细集料中则为0.6 mm)的颗粒含量,按照式(3.26)计算。集料中的泥块主要以3种类型存在:由纯泥组成的团块;由砂、石屑与泥组成的团块;包裹在集料颗粒表面的泥。

$$Q_b = \frac{G_1 - G_2}{G_2} \times 100\% \tag{3.26}$$

式中,Q_b为集料的泥块含量,%;G_1为粗集料为4.75 mm(细集料为1.18 mm)筛以上的试样的质量,g;G_2为粗集料为4.75 mm(细集料为1.18 mm)筛以上的试样经水洗后,在2.36 mm(细集料为0.6 mm)筛上烘干试样的质量,g。

3.4.2 集料的力学性质

道路路面建筑用粗集料的力学性质,主要是压碎值和洛杉矶磨耗值;抗滑表层用集料的3项试验为磨光值、道瑞磨耗值和冲击值。现将压碎值、磨光值、冲击值和道瑞磨耗值分述于后。

不同道路等级对抗滑表层集料的磨光值、道瑞磨耗值和冲击值的技术要求,按《公路沥青路面施工技术规范》(JTJ 032 - 94)列于表3.12中。

表3.12 抗滑表层用集料技术要求

指　　标	高速公路、一级公路	其他公路
集料磨光值(PSV)不小于	42	35
道瑞磨耗值(AAV)不大于	14	16
集料冲击值(AIV/%)不大于	28	30

1.集料压碎值

集料压碎值是集料在逐渐增加的荷载下抵抗压碎的能力。它作为相对衡量石料强度的一个指标,用以评价公路沥青路面面层和基层用集料的质量。按现行《公路工程集料试验规程》(JTGE 42 - 2005 T 0316)的规定,该方法是将9.5 ~ 13.2 mm的集料试样,先用一个容积为1 767 cm³的标准量筒,分3层装料并用标准的方法夯实,确定实验时所需集料的数量。然后按此确定的集料试样，用标准夯实法分3层装入压碎值测定仪的钢质圆筒内，如图3.10所示，每层用夯棒夯25次，最后在碎石上再加一压头。将试模移于压力机上，于10 min内加荷至400 kN，使压头匀速压入筒内，部分集料即被压为碎屑，测定通过2.36 mm方筛孔的碎屑质量占原集料总质量的百分率，即为压碎值，可按下式求得

$$C_{ru} = \frac{m_1}{m_0} \times 100\% \qquad (3.27)$$

式中，m_0 为试验前试样质量，g；m_1 为试验后通过2.36 mm筛孔细料质量，g。

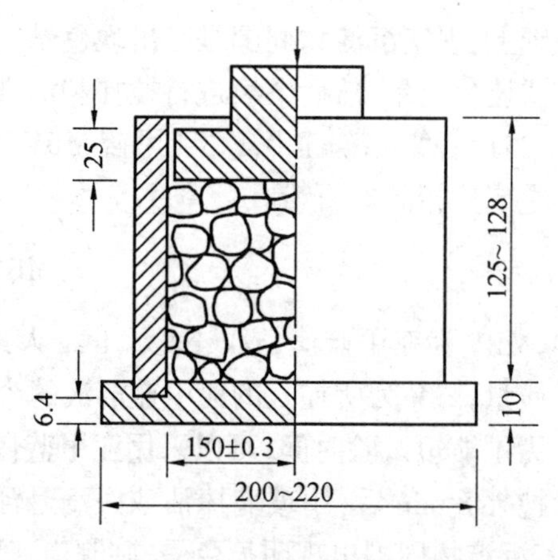

图3.10 碎石压碎值测定仪(单位:mm)

2.集料磨光值

现代高速交通的行车条件对路面的抗滑性提出更高的要求。作为路面用的集料，在车辆轮胎的作用下，不仅要求具有较高的抗磨耗性，而且要求具有较高的抗磨光性。集料的抗磨光性，按我国现行《公路工程集料试验规程》(JTGE 42－2005 T 0321)，采用石料磨光值来表示，利用加速磨光机磨光集料，用摆式摩擦系数测定仪测定的集料经磨光后的摩擦系数值，以PSV表示。

集料磨光值的实验方法是选取9.5～13.2 mm集料试样，密排于试模中，先用砂填密集料间空隙，然后再用环氧树脂砂浆固结，经养护24 h后，即制成试件。每种集料要制备4块试件。将制备好的试件安装于加速磨光机的道路轮上，如图3.11所示，当电机开动时，模拟汽车轮胎即以640±10 r/min的转速旋转，道路轮在轮胎带动下随之旋转，在两轮之间加入水和金刚砂，使试件受到磨料金刚砂的磨耗。先用30号金刚砂磨3 h，然后用280号金刚砂磨3 h。共经磨耗6 h后取下试件，冲洗去金刚砂，用摆式磨擦系数仪测定试件的磨擦系数值，乘以折算系数及按标准试件磨光平均值换算后，即可得到石料磨光值。

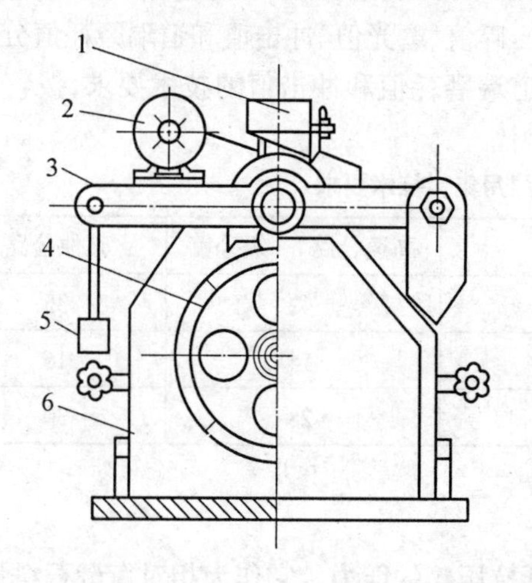

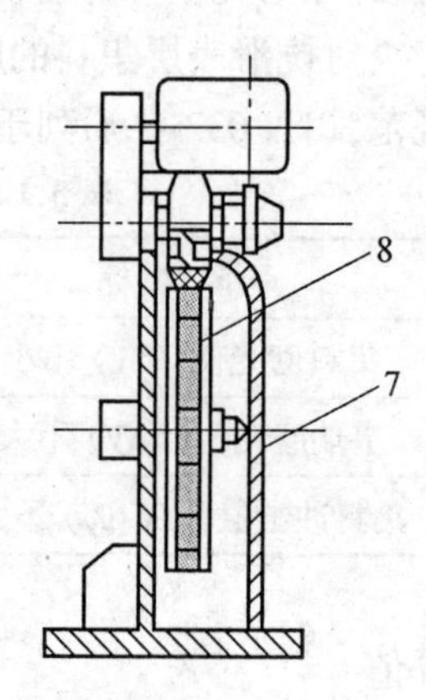

图3.11 JM－1型加速磨光机

1—金刚砂箱；2—电动机；3—模拟汽车轮胎；4—道路轮；5—配重锤；6—底座；7—罩壳；8—试件

得到的石料磨光值愈高，表示其抗滑性愈好。抗滑表层应选用磨光值高的集料，如玄武

岩、安山岩、砂岩和花岗岩等。几种典型集料的磨光值见3.13。

表3.13 几种典型集料的磨光值

岩石名称		石灰岩	角页岩	斑岩	石英岩	花岗岩	玄武岩	砂岩
磨光值(PSV)	平均值	43	45	56	58	59	62	72
	(范围)	(30~70)	(40~50)	(43~71)	(45~67)	(45~70)	(45~81)	(60~82)

3.集料冲击值

集料抵抗多次连续重复冲击荷载作用的性能,称为抗冲韧性。按照现行《公路工程集料试验规程》(JTG E42-2005 T 0322-2000)规定,集料抗冲击能力采用"集料冲击值"表示。

集料冲击值的试验方法是选取粒径为9.5~13.2 mm(方孔筛)的集料试样,用金属量筒分3次捣实的方法确定试验用集料数量。将集料装于冲击值试验仪的盛样器中,如图3.12所示,用捣实杆捣实25次,使其初步压实。然后用质量为13.62 kg的冲击锤,沿捣杆自380±5 mm处自由落下锤击集料,并连续锤击15次,每次锤击间隔时间不少于1 s。

将试验后的集料在2.5 mm的筛上筛分并称量。冲击值按下式计算

$$\mathrm{AIV}=\frac{m_1}{m_0}\times 100\% \qquad (3.28)$$

式中,AIV为集料的冲击值,%;m_0为原试样质量,g;m_1为实验后通过2.5 mm筛孔的试样质量,g。

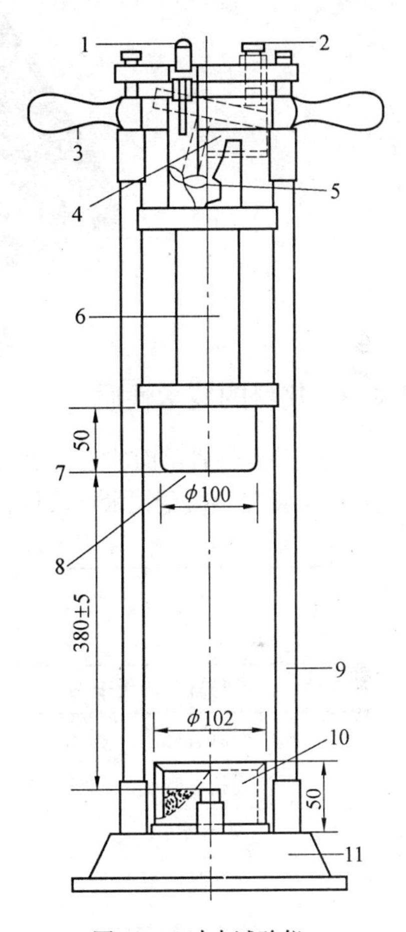

图3.12 冲击试验仪

1—卸机销钉;2—可调的卸机制动螺栓;3—手提把;4—冲击计数器;5—卸机钩;6—冲击锤;7—削角;8—钢化表面;9—冲击锤导杆;10—圆形钢筒内侧钢化表面;11—圆形基座

4.集料道瑞磨耗值(道瑞试验)

道瑞磨耗值用于评定抗滑表层所用粗集料抵抗车轮撞击及磨耗的能力。按《公路工程集料试验规程》(JTG E42-2005 T 0323-2000),是采用道瑞磨耗实验机来测定集料磨耗值。其方法是选取粒径为9.5~13.2 mm洗净、烘干的集料试样,单层紧排于两个试模内(不少于24粒),然后排砂并用环氧树脂砂浆填充密实。经养护24 h后,拆模取出试件,刷清残砂,准确称取试件质量,然后将试件安装在实验机附近的托盘上。为保证试件受磨时的压力固定,应使试件、托盘和配重的总质量为2 000±10 g。将试件安装于道瑞磨耗实验机上。道瑞磨耗实验机的磨盘以28~30 r/min的转速旋转,与此同时,料斗上的石英砂、磨料可均匀的洒于磨盘上,如图3.13所示,石英砂磨料流速应保证为700~900 g/min。可预磨100圈调整流速,然后再磨400圈,共磨500圈后,取出试件,刷净残砂,准确称出试件质量。每块试件的道瑞磨耗值为

$$AAV = \frac{3(m_0 - m_1)}{\rho_{ssD}} \tag{3.29}$$

式中,AAV 为道瑞磨耗值;m_0 为磨耗前试件的质量,g;m_1 磨耗后试件的质量,g;ρ_{ssD}为集料饱和面干密度,g/cm^3。

集料的道瑞磨耗值愈高,表明集料的耐磨性愈差。高速公路、一级公路抗滑层所用集料的 AAV 应不大于 14。

图 3.13 集料磨耗试验试样

3.4.3 集料的技术性质

根据《公路沥青路面施工技术规范》(JTG F40 - 2004),沥青混合料用粗集料质量技术要求见表 3.14,细集料质量技术要求见表 3.15。

表 3.14 沥青混合料用粗集料质量技术要求

指标	单位	高速公路及一级公路		其他等级公路	试验方法
		表面层	其他层次		
压碎值,不大于	%	26	28	30	T 0316
洛杉矶磨耗值,不大于	%	28	30	35	T 0317
表观相对密度,不小于	–	2.60	2.50	2.45	T 0304
吸水率,不大于	%	2.0	3.0	3.0	T 0304
坚固性,不大于	%	12	12	–	T 0314
针片状颗粒含量					T0312
按照配合比设计的混合料,不大于	%	15	18	20	
其中粒径大于 9.5 mm,不大于	%	12	15	–	
其中粒径小于 9.5 mm,不大于	%	18	20	–	
0.075 mm 通过率(水洗法),不大于	%	1	1	1	T 0310
软石含量,不大于	%	3	5	5	T 0320

表 3.15　沥青混合料用细集料质量技术要求

项目	单位	高速公路、一级公路	其他等级公路	试验方法
表观相对密度,不小于	-	2.50	2.45	T 0328
坚固性,不大于	%	12	-	T 0340
0.075 mm 含量(水洗法),不大于	%	3	5	T 0333
砂当量,不小于	%	60	50	T 0334
亚甲蓝值,不大于	g/kg	25	-	T 0346
棱角性(流动时间),不小于	s	30	-	T 0345

3.5　集料的级配与级配理论

在水泥混凝土或沥青混合料中,所用集料颗粒的粒径尺寸范围较大,而天然或人工轧制的一种集料往往仅由几种粒径尺寸的颗粒组成,难以满足工程对某一混合料的目标设计级配范围的要求,因此需要将两种或两种以上的集料配合使用,构成所谓的矿质混合料,简称矿料。矿质混合料组成设计的目的就是根据目标级配范围要求,确定各种集料在矿质混合料中的合理比例。进行矿质混合料组成设计,必须首先明确目标级配范围,为此首先应掌握级配组成对矿料技术性能的影响。

3.5.1　集料的级配

集料级配的表示方法分述如下。

1.筛分试验

(1) 标准筛

矿质集料的级配采用筛分试验确定。其方法是取一定数量的集料试样,在标准筛上进行筛分试验(标准筛是指形状和尺寸规格符合要求的系列样品筛)。集料颗粒的尺寸用粒径表示,称为粒度。通常集料的粒径以方孔筛为准,标准筛尺寸依次为 70 mm、63 mm、53 mm、37.5 mm、31.5 mm、26.5 mm、19 mm、16 mm、13.2 mm、9.5 mm、4.75 mm、2.36 mm、1.18 mm、0.6 mm、0.3 mm、0.15 mm 和 0.075 mm。

(2) 级配参数

在筛分试验中,分别称量集料试样存留在各筛上的筛余质量,然后计算出反映该集料试样级配的有关参数:分计筛余百分率 a_i、累计筛余百分率 A_i 和通过百分率 p_i。

分计筛余百分率 a_i 是指某号筛上的筛余质量占试样总质量的百分率,按式(3.30) 计算

$$a_i = \frac{m_i}{M} \times 100\% \tag{3.30}$$

式中,m_i 为存留在某号筛上的试样质量,g;M 为集料风干试验的总质量,g。

累计筛余百分率 A_i 是指某号筛的分计筛余百分率和大于该号筛的各筛分计筛余百分率之总和,可按式(3.31) 求得

$$A_i = a_1 + a_2 + \cdots + a_i \tag{3.31}$$

式中，a_1、a_2、…、a_i 分别为各号筛的分计筛余百分率，%。

通过百分率 p_i 是指某号筛的试样质量占试样总质量的百分率，即 100% 与某号筛累计筛余百分率之差，按式(3.32) 求得

$$p_i = 100\% - A_i \tag{3.32}$$

式中，A_i 为某号筛累计筛余百分率，%。

由于粗、细集料的粒径范围不同，筛分试验中采用的标准套筛尺寸范围及试样质量有所不同。

2. 细集料的细度模数

细度模数是用于评价细集料粗细程度的指标，为细集料筛分试验中各号筛上的累计筛余百分率之和除以 100 之商，按式(3.33a) 计算

$$\mu_f = \frac{\sum_{0.15}^{2.36} A_i}{100} = \frac{1}{100}(A_{2.36} + A_{1.18} + A_{0.6} + A_{0.3} + A_{0.15}) \tag{3.33a}$$

当细集料中含有大于 2.36 mm 的颗粒时，则按式(3.33b) 计算

$$\mu_f = \frac{(A_{2.36} + A_{1.18} + A_{0.6} + A_{0.3} + A_{0.15}) - 5A_{4.75}}{100 - A_{4.75}} \tag{3.33b}$$

式中，μ_f为细度模数；$A_{4.75}$、$A_{2.36}$、…、$A_{0.15}$分别为4.75 mm、2.36 mm、…、0.15 mm各筛的累计筛余百分率，%。

细度模数愈大，表示细料愈粗。砂按细度模数分为粗、中、细 3 种规格，相应的细度模数分别为粗砂：$\mu_f = 3.1 \sim 3.7$；中砂：$\mu_f = 2.3 \sim 3.0$；细砂：$\mu_f = 1.6 \sim 2.2$。

细度模数的数值主要取决于0.15 mm筛到2.36 mm筛5个粒径的累计筛余量，由于在累计筛余的总和中，粗颗粒分计筛余的“权”比细颗粒大，所以它的数值在很大程度上取决于粗颗粒含量；另外，细度模数的数值与小于 0.16 mm 的颗粒含量无关，所以细度模数在一定程度上能反映砂的粗细程度，但并不能全面反映砂的粒径分布情况，因为不同级配的砂具有相同的细度模数。

【例题 3.1】 分析某细集料的级配组成并计算其细度模数。

解 取集料试样 500 g，进行筛分试验，各号筛上的质量见表 3.16。

按照式(3.28) ~ (3.30) 分别计算该集料的分计筛余百分率、累计筛余百分率和通过百分率，将结果列入表 3.16。

表 3.16 某细集料筛分试验计算示例

筛孔尺寸 /mm	9.5	4.75	2.36	1.18	0.6	0.3	0.15	0.075	筛底	总计
筛余质量 m_i/g	0	15	63	99	105	115	75	22	6	500
分计筛余百分率 a_i/%	0	3	12.6	19.8	21	23	15	4.4	1.2	100
累计筛余百分率 A_i/%	0	3	15.6	35.4	56.4	79.4	94.4	98.8	100	-
通过百分率 p_i/%	100	97	84.4	64.6	43.6	20.6	5.6	1.2	0	-

将 0.15 ~ 4.75 mm 筛的累计筛余百分率代入式(3.33b)，得该集料的细度模数为

$$\mu_f = \frac{(15.6 + 35.4 + 56.4 + 79.4 + 94.4) - 5 \times 3}{100 - 3} = 2.74$$

因 $\mu_f = 2.74$,属于 3.0 ~ 2.3 之间,故属于中砂。

3. 集料的级配曲线

(1) 级配曲线的绘制

集料的筛分试验结果不仅可以用表 3.16 的形式表示,还可以用级配曲线反映。在级配曲线图中,通常用纵坐标表示通过百分率(或累计筛余百分率),用横坐标表示某号筛的筛孔尺寸,如图 3.14 所示。

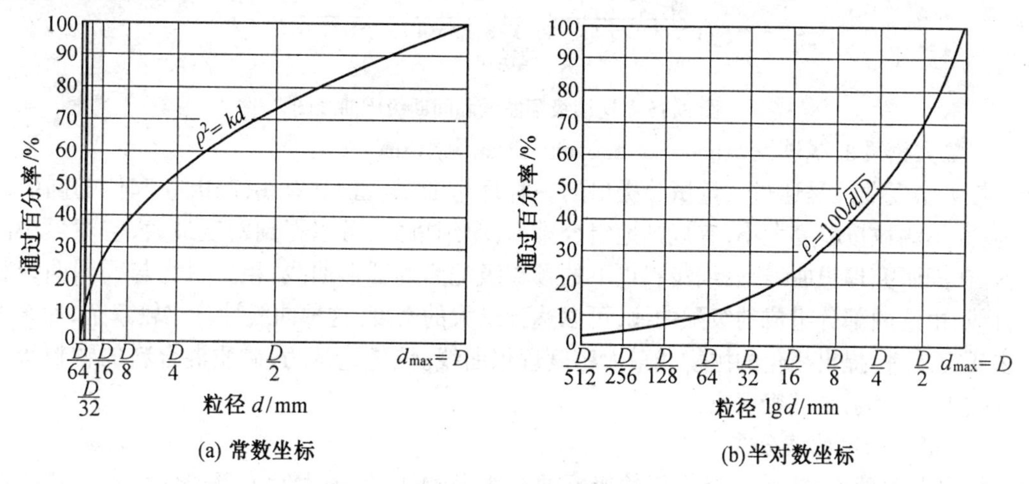

图 3.14　集料级配曲线示意图

在标准套筛中,筛孔尺寸大致是以 1/2 递减的,如果级配曲线的纵、横坐标均以常数坐标表示,横坐标上的筛孔尺寸位置将前疏后密,如图 3.20(a) 所示。为了便于绘制和查阅,横坐标通常采用对数坐标,这样可使大部分筛孔尺寸在横坐标上以等距排列,如图 3.20(b) 所示。绘制级配曲线时,首先在横坐标上标明筛孔尺寸的对数位置,在纵坐标上标出通过百分率(或累计筛余百分率) 的常数坐标位置,然后将筛分试验计算结果点绘于坐标图上,最后将各点连成级配曲线。在同一张图中可以同时绘制 2 条以上级配曲线,但需注明每条曲线所代表的集料品种。

(2) 级配曲线的类型

根据矿质集料级配曲线的形状,将其划分为连续级配和间断级配。连续级配(Continuous Gradation) 是某一矿质混合料在标准筛孔组成的套筛中进行筛析时,所得的级配曲线平顺圆滑,具有连续、不间断的性质,相邻粒径的粒料之间有一定的比例关系(按质量计)。这种由大到小、逐级粒径均有、并按比例互相搭配组成的矿质混合料,称为连续级配矿质混合料。间断级配(Gap Gradation) 间断级配是在矿质混合料中剔除其中一个(或几个) 分级,形成一种不连续的混合料。这种混合料称为间断级配矿质混合料。连续级配曲线和间断级配曲线如图 3.15 所示。

3.5.2　级配理论

目前常用的级配理论主要有最大密度曲线理论和粒子干涉理论。最大密度曲线理论主要描述了连续级配的粒径分布。粒子干涉理论不仅可用于计算连续级配,而且也可用于计算间断级配。

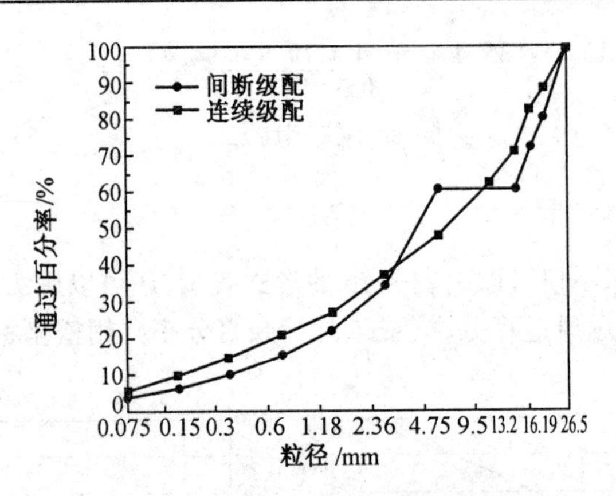

图 3.15　连续级配曲线和间断级配曲线图

1. 最大密度曲线理论(Theory of Maximum Density Curve)

最大密度曲线是通过大量试验提出的一种理想曲线。富勒(W.B.Fuller)和他的同事研究认为:固体颗粒按粒度大小,有规则地组合排列,粗细搭配,可以得到密度最大、空隙最小的混合料。初期研究理想曲线是:细集料以下的颗粒级配为椭圆形曲线,粗集料为与椭圆曲线相切的直线,由这两部分组成的级配曲线,可以达到最大的密度。这种曲线计算比较繁杂,后来经过许多研究改进,提出简化的抛物线最大密度理想曲线。该理论认为,矿质混合料的颗粒级配曲线愈接近抛物线,则其密度愈大。

(1) 最大密度曲线公式

根据上述理论,当矿质混合料的级配曲线为抛物线时,最大密度理想曲线集料各级粒径(d_i)与通过量(p_i)的关系式为

$$p_i = 100\left(\frac{d_i}{D}\right)^{0.5} \tag{3.34}$$

式中,d_i 集料各级粒径,mm;p_i 为集料各级粒径的通过率,%;D 为矿质混合料的最大粒径,mm。

(2) 最大密度曲线 n 幂公式

Talbol 将 Fuller 曲线指数 0.5 改称 n,认为指数不应该是一个常数,而应该是一个变量。研究认为,沥青混合料中用 $n = 0.45$ 时,密度最大;水泥混凝土中用 $n = 0.25 \sim 0.45$ 时施工和易性较好。通常使用的矿质混合料的级配范围(包括密级配和开级配)n 在 $0.3 \sim 0.7$ 之间。因此在实际应用时,矿质混合料的级配曲线应该允许在一定范围内波动,可以假定 n 分别为 0.3 和 0.7 计算混合料的级配上限和下限,即

$$p_i = 100\left(\frac{d_i}{D}\right)^n \tag{3.35}$$

式中,n 为试验指数,其他符号意义同前。

【例 3.2】　已知矿质混合料最大粒径为 40 mm,试用最大密度曲线公式计算其最大密度曲线的各级粒径的通过百分率;并按 $n = 0.3 \sim 0.7$ 计算级配范围曲线的各级粒径的通过百分率。

【解】　具体计算结果见表 3.17。

表 3.17　最大密度曲线和线配范围曲线的各级粒径通过百分率 /%

分级顺序		1	2	3	4	5	6	7	8	9	10
粒径 d_i/mm		40	20	10	5	2.5	1.2	0.6	0.3	0.15	0.075
最大密度曲线	$n = 0.5$	100	70.10	50.00	35.36	25.00	17.32	12.22	8.66	6.12	4.30
级配范围	$n = 0.3$	100	81.23	65.98	53.59	43.53	34.92	28.37	23.04	18.72	15.14
	$n = 0.7$	100	61.56	37.89	23.33	14.36	8.59	5.29	3.25	2.00	1.22

(3) k 法

n 幂公式法存在一个缺点，因为它是无穷级数，没有最小粒径的控制。对于沥青混合料，往往造成矿粉含量过高，使路面的高温稳定性较差。控制筛余量递减系数 k 的方法恰好克服了这个缺点。

k 法以颗粒直径的 1/2 为递减标准，即各级粒径分别为 $d_0 = \dfrac{D}{2^0}, d_1 = \dfrac{D}{2^1}, d_2 = \dfrac{D}{2^2}, \cdots, d_n = \dfrac{D}{2^n}$。假定 $d_0 \sim d_1$ 为第一级，$d_1 \sim d_2$ 第二级，…，$d_{n-1} \sim d_n$ 为第 n 级，设 k 为筛余量的递减系数，则第一级筛余量 $a_1 = a_1k^0$，第二级筛余量 $a_2 = a_1k^1$，第三级筛余量 $a_3 = a_1k^2$，…，第 n 级筛余量 $a_n = a_1k^{n-1}$。

假定 $d_n = 0.004$ mm，并控制其通过量为 0，则分级数

$$n = 3.321\,9\lg(D/d_n) = 3.321\,9\lg(D/0.004)$$

由于各级筛余量相加总和为 100，则

$$a_1(k^0 + k^1 + k^2 + k^3 + \cdots + k^n) = 100$$

则可得

$$a_1 = \frac{100(1-k)}{1-k^n}$$

因第 x 级的筛余量 $a_x = a_1k^{x-1}$，通过量为 $P_x = (100 - a_x)\%$，则

$$P_x = \left(1 - \frac{1-k^x}{1-k^n}\right) \times 100\% \tag{3.36}$$

式中，$x = 3.321\,9\lg(D/d_x)$，$n = 3.321\,9\lg(D/d_n)$。

【例 3.3】　如果设计最大粒径为 10 mm，最小粒径为 0.075 mm，则 $n = 3.321\,9\lg(10/0.075) = 7.06$，划分的颗粒尺寸数为 $n + 1 = 8$ 个，计算各级粒径的通过百分率，具体计算结果见表 3.18。

表 3.18　k 法级配计算结果

粒径	10	5	2.5	1.2	0.6	0.3	0.15	0.075
n	0	1	2	3.059	4.059	5.059	6.059	7.078
$k = 0.65$	100	63.24	39.35	23.10	13.26	6.86	2.70	0
$k = 0.8$	100	74.81	54.66	37.69	24.96	14.78	6.63	0
$k = 0.9$	100	80.98	63.85	47.59	33.80	21.40	10.23	0

由此可以看出，k 值愈大，级配愈细，因此，一般取 k 值为 0.65 ~ 0.84。具体可以根据对比

计算确定。

2. 粒子干涉理论(Theory of Particle Interference)

魏矛斯(C.A.G.Weymouth)研究认为,达到最大密度时前一级颗粒之间空隙,应由次一级颗粒填充;其所余空隙又由再次小颗粒填充,但填隙的颗粒粒径不得大于其间隙之距离,否则大、小颗粒粒子之间势必发生干涉现象,为避免干涉,大、小粒子之间应按一定数量分配。从临界干涉的情况下可导出前一级颗粒的距离应为

$$t = \left[\left(\frac{\Psi_0}{\Psi_s}\right)^{1/3} - 1\right] D \tag{3.37a}$$

当处于临界干涉状态时 $t = d$,则式(3.37a)可写成式(3.37b)

$$\Psi_s = \frac{\Psi_0}{\left(\frac{d}{D} + 1\right)^3} \tag{3.37b}$$

式中,t 为前粒级的间隙(即等于次粒级的粒径 d);D 为前粒级的粒径;Ψ_0 为次粒级的理论实积率(实积率即堆积密度与表观密度之比);Ψ_s 为次粒级的实积率。

式(3.37b)即为粒子干涉理论公式。应用时如已知集料的堆积密度和表观密度,即可求得集料理论实积率(Ψ_0)。连续级配时 $d/D = 1/2$,则可按式(3.37b)求得实积率(Ψ_s)。由实积率可计算出各级集料的配量(即各级分计筛余),据此计算的线配曲线与富勒最大密度曲线相似。后来,瓦利特(R.Vallete)又发展了粒子干涉理论,提出了间断级配矿质混合料的计算方法。

3.级配曲线范围的绘制

按前述级配理论公式计算出各级集料在矿质混合料的通过百分率,以通过百分率为纵坐标,以粒径为横坐标绘制成曲线,即为理论级配曲线。但由于矿料在轧制过程中的不均匀性以及混合料配制时的误差等因素影响,所配制成的混合料往往不可能与理论级配完全符合。因此,必须允许配料时的合成级配在适当的范围内波动,这就是级配范围。采用泰勒曲线的标准画法,其指数 $n = 0.45$,横坐标按 $X = d^{0.45}$ 计算,如表3.19所示,纵坐标为普通坐标,级配范围曲线如图3.16所示。当 $n = 0.45$ 时,级配范围曲线为级配曲线图的对角线;级配曲线愈接近对角线,混合料愈密实。

表3.19　泰勒曲线横坐标值

d_i	0.075	0.15	0.3	0.6	1.18	2.36	4.75
X	0.312	0.426	0.582	0.795	1.077	1.472	2.016
d_i	9.5	13.2	16	19	26.5	31.5	37.5
X	2.754	3.193	3.482	3.762	4.370	4.723	5.109

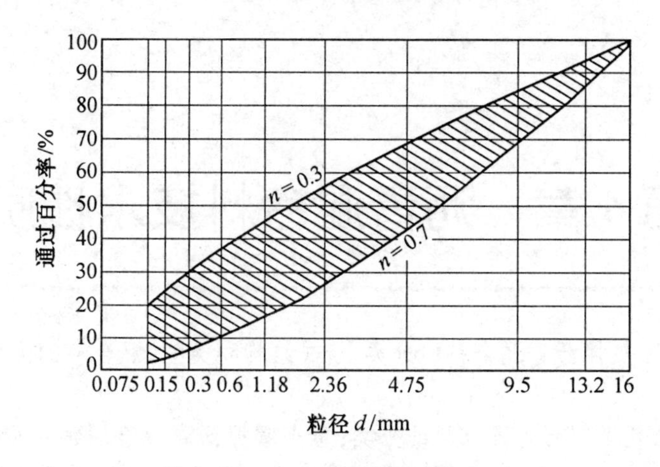

图 3.16　级配范围曲线

复习思考题

1. 根据石料的组成结构,说明石料主要物理常数的含义。
2. 比较双筒式和搁板式两种磨耗试验的差异及优缺点。
3. 磨光系数表征石料的什么性能?在路面工程中有何意义?
4. 石料与沥青的粘附机理是什么?
5. 石料的等级如何确定?
6. 集料的技术性质有哪些?其技术性质与路用性能有何关系?
7. 何为“级配”?级配的表征参数有哪些?
8. 何为“细度模数”?其值与哪些因素有关?
9. 最大密度曲线的特点是什么?
10. 连续级配和间断级配的特点是什么?
11. 最大密度曲线与 n 幂公式的差别是什么?有何应用意义?

第4章 沥青混合料技术性质

■主要内容

本章重点讲述热拌沥青混合料的分类、组成结构和类型、混合料的强度理论及技术性质。

通过学习,必须了解沥青混合料的分类;重点掌握沥青混合料的组成结构和类型、混合料强度形成理论及影响因素、掌握沥青混合料的技术性质、各种性质的评价方法及影响因素。

4.1 沥青混合料概述

4.1.1 定义

沥青混合料是由具有一定粘度和适当用量的沥青结合料与一定级配的矿质混合料,经充分拌和而形成的混合料的总称。将这种混合料加以摊铺、碾压成型,成为各种类型的沥青路面。

4.1.2 沥青混合料的分类

1.按矿质集料级配类型分类

(1)连续级配沥青混合料。矿料级配组成中从大到小各级粒径都有,按比例相互搭配组成的沥青混合料。

(2)间断级配沥青混合料。矿料级配组成中缺少1个或几个粒径档次(或用量很少)而形成的沥青混合料。

2.按矿料级配组成及空隙率大小分类

(1)密级配沥青混合料。按密实级配原理设计组成的各种粒径颗粒的矿料与沥青结合料拌和而成、设计空隙率较小(3%~6%)的密实式沥青混凝土混合料(以"AC"表示)和密实式沥青稳定碎石混合料(以"ATB"表示)。

(2)半开级配沥青混合料。由适当比例的粗集料、细集料及少量填料(或不加填料)与沥青结合料拌和而成,经马歇尔标准击实成型试件的剩余空隙率在6%~12%的半开式沥青碎石混合料(以"AM"表示)。

(3)开级配沥青混合料。矿料级配主要由粗集料嵌挤组成,细集料及填料较少,设计空隙率不小于18%的沥青混合料。

3.按集料公称最大粒径分类

公称最大粒径指混合料中筛孔通过率为90%~100%的最小标准筛孔尺寸,据此沥青混合料可分为如下 5 类。

(1)特粗式沥青混合料。集料公称最大粒径大于 31.5 mm 的沥青混合料。

(2)粗粒式沥青混合料。集料公称最大粒径为 26.5 mm 或 31.5 mm 的沥青混合料。

(3)中粒式沥青混合料。集料公称最大粒径为 16 mm 或 19 mm 的沥青混合料。

(4)细粒式沥青混合料。集料公称最大粒径为 9.5 mm 或 13.2 mm 的沥青混合料。

(5)砂粒式沥青混合料。集料公称最大粒径小于 9.5 mm 的沥青混合料。

4.按制造工艺分类

(1)热拌沥青混合料。经人工组配的矿质混合料与粘稠沥青在专门设备中加热拌和而成，用保温运输工具运送至施工现场，并在热态下进行摊铺和压实的混合料。

(2)冷拌沥青混合料。在常温下拌和、铺筑的沥青混合料，也可称为常温沥青混合料，其所用的结合料通常为液体沥青或乳化沥青。

(3)再生沥青混合料。把由路面上清除下来的旧沥青混凝土进行加工处理后的混合料。加工方法可在旧料中加入结合料、再生剂(也称塑化剂、复苏剂)和石料作添加剂，也可不加上述添加剂。

4.2　沥青混合料的组成结构与强度理论

4.2.1　沥青混合料的组成结构

4.2.1.1　沥青混合料组成结构的现代理论

随着对沥青混合料组成结构研究的深入，目前对沥青混合料的组成结构有下列两种相互对立的理论。

1. 表面理论

沥青混合料是由粗集料、细集料和填料经人工组配成密实的级配矿质骨架，此矿质骨架由稠度较稀的沥青混合料分布其表面，而将它们胶结成为一个具有强度的整体。

沥青混合料
- 矿质骨架
  - 粗集料
  - 细集料
  - 填料
- 结合料——沥青

2. 胶浆理论

此理论认为沥青混合料是一种多级空间网状结构的分散系。它是以粗集料为分散相而分散在沥青砂浆介质中的一种粗分散系；同样，砂浆是以细集料为分散相而分散在沥青胶浆介质中的一种细分散系；而胶浆又是以填料为分散相而分散在高稠度沥青介质中的一种微分散系。

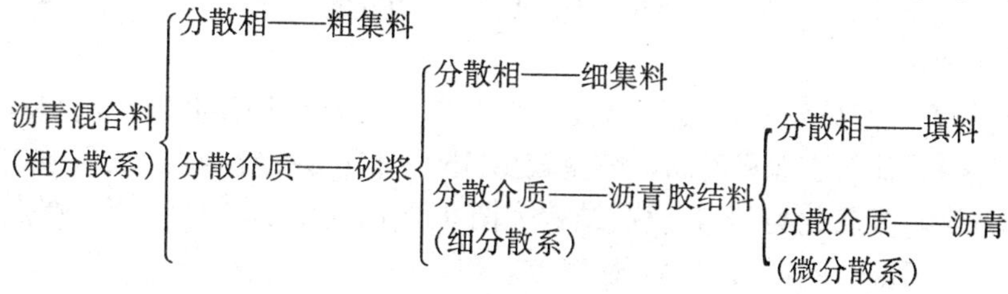

这三级分散系以沥青胶浆最为重要，它的组成结构决定沥青混合料的高温稳定性和低温变形能力。目前，这一理论比较集中于研究填料(矿粉)的矿物组成、填料的级配(以 0.080 mm 为最大粒径)以及沥青与填料内表面的交互作用等因素对混合料性能的影响等。同时这一理论的研究比较强调采用高稠度的沥青和大的沥青用量，以及采用间断级配的矿质混合料。

4.2.1.2　沥青混合料的组成结构类型

通常沥青－集料混合料按其组成结构可分成以下 3 类。

1. 悬浮－密实结构

当采用连续型密级配矿质混合料(图 4.1 中曲线①)与沥青组成的沥青混合料时，矿质材料由大到小形成的连续型密实混合料，但因较大颗粒都被小一档颗粒挤开，因此，大颗粒以悬浮状态处于较小颗粒之中。连续紧密级配沥青混合料都属此类型。此种结构虽然密实度很大，但各级集料均被次级集料隔开，不能直接形成骨架而悬浮于次级集料和沥青胶浆之间，其组成结构如图 4.2(a)所示。这种结构的特点是粘聚力较高，内摩阻力较小，混合料的耐久性较好，稳定性较差。

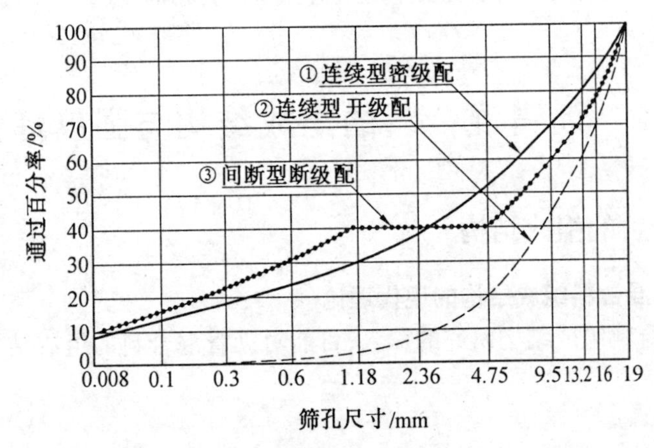

图 4.1　3 种类型矿质混合料级配曲线

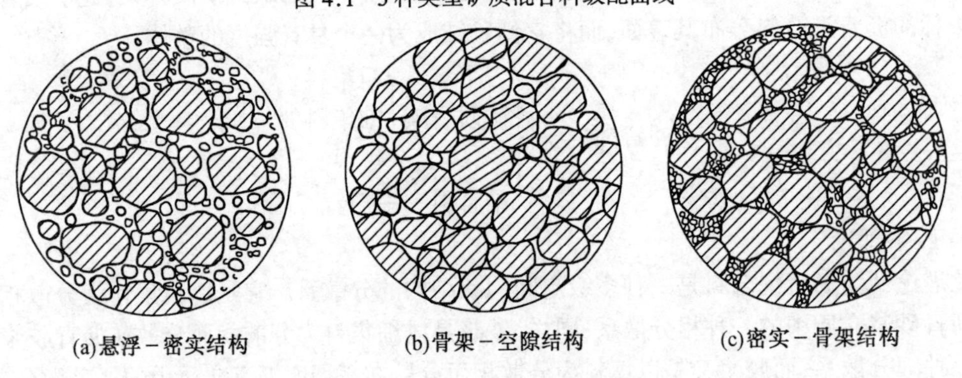

(a)悬浮－密实结构　(b)骨架－空隙结构　(c)密实－骨架结构

图 4.2　3 种典型沥青混合结构组成示意图

2. 骨架－空隙结构

当采用连续开级配矿质混合料(图 4.1 中曲线②)与沥青组成的沥青混合料时，较大粒径石料彼此紧密连接，而较小粒径石料的数量较少，不足以充分填充空隙，从而形成骨架空隙结构，沥青碎石混合料多属此类型，其组成结构如图 4.2(b)所示。这种结构的特点是粘聚力较低，内摩阻力较大，稳定性较好，但耐久性较差。

3. 骨架－密实结构

当采用间断型密级配矿质混合料(图 4.1 中曲线③)与沥青组成的沥青混合料时,是综合以上两种方式组成的结构。既有一定量的粗集料形成骨架,又根据粗集料空隙的数量加入适量细集料,使之填满骨架空隙,形成较高密实度的结构,间断级配即按此原理构成,其组成结构如图 4.2(c)所示。其特点是粘聚力与内摩阻力均较高,稳定性好,耐久性好,但施工和易性较差。

4.2.2　沥青混合料的强度理论

沥青混合料在常温和较高温度下,由于沥青的粘结力不足而产生变形或由于抗剪强度不足而破坏,一般采用库伦理论来分析其强度和稳定性。

对圆柱形试件进行三轴剪切试验,从摩尔圆可得材料的应力情况。图 4.3 中应力圆的公切线即摩尔－库仑包络线,即抗剪强度曲线。包络线与纵轴相交的截距表示混合料的粘结力 C,切线与横轴的交角 φ 表示混合料的内摩阻角,即

$$\tau = C + \sigma\tan\varphi \tag{4.1}$$

式中,τ 为抗剪强度,MPa;C 为粘结力,MPa;σ 为剪损时的法向压应力,MPa。

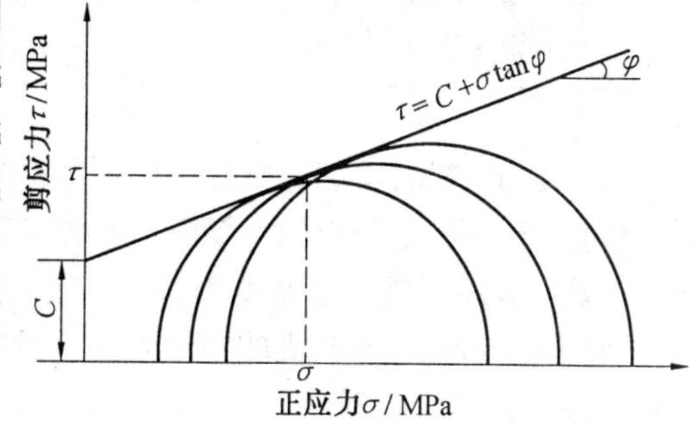

图 4.3　沥青混合料三轴试验确定 C、φ 值的摩尔－库仑圆

从上式中可看出沥青混合料的强度取决于两个参数——粘结力 C 和内摩阻角 φ。

4.2.2.1　沥青的性质对粘结力 C 的影响

从沥青本身来看,沥青的粘滞度是影响粘结力 C 的重要因素,矿质集料由沥青胶结为一整体,沥青的粘滞度反映了沥青在外力作用下抵抗变形的能力。粘滞度愈大,则抵抗变形的能力愈强,可以保持矿质集料的相对嵌挤作用。沥青的粘滞度随温度的变化而变化,由于沥青的化学组分和结构不同,沥青粘滞度随温度而变化的斜率是不同的,同一标号的沥青在高温时可以呈现不同的粘滞度。因此应深入探讨沥青的温度敏感性对沥青混合料的粘结力 C 的影响。沥青的粘滞度对沥青混合料粘结力和内摩擦角的影响如图 4.4 所示。

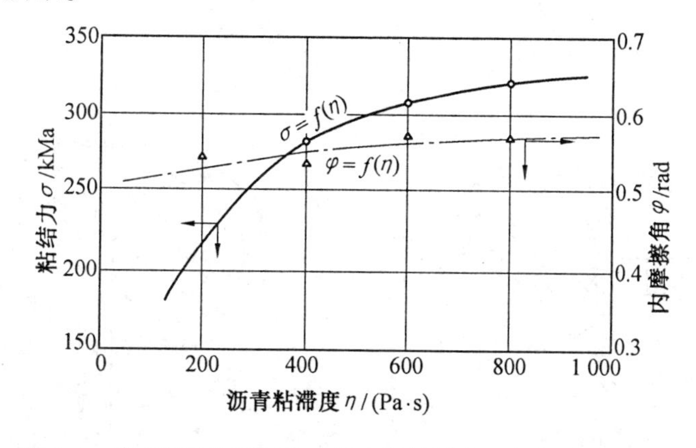

图 4.4　沥青的粘滞度对沥青混合料粘结力和内摩擦角的影响

4.2.2.2 矿质混合料级配、矿质颗粒形状和表面特性等对内摩阻角 φ 的影响

如表 4.1 所示，矿质颗粒的粒径愈大，内摩阻角愈大，中粒式沥青混凝土的内摩阻角要比细粒式和砂粒式沥青混凝土大得多。因此增大集料粒径是提高内摩阻角的途径，但应保证级配良好、空隙率适当。颗粒棱角尖锐的混合料，由于颗粒互相嵌紧，要比滚圆颗粒的内摩阻角大得多。

表 4.1　矿质混合料的级配对沥青混合料粘结力及内摩阻角的影响

沥青混合料级配类型	三轴试验结果	
	内摩阻角 φ	粘结力 C/MPa
茂名粗粒式沥青混凝土	45°55′	0.076
茂名细粒式沥青混凝土	35°45′30″	0.197
茂名砂粒式沥青混凝土	33°19′30″	0.227

4.2.2.3 矿料与沥青交互作用能力的影响

列宾捷尔等人研究认为：沥青与矿粉交互作用后，沥青在矿粉表面产生化学组分的重新排列，在矿粉表面形成一层厚度为 δ_0 的扩散溶剂化膜。在此膜厚度以内的沥青称为“结构沥青”，其粘度较高，具有较高的粘结力；在此膜厚度以外的沥青称为“自由沥青”，其粘度较低，使粘结力降低，如图 4.5(a)所示。

若矿料颗粒之间接触处由结构沥青连接，如图 4.5(b)所示，可使沥青具有较大的粘度和较大的扩散溶剂化膜的接触面积，颗粒间可获得较大的粘结力；反之，如颗粒之间接触处由自由沥青连接，如图 4.5(c)所示，则具有较小的粘结力。

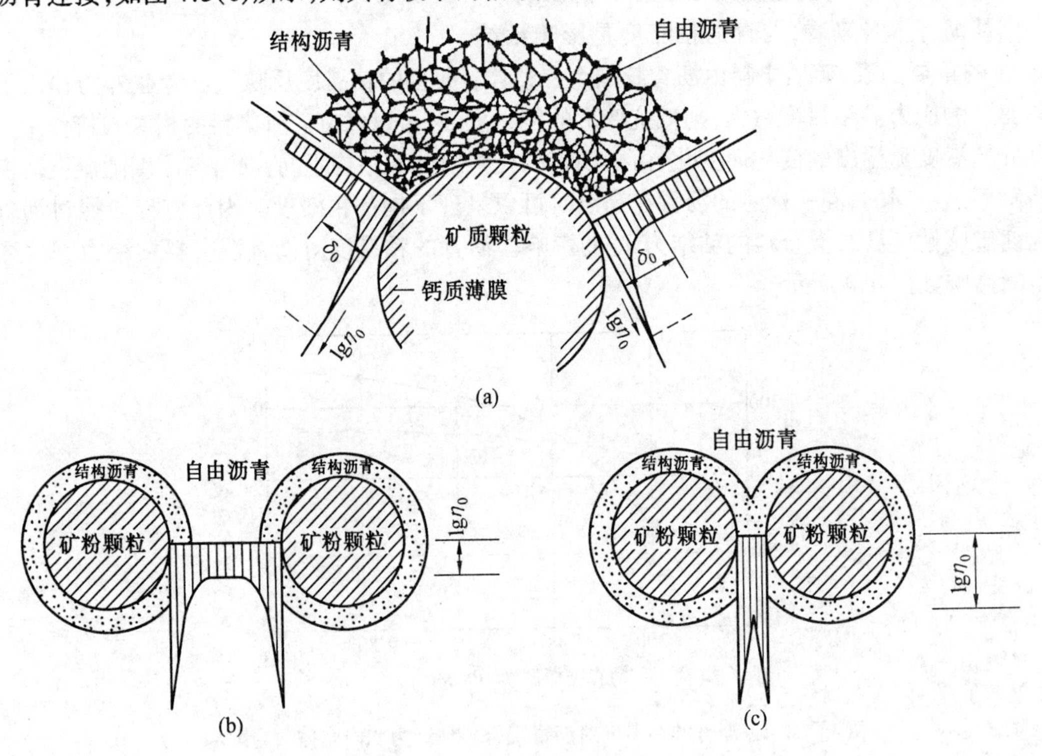

图 4.5　矿料与沥青的交互作用

因此,沥青与矿料表面的相互作用对沥青混合料的粘结力和内摩阻角有重要的影响,矿料与沥青的成分不同会产生不同的效果,石油沥青与碱性石料(如石灰石)将产生较多的结构沥青,有较好的粘附性;而石油沥青与酸性石料产生较少的结构沥青,其粘附性较差,如图4.6所示。

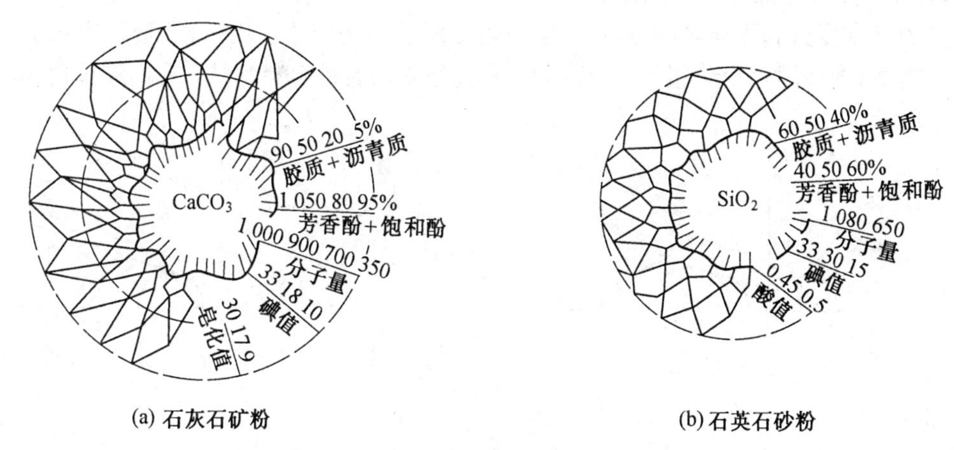

(a) 石灰石矿粉　　(b) 石英石砂粉

图4.6　不同矿粉的吸附溶化膜结构图示

4.2.2.4　沥青混合料中矿料比面积和沥青用量的影响

沥青混合料中的矿料不仅能填充空隙,提高密实度,在很大程度上也影响着混合料的粘结力。密实型的混合料中,矿料的比面积一般占总面积的80%以上,这就大大增强了沥青与砂料的相互作用,减薄了沥青的膜厚,使沥青在矿料表面形成"结构沥青层",矿质颗粒能够粘结牢固,构成强度。

在固定质量的沥青和矿料的条件下,沥青与矿料的比例(即沥青用量)是影响沥青混合料抗剪强度的重要因素,不同沥青用量的沥青混合料结构示意如图4.7所示。

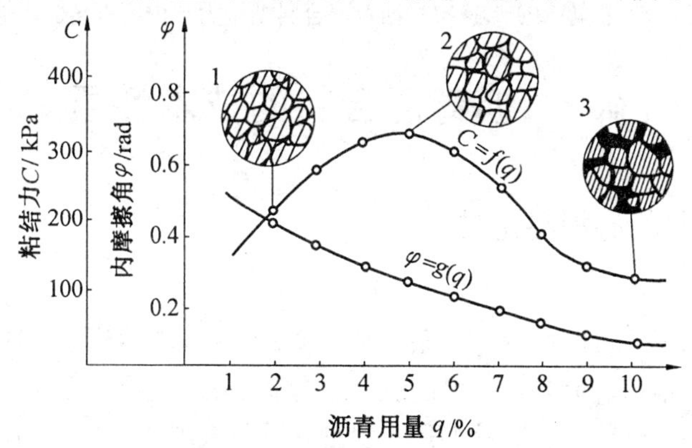

图4.7　不同沥青用量时的沥青混合料结构和 C、φ 值变化示意图

1—沥青用量不足;2—沥青用量适中;3—沥青用量过多

在沥青用量很少时,沥青不足以形成结构沥青的薄膜来粘结矿料颗粒。随着沥青用量的增加,结构沥青逐渐形成,沥青更为完整地包裹在矿料表面,使沥青与矿料间的粘附力随着沥青用量的增加而增加。当沥青用量足以形成薄膜并充分粘附在矿粉颗粒表面时,沥青胶浆具有最高的粘结力。随后,如沥青用量继续增加,由于沥青用量过多,逐渐将矿料颗粒推开,在颗粒间形成未与矿粉交互作用的"自由沥青",则沥青胶浆的粘结力随着自由沥青的增加而降低。

当沥青用量增加至某一用量后,沥青混合料的粘结力主要取决于自由沥青,所以抗剪强度几乎不变。随着沥青用量的增加,沥青不仅起着粘结剂的作用,而且起着润滑剂的作用,降低了粗集料的相互密排作用,因而减小了沥青混合料的内摩擦角。

4.2.2.5 温度和变形速率的影响

粘结力随温度升高而显著降低,但内摩阻角受温度影响较小。同样,变形速率减小,则粘结力显著提高,内摩阻角变化很小。温度和变形速率对沥青混合料粘结力与内摩擦角的影响,如图 4.8 所示。

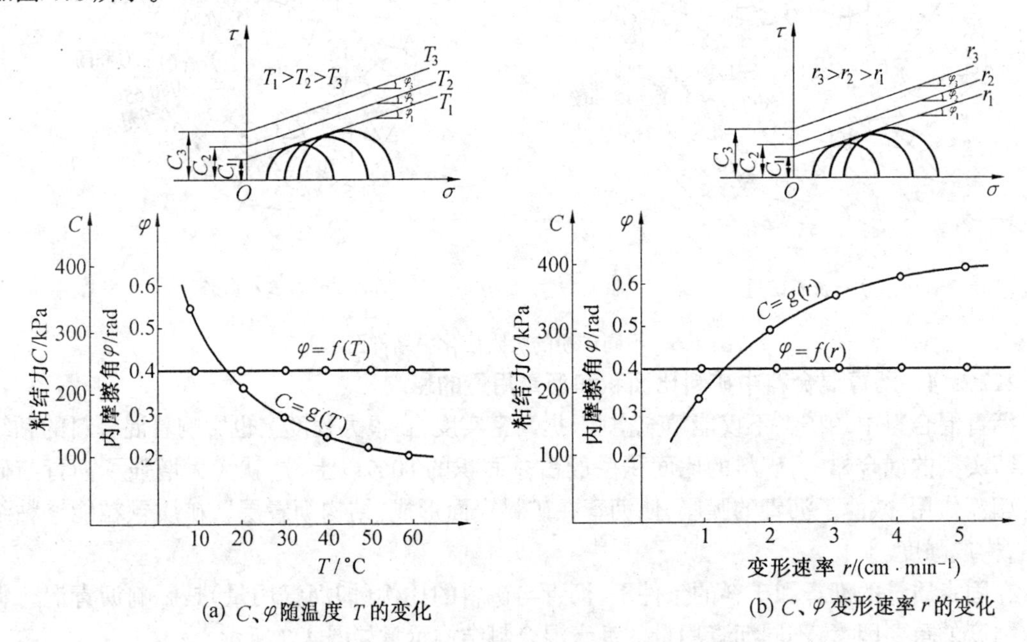

(a) C、φ 随温度 T 的变化

(b) C、φ 变形速率 r 的变化

图 4.8 温度和变形速率对沥青混合料粘结力与内摩擦角的影响

4.3 沥青混合料的技术性质

4.3.1 沥青混合料的高温稳定性

4.3.1.1 概述

通常所说的"高温稳定性"的"高温"条件是指沥青混合料在使用过程中受交通荷载的反复作用,容易产生车辙、推移、拥包等永久性变形(也包括泛油)的温度范围。道路使用的实践表明,在通常的汽车荷载条件下,永久性变形主要是在夏季气温 25 ~ 30 ℃,即沥青路面的路表温度达到 40 ~ 50 ℃以上,已经达到或超过道路沥青的软化点温度的情况下容易产生,且随着温度的升高和荷载的加大,变形变大。因此,高温稳定性是指沥青混合料在高温条件下,能够抵抗车辆荷载的反复作用,不发生显著永久变形,保证路面平整度的特性。沥青混合料是一种粘弹性材料,其物理力学性能与温度和荷载作用的时间密切相关。根据沥青材料的温度时间换算法则,长时间承受荷载与高温条件是等效的,而且时间是累积的。车辆在高速公路上以 100 km/h的速度行驶,对路面沥青层的作用时间不超过 0.02 s,而在城市道路的交叉口、停车站,车辆停车时间 1 min,相当于正常行车 3 000 辆的情况,所以一般所说的高温稳定性能也包括长时间荷载作用的情况。沥青路面在高温或长时间承受荷载作用条件下,沥青混合料会产生显著的变形,其中不能恢复的部分称为永久变形。这种特性是导致沥青路面产生车辙、推移、拥包等病害的主要原因。在交通量大、重车比例高和经常变速路段的沥青路面上,车辙是最严重、危害性最大的破坏形式之一。

4.3.1.2 评价方法

沥青混合料的高温稳定性的评价试验方法较多,如圆柱体试件的单轴静载、动载、重复荷载试验;三轴静载、动载、重复荷载试验;简单剪切的静载、动载、重复荷载试验等。此外还有马歇尔稳定度、维姆稳定度和哈费氏稳定度工程试验,以及反复碾压模拟试验如车辙试验等。目前,我国《公路沥青路面设计规范》(JTG D50-2006)规定,沥青混合料的高温稳定性以车辙试验的动稳定度指标来进行评价。下面简单介绍一下我国沥青路面高温稳定性评价方法的发展历程。

1.无侧限抗压强度法

用于沥青路面高温稳定性评价的最简便而直观的方法是以高温(一般采用60 ℃)抗压强度 R_T 及常温与高温时抗压强度的比值 K_T($K_T = R_T/R_{20}$)来衡量。这个在我国沿用20多年的方法之所以在20世纪70年代被马歇尔法取代,根本原因在于受力图示与实际相差甚远。路面结构中的沥青混合料处于三向受力状态,作为松散材料的沥青混合料,其强度(τ)取决于内部的粘结力(C)与起嵌挤作用的内摩阻力,即

$$\tau = C + \sigma \tan \varphi \tag{4.2}$$

法向应力 σ 愈大,内摩阻力对强度的贡献也愈大,当 $\sigma = 0$ 时,强度则只取决于粘结力。单轴压缩试验测定抗压强度时其侧压力 $\sigma = 0$,只是试件的直径与高度的比值为1,所以在受力过程中由于压板与试件两端接触面上的摩擦力的约束,在不同程度上会对试件有一个不均匀分布的侧向限制,但其影响较小。因此采用高温抗压强度 R_T 与软化系数 K_T 评价混合料强度时必然会出现过高评价 C 的作用,过低评价 φ 的作用,近而出现偏差。

2.马歇尔试验

马歇尔试验最早由布鲁斯·马歇尔(Brue Marshall)提出,1948年美国陆军工程兵部队对马歇尔试验方法加以改进并添加了一些测试性能,最终发展成了沥青混合料设计标准。马歇尔试验用于测定沥青混合料试件的破坏荷载和抗变形能力。将沥青混合料制备成规定尺寸的圆柱体试件,试验时将试件横向布置于两个半圆形压模中,使试件受到一定的侧向限制。在规定温度和加载速度下,对试件施加压力,记录试件所受压力-变形曲线,如图4.9所示。主要力学指标为马歇尔稳定度和流值,稳定度是指试件受压至破坏时承受的最大荷载,以kN计;流值是达到最大破坏荷载时试件的垂直变形,以0.1 mm计。在我国沥青路面工程中,马歇尔稳定度和流值既是沥青混合料配合比设计的主要指标,也是沥青路面施工质量控制的重要试验项目。然而各国的试验和实践已证明,用马歇尔试验指标预估沥青混合料性能是不够的,它是一种经验性指标,具有一定的局限性,不能确切反映沥青混合料永久变形产生的机理,与沥青路面的抗车辙能力相关性较差。多年实践和研究表明:对于某些沥青混合料,即使马歇尔稳定度和流值都满足技术要求,也无法避免沥青路面出现车辙。因此用马歇尔稳定度来衡量沥青混合料的高温稳定性存在局限性。

3.车辙试验

车辙试验方法首先是由英国运输与道路研究试验所(TRRL)开发的,并经过了法国、日本等

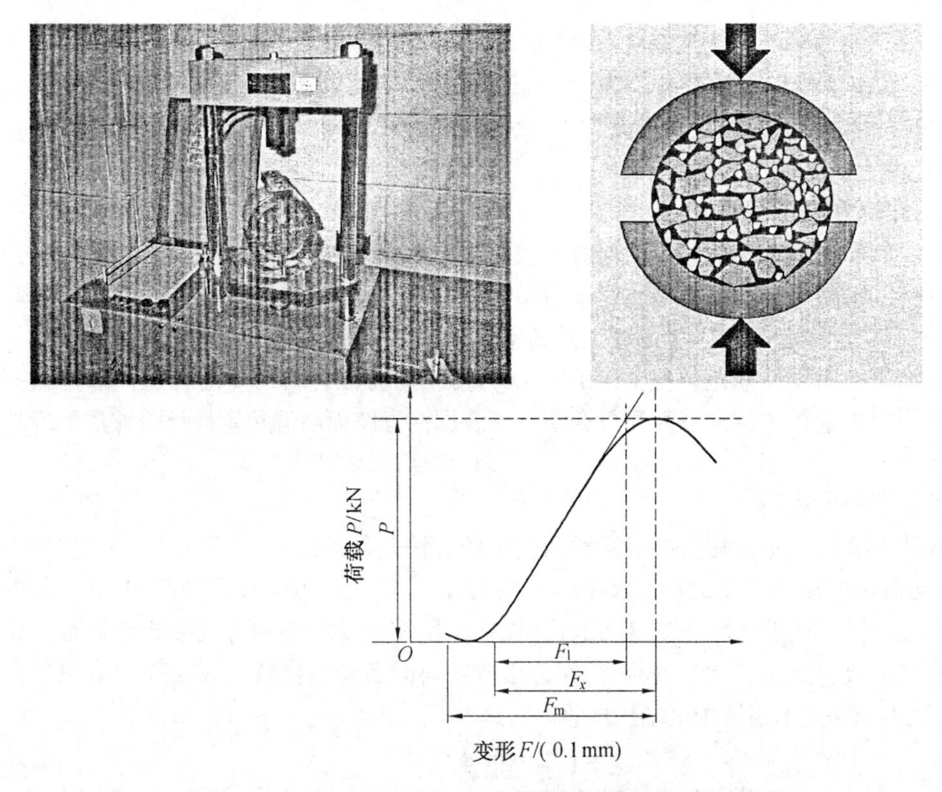

图 4.9 马歇尔试验仪器、受力图式及试验曲线

国道路工作者的改进与完善。车辙试验是一种模拟车辆轮胎在路面上滚动形成车辙的工程试验方法,试验结果较为直观,且与沥青路面车辙深度之间有着较好的相关性。我国《公路沥青路面设计规范》(JTG D50-2006)中规定,对用于高速公路、一级公路和城市快速路、主干路沥青路面的上面层和中面层的沥青混合料,在用马歇尔试验进行配合比设计时,必须采用车辙试验对沥青混合料的抗车辙能力进行检验,不满足要求时应对矿料级配或沥青用量进行调整,重新进行配合比设计。目前我国的车辙试验是采用标准方法成型沥青混合料板块状试件,在规定的温度条件下,试验轮以每分钟 42±1 次的频率,沿着试件表面在同一轨迹上反复行走,测试试件表面在试验轮反复作用下所形成的车辙深度,如图 4.10 所示。以产生 1 mm 车辙变形所需要的行走次数即动稳定度指标来评价沥青混合料的抗车辙能力,动稳定度由式(4.3)计算。

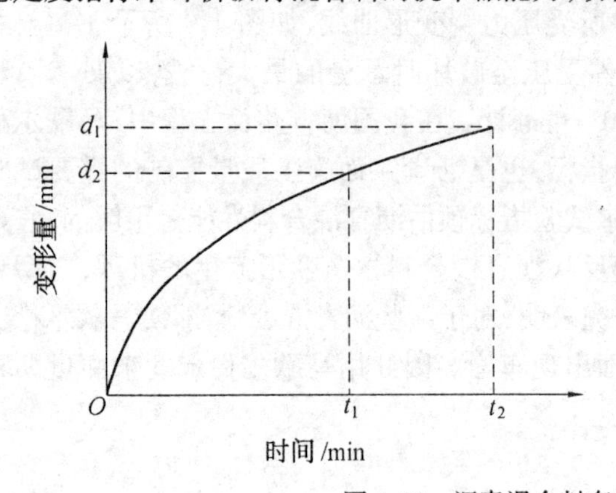

图 4.10 沥青混合料车辙试验曲线及试验图式

$$DS=\frac{42(t_2-t_1)}{d_2-d_1}\cdot c_1\cdot c_2 \tag{4.3}$$

式中,DS 为沥青混合料的动稳定度,次/min;t_1、t_2 分别为试验时间,通常为 45 min 和 60 min;d_1、d_2 分别为与试验时间 t_1 和 t_2 对应的试件表面的变形量,mm;42 为每分钟行走次数;c_1、c_2 分别为试验机或试样修正系数。

4.3.1.3　沥青混合料高温稳定性的影响因素

沥青混合料是由沥青结合料粘结矿料形成的,其高温稳定性的形成机理也来源于沥青结合料的高温粘结性和矿料级配的嵌挤作用。

1. 矿料性质的影响

采用表明粗糙、多棱角、颗粒接近立方体的碎石集料,经压实后集料颗粒间能够形成紧密的嵌挤作用,增大沥青混合料的内摩阻角,有利于增强沥青混合料的高温稳定性。相反,采用表面光滑的砾石集料拌制的沥青混合料颗粒间缺乏嵌锁力,在荷载作用下容易产生滑移,使路面出现车辙。有关研究表明,破碎细集料比破碎粗集料对改善沥青混合料的抗高温变形能力更为有利。

能够与沥青起化学吸附作用的矿质材料,可以提高沥青混合料的抗变形能力。例如,石灰岩材料颗粒表面起化学吸附作用的薄层沥青的内聚力,大大超过了花岗岩颗粒表面上沥青的内聚力。而随着沥青内聚力的增大,沥青混合料的强度和抗变形能力也得到了提高。

2. 矿料级配的影响

沥青混合料的矿料级配,对路面抗剪强度的影响很大。矿料级配选择良好的碎石沥青混凝土(中粒式、细粒式)比一般使用的沥青砂所产生的塑性变形小得多,因此抗剪强度较高。

沥青混合料中,起骨架作用的碎石($D_{max}\sim D_{max}/4$)必须有足够的数量,才能具有较大的内摩擦力和抵抗变形的能力。研究表明,该级配颗粒不小于 60% 沥青混合料才具有良好的耐热稳定性和抵抗变形的能力。为使沥青混合料有良好的和易性和满足要求的密实性,足够数量的中间颗粒十分必需。间断级配的沥青混合料虽然具有良好的抗变形能力和密实度,但拌和与摊铺时十分不便。

3. 矿粉的影响

在矿质混合料中,对沥青混合料耐热性影响最大的是矿粉。因为矿粉具有最大的比表面积,特别是活化矿粉,影响更为明显。用石灰岩轧磨的矿粉配制的沥青混合料具有较高的耐热性,而含有石英岩矿粉的沥青混合料耐热性较低。

活化矿粉对提高沥青混合料的抗剪切能力起特殊作用。活化的结果改变了矿粉与沥青相互作用的条件,改善了吸附层中沥青的性能,从本质上改善了沥青混合料的结构力学性质。

活化矿粉与沥青相互作用具有两个特点:形成了较强的结构沥青膜,大大提高了沥青的粘结力;降低沥青混合料的部分空隙率,因而降低了自由沥青的含量,这使沥青混合料抗剪切能力有很大的提高。

4. 沥青粘度的影响

沥青的高温粘度越大,与集料的粘附性越好,相应的沥青混合料的抗高温变形能力就越强。使用合适的改性剂(现常采用橡胶、树脂等外掺剂)可以提高沥青的高温粘度,降低感温性,提高沥青混合料的粘结力,从而改善沥青混合料的高温稳定性。

为了使沥青混合料具有必要的耐高温变形能力,沥青应具有较高的软化点。同时为了保证沥青混合料具有必要的低温抗裂性,沥青就不应太稠。因此,为了兼顾高、低温性能,沥青应在具有较大针入度情况下具有较高的软化点。

5. 沥青用量的影响

就沥青混合料高温稳定性而言,沥青用量的影响可能超过沥青本身特性的影响,两者关系与沥青与强度的关系类似,参见4.2.2.4。

6. 沥青混合料剩余空隙率、矿料间隙率的影响

路面经行车碾压成型后,沥青混合料剩余空隙率对其高温下的抗变形能力有很大影响。沥青混凝土的抗剪强度取决于粘结力和内摩阻力,它们的热稳定性不仅与材料本身的性质有关,而且与混合料的空隙率有密切关系。空隙率较大的沥青混合料,路面抗剪强度主要取决于内摩阻力,而内摩阻力基本上不随温度和加荷速度变化,因此,具有较高的热稳定性;空隙率较小的沥青混合料路面,则沥青含量相对较大,当温度升高时,沥青膨胀,由于空隙率小,无沥青膨胀余地,则沥青混合料颗粒被沥青挤开,同时温度升高,沥青粘度降低,此时沥青又起润滑作用,因此粘结力和内摩阻力均降低,促使沥青混合料抗变形能力下降。特别是停车站,荷载作用时间长,由于沥青混合料应变的滞后效应,路面将出现较大的变形。

研究表明,剩余空隙率达6%～8%的沥青混凝土路面和剩余空隙率大于10%的沥青碎石(表面需加密实防水层)路面,在陡坡路段和停车站处经10年的使用,均平整稳定,未出现波浪、推挤等病害。而剩余空隙率为1%～3%的沥青混凝土路面却出现了严重的推挤、波浪等病害,即使用针入度为70～90的粘稠沥青也会出现上述病害。

相应地,矿料间隙率对沥青混合料强度、耐久性和高温稳定性有很高的敏感度,它已成为沥青混合料配合比设计的重要参数之一。

矿料间隙率过大或过小都会对沥青混合料的路用性能产生不利影响。矿料间隙率过小主要是由沥青混合料的剩余空隙率和沥青用量过小造成的,这样的沥青混合料耐久性较差,抗疲劳能力弱,使用寿命短,施工和易性差;在水分作用下,沥青与矿料容易剥离,使混合料松散、解体;矿料间隙率过大主要是由沥青用量过大、细集料用量偏多等原因造成的,这对沥青混合料路用性能的影响既有有利的方面,又有不利的方面。有利的一面是沥青混合料抗疲劳性能较好,不易出现疲劳开裂;不利的一面是沥青混合料的高温稳定性较差,容易出现车辙、拥包、推挤等形式的病害。因此,合理确定矿料间隙率,对提高沥青混合料的高温稳定性十分重要。

4.3.2 沥青混合料的低温抗裂性

4.3.2.1 概述

沥青路面的低温开裂是路面破坏的主要形式之一。此类开裂在许多寒冷国家或地区,例如北欧、北美、俄罗斯、日本以及我国北方地区非常普遍。一般认为沥青路面的低温开裂有3种形式:①面层低温缩裂,是由气温骤降造成面层温度收缩,在有约束的沥青层内产生温度应力超过沥青混凝土的抗拉强度时造成的开裂。此类裂缝多从路面表面产生,向下发展。②温度疲劳裂缝,是由于沥青混凝土经过长时间的温度循环,使沥青混凝土的极限拉伸应变变小,应力松驰性能降低,将在温度应力小于其抗拉强度时产生开裂。这种裂缝主要发生在温度变化频繁的温和地区,且这种裂缝随着路龄的增加而不断增加。③反射裂缝,是指低温状态下基层产生横向开裂,在荷载和温度共同作用下,裂缝逐渐向沥青面层反射,引起面层的横向开裂。此类裂缝多从路面内部产生,向上发展。实际上沥青面层中许多横向裂缝是面层温缩裂缝和

半刚性基层反射裂缝等多方面原因共同作用而产生的。

路面裂缝的危害在于从裂缝中不断进入水分使基层甚至路基软化,导致路面承载力下降,影响行车舒适性,并缩短路面使用寿命。因此提高沥青路面的抗裂性能是沥青路面的重要研究内容。

4.3.2.2　评价方法

目前用于研究和评价沥青混合料低温抗裂性的方法可以分为 3 类:预估沥青混合料的开裂温度;评价沥青混合料的低温变形能力或应力松弛能力;评价沥青混合料断裂能力。相关的试验主要包括等应变加载的破坏试验(间接拉伸试验、弯曲破坏试验、压缩试验)、直接拉伸试验、弯曲拉伸蠕变试验、受限试件温度应力试验、三点弯曲 J 积分试验、C^* 积分试验、收缩系数试验、应力松弛试验等。

1.间接拉伸试验(劈裂试验)

间接拉伸试验即通常所说的劈裂试验,是通过加载压条对 Φ101.6 mm × 63.5 mm 的沥青混凝土试件进行加载,从而通过传感器和 LVDT 来获得沥青混合料的劈裂强度及垂直、水平变形,如图 4.11 所示。该法已列入《公路工程沥青及沥青混合料试验规程》(JTJ 052－1993)中,试验条件规定如下:对于 15 ℃、25 ℃等采用 50 mm/min 的速率加载,对 0 ℃ 或更低温度建议采用 1 mm/min 作为加载速率。其评价指标有劈裂强度、破坏变形及劲度模量等。

当试件直径为 100 ± 2.0 mm、劈裂试验压条宽度为 12.7 mm 及试件直径为 150 ± 2.5 mm、压条宽度为 19.0 mm 时,如图 4.12 所示,劈裂抗拉强度分别按式(4.4)和(4.5)计算,泊松比 μ、破坏拉伸应变 ε_T 及破坏劲度模量 S_T 按式(4.6)、(4.7)、(4.8)计算。

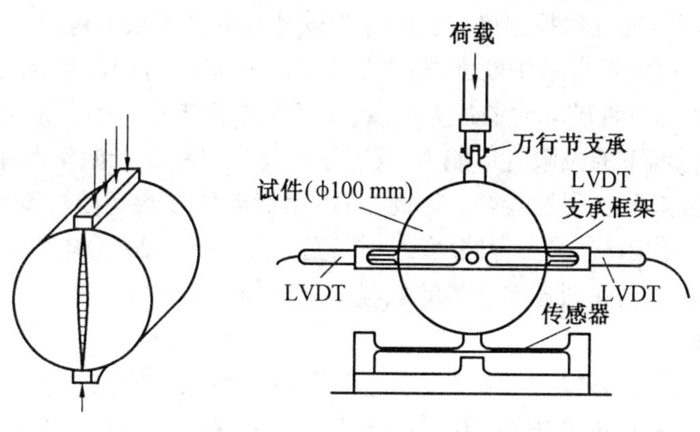

图 4.11　劈裂试验装置

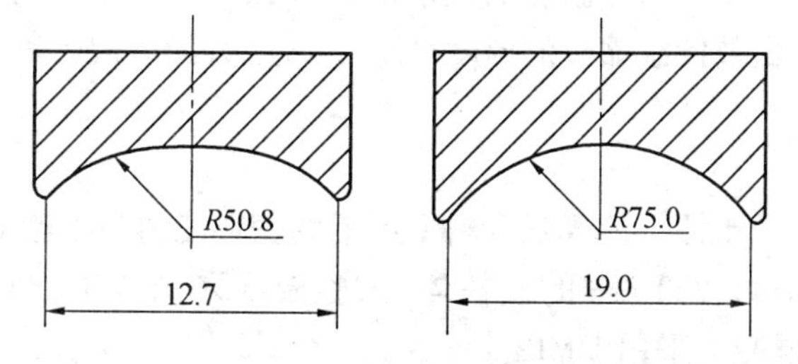

图 4.12　劈裂试验压条形状

$$R_T = 0.006\,287 P_T / h \tag{4.4}$$

$$R_T = 0.004\,25 P_T / h \tag{4.5}$$

$$\mu = (0.135\ A - 1.794)/(-0.5A - 0.031\ 4) \tag{4.6}$$

$$\varepsilon_T = X_T \times (0.030\ 7 + 0.093\ 6\mu)/(1.35 + 5\mu) \tag{4.7}$$

$$S_T = P_T \times (0.27 + 1.0\mu)/(h \times X_T) \tag{4.8}$$

式中，R_T 为劈裂抗拉强度，MPa；ε_T 为破坏劲度模量，MPa；μ 为泊松比；P_T 为试验荷载的最大值，N；h 为试件高度，mm；A 为试件竖直变形与水平变形的比值（$A = Y_T/X_T$）；Y_T 为试件相应于最大破坏荷载时的竖直方向总变形，mm；X_T 为相应于最大破坏荷载时的水平方向总变形，mm，即

$$X_T = Y_T \times (0.135 + 0.5\mu)/(1.794 - 0.031\ 4\mu)$$

2. 弯曲试验

低温弯曲破坏试验也是评价沥青混合料低温变形能力的常用方法之一。在试验温度达到 -10 ± 0.5 ℃的条件下，以 50 mm/min 的加载速率，对沥青混合料小梁试件（35 mm × 30 mm × 250 mm，跨径 200 mm）跨中施加集中荷载至断裂破坏，由破坏时的跨中挠度计算破坏弯拉应力、弯拉应变及劲度模量，即

$$R_B = \frac{3LP_B}{2bh^2} \tag{4.9}$$

$$\varepsilon_B = \frac{6hd}{L^2} \tag{4.10}$$

$$S_B = \frac{R_B}{\varepsilon_B} \tag{4.11}$$

式中，R_B 为试件破坏时的抗弯拉强度，MPa；ε_B 为试件破坏时的最大弯拉应变；S_B 为试件破坏时的弯曲劲度模量，MPa；b 为跨中断面试件的宽度，mm；h 为跨中断面试件的高度，mm；L 为试件的跨径，mm；P_B 为试件破坏时的最大荷载，N；d 为试件破坏时的跨中挠度，mm；

沥青混合料在低温下的极限变形能力，反映了粘弹性材料的低温粘性和塑性性质，极限应变越大，低温柔韧性越好，抗裂性越好。因此，可以用低温的极限弯拉应变作为评价沥青混合料低温性能的指标。我国《公路沥青路面设计规范》（JTG D50 - 2006）中规定，采用低温弯曲试验的破坏应变指标评价改性沥青混合料的低温抗裂性能。

3. 断裂温度试验

通过间接拉伸试验或直接拉伸试验，建立沥青混合料低温抗拉强度与温度的关系，如图 4.13 中的曲线①。再根据理论方法，由沥青混合料的劲度模量、温度收缩系数及降温幅度计算沥青面层可能出现的温度应力与温度的关系，如图 4.13 中曲线②。根据温度应力与抗拉强度的关系预估沥青面层出现低温缩裂的温度 T_P。T_P 越低，沥青混合料的开裂温度越低，低温抗裂性越好。

4. 弯曲蠕变试验

低温弯曲蠕变试验用于评价沥青混合料低温下的变形能力与松驰能力。弯曲蠕变试验试件尺寸为 30 mm × 35 mm × 250 mm 的棱柱体，试验温度采用 0 ℃，荷载水平为破坏荷载的 10%；对于密实型沥青混凝土采用 1 MPa。

弯曲蠕变试验一般可分为 3 个阶段，第 1 阶段为蠕变迁移阶段，第 2 阶段为蠕变稳定阶段，第 3 阶段为蠕变破坏阶段，如图 4.14 所示，以蠕变稳定阶段的蠕变速率评价沥青混合料的低温变形能力，蠕变速率由式(4.12)计算。蠕变速率越大，沥青混合料在低温下的变形能力越

大,松弛能力越强,低温抗裂性能越好。

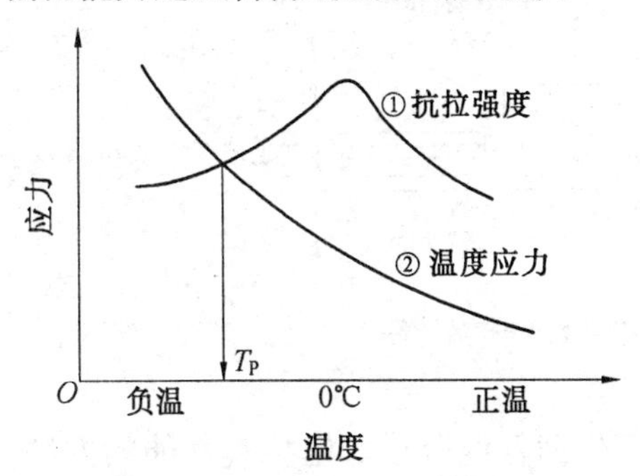

图4.13　沥青混合料抗拉强度、温度应力与温度的关系

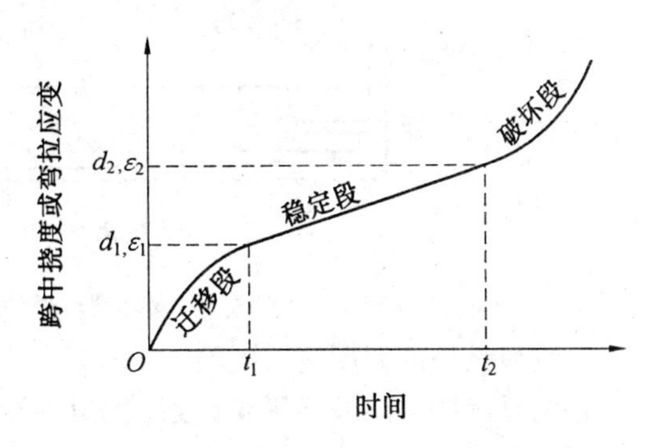

图4.14　沥青混合料蠕变变形曲线

$$\varepsilon_{speed}=\frac{(\varepsilon_2-\varepsilon_1)/(t_2-t_1)}{\sigma_0} \tag{4.12}$$

式中,ε_{speed}为沥青混合料的低温蠕变速率,1/(s·MPa);σ_0为沥青混合料小梁试件跨中梁底的蠕变弯拉应力,MPa;t_1、t_2分别为蠕变稳定期的初始时间和终止时间,s;ε_1、ε_2分别为与时间t_1和t_2对应的跨中梁底应变。

5.弯曲应力松弛试验

沥青路面在温度骤降时产生的温度收缩应力来不及松弛掉而被积累,乃至超过抗拉强度时将发生开裂,因此,应力松弛性能是评价沥青材料抵抗温度开裂的重要指标。在此应力条件下,材料的变形系数用应力松弛模量E_r表示

$$E_r(t)=\sigma(t)/\varepsilon_0 \tag{4.13}$$

式中,ε_0是保持不变的初始应变,应力σ随时间t不断减小,故E_r是时间的函数。

应力松驰性能可由多种方法测定,如直接应力松驰试验,弯曲应力松驰试验以及由等速加载试验或蠕变试验经间接计算得到等。应力松驰模量减小,沥青混合料应力松驰性能越好,低温抗裂性能越好。

6.收缩试验

沥青混合料的温度收缩系数是一个复杂的物理参数,它不仅随材料的组成比例及沥青性质的不同而不同,还与降温速率及所处的温度条件、约束条件有关。

我国常用的沥青混合料低温收缩系数测定系统如图4.15所示,测试方法可参见《公路工程沥青及沥青混合料试验规程》(JTJ 052-2000)。对棱柱体试件(20 mm×20 mm×200 mm)在温度区间内(10~20 ℃),以5 ℃/h的降温速率降温,测定不同温度区间的试件长度,从而根据公式(4.14)、(4.15)计算线收缩系数

$$\varepsilon_e=\frac{L_e-L_0}{L_0} \tag{4.14}$$

$$C=\frac{\varepsilon_e}{\Delta T} \tag{4.15}$$

式中,ε_e为平均收缩应变;L_e为-20 ℃时试件收缩后的长度,mm;L_0为10 ℃时试件的原始长度,mm;C为沥青混合料的平均线收缩系数;ΔT为温度区间,从起始温度(+10 ℃)至最终温度(-20 ℃)的差,即为30 ℃。

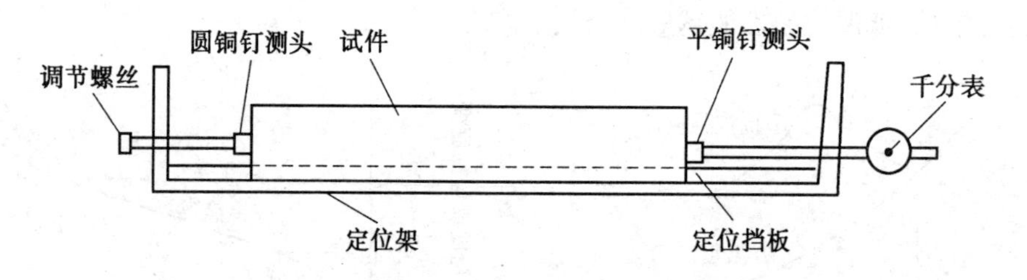

图 4.15　沥青混合料低温收缩系数测定系统图

7.约束试件的温度应力试验

该法是美国公路战略研究计划(SHRP)推荐的评价沥青混合料低温抗裂性能的方法。试验装置如图 4.16 所示,试件尺寸 5 cm×5 cm×25 cm,试件端部与夹具用环氧树脂粘结。降温速率为 10 ℃/h,测定冷却过程中的温度应力变化曲线,直至试件断裂破坏。试验结束后,分析破断温度、试验时反映冷却过程中的温度应力变化过程曲线如图 4.17 所示。

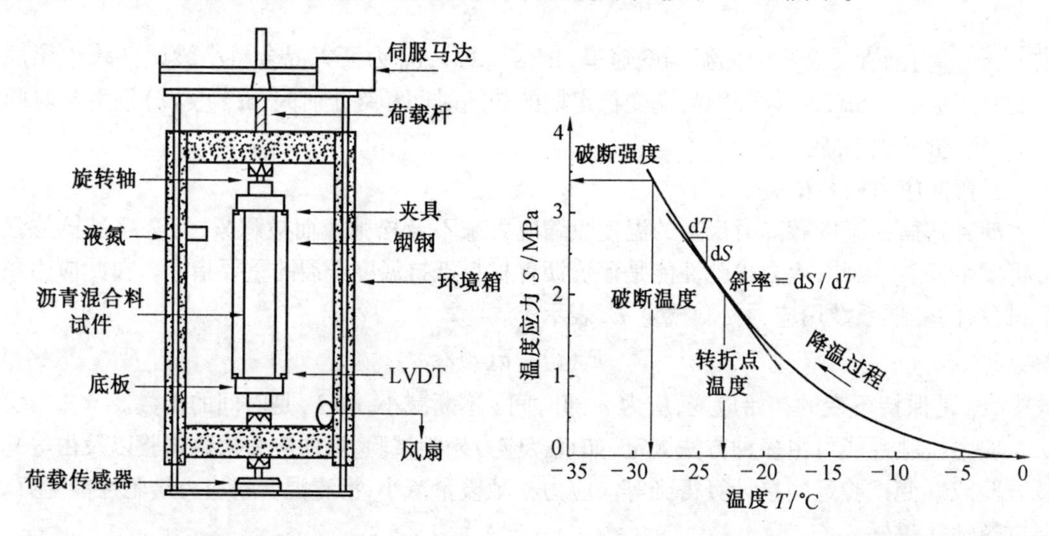

图 4.16　低温受限试件温度应力试验装置

图 4.17　温度应力变化过程曲线

由图 4.17 可以得到 4 个指标:破断温度、破坏强度、温度应力曲线斜率和转折点温度。破断温度是试件达到破坏断裂时的温度,它比较直观地反映沥青混合料可能承受的最低温度。破坏强度是试件破坏时的最大应力,反映混合料在温度收缩过程中的强度。转折点温度将温度应力曲线分为两部分,前一部分反映应力松弛(曲线部分),后一部分应力松弛(直线部分)消失。温度应力曲线斜率主要是指温度应力曲线后一部分直线增长的斜率,反映温度应力增长的速度。

破断温度与沥青性能、沥青路面抗裂性能的相关性最好,破断强度也有较好的相关性。温度应力试验是一个非常有前途的试验,模拟现场条件较好,表达直观。

8.切口小梁弯曲试验

近年来断裂力学在道路工程中的应用越来越广泛。美国 SHRP 计划首次将断裂力学中的弹塑性断裂判据 J 积分作为沥青混合料的低温抗裂性能的评价指标之一。

在 SHRP 沥青低温性能的研究报告中,提出了 J 积分的两种测试方法。研究按 ASTM 方法,采用搓揉成型,梁的尺寸为 76 mm×76 mm×406 mm,梁的刻槽深度与梁高比(a/h)应大于

0.5,且至少有 3 个刻槽深度 a。试验温度分别为 4.4 ℃, -3.9 ℃, -12.2 ℃, -20.6 ℃。

(1)采用平面应变 J 积分表达式法

$$J_{1c}=\frac{1}{b}\frac{\mathrm{d}U_T}{ha} \tag{4.16}$$

式中, J_{1c}为平面应变 J 积分的临界值, Pa·m; b 为梁宽, mm; h 为梁高, mm; U_T 为破坏时的总应变能; a 为裂缝长度,即切口深度, mm。

(2)单试件法

只需一个试件即可定义 J_{1c},仍采用三点加载, J_{1c}的表达式为

$$J_{1c}=\eta(U_T-U_e^{nc})/b(h-a) \tag{4.17}$$

式中, η 为与裂缝有关的常数; U_T 为破坏时的总应变能; U_e^{uc} 为韧带区储存的弹性能; b 为梁宽, mm; h 为梁高, mm。

当试件的长高比 $L/d=4$ 时, U_e^{nc} 可以忽略,梁的刻槽深度与梁高比(a/h)在 0.5~0.7 之间时, $\eta=2$,则

$$J_{1c}=2U_T/b(h-a) \tag{4.18}$$

研究表明,两种方法对多数沥青具有良好的一致性。方法(2)测定的 J_{1c}与温度的关系比方法(1)稳定,且方法简单。SHRP 以方法(2)为优选方法。

J 积分的临界值 J_{1c}是评价材料断裂时的应变能释放率的指标,反映材料的抗开裂的能力, J_{1c}越大,抗开裂性能越好。而且, J_{1c}值随温度的降低而减小,说明低温时沥青混合料迅速失去韧性,只需较小的能量便足以使路面开裂。

9. C^* 积分试验

C^* 积分试验方法是由 Landes 等人提出的。试验在等位移速率下进行,时间和位移是两个自变量,荷载和裂缝长度是因变量。将几个不同位移速率下试验的数据绘制在同一裂缝长度下荷载与位移速率 Δ 的函数关系曲线上,每条曲线下的面积就是每单位裂缝面厚度所做的功 U^*。直线的斜率就是 C^*, C^* 的能量率可以解释为具有不同裂缝长度的增量在两个受相同荷载作用的受载体间的势能差。

$$C^*=\frac{1}{b}\frac{\mathrm{d}U^*}{\mathrm{d}aA} \tag{4.19}$$

式中, b 为裂缝面处的试件厚度; U^* 为荷载 P 和位移速率 Δ 的能量率势能; a 为裂缝长度。

最后得出 C^* 是裂缝增长率的函数,即 C^* 与开裂速度的关系。

4.3.2.3　沥青混合料低温抗裂性能的影响因素

沥青混合料的低温抗裂性能与其抗拉强度、松弛能力以及收缩性质等密切相关,而影响这些特性的因素,既包含沥青及沥青混合料本身因素,也有外界环境的各种因素。

1. 沥青性质

(1)沥青的感温性。沥青材料的感温性越差,其性质随温度变化的可能性越小。通常情况下,针入度指数值愈大,沥青的感温性愈差,沥青混合料在低温条件下的抗裂性能愈好。

(2)沥青的劲度。沥青混合料的低温劲度是决定其是否开裂的最根本因素,而沥青劲度又是决定沥青混合料劲度的关键,研究表明,横向裂缝与沥青的劲度关系最大。

(3)沥青的粘度。当沥青的感温性相同(或者油源相同)时,针入度大的沥青有较低的劲度模量,在降温过程中会产生相对较小的拉应力,从而降低了低温开裂的可能性。

(4)沥青的低温延度。低温延度与开裂有一定关系。低温延度值越大,其受到外力的拉伸作用时,所能承受塑性变形的能力越强,沥青混合料的抗低温开裂的性能越好。

(5)沥青的感时性。感时性大,表示非牛顿沥青的粘性凝聚力结构易遭到破坏。在温度很低时温降收缩几乎不发生粘性流动,只在凝胶结构内部产生应力积聚,并提早在集中力薄弱处产生裂缝。尖端的应力集中异致裂缝扩大并使抗拉强度降低。由于针入度指数值大的沥青一般感时性较大,所以一些沥青标准规定针入度指数值的上限为1。

(6)沥青的老化性能。沥青的老化是由轻质油分的挥发、沥青的氧化分解及硬化引起的。老化后,沥青变硬,其劲度模量增加,流动变形性能变差,混合料低温抗裂性降低,路面裂缝出现早。

(7)沥青的含蜡量。沥青中含蜡量增加会使拉伸应变减小,脆性增加,温度敏感性变大,横向裂缝增加。

2.沥青混合料的组成

(1)沥青含量。沥青含量在最佳范围的变化不会对混合料的低温开裂性能有很大影响,增大沥青用量就增大了温缩系数,但同时降低了劲度。

(2)集料类型和级配。耐磨、低冻融损失和低吸水性的集料具有好的横向抗开裂性。

粗级配沥青混合料的温度应力比较小,混合料形成骨架嵌挤作用,产生的温度应力小,不易开裂。

(3)空隙率。空隙率越小,破坏温度愈低,但差别不很大。而破坏时的温度应力有相当大的差别,空隙率越小,温度应力愈高。

(4)剥落率。沥青混凝土的剥落率大,意味着沥青和集料间的结合力小,沥青混合料的抗拉强度低,容易产生开裂。

3.环境的影响

(1)温度。路表面温度越低,沥青路面温度开裂的可能性越大。路表面温度与周围大气温度和风速有关。大多数沥青路面的低温开裂是在温度降到低于玻璃化温度的某一温度并持续一段时间的条件下产生的。

(2)降温速率。降温速率越大,温度开裂趋势越明显。

(3)路面老化。路龄越大,温度开裂的可能性越大,这是由于沥青路面老化后劲度增大的缘故。

4.路面结构几何尺寸

(1)路面宽度。现场调查结果表明,窄路面比宽路面的温度裂缝间隙更小。

(2)路面厚度。沥青面层越厚,温度裂缝产生的可能性越小。

(3)沥青混凝土层和基层摩擦系数。与粒料基层粘结完好的沥青面层的温缩系数减小。基层材料的级配,特别是小于0.075 mm材料的百分率对低温开裂的产生有一定影响。

(4)路基类型。在砂土路基上的路面的低温收缩开裂率通常比在粘土路基上的路面要大。

4.3.3 沥青混合料的水稳定性

沥青混合料在使用过程中长期受到自然因素和重复车辆荷载的作用,为保证路面具有较长的使用年限,沥青混合料必须具有良好的耐久性。沥青混合料的耐久性有多方面的含义,其中较为重要的是水稳定性、耐老化性等。在此主要介绍水稳定性。

水稳定性是沥青混合料抵抗由于水侵蚀而逐渐产生沥青膜剥离、松散、坑槽等破坏的能力。水稳性差的沥青混合料在有水存在的情况下，会发生沥青与矿料颗粒表面的局部分离，同时在车辆荷载的作用下加剧沥青和矿料的剥落，形成松散薄弱块，飞转的车轮带走剥离或局部剥离的矿粒或沥青，从而造成路面的缺失，并逐渐形成坑槽，导致沥青混合料路面的早期损坏，造成路面使用性能急剧下降、近而缩短路面使用寿命。

4.3.3.1　沥青混合料水稳定性的评价方法与技术指标

多年来，各国研究人员就沥青混合料的水稳定性提出了许多评价方法和指标，这些方法和指标都从不同的角度反映了沥青混合料的水稳定性。常见的评价方法有浸水马歇尔试验、真空饱水马歇尔试验、冻融劈裂试验、浸水轮辙试验以及 ECS(Environment Conditioning System)试验等。这些试验方法都是在实验室内以冻融循环或水循环等方式模拟水的侵蚀作用，并利用一定客观指标的前后变化来表征沥青混合料的水稳定性。

1.浸水马歇尔试验

浸水马歇尔试验是将马歇尔试件分为2组，一组在60 ℃的水浴中保养0.5 h后测其马歇尔稳定度 S_1；另一组在60 ℃水浴中恒温保养48 h后测其马歇尔稳定度 S_2；计算两者的比值，即残留稳定度 S_0

$$S_0 = \frac{S_2}{S_1} \times 100\% \tag{4.20}$$

虽然残留稳定度指标 S_0 比较稳定，但是对沥青、石料特性不敏感。另外，由于马歇尔试验加载和受力模式的物理意义不明确，所以残留稳定度仅仅是一个经验性指标。

2.真空饱水马歇尔试验

这是我国试验规程中方法的一种，试件分为2组，一组在60 ℃水浴中恒温0.5 h后测定马歇尔稳定度 S_1；另一组先在常温25 ℃浸水20 min，然后在0.09 MPa气压下浸水抽真空15 min，再在25 ℃水中浸泡1 h，最后在60 ℃水浴中恒温24 h，测定马歇尔稳定度 S_2；计算二者的比值，即残留稳定度 S_0

$$S_0 = \frac{S_2}{S_1} \times 100\% \tag{4.21}$$

从前两个试验方法的对比可以看出，两者的差别在于对试件水作用的模拟方式不同，也就是水对沥青混合料侵蚀的程度不同，这也是一个经验性的指标。

3.冻融劈裂试验

试件成型有两种方法：双面各击实50次；双面各击实75次(也有控制成型试件空隙率为7%±1%的)。而后将试件平均分为2组，并使其平均空隙率相同。一组试件在25 ℃水浴中浸泡2 h后测定其劈裂强度 R_1；另一组先在25 ℃水中浸泡2 h，然后在0.09 MPa气压下浸水抽真空15 min，再在-18 ℃冰箱中置放16 h，而后放到60 ℃水浴中恒温24 h，再放到25 ℃水中浸泡2 h后测试其劈裂强度 R_2；计算两者的比值，即残留强度比 R 为

$$R_0 = \frac{R_2}{R_1} \times 100\% \tag{4.22}$$

4.浸水轮辙试验

浸水轮辙试验是各种水中轮辙试验的总称，其中比较著名的有汉堡轮辙试验(Hamburg Wheel-Tracking Test)、诺丁汉轮辙试验(Nottingham Wheel-Tracking Test)以及普杜轮辙试验(Purdue University Lab-Wheel)等。在此以汉堡轮辙试验为例作简要介绍。

汉堡轮辙仪是汉堡公司的产品,并因此而得名。两个试件同时进行平行试验,试件是尺寸为 260 mm×320 mm×40 mm 的板块,空隙率控制在 7%±1%范围内。试验时,试件浸没于 50 ℃恒温热水中,重 705 N 的钢轮在其上以 34 cm/s 的速度和每分钟 50 次的频率往复运动 20 000次,或者直至形成 20 mm 深的辙槽为止。

辙槽深度与往复次数的关系如图 4.18 所示,一条正常的轮辙试验曲线应该包括蠕变阶段和剥落阶段,并且有明显的剥落拐点。Hines 认为蠕变阶段辙槽深度的线性增长是混合料经历了初始压密后的塑性流动,剥落阶段是混合料剥落引发的变形加速阶段,而辙槽深度的发展速度有赖于水损坏的严重程度。汉堡轮辙试验规定经历 20 000 次往复运动后辙槽深度不大于 4 mm的标准,而 Mathew 和 Tim 认为这一标准过于苛刻,应该以剥落拐点次数作为混合料水稳定性指标。

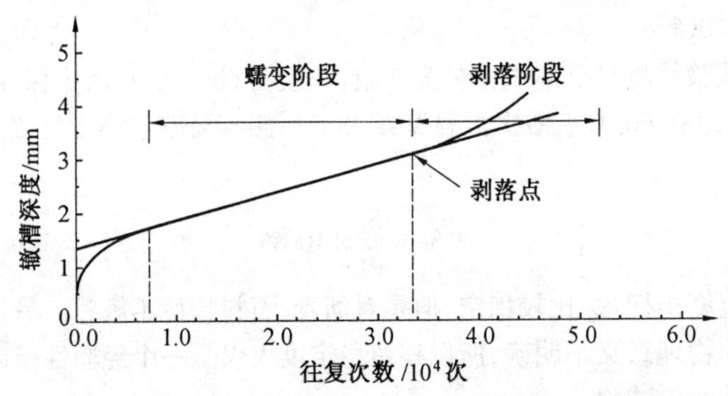

图 4.18 典型的汉堡车辙试验曲线示意图

5.ECS (Environment Conditioning System)试验

作为 SHRP 研究计划的一部分,ECS 试验系统的建立旨在更加精确地模拟自然条件下环境和交通造成的水损坏。

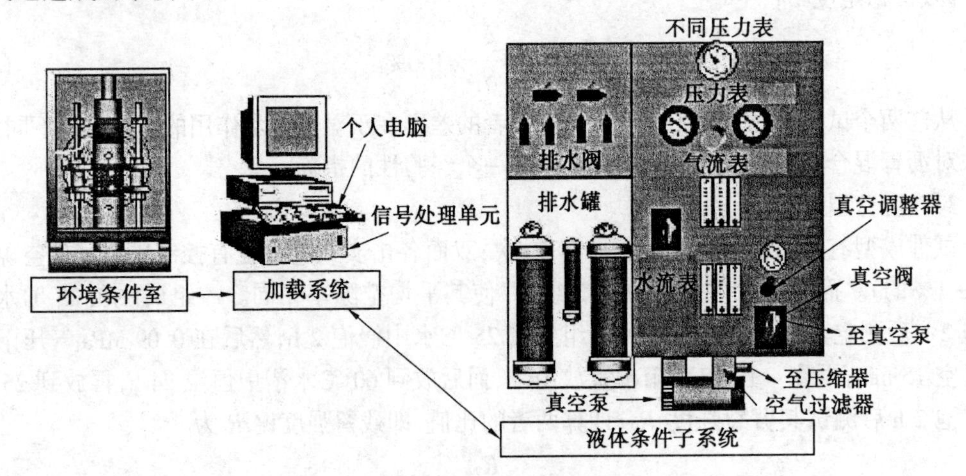

图 4.19 ECS 试验系统示意图

ECS 试验过程中,成型空隙率为 7.5%±0.5%的 Φ100 mm×100 mm 圆柱体试件,试件成型前必须根据 AASHTO PP2-94 标准进行短期老化,并使用 SHRP 旋转压实仪压实,成型的试件侧面用薄膜和硅胶封闭;然后将试件安置于环境箱中,在加载 0.1 s、卸载 0.9 s 的动荷载下

测量回弹模量 M_R，并在 510 mmHg 柱的负压下测量试件的透水性；试件在负压下饱水 30 min 后进入 60 ℃(6 h)—冷却(2 h)—－18 ℃(6 h)的冻融循环，冻融的过程中始终对试件施加 900 N的动荷载；冻融结束后再次测量回弹模量和透水性，前后的回弹模量比小于 0.7 者被认为水稳定性不足。最后还可以将试件一劈为二，从直观视觉上评价断面上混合料的剥落程度。

4.3.3.2　沥青混合料水稳定性的影响因素

1.组成材料的影响

(1)集料的化学性质。CaO 成分含量高的矿质集料，属碱性集料，如果使用亲水系数评价，这种集料属憎水性的，它和沥青的粘结力较大，不易被水剥落；而 SiO_2 成分含量高的集料是酸性石料，属亲水性集料，沥青和它的粘附力较小，粘附在集料上的沥青很容易被水置换而剥落下来；矿料的化学性质实际上在沥青和矿料粘附过程中起重要作用，碱性集料与沥青粘附时易产生化学吸附作用，生成物的性质不会受到水的作用而改变，所以沥青与矿料间遇水不易分离，而酸性矿料则不发生这种化学吸附作用，沥青和矿料间遇水作用时容易分离。

(2)集料颗粒的表面物理特性。表面粗糙的颗粒有增大与沥青粘附范围的作用，从而有利于沥青在矿料上的粘附。而表面有微孔的颗粒易使沥青在其表面渗入形成楔状物，增强沥青在矿料颗粒表面的粘附，当然如果孔隙太大或太多则会影响沥青混合料的用油量。在比较矿料颗粒单位表面积上沥青的粘附力时，集料表面物理特性的影响要远远小于其表面化学特性的影响。

(3)沥青的性质。影响沥青混合料水稳定性的沥青性质主要有两方面：沥青的化学性质和沥青的粘度。沥青化学性质的影响主要体现在不同油源、相同标号的沥青对同一集料表现出不同的粘附性，这是因为不同油源沥青其化学组分有所不同，其同名组分内的化学成分也有差别，能与集料进行化学作用的基团活性也不相同。沥青的粘度越高，与矿料的粘附力就越大，对沥青混合料的水稳性有有利的影响，但这种影响比沥青化学性质的影响要小。

(4)集料和沥青性质的交互作用。不同集料和不同沥青间这种交互作用对粘附性的影响，只有通过经验试验法才能反映它们影响的大小。

(5)沥青混合料的空隙率。空隙率越大的沥青混合料，为空气、水分停留与存储提供的空间越大。沥青混合料受水分作用时间越长，受水作用产生沥青剥落破坏的可能性越大，混合料的耐久性越差。鉴于这种影响，在沥青混凝土混合料设计时，提出了相应的残留空隙率的上限指标和混合料沥青饱和度的下限指标，例如沥青混凝土的残留空隙率不大于 6%，沥青饱和度不小于 70%。

2.沥青混合料施工条件与施工质量的影响

气温低、湿度大甚至有降水时铺筑的沥青混合料路面水稳定性较差，因为这种情况下铺筑的沥青混合料中矿料和矿料间不容易形成很好的粘结；而在施工时如果摊铺不均匀、压实度较差，则易造成集料离析、局部不密实，从而导致局部受水作用强烈，易发生局部水损害。

如果沥青路面排水能力差，也可加速水损害发生，路面内部的水分可导致水害加重。

3.自然因素的影响

处在冻融循环频繁地区的沥青混合料路面，其水稳定性会降低，如果再有足够的水分作用，路面的使用寿命会大大缩短。因此为这种地区设计沥青混合料时，对材料本身性质要作较多的考虑。

4.3.3.3 提高沥青混合料水稳定性的措施

从上述沥青混合料水稳定性影响因素分析可知,自然因素是无法改变的,提高混合料水稳定性的措施只能从材料的性能、施工质量控制、减少水的侵蚀作用等方面进行考虑。

1.材料的选择与性能改善

(1)从集料本身及沥青性质来考虑

引起剥落的概率80%来自于集料。通常为了减少剥落的发生,应使用孔隙率小于0.5%的粗糙、洁净的集料。碱性石料比酸性石料具有更好的抗水害性。

沥青与集料之间的粘附性主要依赖于沥青本身的粘度,粘度越大,抗剥离性越好。经过橡胶或树脂改进过的沥青由于粘度大大增加,所以抗剥离性能得到很大改善。

(2)从外掺材料的角度来考虑

传统且有效的办法是采用消石灰。一种办法是采用浓度为20%~30%的消石灰水对集料进行预处理,改善矿料颗粒的表面化学特性,增加表面碱金属离子成分,以增加矿料与沥青发生化学粘附作用的活性,提高沥青混合料的水稳定性。另一种办法是直接把消石灰粉与集料同时加入拌和机,这种方法对集料的表面化学性质、沥青的性质都会产生一定的影响,可起到改善混合料水稳定性的作用。一般情况下消石灰用量约为混合料总量的2%左右。

采用属表面活性物一类的抗剥落剂,可改善沥青的表面化学作用能力,从而改善沥青和矿料粘附性,提高沥青混合料的水稳定性。由于不同油源的沥青化学性质不同,在选择抗剥落剂时,应注意抗剥落剂与沥青的兼容性、高温下不易分解的稳定性、对沥青其他性能的影响等,以保证抗剥落剂的效用。

2.路面结构的防水

水的来源无非是雨水、地下水及毛细水,将水与沥青面层隔离是最基本的措施。可以采取以下方法来隔水。

在沥青面层的下层用沥青含量高的沥青砂做下封层,其厚度为施工最小厚度,即2.0~2.5 cm。

在沥青面层的下面层或连接层使用空隙很大、集料相互嵌挤作用好的沥青碎石或贯入式结构层。

下封层是为阻止地下水或毛细水上升,大空隙的下面层则为水提供空隙,作流出的通道,能使水尽快流走。这在水田地区、季节性冻土区、春融期易翻浆路段是有效的。

3.沥青混合料配合比的设计

为提高沥青混合料的抗剥离能力,应使水浸入的可能性减小,密级配沥青混凝土比大空隙的开级配透水性差,水浸入也困难些。按照马歇尔试验配合比设计决定沥青用量时,应使用高限,并适当增加集料的用量,这些措施将使混合料抗剥离能力得到改善。不过这些措施可能使高温稳定性降低,所以各项指标必须兼顾。

4.严格控制施工质量

干净、无杂质、无尘土的矿料和沥青的粘附性显然比不干净、有尘土的矿料高,由此产生较高的水稳定性;干燥的矿料和沥青经充分拌和,有助于沥青和矿料充分地发生各种物理化学作用,以提高粘附性及沥青混合料的水稳定性。所以湿度很大的矿料要保证其干燥加热时间。

压实度不足将大大增加水作用的机会,从而降低沥青路面的水稳定性。同种沥青混合料试验表明,混合料空隙率为3.5%时,马歇尔残留稳定度可达90%;而当空隙增大到7.5%时,马歇尔残留稳定度则降到80%以下。

沥青混合料水稳定性的提高需要一个综合的措施,必须从上述多方面加以考虑。

4.3.4 沥青混合料的抗滑性

抗滑性是沥青路面的一个重要安全指标。现代交通车速不断提高,对路面的抗滑能力也提出更高的要求。沥青路面应具有足够的抗滑能力,以保证在最不利的情况下(路面潮湿时)车辆能够高速安全行驶,而且在外界因素作用下其抗滑能力不致很快降低。

4.3.4.1 评价方法

沥青混合料的抗滑性主要通过其表面构造状况来评价。常见的评价方法有表面构造深度和摩擦系数等。

1.表面构造深度

路面表面的宏观构造为路面表面的凹凸(肉眼可见的突起,约0.5 mm以上)程度。常用粗糙或光滑来描述宏观构造。宏观构造的测定方法主要有排水测定法、激光构造仪法和铺砂法,其中铺砂法最常用。

铺砂法(或称砂补法),它是将已知体积的砂摊铺在路面上,然后用底面贴有橡胶片的推平板,仔细地将砂摊平成一圆形,量取其直径。砂的体积与砂摊铺的平均面积的比值即为路面宏观构造深度,也称路面纹理深度。

铺砂法在潮湿天气下不能测试,且重现性差,速度较慢。

2.摩擦系数

摩擦系数的测定,一般采用以下几个方法:制动距离法、减速度法、拖车法和摆式仪测定法,路面检测常用的是摆式仪测定法。

摆式仪的示意图如图4.20所示,主要用于野外量测局部路面范围的抗滑性能。

摆式仪的摆锤底面装有一橡胶滑块,当摆锤从一定高度自由下摆时,滑动面同路表面接触。由于两者间的摩擦面损耗部分能量,使摆锤只能回摆到一定高度。表面摩阻力越大,回摆高度越低。通过量测回摆高度,可以评定表面的摩阻力。回摆高度直接从仪器上读得,以抗滑值SRV表示。

4.3.4.2 沥青混合料抗滑性的影响因素

路面表面抗滑性的影响因素主要包括集料性质、沥青混合料的级配、沥青用量和混合料的空隙率。

1.集料的抗冲击性和耐磨性

路面在车轮荷载的作用下,被沥青裹覆的粗集料表面会裸露出来。集料耐冲击性和耐磨性对路面的宏观构造有很大影响。耐冲击性和耐磨耗性能好的石料能较长时间地保持棱角不被磨损,从而达到长期保持路面抗滑性的目的。

2.混合料的级配

沥青混合料的级配对宏观构造有极大的影响,是所有影响因素中最为重要的因素。传统的密级配沥青混凝土路面表面光滑、纹理构造深度浅。近年发展起来的多孔性排水路面、沥青玛蹄脂碎石路面,在集料级配上与传统的密级配相比发生了很大的变化,粗集料比例大大增加,形成了骨架结构,因而有良好的宏观构造。

3.沥青用量

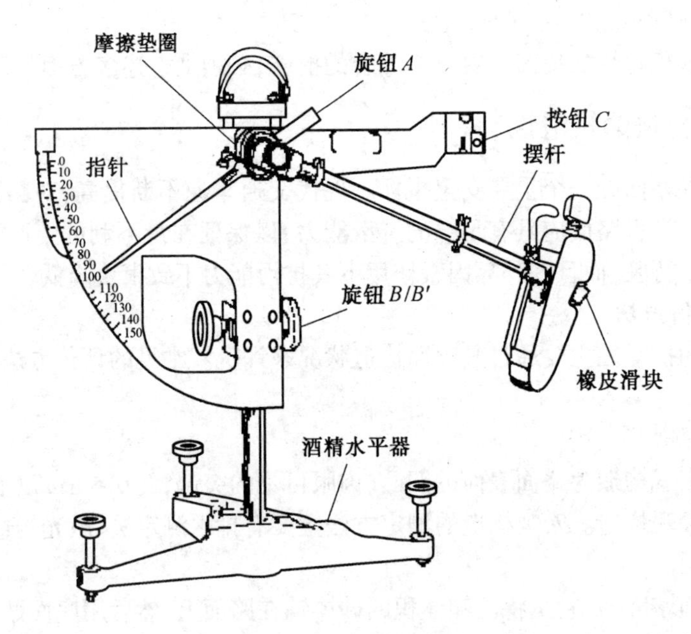

图 4.20 摆式仪示意图

混合料沥青含量过高,多余的自由沥青在高温季节会在车轮反复作用下被挤到路面表面上来,形成光滑面,从而使纹理深度变浅,抗滑性降低。沥青混合料中所含沥青粘度太低,容易自由流动,也是路面形成光滑面的原因。

4.混合料的空隙率

空隙率小(如小于3%)的沥青混合料,表面往往比较致密,纹理深度较浅;空隙率大的沥青混合料,则纹理深度较深。多孔性沥青混合料空隙率一般超过15%,且内部有发达的贯通空隙,不仅在混合料表面具有较好的宏观构造,而且在混合料内部也形成有很好的宏观构造。

4.3.4.3 提高沥青路面抗滑性能的措施

1.提高沥青混合料的抗滑性能

沥青混合料中矿质集料的全部或一部分选用硬质粒料。若当地的天然石料达不到耐磨和抗滑要求时,可改用烧铝矾土、陶粒、矿渣等人造石料。矿料的级配组成宜采用开级配,并尽量选用对集料裹覆力较大的粘稠沥青材料,同时减少其用量,使集料多露出路面表面。

2.采用防滑的封面结构

在沥青混合料碾压即将完成之前,立即铺撒硬质矿料,并压入混合料表面内做成防滑封面层,以提高路面的抗滑能力。也可以采用多孔的沥青混合料(空隙率为21%~29%,沥青用量为4%)铺成透水面层,加速路面表面排水,提高轮胎与路面之间的抗滑能力。

3.使用树脂系高分子材料对路面进行防滑处理

将粘结力强的人造树脂,如环氧树脂、聚氨基甲酸酯等,涂抹在沥青路面上,然后铺撒硬质粒料,在树脂完全硬结之后,将未粘着的粒料扫掉即可开放交通。但这种方法成本较高。

4.3.5 沥青混合料的施工和易性

要保证室内配料在现场施工条件下顺利的实现,沥青混合料除了应具备前述的技术要求外,还应具备适宜的施工和易性。影响沥青混合料施工和易性的因素很多,例如当地气温、施工条件及混合料性质等。

单纯从混合料材料性质而言,影响沥青混合料施工和易性的首先是混合料的级配情况,如粗、细集料的颗粒大小相距过大,缺乏中间尺寸,混合料容易分层层积(粗粒集中表面,细粒集中底部);如细集料太少,沥青层就不容易均匀地分布在粗颗粒表面;细集料过多,则拌和困难。此外当沥青用量过少或矿粉用量过多时,混合料容易变得疏松而不易压实。反之,如沥青用量过多或矿粉质量不好,则容易使沥青混合料粘结成团块,不易摊铺。

生产商对沥青混合料的工艺性能,大都凭直观视觉鉴定。有的研究者曾以流变学理论为基础提出过一些沥青混合料施工和易性的测定方法,但仍多为试验研究阶段,并未被生产商普遍采纳。

复习思考题

1. 试述沥青混合料的定义及分类。

2. 试用强度理论分析影响沥青混合料强度形成的因素。

3. 沥青混合料按组成结构可分为几种类型？试述各种不同结构类型沥青混合料的特点及其路用性能。

4. 说明沥青混合料高温性能的评价方法及影响因素。

5. 说明提高沥青混合料耐久性的技术措施。

第5章 矿质混合料的组成设计

主要内容

本章讲述沥青混合料组成材料的技术要求、沥青混合料的技术要求、矿质混合料配合比的设计方法和最佳沥青用量的确定方法。

要求重点掌握矿质混合料的配合比设计方法及最佳沥青用量的约定方法，了解沥青混合料组成材料的技术标准及不同种类沥青混合料的技术要求和技术标准。

在沥青混合料中，所用集料颗粒的粒径尺寸范围较大，而天然或人工轧制的一种集料往往仅有几种粒径尺寸的颗粒组成，难以满足工程对某一混合料的目标设计级配范围的要求，因此需要将两种或两种以上的集料配合使用，构成所谓的矿质混合料，简称矿料。矿质混合料组成设计的目的就是根据目标级配范围要求，确定各种集料在矿质混合料中的合理比例。进行矿质混合料组成设计，必须首先明确目标级配范围，为此首先应掌握级配组成对矿料技术性能的影响。

5.1 组成材料的技术要求

1.沥青

沥青材料的技术性质，随气候条件、交通性质、沥青混合料的类型和施工条件等因素而异。如气候炎热，交通繁重，细粒式或砂粒式的沥青混合料则应采用稠度较高的沥青；反之，则采用稠度较低的沥青。在其他配料条件相同时，较粘稠的沥青配制的混合料具有较高的强度和稳定性；但若粘度过高，沥青混合料的低温变形能力会变差，沥青路面容易产生裂缝。反之，采用粘度较低的沥青配制的混合料，具有较好的低温变形能力，但在夏季高温时往往稳定性不足而使路面出现永久变形。

我国《公路沥青路面施工技术规范》(JTG F40-2004)规定，沥青路面采用的沥青标号，宜按照公路等级、气候条件、交通条件、路面类型及在结构层中的层位及受力特点、施工方法等，结合当地的使用经验，经技术论证后确定。各个沥青等级的适用范围应符合表5.1的规定。

表5.1 道路石油沥青的适用范围

沥青等级	适用范围
A级沥青	各个等级的公路，适用于任何场合和层次
B级沥青	高速公路、一级公路沥青下面层及以下的层次，二级及二级以下公路的各个层次； 用于改性沥青、乳化沥青、改性乳化沥青、稀释沥青的基质沥青
C级沥青	三级及三级以下公路的各个层次

对高速公路、一级公路，夏季温度高、高温持续时间长、重载交通、山区及丘陵区上坡路段、服务区、停车场等行车速度慢的路段，尤其是汽车荷载剪应力大的层次，宜采用稠度大、60 ℃时粘度大的沥青，也可提高高温气候分区的温度水平来选用沥青等级；对冬季寒冷的地区或交通量小的公路、旅游公路宜选用稠度小、低温延度大的沥青；对温度日温差、年温差大的地区宜选用针入度指数大的沥青。当高温要求与低温要求发生矛盾时应优先考虑满足高温性能的要求。

当缺乏所需标号的沥青时，可采用不同标号掺配的调和沥青，其掺配比例应由试验决定。掺配后的沥青质量应符合表 5.2 的要求。

2.粗集料

沥青混合料用的粗集料包括碎石、破碎砾石、筛选砾石、钢渣、矿渣等，但高速公路和一级公路不得使用筛选砾石和矿渣。粗集料必须由具有生产许可证的采石场生产或施工单位自行加工。

粗集料应洁净、干燥、表面粗糙、无风化、不含杂质。在物理、力学性质方面，集料的表观相对密度、吸水率、压碎值和洛杉矶磨耗率等指标应符合相应道路等级的要求，如表 5.3 所示。当单一规格集料的质量指标达不到表中要求，而按照集料配比计算的质量指标符合要求时，工程上允许使用。对受热易变质的集料，宜采用经拌和机烘干后的集料进行检验。

表 5.3　沥青混合料用粗集料质量技术要求

指标	单位	高速公路及一级道路		其他等级道路	试验方法
		表面层	其他层次		
压碎值，不大于	%	26	28	30	T 0316
洛杉矶磨耗值，不大于	%	28	30	35	T 0317
表观相对密度，不小于	–	2.60	2.50	2.45	T 0304
吸水率，不大于	%	2.0	3.0	3.0	T 0304
坚固性，不大于	%	12	12	–	T 0314
针片状颗粒含量					T0312
按照配合比设计的混合料，不大于	%	15	18	20	
其中粒径大于 9.5 mm，不大于	%	12	15	–	
其中粒径小于 9.5 mm，不大于	%	18	20	–	
0.075 mm 通过率（水洗法），不大于	%	1	1	1	T 0310
软石含量，不大于	%	3	5	5	T 0320

注：①坚固性试验可根据需要进行；

②用于高速公路、一级公路时，多孔玄武岩的视密度可放宽至 2.45 g/cm³，吸水率可放宽至 3%，但必须得到建设单位的批准，且不得用于 SMA 路面；

③对 S14 即 3～5 规格的粗集料，针片状颗粒含量可不予要求，小于 0.075 mm 含量可放宽到 3%。

粗集料的粒径规格《公路沥青路面施工技术规范》（JTG F40－2004）中《沥青混合料用粗集料规格》（表 5.4）的规定生产和使用。

表 5.2　道路石油沥青技术要求

指标	单位	等级	沥青标号																	试验方法
			160 号	130 号	110 号			90 号					70 号					50 号	30 号	
针入度(25 ℃, 5 s,100 g)	0.1 mm		140 ~ 200	120 ~ 140	100 ~ 120			80 ~ 100					60 ~ 80					40 ~ 60	20 ~ 40	T 0604
适用的气候分区					2 - 1	2 - 2	3 - 2	1 - 1	1 - 2	1 - 3	2 - 2	2 - 3	1 - 3	1 - 4	2 - 2	2 - 3	2 - 4	1 - 4		附录 A
针入度指数 PI		A	- 1.5 ~ + 1.0																	T 0604
		B	- 1.8 ~ + 1.0																	
软化点 $T_{R\&B}$,不小于	℃	A	38	40	43			45			44		46		45			49	55	T 0606
		B	36	39	42			43			42		44		43			46	53	
		C	35	37	41			42					43					45	50	
60 ℃动力粘度,不小于	Pa·s	A	–	60	120			160		140			180		160			200	260	T 0620
10 ℃延度,不小于	cm	A	50	50	40			45	30	20	30	20	20	15	25	20	15	15	–	T 0605
		B	30	30	30			30	20	15	20	15	15	10	20	15	10	10	–	
15 ℃延度,不小于	cm	A、B	100															80	50	
		C	80	80	60			50					40					30	20	
蜡含量(蒸馏法),不大于	%	A	2.2																	T 0615
		B	3.0																	
		C	4.5																	
闪点,不小于	℃		230					245					260							T 0611
溶解度,不小于	%		99.5																	T 0607
密度(15 ℃)	g/cm³		实测记录																	T 0603
TFOT (或 RTFOT)后																				T 0610 或
质量变化,不大于	%		± 0.8																	T 0609
残留针入度比(25 ℃),不小于	%	A	48	54	55			57					61					63	65	T 0604
		B	45	50	52			54					58					60	62	
		C	40	45	48			50					54					58	60	
残留延度(10 ℃),不小于	cm	A	12	12	10			8					6					4	–	T 0605
		B	10	10	8			6					4					2	–	
残留延度(15 ℃),不小于	cm	C	40	35	30			20					15					10	–	T 0605

注:①试验方法按照现行《公路工程沥青及沥青混合料试验规程》(JTJ 052 - 2000)规定的方法执行。用于仲裁试验求取 PI 时的 5 个温度的针入度关系的相关系数不得小于 0.999;
②经建设单位同意,表中 PI 值、60 ℃动力粘度可作为选择性指标,也可不作为施工质量检验指标;
③70 号沥青可根据需要要求供应商提供针入度范围为 60 ~ 70 或 70 ~ 80 的沥青,50 号沥青可要求提供针入度范围为 40 ~ 50 或 50 ~ 60 的沥青;
④30 号沥青仅适用于沥青稳定基层。130 号和 160 号沥青除寒冷地区可直接在中低级公路上直接应用外,通常用作乳化沥青、稀释沥青、改性沥青的基质沥青;
⑤老化试验以 TFOT 为准,也可以用 RTFOT 代替;

表 5.4　沥青混合料用粗集料规格

规格名称	公称粒径/mm	通过下列筛孔(mm)的质量百分率/%												
		106	75	63	53	37.5	31.5	26.5	19	13.2	9.5	4.75	2.36	0.6
S1	40~75	100	90~100	-	-	0~15	-	0~5						
S2	40~60		100	90~100	-	0~15	-	0~5						
S3	30~60		100	90~100	-	-	0~15	-	0~5					
S4	25~50			100	90~100	-	-	0~15	-	0~5				
S5	20~40				100	90~100	-	-	0~15	-	0~5			
S6	15~30					100	90~100	-	-	0~15	-	0~5		
S7	10~30					100	90~100	-	-	-	0~15	0~5		
S8	10~25						100	90~100	-	0~15	-	0~5		
S9	10~20							100	90~100	-	0~15	0~5		
S10	10~15								100	90~100	0~15	0~5		
S11	5~15								100	90~100	40~70	0~15	0~5	
S12	5~10									100	90~100	0~15	0~5	
S13	3~10									100	90~100	40~70	0~20	0~5
S14	3~5										100	90~100	0~15	0~3

高速公路、一级公路沥青路面的表面层(或磨耗层)的粗集料的磨光值应符合表 5.5 的要求。除 SMA、OGFC 路面外，允许在硬质粗集料中掺加部分粒径较小的、磨光值达不到要求的粗集料，其最大掺加比例应由磨光值试验确定。

表 5.5　粗集料与沥青的粘附性、磨光值技术要求

雨量气候区	1(潮湿区)	2(湿润区)	3(半干区)	4(干旱区)	试验方法
年降雨量/mm	>1 000	1 000~500	500~250	<250	
粗集料的磨光值 PSV 不小于高速公路、一级公路表面层	42	40	38	36	T 0321
粗集料与沥青的粘附性不小于					
高速公路、一级公路表面层	5	4	4	3	T 0616
高速公路、一级公路的其他层次及其他等级公路的各个层次	4	4	3	3	T 0663

粗集料与沥青的粘附性应符合表 5.5 的要求，在使用不符要求的粗集料时，宜掺加消石灰、水泥或预先用饱和石灰水处理，必要时可同时在沥青中掺加耐热、耐水、长期性能好的抗剥落剂，也可采用改性沥青，使沥青混合料的水稳定性达到要求。掺加外加剂的剂量应由沥青混合料的水稳定性检验确定。

破碎砾石应采用粒径大于 50 mm、含泥量不大于 1% 的砾石轧制，破碎砾石的破碎面应符合表 5.6 的要求。

表 5.6　粗集料对破碎面的要求

路面部位或混合料类型	具有一定数量破碎颗粒的含量/%		试验方法
	至少 1 个破裂	至少 2 个以上破裂面	
沥青路面表面层			T 0361
高速公路、一级公路	100	90	
其他等级公路	80	60	
沥青路面中下面层、基层			
高速公路、一级公路	90	80	
其他等级公路	70	50	
SMA 混合料	100	90	
贯入式路面	80	60	

筛选砾石仅适用于三级及三级以下公路的沥青表面处治路面。

经过破碎且存放期超过 6 个月以上的钢渣可作为粗集料使用。除吸水率允许适当放宽外，各项质量指标应符合表 5.3 的要求。钢渣在使用前应进行活性检验，要求钢渣中的游离 CaO 含量不大于 3%，浸水膨胀率不大于 2%。

3. 细集料

沥青路面的细集料包括天然砂、机制砂、石屑。细集料应洁净、干燥、无风化、无杂质，并有适当的颗粒级配，其质量应符合表 5.7 的规定。细集料的洁净程度，天然砂以小于 0.075 mm 含量的百分数表示，石屑和机制砂以砂当量(适用于 0 ~ 4.75 mm)或亚甲蓝值(适用于 0 ~ 2.36 mm或 0 ~ 0.15 mm)表示。

表 5.7　沥青混合料用细集料质量技术要求

项　目	单位	高速公路、一级公路	其他等级公路	试验方法
表观相对密度，不小于	–	2.50	2.45	T 0328
坚固性，不大于	%	12	–	T 0340
0.075 mm 含量(水洗法)，不大于	%	3	5	T 0333
砂当量，不小于	%	60	50	T 0334
亚甲蓝值，不大于	g/kg	25	–	T 0346
棱角性(流动时间)，不小于	s	30	–	T 0345

注：①对于天然砂砾，采用 0.075 mm 通过率控制细集料的洁净程度；

②对于石屑和机制砂，采用砂当量或者亚甲蓝值指标来控制细集料的洁净程度，两个指标只取一个指标。

天然砂可采用河砂或海砂，通常宜采用粗、中砂，其规格应符合表 5.8 的规定。砂的含泥量超过规定时应经水洗后使用，海砂中的贝壳类材料必须筛除。开采天然砂必须取得当地政府主管部门的许可，并符合水利及环境保护的要求。热拌密级配沥青混合料中天然砂的用量通常不宜超过集料总量的 20%，SMA 和 OGFC 混合料不宜使用天然砂。

表 5.8　沥青混合料用天然砂规格

筛孔尺寸/mm	通过各筛孔的质量百分率/%		
	粗砂	中砂	细砂
9.50	100	100	100
4.75	90 ~ 100	90 ~ 100	90 ~ 100
2.36	65 ~ 95	75 ~ 90	85 ~ 100
1.18	35 ~ 65	50 ~ 90	75 ~ 100
0.60	15 ~ 30	30 ~ 60	60 ~ 84
0.30	5 ~ 20	8 ~ 30	15 ~ 45
0.15	0 ~ 10	0 ~ 10	0 ~ 10
0.075	0 ~ 5	0 ~ 5	0 ~ 5

石屑是采石场破碎石料时通过 4.75 mm 或 2.36 mm 的筛下部分,其规格应符合表 5.9 的要求。采石场在生产石屑的过程中应具备抽吸设备,高速公路和一级公路的沥青混合料宜将 S14 与 S16 组合使用,S15 可在沥青稳定碎石基层或其他等级公路中使用。

机制砂宜采用专用的制砂机制造,并选用优质石料生产,其级配应符合 S16 的要求。

表 5.9　沥青混合料用机制砂或石屑规格

规格	公称粒径/mm	通过各筛孔(mm)的质量百分比/%							
		9.5	4.75	2.36	1.18	0.60	0.30	0.15	0.075
S15	0 ~ 5	100	90 ~ 100	60 ~ 90	40 ~ 75	20 ~ 55	7 ~ 40	2 ~ 20	0 ~ 10
S16	0 ~ 3	–	100	80 ~ 100	50 ~ 80	25 ~ 60	8 ~ 45	0 ~ 25	0 ~ 15

注:当生产石屑采用喷水抑制扬尘工艺时,应特别注意含粉量不得超过表中要求。

4.填料

沥青混合料的矿粉必须采用石灰岩或岩浆岩中的强基性岩石等憎水性石料经磨细得到的矿粉,原石料中的泥土杂质应清除干净。矿粉应干燥、洁净,能自由地从矿粉仓流出,其质量应符合表 5.10 的要求。

表 5.10　沥青混合料用矿粉质量要求

项　　目	单位	高速公路、一级公路	其他等级公路	试验方法
表观相对密度,不小于	–	2.50	2.45	T 0352
含水量,不大于	%	1	1	T 0103 烘干法
级配范围				T 0351
< 0.6 mm	%	100	100	
< 0.15 mm	%	90 ~ 100	90 ~ 100	
< 0.075 mm	%	75 ~ 100	70 ~ 100	
外观	–	无团料、结块	–	

续表 5.10

项　　目	单位	高速公路、一级公路	其他等级公路	试验方法
亲水系数,不大于	–	<1	–	T 0353
塑性指数,不大于	%	<4	–	T 0354
热安定性	–	实测记录	–	T 0355

拌和机的粉尘可作为矿粉的一部分回收使用。但每盘用量不得超过填料总量的25%,掺有粉尘填料的塑性指数不得大于4%。

粉煤灰作为填料使用时,用量不得超过填料总量的50%,粉煤灰的烧失量应小于12%,与矿粉混合后的塑性指数应小于4%,其余质量要求与矿粉相同。高速公路、一级公路的沥青面层不宜采用粉煤灰作填料。

5.2　沥青混合料的技术标准

热拌沥青混合料(HMA)适用于各种等级公路的沥青路面。其种类可按集料公称最大粒径、矿料级配、空隙率划分,如表5.11所示。

表 5.11　热拌沥青混合料种类

混合料类型	密级配			开级配		半开级配	公称最大粒径/mm	最大粒径/mm
	连续级配		间断级配	间断级配				
	沥青混凝土	沥青稳定碎石	沥青玛蹄脂碎石	排水式沥青磨耗层	排水式沥青碎石基层	沥青碎石		
特粗式	–	ATB-40			ATPB-40		37.5	53.0
粗粒式	–	ATB-30			ATPB-30		31.5	37.5
	AC-25	ATB-25			ATPB-25		26.5	31.5
中粒式	AC-20		SMA-20			AM-20	19	26.5
	AC-16		SMA-16	OGFC-16		AM-16	16	19
细粒式	AC-13		SMA-13	OGFC-13		AM-13	13.2	16
	AC-10		SMA-10	OGFC-10		AM-10	9.5	13.2
砂粒式	AC-5					AM-5	4.75	9.5
设计空隙率/%	3~5	3~6	3~4	>18	>18	6~12	–	–

注:空隙率可按配合比设计要求适当调整。

各层沥青混合料应满足所在层位的功能性要求,便于施工,不易离析。各层应连续施工并连接成为一个整体。当发现混合料结构组合及级配类型的设计不合理时应进行修改、调整,以确保沥青路面的使用性能。

沥青面层集料的最大粒径宜从上至下逐渐增大,并应与压实层厚度相匹配。对热拌热铺密级配沥青混合料,沥青层一层的压实厚度不宜小于集料公称最大粒径的2.5~3倍,对SMA和OGFC等嵌挤型混合料不宜小于公称最大粒径的2~2.5倍,以减少离析,便于压实。

沥青混合料的矿料级配应符合工程规定的设计级配范围。密级配沥青混合料宜根据公路等级、气候及交通条件按表5.12选择采用粗型(C型)或细型(F型)混合料,并在表5.13范围内确定工程设计级配范围,一般情况下工程设计级配范围不宜超出表5.13的规定。其他类型的混合料宜直接以表5.14~表5.18的规定作为工程设计级配范围。

表5.12 粗型和细型密级配沥青混凝土的关键性筛孔通过率

混合料类型	公称最大粒径/mm	用以分类的特征筛孔/mm	粗型密级配		细型密级配	
			名称	关键性筛孔透过率/%	名称	关键性筛孔透过率/%
AC-25	26.5	4.75	AC-25C	<40	AC-25F	>40
AC-20	19.0	4.75	AC-20C	<45	AC-20F	>45
AC-16	16.0	2.36	AC-16C	<38	AC-16F	>38
AC-13	13.2	2.36	AC-13C	<40	AC-13F	>40
AC-10	9.5	2.36	AC-10C	<45	AC-10F	>45

表5.13 密级配沥青混凝土混合料矿料级配范围

混合料类型		通过下列筛孔(方孔筛/mm)的质量百分率/%												
		31.5	26.5	19	16	13.2	9.5	4.75	2.36	1.18	0.6	0.3	0.15	0.075
粗粒式	AC-25	100	90~100	75~90	65~83	57~76	45~67	28~52	18~40	11~30	7~22	5~17	3~13	2~8
中粒式	AC-20		100	90~100	78~92	62~84	50~72	30~56	20~44	13~33	8~24	5~17	4.13	3~8
	AC-16			100	90~100	76~92	60~82	38~62	26~48	17~36	11~26	7~18	5~14	4~9
细粒式	AC-13				100	90~100	68~85	42~64	28~50	18~38	12~28	8~20	6~15	4~9
	AC-10					100	90~100	44~78	30~58	20~44	13~32	9~23	6~16	4~9
砂粒式	AC-5						100	90~100	55~75	35~55	20~40	12~28	7~18	5~10

表5.14 沥青玛蹄脂碎石混合料矿料级配范围

级配类型		通过下列筛孔(方孔筛/mm)的质量百分率/%											
		26.5	19	16	13.2	9.5	4.75	2.36	1.18	0.6	0.3	0.15	0.075
中粒式	SMA-20	100	90~100	72~92	62~82	40~55	18~30	13~22	12~20	10~16	9~14	8~13	8~12
	SMA-16		100	90~100	65~85	45~65	20~32	15~24	14~22	12~18	10~15	9~14	8~12
细粒式	SMA-13			100	90~100	50~75	20~34	15~26	14~24	12~20	10~16	9~15	8~12
	SMA-10				100	80~100	28~50	20~32	14~26	12~22	10~18	9~16	8~13

表 5.15　开级配排水式磨耗层混合料矿料级配范围

级配类型		通过下列筛孔(方孔筛/mm)的质量百分率/%										
		19	16	13.2	9.5	4.75	2.36	1.18	0.6	0.3	0.15	0.075
中粒式	OGFC-16	100	90~100	70~90	45~70	12~30	10~22	6~18	4~15	3~12	3~8	2~6
	OGFC-13		100	90~100	60~80	12~30	10~22	6~18	4~15	3~12	3~8	2~6
细粒式	OGFC-10			100	90~100	50~70	10~22	6~18	4~15	3~12	3~8	2~6

表 5.16　密级配沥青碎石混合料矿料级配范围

级配类型		通过下列筛孔(方孔筛/mm)的质量百分率/%														
		53	37.5	31.5	26.5	19	16	13.2	9.5	4.75	2.36	1.18	0.6	0.3	0.15	0.075
特粗式	ATB-35	100	90~100	75~92	65~85	49~71	43~63	37~57	30~50	20~40	15~32	10~25	8~18	5~14	3~10	2~6
粗粒式	ATB-30		100	90~100	70~90	53~72	44~66	39~60	31~51	20~40	15~32	10~25	8~18	5~14	3~10	2~6
	ATB-25			100	90~100	60~80	48~68	42~62	32~52	20~40	15~32	10~25	8~18	5~14	3~10	2~6

表 5.17　半开级配沥青碎石混合料矿料级配范围

级配类型		通过下列筛孔(方孔筛/mm)的质量百分率/%											
		26.5	19	16	13.2	9.5	4.75	2.36	1.18	0.6	0.3	0.15	0.075
中粒式	AM-20	100	90~100	60~85	50~75	40~65	15~40	5~22	2~16	1~12	0~10	0~8	0~5
	AM-16		100	90~100	60~85	45~68	18~40	6~25	3~18	1~14	0~10	0~8	0~5
细粒式	AM-13			100	90~100	50~80	20~45	8~28	4~20	2~16	0~10	0~8	0~6
	AM-10				100	90~100	35~65	10~35	5~22	2~16	0~12	0~9	0~6

表 5.18　开级配沥青碎石混合料矿料级配范围

级配类型		通过下列筛孔(方孔筛/mm)的质量百分率/%														
		53	37.5	31.5	26.5	19	16	13.2	9.5	4.75	2.36	1.18	0.6	0.3	0.15	0.075
特粗式	ATPB-35	100	70~100	65~90	55~85	43~75	32~70	20~65	12~50	0~3	0~3	0~3	0~3	0~3	0~3	0~3
粗粒式	ATPB-30		100	80~100	70~95	53~85	36~80	26~75	14~60	0~3	0~3	0~3	0~3	0~3	0~3	0~3
	ATPB-25			100	80~100	60~100	45~90	30~82	16~70	0~3	0~3	0~3	0~3	0~3	0~3	0~3

热拌沥青混合料采用马歇尔试验方法时,沥青混合料技术标准应相应满足表 5.19~5.22 的要求。

表 5.19　密级配沥青混凝土混合料马歇尔试验技术标准

(本表适用于公称最大粒径不大于 26.5 mm 的密级配沥青混凝土混合料)

试验指标		单位	高速公路、一级公路				其他等级公路	行人道路
			夏炎热区(1-1、1-2、1-3、1-4 区)		夏热区及夏凉区(2-1、2-2、2-3、3-2 区)			
			中轻交通	重载交通	中轻交通	重载交通		
击实次数(双面)		次	75				50	50
试件尺寸		mm	ϕ101.6 mm × 63.5 mm					
空隙率 VV	深约 90 mm 以内	%	3~5	4~6	2~4	3~5	3~6	2~4
	深约 90 mm 以下	%	3~6		2~4	3~6	3~6	-
稳定度 MS,不小于		kN	8				5	3
流值 FL		mm	2~4	1.5~4	2~4.5	2~4	2~4.5	2~5
相应公称最大粒径的沥青饱和度 VFA 和矿料间隙率 VMA								
公称最大粒径		mm	26.5	19	16	13.2	9.5	4.75
沥青饱和度 VFA		%	55~70	65~75			70~85	
对应设计空隙率的矿料间隙率 VMA,不小于	2%	%	10	11	11.5	12	13	15
	3%	%	11	12	12.5	13	14	16
	4%	%	12	13	13.5	14	15	17
	5%	%	13	14	14.5	15	16	18
	6%	%	14	15	15.5	16	17	19

注:①对空隙率大于 5% 的夏季炎热区重载交通路段,施工时应把压实度至少提 1%;

②当设计的空隙率不是整数时,由线性内插确定要求的 VMA 最小值;

③对改性沥青混合料,马歇尔试验的流值可适当放宽。

表 5.20　沥青稳定碎石混合料马歇尔试验配合比设计技术标准

试验指标	单位	密级配沥青稳定碎石基层 ATB		半开级配沥青碎石 AM	排水式开级配磨耗层 OGFC	排水式开级配沥青稳定碎石基层 ATPB
公称最大粒径	mm	26.5	≥31.5	≤26.5	≤26.5	所有尺寸
试件尺寸	mm	ϕ101.6 × 63.5	ϕ152.4 × 95.3	ϕ101.6 × 63.5	ϕ101.6 × 63.5	ϕ152.4 × 95.3
击实次数(双面)	次	75	112	50	50	75
空隙率 VV	%	3~6		6~10	18~25	>18
稳定度 MS,不小于	kN	7.5	15	3.5	3.5	-
流值 FL	mm	1.5~4	实测	-	-	-
沥青饱和度 VFA	%	55~70		40~70	-	-

续表 5.20

试验指标	单位	密级配沥青稳定碎石基层 ATB	半开级配沥青碎石 AM	排水式开级配磨耗层 OGFC	排水式开级配沥青稳定碎石基层 ATPB
谢伦堡沥青淅漏试验的混合料损失	%	–	–	<0.3	–
肯特堡飞散试验的混合料损失或浸水飞散试验	%	–	–	<20	–

沥青稳定碎石基层 ATB 的矿料间隙率 VMA

ATB 混合料类型		–	ATB-40	ATB-30	ATB-25
对应设计空隙率的矿料间隙率 VMA,不小于	4%	%	11	11.5	12
	5%	%	12	12.5	13
	6%	%	13	13.5	14

注:在干旱地区,可将密级配沥青稳定碎石基层的空隙率适当放宽到 8%。

表 5.21　SMA 混合料马歇尔试验配合比设计技术要求

试验项目	单位	技术要求		试验方法
		非改性沥青	改性沥青	
马歇尔试件尺寸	mm	ϕ101.6×63.5		T 0702
马歇尔试件击实次数	次	两面各 50		T 0702
空隙率 VV	%	3~4		T 0708
矿料间隙率 VMA,不小于	%	17.0		T 0708
粗集料骨架间隙率 VCA_{mix}		不大于 VCA_{DRC}		T 0708
沥青饱和度 VFA	%	70~85		T0708
稳定度,不小于	kN	5.5	6.0	T 0709
流值	mm	2~5	–	T 0709
谢伦堡沥青淅漏试验的混合料损失	%	不大于 0.2	不大于 0.1	T 0732
肯特堡飞散试验的混合料损失或浸水飞散试验	%	不大于 20	不大于 15	T 0733

注:①对集料坚硬不易击碎、通行重载交通的路段,也可将击实次数增加到双面各 75 次;

②对高温稳定性要求较高的重交通路段或炎热地区,设计空隙率允许放宽到 4.5%,VMA 允许放宽到 16.5%(SMA-16) 或 16%(SMA-19),VFA 允许放宽到 70%;

③试验粗集料骨架间隙率 VCA 的的关键性筛孔,对 SMA-19、SMA-16、SMA-13 是指 4.75 mm,对 SMA-10是指 2.36 mm;

④稳定度难以达到要求时,容许放宽到 5.0 kN(非改性)或 5.5 kN(改性),但动稳定度检验必须合格。

表5.22　OGFC混合料技术要求

试验项目	单位	技术要求		试验方法
		非改性沥青	改性沥青	
马歇尔试件尺寸	mm	ϕ101.6×63.5		T 0702
马歇尔试件击实次数	次	两面各50		T 0702
空隙率VV	%	18~25		T 0708
马歇尔稳定度，不小于	kN	3.5		T 0709
谢伦堡沥青淅漏试验的混合料损失	%	不大于0.3		T 0732
肯特堡飞散试验的混合料损失或浸水飞散试验	%	不大于20		T 0733

对用于高速公路和一级公路的公称最大粒径等于或小于19 mm的密级配沥青混合料(AC)及SMA、OGFC混合料需在配合比设计的基础上按下列步骤进行各种使用性能检验，不符要求的沥青混合料必须更换材料或重新进行配合比设计。二级公路也应参照此要求执行。

1.必须在规定的试验条件下进行车辙试验，并符合表5.23的要求

表5.23　沥青混合料车辙试验动稳定度技术要求

气候条件与技术指标		相应于下列气候分区所要求的动稳定度/(次·mm^{-1})									试验方法
7月平均最高气温/℃及气候分区		>30				20~30				<20	
		夏炎热区				夏热区				夏凉区	
		1-1	1-2	1-3	1-4	2-1	2-2	2-3	2-4	3-2	
普通沥青混合料	非改性，不小于	800		1 000		600	800			600	T 0719
	改性，不小于	2 400		2 800		2 000	2 400			1 800	
SMA混合料	非改性，不小于	1 500									
	改性，不小于	3 000									
OGFC混合料		1 500(一般交通路段)、3 000(重交通路段)									

注：①如果其他月份的平均最高气温高于7月时，可使用该月平均最高气温；

②在特殊情况下，如钢桥面铺装、重载车特别多或纵坡较大的长距离上坡路段、厂矿专用道路，可酌情提高动稳定度的要求；

③对因气候寒冷确需使用针入度指数很大的沥青(如大于100)，动稳定度难以达到要求，或因采用石灰岩等不很坚硬的石料，改性沥青混合料的动稳定度难以达到要求等特殊情况，可酌情降低要求；

④为满足炎热地区及重载车要求，在配合比设计时采取减少最佳沥青用量的技术措施时，可适当提高试验温度或增加试验荷载进行试验，同时增加试件的碾压成型密度和施工压实度要求；

⑤车辙试验不得采用二次加热的混合料，必须检验其密度是否符合试验规程的要求；

⑥如需要对公称最大粒径不小于26.5 mm的混合料进行车辙试验，可适当增加试件的厚度，但不宜作为评定合格与否的依据。

2. 必须在规定的试验条件下进行浸水马歇尔试验和冻融劈裂试验检验沥青混合料的水稳定性，并同时符合表5.24中的两个要求。达不到要求时必须按上述要求采取抗剥落措施，调整最佳沥青用量后再次试验。

表 5.24 沥青混合料水稳定性检验技术要求

气候条件与技术指标		相应于下列气候分区所的技术要求/%				试验方法
年降雨量/mm 及气候分区		>1 000	500~1 000	250~500	<250	
		潮湿区	湿润区	半干区	干旱区	
浸水马歇尔试验残留稳定度/%,不小于						
普通沥青混合料	非改性 不小于	80		75		T 0790
	改性 不小于	85		80		
SMA 混合料	非改性 不小于	75				
	改性 不小于	80				
冻融劈裂试验残留强度比/%,不小于						
普通沥青混合料	非改性 不小于	75		70		T 0729
	改性 不小于	80		75		
SMA 混合料	非改性 不小于	75				
	改性 不小于	80				

3. 宜对密级配沥青混合料在温度为 -10℃、加载速率为 50 mm/min 的条件下进行弯曲试验,测定破坏强度、破坏应变、破坏劲度模量,并根据应力-应变曲线的形状,综合评价沥青混合料的低温抗裂性能。其中沥青混合料的破坏应变宜符合表 5.25 的要求。

表 5.25 沥青混合料低温弯曲试验破坏应变技术要求

气候条件与技术指标	相应于下列气候分区所要求的破坏应变/με									试验方法
年极端最低气温/℃ 及气候分区	<-37.0		-21.5 ~ -37.0			-9.0~-21.5		>-9.0		
	冬严寒区		冬寒区			冬冷区		冬温区		
	1-1	2-1	1-2	2-2	3-2	1-3	2-3	1-4	2-4	
普通沥青混合料,不小于	2 600		2 300			2 000				T 0728
改性沥青混合料,不小于	3 000		2 800			2 500				

4.宜利用轮碾机成型的车辙试验试件,脱模、架起进行渗水试验,并符合表 5.26 的要求。

表 5.26 沥青混合料渗水系数技术要求

混合料类型	单位	渗水系数技术要求,不大于	试验方法
密级配沥青混凝土,不大于	mL/min	120	T 0730
SMA 混合料,不大于	mL/min	80	
OGFC 混合料,不大于	mL/min	实测	

5.对使用钢渣作为集料的沥青混合料,应进行活性和膨胀性试验,钢渣沥青混凝土的膨胀量不得超过 1.5%。

6.对改性沥青混合料的性能检验,应针对改性目的进行。以提高高温抗车辙性能为主要目的时,低温性能可按普通沥青混合料的要求执行;以提高低温抗裂性能为主要目的时,高温稳定性可按普通沥青混合料的要求执行。

5.3　矿质混合料的组成设计

矿质混合料组成设计的目的,是选配一个具有足够密实度、并且具有较高内摩擦阻力的矿质混合料。可以根据级配理论,计算出需要的矿质混合料的级配范围,但实际应用存在一定的困难。为了应用已有研究成果的实践经验,通常采用规范推荐的矿质混合料级配范围来确定。按《沥青路面施工及验收规范》(GBJ 50092－96)规定,按如下步骤进行。

1. 确定沥青混合料类型

沥青混合料的类型,根据道路等级、路面类型、所处的结构层位,按表 5.13～5.18 选定。

2. 确定矿质混合料的级配范围

根据已确定的沥青混合料类型,查阅规范推荐的矿质混合料级配范围表(表 5.27),即可确定所需要的级配范围。

表 5.27　矿料混合料的级配范围

级配类型	通过下列筛孔(方孔筛/mm)的质量百分率/%									
	16	13.2	9.5	4.75	2.36	1.18	0.6	0.3	0.15	0.075
AC－13	100	95～100	70～88	48～68	36～53	24～41	18～30	12～22	8～16	4～8

3. 矿质混合料配合比例计算

(1)组成材料的原始数据测定。根据现场取样,对粗集料、细集料的矿粉进行筛洗试验,按筛析结果分别汇出各组成材料的筛分曲线。同时测出各组成材料的相对密度,以供计算物理常数备用。

(2)计算组成材料的配合比。根据各组成材料的筛析试验资料,采用图解法或计算法,求出符合要求级配范围的各组成材料用量比例。

(3)调整配合比计算的合成级配应根据下列要求作必要的配合比调整。通常情况下,合成级配曲线应尽量接近设计级配中限,尤其应使 0.075 mm、2.36 mm、4.75 mm(圆孔筛则分别为 0.075 mm、2.5 mm、5 mm)筛孔的通过量尽量接近设计级配范围的中限;对交通量大、轴载重的道路,宜偏向级配范围的下(粗)限,对中小交通量或人行道路等宜偏向级配范围的上(细)限;合成级配曲线应接近连续或合理的间断级配,不得有过多的犬牙交错。当经过再三调整仍有两个以上的筛孔超出级配范围时,必须对原材料进行调整或更换原材料重新设计。

天然或人工轧制的一种集料的级配往往很难完全符合某一种级配范围的要求,因此必须采用两种或两种以上的集料配合起来才能符合级配范围的要求。矿质混合料设计的任务就是确定组成混合料各集料的比例。确定混合料配合比的方法很多,但是归纳起来主要可分为数解法与图解法两大类。

5.3.1　数解法

用数解法解矿质混合料组成的方法很多,最常用的为试算法和正规方程法(或称线性规划法)。前者用于3~4种矿料组成,后者可用于多种矿料组成。后者所得结果准确,但计算较为繁杂,不如图解法简便。

5.3.1.1 试算法

1.基本原理

试算法的基本原理是设有几种矿质集料,欲配制某一种一定级配要求的混合料。在决定各组成集料在混合料中的比例时,先假定混合料中某种粒径的颗粒由某一种对该粒径占优势的集料组成,而其他各种集料不含这种粒径。如此根据各个主要粒径去试算各种集料在混合料中的大致比例。如果比例不合适,则稍加调整,这样逐步渐进,最终达到符合混合料级配要求的各集料配合比例。

设有A、B、C共3种集料,欲配制成级配为M的矿质混合料,如图5.1所示,求A、B、C集料在混合料中的比例,即配合比。

按题意做下列两点假设。

(1) 设A、B、C这3种集料在混合料M中的用量比例为X、Y、Z,则

$$X + Y + Z = 100\% \tag{5.1}$$

(2) 又设混合料M中某一级粒径要求的含量为$a_{M(i)}$,A、B、C 3种集料在该粒径的含量为$a_{A(i)}$、$a_{B(i)}$、$a_{C(i)}$,则

$$a_{A(i)} \cdot X + a_{B(i)} \cdot Y + a_{C(i)} \cdot Z = a_{M(i)}$$

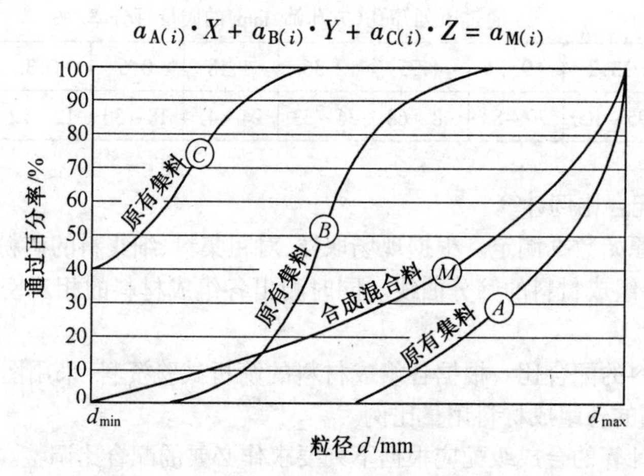

图5.1 原有集料与合成混合料的级配曲线图

2.计算步骤

在上述两点假设的前提下,按下列步骤求A、B、C 3种集料在混合料中的用量。

(1) 计算A集料在矿质混合料中的用量

在计算A集料在矿质混合料中的用量时,按A集料在优势含量的某一粒径计算,而忽略其他集料在此粒径的含量。

设按A集料粒径尺寸为i mm的粒径来进行计算,则B集料和C集料在该粒径的含量$a_{B(i)}$、$a_{C(i)}$均等于0,如图5.2所示。由式(5.1)可得

$$a_{A(i)} \cdot X = a_{M(i)}$$

即A集料在混合料中的用量

$$X = \frac{a_{M(i)}}{a_{A(i)}} \times 100\% \tag{5.2}$$

(2) 计算C集料在矿质混合料中的用量

同理,在计算C集料在混合料中的用量时,按C集料占优势的某一粒径计算,而忽略其他集料在此粒径的含量。

设按C集料粒径尺寸为 j mm的粒径来进行计算,则A集料和B集料在该粒径的含量 $a_{A(i)}$、$a_{B(i)}$均等于0,如图5.2所示。由式(5.1)可得

$$a_{C(j)} \cdot Z = a_{M(j)}$$

即C集料在混合料中的用量

$$Z = \frac{a_{M(j)}}{a_{C(j)}} \times 100\% \tag{5.3}$$

(3) 计算B集料在矿质混合料中的用量

由式(5.2)和式(5.3)求得A集料和C集料在混合料中的含量 X 和 Z 后,由式(5.1)即可得

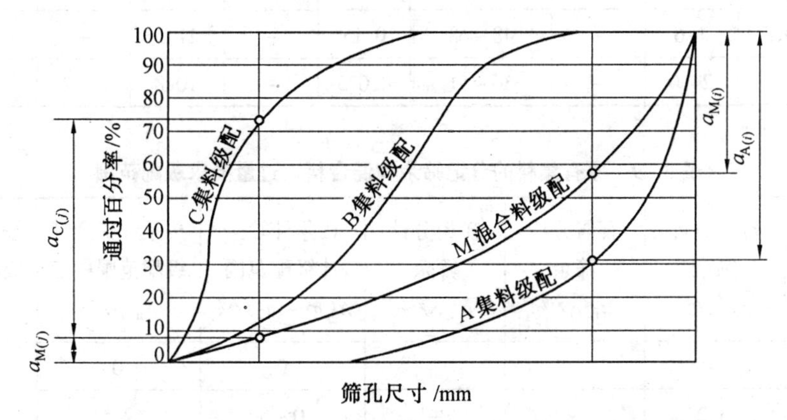

图5.2　某一粒径的原有集料和合成混合料的分计筛余

$$Y = 100\% - (X + Z) \tag{5.4}$$

如为4种集料配合时,C集料和D集料仍可按其优势粒级用试算法确定。

(4) 校核调整

按以上计算的配合比经校核如不在要求的级配范围内,应调整配合比重新计算和复核,经几次调整,逐步渐进,直到符合要求为止。如经计算仍不能满足级配要求时,可掺加某些单粒级集料或调换其他原始集料。

【例5.1】(试验法)

试计算某路面用细粒式沥青混凝土的矿质混合料配合比。

现有碎石、石屑和矿粉3种矿质材料,筛分结果按分计筛余列于表5.28。

细粒式沥青混凝土的级配范围,根据《沥青路面施工及验收规范》(GBJ 50092－96)规定,细粒式混凝土AC－13的要求级配范围按通过量列于表5.28。

计算要求:

(1)按试算法确定碎石、石屑和矿粉在混合料中所占的比例。

(2)按题目给出的现行规范要求校核矿质混合料计算结果,确定其是否符合级配范围。

【解】

矿质混合料中各种集料用量配合组成可按下述步骤计算。

(1)计算各筛孔分计筛余

先将表中矿质混合料的要求级配范围的通过百分率换算为累计筛余百分率,然后再计算为各筛号的分计筛余百分率,计算结果列于表5.29。

表5.28　原有集料的分计筛余和混合料要求级配范围

筛孔尺寸 d_i/mm	碎石分计筛余 $a_{A(i)}$/%	石屑分计筛余 $a_{B(i)}$/%	矿粉分计筛余 $a_{C(i)}$/%	矿质混合料要求级配范围通过百分率 $p(n_1-n_2)$/%	筛孔尺寸 d_i(mm)	碎石分计筛余 $a_{A(i)}$/%	石屑分计筛余 $a_{B(i)}$/%	矿粉分计筛余 $a_{C(i)}$/%	矿质混合料要求级配范围通过百分率 $p(n_1-n_2)$/%
16.0	-	-	-	100	1.18	-	22.5	-	24~41
13.2	5.2	-	-	95~100	0.6	-	16.0	-	18~30
9.5	41.7	-	-	70~88	0.3	-	12.4	-	12~22
4.75	50.5	1.6	-	48~68	0.15	-	11.5	-	8~16
2.36	2.6	24.0	-	36~51	0.075	-	10.8	13.2	4~8

表5.29　原有集料的分记筛余和混合料通过量要求级配范围

筛孔尺寸 d_i/mm	碎石分计筛余 $a_{A(i)}$/%	石屑分计筛余 $a_{B(i)}$/%	矿粉分计筛余 $a_{C(i)}$/%	按累计筛余计级配范围 $A(n_1-n_2)$/%	按累计筛余计级配范围中值 $A_{m(i)}$/%	按累计筛余计级配范围中值 $a_{M(i)}$/%
16.0	-	-	-	0	0	0
13.2	5.2	-	-	0~5	2.5	2.5
9.5	41.7	-	-	12~30	21.0	18.5
4.75	50.5	1.6	-	32~52	42.0	21.0
2.36	2.6	24.0	-	47~64	55.5	13.5
1.18	-	22.5	-	59~76	67.5	12.0
0.6	-	16.0	-	70~82	76.0	8.5
0.3	-	12.4	-	78~88	83.0	7.0
0.15	-	11.5	-	84~92	88.0	5.0
0.075	-	10.8	13.2	92~96	94.0	6.0
<0.075	-	1.2	86.8	-	100	6.0
合计	100	100	100			100

(2)计算碎石在矿质混合料中用量

由表5.29可知,碎石中占优势的粒径为4.75 mm的含量,故计算碎石的配合组成时,假设混合料中4.75 mm的粒径全部是由碎石组成的。$a_{B(4.75)}$、$a_{C(4.75)}$均等于0。由式(5.2)可得

$$a_{A(4.75)} \cdot X = a_{M(4.75)}$$

$$X = \frac{a_{M(4.75)}}{a_{A(4.75)}} \times 100\%$$

由表 5.29 可知 $a_{M(4.75)} = 21.0\%$，$a_{A(4.75)} = 50.5\%$，代入上式得

$$X = \frac{21.0}{50.5} \times 100\% = 41.6\%$$

(3)计算矿粉在矿质混合料中的用量

同理，计算矿粉在混合料中的配合比时，按矿粉占粒径计算，假设优势的小于 0.075 mm 粒径计算，即假设 $a_{A(0.075)}$、$a_{B(0.075)}$均等于 0。则由式(5.2)得

$$a_{C(<0.075)} \cdot Z = a_{M(<0.075)}$$

$$Z = \frac{a_{M(<0.075)}}{a_{C(<0.075)}} \times 100\%$$

由表 5.29 可知 $a_{M(<0.075)} = 6.0\%$，$a_{C(<0.075)} = 86.8\%$，代入上式得

$$Z = \frac{6.0}{86.8} \times 100\% = 6.9\%$$

(4)计算石屑在混合料中用量

已求得 $X = 41.6\%$，$Z = 6.9\%$，故由式(5.4)得

$$Y = 100\% - 41.6\% - 6.9\% = 51.5\%$$

(5)校核

根据以上计算，得到矿质混合料的组成配合比

碎石　$X = 41.6\%$

石屑　$Y = 51.5\%$

矿粉　$Z = 6.9\%$

按表 5.30 进行计算并校核，校核结果表明，上列配合比符合 AC－13 的级配范围。

5.3.1.2　正规方程法

正规方程法的基本原理是：多种集料采用正规方程法求算配合比，其基本原理为根据各种集料的筛析试验结果和规范要求的级配范围中值，列出正规方程，然后用数学回归的方法或电算的方法求解。

设有 n 种集料，k 级筛孔，集料 i 在筛孔 j 通过百分率为 P_{ij}，设矿质混合料在任何一级筛孔的通过百分率为 M_j，它是由各种集料在该级筛孔的通过百分率 P_{ij}乘以各种集料在混合料中的用量 X_i 之和，其组成见表 5.31。

表 5.30 矿质混合料组成计算和校核表

筛孔尺寸 d_i/mm	粗集料(碎石)			细集料(石屑)			填料(矿粉)			矿质混合料			规范要求级配范围通过百分率 $p(n_1-n_2)$ /%
	原来级配分计筛余 $a_{A(i)}$ /%	采用百分率 X/%	占混合料的百分率 $a_{AM(i)}$ /%	原来级配分计筛余 $a_{B(i)}$ /%	采用百分率 Y/%	占混合料的百分率 $a_{BM(i)}$ /%	原来级配分计筛余 $a_{C(i)}$ /%	采用百分率 Z/%	占混合料的百分率 $a_{CM(i)}$ /%	分计筛余 $a_{M(i)}$ /%	累计筛余 $A_{M(i)}$ /%	通过百分率 $P_{M(i)}$ /%	
1	2	3	4 = 2 × 3	5	6	7 = 5 × 6	8	9	10 = 8 × 9				
16.0												100	100
13.2	5.2		2.2							2.2	2.2	97.8	95 ~ 100
9.5	41.7		17.4							17.4	19.6	80.4	70 ~ 88
4.75	50.5		21.0	1.6		0.8				21.8	41.4	58.6	48 ~ 68
2.36	2.6		1.0	24.0		12.4				13.4	54.0	46.0	36 ~ 53
1.18		41.62		22.5	51.5	11.6		6.9		11.6	66.4	33.6	24 ~ 41
0.6				16.0		8.2				8.2	74.6	25.4	18 ~ 30
0.3				12.4		6.4				6.4	81.0	19.0	12 ~ 22
0.15				11.5		5.9				5.9	86.9	13.1	8 ~ 16
0.075				10.8		5.6	13.2		0.9	6.5	93.4	6.6	4 ~ 8
<0.075				1.2		0.6	86.8		6.0	6.6	100	–	–
校核	100		41.6	100		51.5	100		6.9	100			

表 5.31 原有集料的筛析结果和混合料要求的级配范围(以通过百分率计)

筛孔 \ 集料	各种集料				各种集料的用量				级配范围中值
	1	2	…	n	X_1	X_2	…	X_n	
1	P_{11}	P_{21}	…	P_{n1}	$P_{11}\cdot X_1$	$P_{21}\cdot X_2$	…	$P_{n1}\cdot X_n$	M_1
2	P_{12}	P_{22}	…	P_{n2}	$P_{12}\cdot X_1$	$P_{22}\cdot X_2$	…	$P_{n2}\cdot X_n$	M_2
…	…	…	…	…	…	…	…	…	…
k	P_{1k}	P_{2k}	…	P_{nk}	$P_{1k}\cdot X_1$	$P_{2k}\cdot X_2$	…	$P_{nk}\cdot X_n$	M_k

即

$$\sum P_{ij}\cdot X_i = M_j \tag{5.5}$$

式中,i 为集料种类,$i=1,2,\cdots,n$; j 为筛孔数,$j=1,2,\cdots,k$。

按表 5.31 级配组成,式(5.5)可展开为下列方程组

$$\begin{cases} P_{11} \cdot X_1 + P_{21} \cdot X_2 + \cdots + P_{n1} \cdot X_n = M_1 \\ P_{12} \cdot X_1 + P_{22} \cdot X_2 + \cdots + P_{n2} \cdot X_n = M_2 \\ \vdots \qquad \vdots \qquad\qquad\qquad \vdots \qquad \vdots \\ P_{1k} \cdot X_1 + P_{2k} \cdot X_2 + \cdots + P_{nk} \cdot X_n = M_k \end{cases} \tag{5.6}$$

此方程可用数学回归法或直接采用计算机求解。

【例5.2】(正规方程法)

某汽车专用公路下面层采用6 cm厚的粗粒式沥青混合料,其要求的级配范围见表5.32。采用5种集料:碎石(S7)、碎石(S9)、石粉、砂和矿粉,其筛析结果见表5.32。

表5.32　集料筛分及级配情况表

筛孔尺寸/mm	各筛孔的(方孔筛)的通过百分率/%												
	37.5	31.5	26.5	19	13.2	9.5	4.75	2.36	1.18	0.6	0.3	0.15	0.075
碎石(S7)	100	83.7	53.2	19.0	6.5	0.2	0						
碎石(S9)			100	85.5	45.5	5.3	0.1	0					
石粉				100	99.5	97.5	81.5	72.0	55.7	38.8	23.1	15.3	8.3
砂						100	96.7	91.3	66.9	36.1	9.0	1.5	0.3
矿粉											100	99.3	95.4
级配范围		90~100	65~85	50~70	40~60	30~50	18~40	13~30	9~23	6~16	4~12	3~8	2~5

【解】　通过计算机计算得到相应的各集料用量比例:碎石(S7):碎石(S9):石粉:砂:矿粉=54%:12%:10%:20%:4%。按该比例计算合成级配见表5.33,其级配曲线见图5.3示。

表5.33　合成级配级情况表

筛孔尺寸/mm	各筛孔的(方孔筛)的通过百分率/%												
	37.5	31.5	26.5	19	13.2	9.5	4.75	2.36	1.18	0.6	0.3	0.15	0.075
碎石(S7)	100	83.7	53.2	19.0	6.5	0.2	0						
碎石(S9)			100	85.5	45.5	5.3	0.1	0					
石粉				100	99.5	97.5	81.5	72.0	55.7	38.8	23.1	15.3	8.3
砂						100	96.7	91.3	66.9	36.1	9.0	1.5	0.3
矿粉											100	99.3	95.4
碎石(54%)	54	48.6	30.8	14.6	1.6	0.16	0	0	0	0	0	0	0
碎石(12%)	12	12	12	12.0	11.8	8.87	0.07	0	0	0	0	0	0
石粉(10%)	10	10	10	10	10	9.84	3.52	0.03	0	0	0	0	0
砂(20%)	20	20	20	20	20	20	19.7	15.6	12.6	8.46	3.16	0.87	0.19
矿粉(4%)	4	4	4	4	4	4	4	4	4	4	4	3.97	3.82
合成级配	100	94.5	76.8	60.6	47.4	42.9	27.3	19.6	16.6	12.5	7.2	4.8	4.0
级配范围	90~100	65~85	50~70	40~60	30~50	18~40	13~30	9~23	6~16	4~12	3~8	2~5	

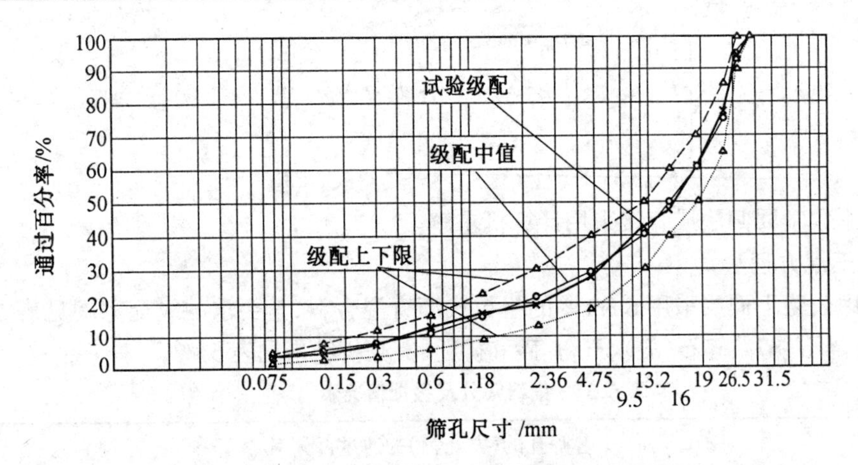

图5.3　AC-30矿质混合料级配曲线

5.3.2　图解法

采用图解法来确定矿质混合料的组成方法很多。确定多种集料级配的图解法,可采用平衡面积法。该方法采用一条直线来代替集料的级配曲线,这条直线使曲线左右两边的面积平衡(即相等),这样就简化了曲线的复杂性。这个方法又经过许多研究者的修正,故称为修正平衡面积法(以下简称图解法)。计算步骤如下。

(1)绘制级配曲线坐标图

在设计说明书上按规定尺寸绘一方形图框。通常纵坐标为通过率,取10 cm;横坐标为筛孔尺寸(或粒径),取15 cm。连对角线 OO' 作为要求级配曲线中值,如图5.4所示。纵坐标按算术标尺,标出通过量百分率(0~100%)。根据要求级配中值(表5.34)的各筛孔通过百分率标于纵坐标上,由纵坐标引水平线与对角线相交,再从交点作垂线与横坐标相交,其交点即为各相应筛孔尺寸。

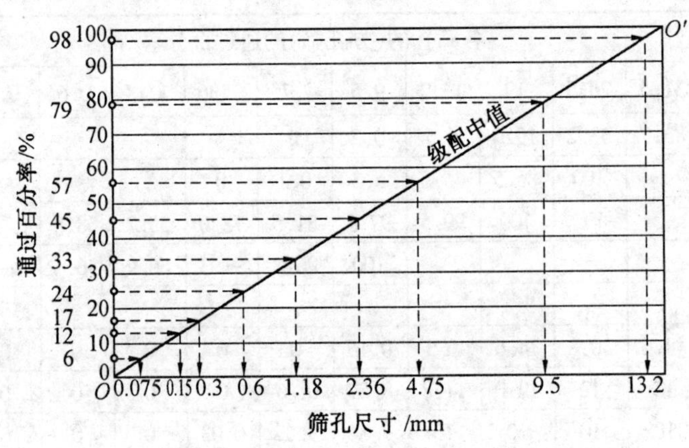

图5.4　级配曲线坐标图

表 5.34　细粒式沥青混凝土矿料级配范围

筛孔尺寸/mm	16.0	13.2	9.5	4.75	2.36	1.18	0.6	0.3	0.15	0.075
级配范围/mm	100	95 ~ 100	70 ~ 88	48 ~ 68	36 ~ 53	24 ~ 41	18 ~ 30	12 ~ 22	8 ~ 16	4 ~ 8
级配中值/mm	100	98	79	57	45	33	24	17	12	6

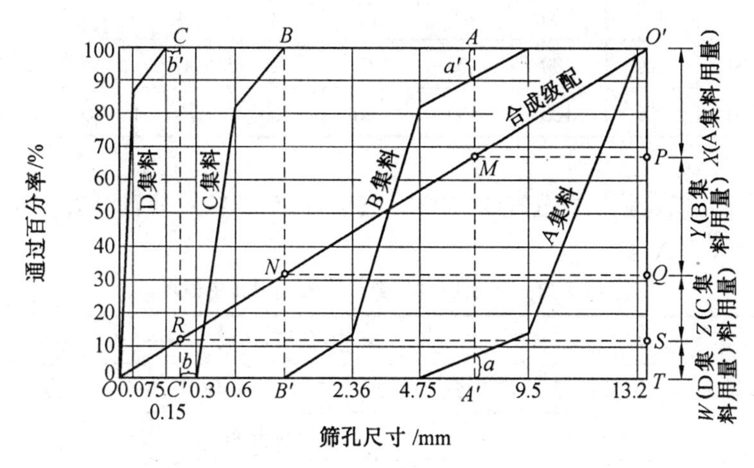

图 5.5　组成集料级配曲线和要求合成级配曲线图

(2)确定各种集料用量

将各种集料的通过量绘于级配曲线坐标图上,如图 5.5 所示。实际集料的相邻级配曲线可能有下列 3 种情况。根据各集料之间的关系,按下述方法即可确定各种集料用量。

① 两相邻级配曲线重叠

如集料 A 级配曲线的下部与集料 B 级配曲线上部搭接时,在两级配曲线之间引一根垂直于横坐标的直线 AA'(使 $a = a'$)与对角线 OO' 交于点 M,通过 M 点作一水平线与纵坐标交于点 P。$O'P$ 即为集料 A 的用量。

② 两相邻级配曲线相接

如集料 B 的级配曲线末端、集料 C 的级配曲线末端与集料的级配曲线首端正好在一垂直线上时,将前一集料曲线末端与后一集料曲线首端作垂线相连,垂线 BB' 与对角线 OO' 相交于点 N。通过 N 点作一水平线与纵坐标交于 Q 点。PQ 即为集料 B 的用量。

③ 两相邻级配曲线相离

如集料 C 的级配曲线末端与集料 D 的级配曲线首端,在水平方向彼此离开一段距离时,作一垂直平分相离开的距离(即 $b = b'$),垂线 CC' 与对角线 OO' 相交于点 R 作一水平线与纵坐标交于 S 点,QS 即为集料 C 的用量。剩余 ST 即为集料 D 的用量。

(3)校核

按图解所得的各种集料用量,校核计算所得合成级配是否符合要求。如不能符合要求(超出级配范围),应调整各集料的用量。

【例 5.3】(图解法)

试用图解法设计某高速公路用细粒式沥青混凝土矿质混合料的配合比。

现有碎石、石屑、砂和矿粉4种矿料,筛析试验得到的各粒径通过百分率见表5.35。

表5.35　原有矿质集料级配表

材料名称	筛(方孔筛)孔尺寸/mm									
	16.0	13.2	9.5	4.75	2.36	1.18	0.6	0.3	0.15	0.075
	通过百分率/%									
碎石	100	93	17	0						
石屑	100	100	100	84	14	8	4	0		
砂	100	100	100	100	92	82	42	21	11	4
矿粉	100	100	100	100	100	100	100	100	96	87

按《沥青路面施工及验收规范》(GB 50092－96)规定,细粒式沥青混凝土混合料设计级配范围和中值列于表5.36。

表5.36　矿质混合料要求级配范围和中值表

材料名称		筛(方孔筛)孔尺寸/mm									
		16.0	13.2	9.5	4.75	2.36	1.18	0.6	0.3	0.15	0.075
		通过百分率/%									
AC－13I	级配范围	100	95～100	70～88	48～68	36～53	24～41	18～30	12～22	8～16	4～8
	级配中值	100	98	79	58	45	33	24	17	12	6

设计要求:

(1) 根据p与$(d/D)^n$将规范的级配中值(表5.36)绘出各粒径在横坐标位置。

(2) 将已有矿质材料筛析结果(表5.35)在图上绘出级配曲线。按图解法求出各种材料在混合料中的用量。

(3) 按图解法求得的各种材料用量计算合成级配,并校核合成级配是否符合技术规程的要求,如不符合则应调整级配,重新计算。

【解】

(1) 绘制级配曲线图,如图5.6所示,在纵坐标上按算术坐标绘出通过量百分率。

(2) 连接对角线OO',表示规范要求的级配中值。在纵坐标上标出《沥青路面施工及验收规范》(GB 50092－96)规定的细粒式混合料(AC－13I)各筛孔的要求通过百分率,作水平线与对角线OO'相交,再从各交点作垂线交与横坐标上,确定各筛孔在横坐标上的位置。

(3) 将碎石、石屑、砂和矿粉的级配曲线绘于图5.6上。

(4) 在碎石和石屑级配曲线相重叠部分作一垂线AA',使垂线截取两级配曲线的纵坐标值相等(即$a=a'$)。自垂线AA'与对角线交点M引一水平线,与纵坐标交于P点,$O'P$的长度$X=31\%$,即为碎石的用量。

同理,求出石屑用量$Y=30\%$,砂的用量$Z=31\%$,则矿粉用量$W=8\%$。

(5) 根据图解法求得的各集料用量百分率,列表进行校核计算,如表5.37。从表5.37可

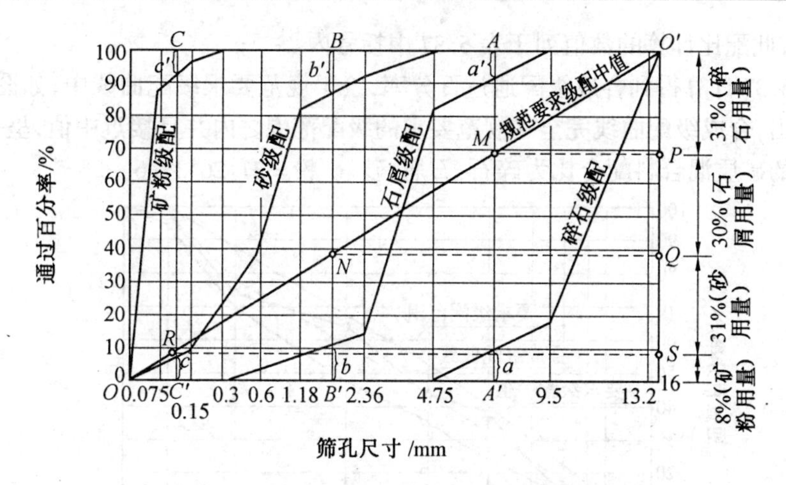

图 5.6　组成集料级配曲线和要求合成级配曲线图

以看出，按碎石∶石屑∶砂∶矿粉 = 31%∶30%∶31%∶8%计算结果，合成级配中筛孔 0.3 mm 和 0.6 mm的通过量偏低，筛孔 0.075 mm 的通过量偏高，且曲线呈锯齿状。

表 5.37　矿质混合料组合计算表

材料名称		筛(方孔筛)孔尺寸/mm									
		16.0	13.2	9.5	4.75	2.36	1.18	0.6	0.3	0.15	0.075
		通过百分率/%									
原材料级配	碎石	100	93	17	0						
	石屑	100	100	100	84	14	8	4	0		
	砂	100	100	100	100	92	82	42	21	11	4
	矿粉	100	100	100	100	100	100	100	100	96	87
各种矿料在混合料中的级配	碎石	31.0 (31.0)	28.8 (28.8)	5.3 (5.3)	0(0)						
	石屑	30.0 (26.0)	30.0 (26.0)	30.0 (26.0)	25.2 (21.8)	4.2 (3.6)	2.4 (2.1)	1.2 (1.1)	0(0)		
	砂	31.0 (37.0)	31.0 (37.0)	31.0 (37.0)	31.0 (31.0)	28.5 (34.0)	25.4 (30.3)	13.0 (15.5)	6.5 (7.8)	3.4 (4.1)	1.2 (1.5)
	矿粉	8.0 (6.0)	8.0 (6.0)	8.0 (6.0)	8.0 (6.0)	8.0 (6.0)	8.0 (6.0)	8.0 (6.0)	8.0 (6.0)	7.9 (5.8)	7.0 (5.2)
合成级配		100 (100)	97.8 (97.8)	74.3 (74.3)	58.8 (64.2)	40.7 (43.6)	35.8 (38.4)	22.2 (22.6)	14.5 (13.8)	11.3 (9.9)	8.2 (6.7)
规范要求的级配范围		100	95 ~ 100	70 ~ 88	48 ~ 68	36 ~ 53	24 ~ 41	18 ~ 30	12 ~ 22	8 ~ 16	4 ~ 8

(6) 由于图解法的各种材料用量比例是根据部分筛孔确定的，所以不能控制所有筛孔。通常需要调整修正，才能达到满意的结果。

通过试算，现采用减少粗石屑的用量、增加砂的用量和减小矿粉用量的方法来调整配合比。经调整后的配合比为：碎石用量 $X = 31\%$，石屑用量 $Y = 26\%$；砂用量 $Z = 37\%$；则矿粉用

量 $W=6\%$。按此配比计算的数值列于表5.37中括号内。

(7) 将表5.37计算得到合成级配通过百分率,绘于规范要求级配曲线中,如图5.7所示。从图中可以看出,合成级配曲线完全在规范要求的级配范围之内并且接近中值,呈一光顺的曲线。最后确定的矿质混合料配合比为碎石:石屑:砂:矿粉=31:26:37:6。

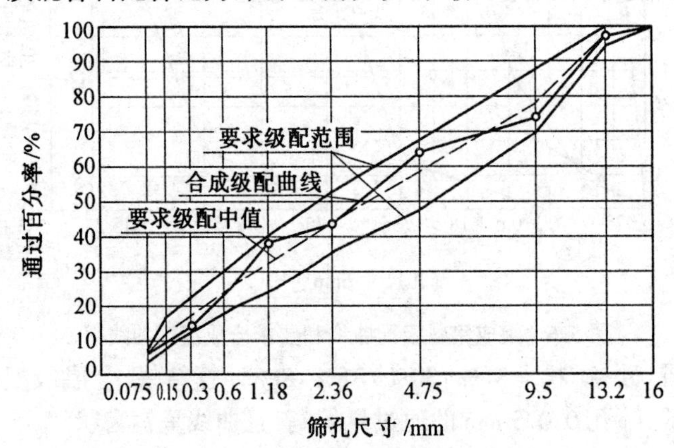

图5.7 要求级配曲线和合成

5.4 沥青混合料的最佳沥青用量确定

沥青混合料的最佳沥青用量(Optimum asphalt content,简称OAC),可以通过各种理论的计算方法作粗略的估计。由于实际材料性质的差异,按理论公式计算得到的最佳沥青用量,仍然要通过试验方法修正,因此理论法只能得到一个供试验参考的数据。采用试验的方法确定沥青最佳用量,目前最常用的有马歇尔法、F.N.维姆煤油当量法和三轴试验等。

我国《沥青路面施工及验收规范》(GBJ 50092-96)规定的方法,是在马歇尔法和美国沥青学会方法的基础上,结合我国多年研究成果和生产实践总结发展起来的方法。该方法的步骤如下。

1.制备试样

(1)按确定的矿质混合料的配合比,计算各种集料的用量。

(2)根据规范推荐的沥青用量范围(或经验的沥青用量范围),估计适宜的沥青用量(或油石比),AC-13规范推荐的沥青用量为4.5%~6.5%。

(3)以估计的沥青用量为中值,按0.5%间隔变化,取5个不同的沥青用量,用小型拌和机与矿料拌和,按规定的击实次数成型马歇尔试件;按下面的试验方法,测定物理指标和力学指标。

2.测定物理指标

为确定沥青混合料最佳沥青用量,需测定沥青混合料的物理指标。

(1)视密度。沥青混合料的压实试件的视密度,可以采用水中重法、表干法、体积法或蜡封法等方法测定。对于密级配沥青混合料,通常采用水中重法。按式(5.7)计算

$$\rho_s=\frac{m_a}{m_a-m_w}\rho_w \tag{5.7}$$

式中,ρ_s 为试件的视密度,g/cm^3;m_a 为干燥试件的空中质量,g; m_w 为试件的水中质量,g; ρ_w

为常温水的密度，通常取 1 g/cm³。

(2)理论密度。沥青混合料试件的理论密度，是指压实沥青混合料试件全部为矿料(包括集料内部的孔隙)和沥青所组成的最大密度。理论密度可按式(5.8)或式(5.9)计算。

按油石比(沥青与矿料的质量比)计算时

$$\rho_t = \frac{100 + P_a}{\frac{P_1}{\gamma_1} + \frac{P_2}{\gamma_2} + \cdots + \frac{P_n}{\gamma_n} + \frac{P_a}{\gamma_a}} \rho_w \tag{5.8}$$

按沥青含量(沥青占混合料总质量的百分率)计算时

$$\rho_t = \frac{100}{\frac{P_1'}{\gamma_1} + \frac{P_2'}{\gamma_2} + \cdots + \frac{P_n'}{\gamma_n} + \frac{P_b}{\gamma_a}} \rho_w \tag{5.9}$$

式中，ρ_t 为理论密度；$P_1, \cdots, P_n$ 分别为各档集料的配合百分比(各档集料比例的总和为 1)；$P'_1, \cdots, P'_n$ 分别为各档集料的配合百分比(各档集料和沥青比例的总和为 1)；$\gamma_1, \cdots, \gamma_n$ 分别为各档集料的相对密度；P_a 为油石比，%；P_b 为沥青含量，%；γ_a 为沥青的相对密度(25/25 ℃)。

(3)空隙率。压实沥青混合料试件的空隙率根据其视密度和理论密度按式(5.10)计算

$$VV = \left(1 - \frac{\rho_s}{\rho_t}\right) \times 100\% \tag{5.10}$$

式中，VV 为试件空隙率；ρ_s 为试件视密度，g/cm³；ρ_t 为试件理论密度，g/cm³。

(4)沥青体积百分率。压实沥青混凝土试件中，沥青的体积与试件总体积的百分比率称为沥青体积百分率(Volume of Asphalt，简称 VA)，按式(5.11)或(5.12)计算

$$VA = \frac{P_b P_s}{\gamma_a \rho_w} \tag{5.11}$$

$$VA = \frac{P_a \rho_s}{(100 + P_a)\gamma_a \rho_w} \tag{5.12}$$

式中，VA 为沥青混合料试件的沥青体积百分率，%；ρ_s、ρ_w、P_a、P_b、γ_a 意义同前。

(5)矿料间隙率。压实沥青混合料中除去集料体积后剩余的体积占总体积的百分率，称为矿料间隙率(Voids in the Mineral Aggregate，简称 VMA)。也即试件空隙率与沥青体积百分率之和，按式(5.13)计算

$$VMA = VV + VA \tag{5.13}$$

(6)沥青饱和度。压实沥青混合料中，沥青部分体积占矿料骨架以外的空隙部分体积的百分率，称为沥青填隙率(Void Filled with Asphalt，简称 VFA)，亦称沥青饱和度。按(5.14)或(5.15)计算

$$VFA = \frac{VA}{VV + VA} \times 100\% \tag{5.14}$$

$$VFA = \frac{VA}{VMA} \times 100\% \tag{5.15}$$

式中，VFA 为沥青混合料中的沥青饱和度，%；VA、VV 意义同前。

3. 测定力学指标

为确定沥青混合料的沥青最佳用量，还应测定沥青混合料的力学指标。

(1)马歇尔稳定度。按标准试验方法制备的试件在 60 ℃条件下,保温 45 min,然后将试件放置于马歇尔稳定度仪上进行马歇尔试验,测得的试件破坏时的最大荷载(以 kN 计)称为马歇尔稳定度(Marsshall Stability,简称 MS)。

(2)流值。在测定稳定度的同时,测定试件的流动变形,当达到最大荷载的瞬间试件所产生的垂直流动变形(以 0.1 mm 计),称为流值(Flow Value,简称 FL)

(3)马歇尔模数。通常用马歇尔稳定度(MS)与流值(FL)之比值表示沥青混合料的视劲度,称为马歇尔模数(Marshall Modulus)

$$T = \frac{\mathrm{MS} \times 10}{\mathrm{FL}} \tag{5.16}$$

式中,T 为马歇尔模数,kN/mm; MS 为马歇尔稳定度,kN; FL 为流值,0.1 mm。

4.马歇尔试验结果分析

(1)绘制沥青用量与物理力学指标的关系图。以沥青用量为横坐标,分别以视密度、稳定度、流值、饱和度、空隙率等指标为纵坐标,分别绘制成关系曲线,如图 5.8 所示。

(2)根据稳定度、密度和空隙率确定沥青用量初始值(OAC_1)。由图 5.8 取最大密度所对应的沥青用量 a_1,最大稳定度所对应的沥青用量 a_2 以及规范规定的空隙率范围的中值所对应的沥青用量 a_3。以这 3 个沥青用量的平均值作为初始值 OAC_1,即

$$OAC_1 = (a_1 + a_2 + a_3)/3 \tag{5.17}$$

(3)根据符合各项技术指标的沥青用量范围确定沥青最佳用量初始值(OAC_2) 根据规范规定求出满足稳定度、流值、空隙率、饱和度四个指标的沥青用量范围,并取各沥青用量范围的交集 $OAC_{min} \sim OAC_{max}$,以其中值作为 OAC_2,即

$$OAC_2 = (OAC_{min} + OAC_{max})/2 \tag{5.18}$$

(4)根据 OAC_1 和 OAC_2 综合确定最佳沥青用量(OAC)。按最佳沥青用量初始值 OAC_1 在图 5.8 中求所对应的各项指标,检查其是否符合规范规定的马歇尔设计配合比技术标准,同时检验 VMA 是否符合要求。若都符合要求,则由 OAC_1 和 OAC_2 综合确定最佳沥青用量 OAC。若不符合要求,重新调整级配,重新进行配合比设计马歇尔试验,直至各项指标均符合规范要求为止。

(5)根据气候条件和交通特性调整最佳沥青用量。由 OAC_1 和 OAC_2 综合确定最佳沥青用量 OAC 时,还需根据实践经验和道路等级、气候条件进行调整。

一般取 OAC_1 和 OAC_2 的中值作为最佳沥青用量(OAC);对热区道路以及车辆渠化交通的高速公路、一级公路、城市快速路、主干道,预计有可能造成较大车辙的情况时,可以在中限值 OAC_2 与下限 OAC_{min}范围内决定,但不宜小于中限值 OAC_2 的 0.5%。

对于寒区道路和其他等级的公路和城市道路,最佳沥青用量可以在中限值 OAC_2 与上限值 OAC_{max}范围内确定,但不宜大于中限值 OAC_2 的 0.3%。

5.沥青混合料性能检验

(1)高温稳定性检验

按最佳沥青用量 OAC 和设计级配,拌制沥青混合料,并参照《公路工程沥青与沥青混合料试验规程(JTJ 052－93)》中的 T 0719 车辙试验方法测定其动稳定度。检测其动稳定度是否满足表 5.38 中的指标要求。如 OAC 与初始的 OAC_1 和 OAC_2 相差较大,宜按 OAC、OAC_1 或 OAC_2 分别制作试件,进行轮辙试验。若不合格,可以采用调整级配和使用改性沥青等措施。

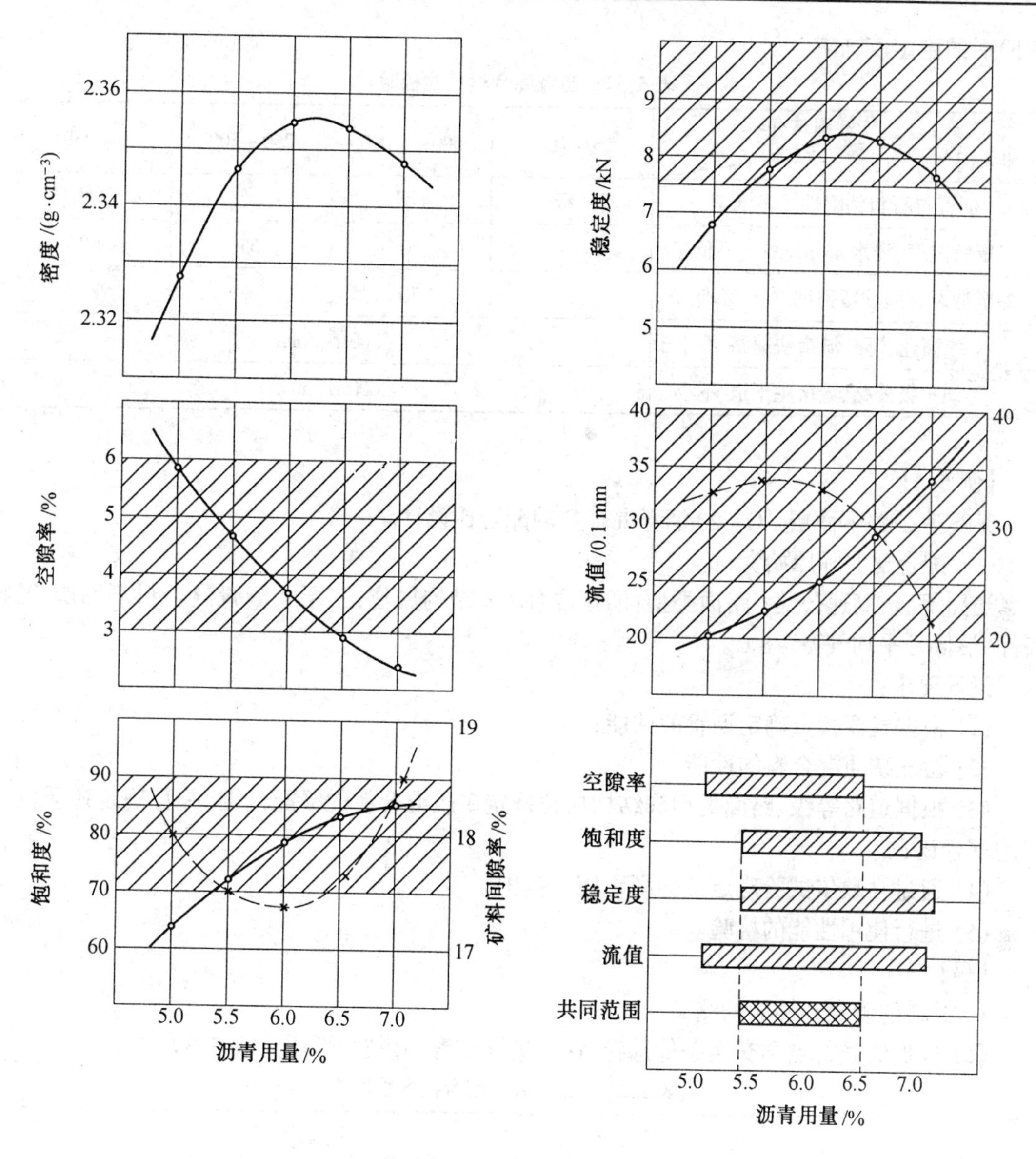

图5.8 沥青用量与物理力学指标的关系

(2)水稳定性检验

按最佳沥青用量OAC和设计级配,制备马歇尔试件,进行浸水马歇尔试验或真空饱水后的浸水马歇尔试验,检验其残留稳定度是否满足表5.38的要求。若不符合要求,则应考虑采取抗剥离措施。

(3)残留稳定度试验

残留稳定度试验方法是标准试件在规定温度下浸水48 h(或经真空饱水后,再浸水48 h),测定其浸水残留稳定度。按式(5.19)计算

$$MS_0=\frac{MS_1}{MS}\times 100\% \tag{5.19}$$

式中,MS_0为试件浸水(或真空饱水)残留稳定度,%;MS_1为试件浸水48 h(或真空饱水后浸水

48 h)后的稳定度,kN。

表 5.38　沥青混合料性能检验

指标 ＼ 年降雨量/mm		>1 000	500~1 000	250~500	<250
沥青与石料粘附性　不低于		4 级	4 级	3 级	3 级
残留稳定度(浸水 48 h)/%　不低于		75	70	65	60
冻融劈裂试验残留强度/%　不低于		70	70	65	
动稳定度	高速公路、城市快速路 不小于	800 次/mm			
	一级公路、城市主干道 不小于	600 次/mm			

【例 5.4】

某高速公路下面层 AC-20 沥青混合料的配合比设计。

一、配合比实际原始资料

道路等级:高速公路; 路面类型:沥青混合料; 结构层位:三层式沥青混合料下面层 气候条件:最低月平均气温 -8℃。

设计要求:

(1) 根据气候特点确定沥青的性能;

(2) 检测矿质混合料的性能;

(3) 根据道路等级、路面类型和结构层位确定矿质混合料的级配范围,并且确定矿质混合料的配合比;

(4) 通过马歇尔试验确定最佳沥青用量范围;

(5) 进行使用性能的检验。

【解】

1. 材料的确定和性能的测试

(1) 根据气候特点和交通条件选择 AH-90# 沥青,其技术性质见表 5.39。

表 5.39　AH-90# 沥青技术性质

项　　目	单位	技术要求	试验结果		
		AH-90	1#	2#	3#
针入度 25℃	0.1 mm	80~100	86	92	84
延 度 15℃	cm	不小于 100	>150	>150	>150
软化点 $T_{R\&B}$	℃	42~52	45	46.5	46
溶解度(三氯乙烯)	%	99.0	99.9	99.8	99.7
闪 点(COC)	℃	230	292	283	249
密 度 15 ℃	g/cm³	实测	1.009	1.009	1.026
含蜡量 (蒸馏法)	%	不大于 3	1.7	1.7	0.9

续表 5.39

项　　目		单位	技术要求	试验结果		
			AH－90	1#	2#	3#
薄膜烘箱试验（163 ℃,5 h）	质量损失	%	1.0	0.02	0.21	0.41
	针入度比	%	50	59.3	65.0	54.9
	延度25℃	cm	不小于75	>150	>150	>150
	延度15℃	cm	实测	>100	>100	>100

(2)集料力学性质测试

①粗集料。为了充分发挥沥青混合料中粗集料的作用,粗集料必须使用坚韧、粗糙、有棱角的优质石料。为此采用适合配制AC－20Ⅰ型沥青混合料的石灰岩集料进行了主要力学指标的测试,结果见表5.40。由表5.40可见,粗集料的各项技术指标均符合规范要求,可以在沥青路面混合料中使用。

表5.40　石灰岩集料力学指标

指标	单位	试验值			技术要求
		10～25 mm	10～20 mm	5～10 mm	
石料压碎值	%	20.5	16.5	－	不大于28
洛杉矶磨耗值	%	22.4	19.3	－	不大于30
吸水率	%	0.26	0.51	0.61	不大于2.0
视密度	g/cm^3	2.804	2.821	2.820	不小于2.5
细长扁平颗粒含量	%	13.9	10.9	10.7	不大于15
水洗法<0.075 mm颗粒含量	%	0.7	0.4	0.9	不大于1
软石含量	%	无	无	无	不大于5
坚固性	%	6.8	7.0	7.5	不大于12
对沥青的粘附性		5级	5级	5级	不小于4级

②细集料。沥青路面采用的细集料应系干净、坚硬并略带有棱角的颗粒,无粘土或混有泥土、粉土或其他有害物质的松散颗粒材料。为此,对沥青厂石屑按要求进行了技术指标测试,试验结果见表5.41。

表5.41　细集料技术性质

指　　标	单位	试　验　值	技术要求
		石　　屑	
视密度	g/cm^3	2.788	不小于2.50
坚固性	%	9.3	不大于12

③填料。用于工程的石灰石粉作为填料应干燥、松散而且无泥土、杂质和成团。矿粉的技术指标见表5.42。

表5.42 矿粉的技术性质

项　　目	单位	矿　　粉	技术要求
视密度	g/cm^3	2.848	不小于2.5
含水量	%	0.5	不大于1
粒度范围 <0.6 mm	%	100	100
<0.15 mm	%	96.8	90～100
<0.075 mm	%	88.6	75～100
外 观	–	符合要求	无团粒、结块
亲水系数	–	0.7	<1

由表5.42中可见，该石灰石粉的各项技术指标均符合规范要求，可以在沥青路面混合料中使用。

2. 材料配合比设计

(1)集料筛分及材料组成设计

由道路等级、路面结构层位等确定采用AC－20Ⅰ型沥青混合料。并根据多年的实践经验，调整了AC－20Ⅰ型的级配范围。AC－20Ⅰ(调)型级配范围见表5.43。

表5.43 AC－20Ⅰ(调)型混合料级配范围

筛孔尺寸/mm	26.5	19.0	16.0	13.2	9.5	4.75	2.36	1.18	0.6	0.3	0.15	0.075
AC－20Ⅰ(调)上限	100	100	92.0	80.0	70.0	48.0	33.0	23.0	18.0	13.0	10.0	8.0
AC－20Ⅰ(调)下限	100	95.0	76.0	64.0	54.0	34.0	21.0	13.0	8.0	6.0	5.0	3.0

为此，对集料进行了筛分，采用正规方程法，通过计算机确定材料的配合比例。AC－20Ⅰ(调)混合料的集料筛分、合成级配情况见表5.44，合成级配曲线见图5.9。

表5.44 矿料筛分与合成级配一览表

筛孔/mm	矿料/%			石屑	矿粉	合成级配/%	级配中值/%	级配范围/%
	10～25	10～20	5～10					
26.5	100	100	100	100	100	100	100	100
19	91.7	99.5	100.0	100	100	97.0	97.5	95～100
16	69.1	84.2	100.0	100	100	87.0	84	76～92
13.2	44.3	56.5	100.0	100	100	74.4	72	64～80
9.5	11.4	16.0	96.1	100	100	56.6	62	54～70
4.75	3.4	0.9	7.4	100	100	38.4	41	34～48
2.36	2.2	0.5	1.5	74.7	100	28.7	27	21～33

续表 5.44

筛孔 /mm	矿料/%			石屑	矿粉	合成级配 /%	级配中值 /%	级配范围 /%
	10～25	10～20	5～10					
1.18	1.5	0.5	1.0	41.1	100	17.3	17.5	12～23
0.6	1.4	0.5	1.0	30.2	100	13.7	13	8～18
0.3	1.2	0.5	1.0	16	99.5	8.9	9.5	6～13
0.15	1.0	0.5	1.0	11	96.8	7.1	7.5	5～10
0.075	0.7	0.4	0.9	7.8	88.6	5.7	5.5	3～8
毛体积密度	2.784	2.781	2.772	2.788	2.848	2.785		
配比	35	14	15	33	3	100	沥青密度	1.005

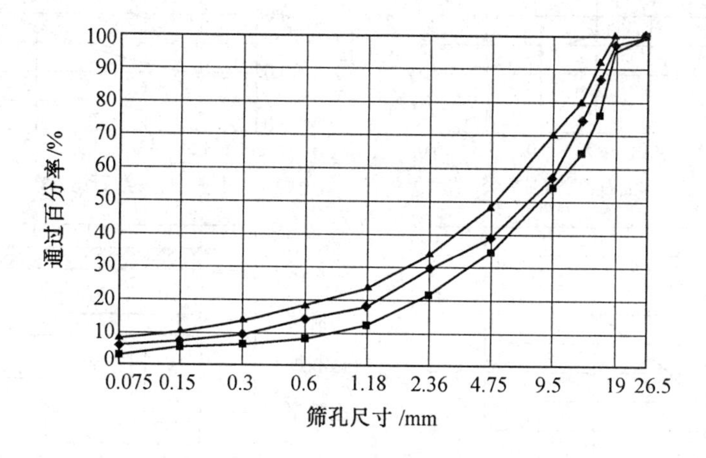

图 5.9　矿质混合料级配曲线

从合成级配曲线图 5.9 中可见，除 9.5 mm 筛孔的通过率均偏低外，其他各级筛孔的通过率接近中值。因此请料厂在混合料的生产过程中，密切注意矿料的级配变化，防止部分筛孔通过率超出级配范围，影响混合料的质量。

(2)油石比的确定

根据各种材料的配合比例，结合料采用 90 # 沥青，参考规范要求的沥青用量范围，按 0.5%间隔变化取 5 个不同的沥青用量，进行马歇尔试验。

沥青混合料物理力学指标测定结果见表 5.45，试验数据点组成的曲线见图 5.10。

表 5.45　试验数据汇总表

油石比 /%	理论密度 /(g·cm^{-3})	密度 /(g·cm^{-3})	空隙率 /%	VMA/%	VFA/%	稳定度 /kN	流值 /0.1 mm
3.5	2.628	2.475	5.8	14.1	59.0	10.78	19.6
4.0	2.607	2.487	4.6	14.2	67.2	12.55	21.5
4.5	2.588	2.495	3.6	14.3	74.9	12.76	24.9
5.0	2.568	2.498	2.7	14.6	81.3	11.67	27.3
5.5	2.550	2.489	2.4	15.3	84.5	10.68	32.7
技术标准	–	–	3～6	不少于 15	70～85	7.5	20～40

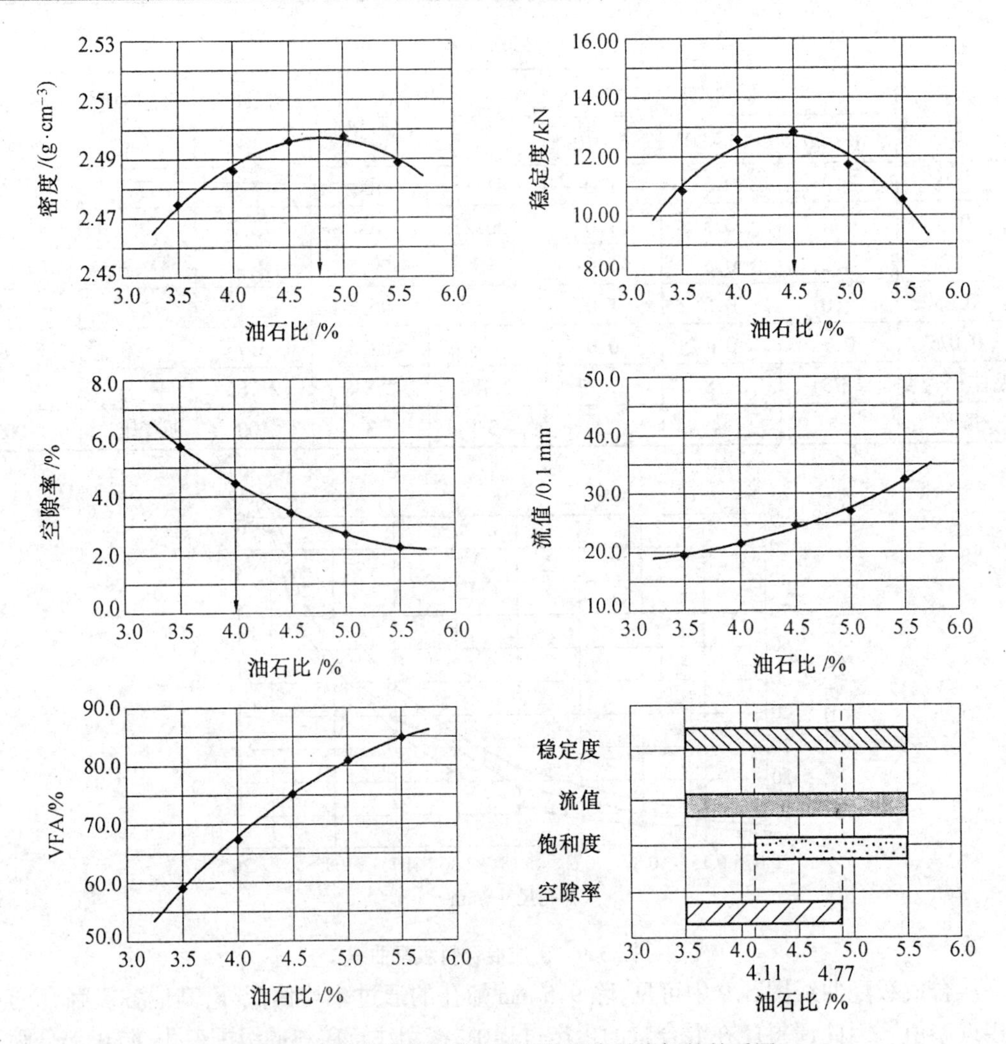

图 5.10　马歇尔试验沥青用量与物理力学指标的关系图

确定 AC－20Ⅰ(调)混合料油石比为，$OAC_1=(4.7\%+4.4\%+4.0\%)/3=4.37\%$，$OAC_2=(4.13\%+4.77\%)/2=4.45\%$，最终确定油石比 OAC =4.4%，施工控制密度为 2.493 g/cm³。

3.高温稳定性及水稳定性检验

为了检验这两种沥青混合料的目标配合比设计，按照规范要求，我们对所配 AC－20Ⅰ(调)混合料混合料进行了高温稳定性及水稳定性检验，试验结果见表 5.46。

表 5.46　车辙试验及水稳定性试验结果

检 验 项 目	单位	试验值	技术要求
车辙试验(60℃) 动稳定度	次/mm	1 600	>800
水稳定性:残留马歇尔稳定度	%	84.2	>75
冻融劈裂试验残留强度比	%	76.4	>70

从表 5.46 中可以看出，其车辙试验的动稳定度、残留稳定度比及残留强度比均符合规范要求，说明按照调整以后的级配进行的下面层沥青混合料的目标配合比设计是合理的。

复习思考题

1. 对沥青混合料组成材料的技术要求有哪些?
2. 如何定义矿质混合料的关键筛孔?
3. 按图解法设计矿质混合料的级配的步骤有哪些?
4. 试述沥青混合料配合比设计过程中,如何确定最佳沥青用量?
5. 试说明沥青混合料体积参数随沥青用量的变化规律。

下　　篇

第6章　沥青材料的流变学

流变学是英国学者宾汉姆(E.C.Bingham)教授在美国创立的,他对流变学的定义是:关于变形(Deformation)和流动(Flow)的科学。根据流变学的观点,对于物体的物理力学性质可以归纳为以下几点。

(1)万物皆流

早在公元前300年,希腊哲学家Heraclit就指出:"一切皆流,一切皆变。"意即万物都在流动。不仅液体会流动,而且固体物质也会流动。英国物理学家Lord Rayleiyh在20世纪30年代通过试验证明,玻璃是会流动的。有人对欧洲一些古老教堂的彩色玻璃观察后发现,很多玻璃是上面薄而下面厚,说明玻璃在重力作用下也会慢慢地向下流动。地壳的变动和地貌的变化是地质学上经常提到的,美国科学新闻杂志1986年报道,加拿大地球物理学家发现自1940年以来,地球北极向西北方向移动了800 m。

(2)流体与固体无明确的界线

从流变学的观点来看,流体与固体没有什么区别。通常人们认为,流体无固定的形状,可以流动,且不可压缩;固体有固定的形状,不会流动,且不可压缩。但从流变学的角度来看,流体在瞬间也具有固体所特有的弹性,固体在经历漫长岁月的过程中也发生了流动。换言之,流体有固体的性质,固体也有流体的性质。因此,可以认为流体与固体之间没有明显的界线。

(3)物体的弹性、粘性、塑性集于一体

流变学的观点认为,任何物体都具有弹性、粘性和塑性,而最典型的物质要数沥青、塑料等类的材料。

沥青材料的流变学是研究沥青流动和变形的一门科学,实际上它是研究沥青材料的弹性、粘性以及流动变形的科学。相关研究成果表明,利用沥青及沥青混合料的流变特性是研究沥青及沥青混合料力学性能与路用性能最恰当的方法和手段。为了全面掌握沥青材料流变学,本章主要介绍流变学的基础知识及各物理参数的意义。

6.1　材料的粘性流动变形

流动变形是液体的基本属性。液体的流动变形行为具有依赖时间、依赖温度、不可恢复等行为特点。沥青及沥青混合料这一类粘弹性材料的力学行为之所以错综复杂、变化万千,根本原因在于这类材料表现了弹性变形与流动变形综合的力学行为特点。因此,如果没有对于液体流动变形行为的深入了解,我们就可能无法掌握包括流动变形行为在内的粘弹性力学行为。

另一方面,沥青在一定的温度条件下具有单纯的流动变形特性,路面工程中利用这种依赖于温度的流动特性实现沥青混合料的拌和与摊铺。仅仅从评价沥青性能、设计沥青混合料、控制沥青路面工程质量的角度出发,我们也需详细了解液体的流动变形行为。在这一节中,我们主要以道路石油沥青作为研究对象,重点讨论液体的粘性流动特性。

6.1.1 线性粘性变形基本原理

流动是物质存在的一种形式,自然界几乎所有的物质都处于流动之中。物质的流动形态多种多样,最简单或者说最理想的流动是以牛顿内摩擦定律描述的牛顿流体。牛顿在 1687 年首先提出过流动阻力正比于相邻部分流体相对流动速度的假设,19 世纪上半叶,法国科学家 Cauchy、Poisson 及英国科学家 Stocks 等人通过进一步的试验研究完善了这一体系的基本理论。

假定液体在一定外力作用下表现为如图 6.1 所示的层流,即假设在两块平行平板间充满流体,两平板间距离 h,以 y 为法线方向。保持下平板固定不动,使上平板沿所在平面以速度 v 运动,于是粘附于上平板表面的一层流体,随上平板以速度 v 运动,并一层一层地向下影响,各层相继流动,直至粘附于下平板的流层速度为 0。在 v 和 h 都较小的情况下,流动呈层流,各流层的速度沿法线方向呈直线分布。

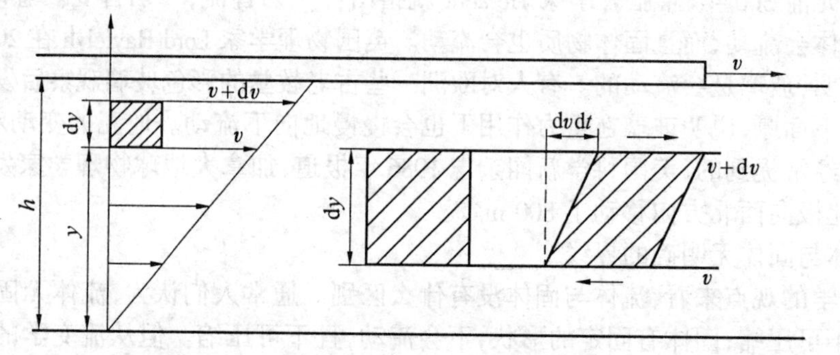

图6.1 牛顿流体的层流

上平板带动粘附在板上的流层运动,进而影响到内部各流层运动,表明内部相邻流层之间产生了对于流动的内部抵抗,这种内部抵抗流动产生的阻力称为内摩擦力,即剪切力。

牛顿根据试验提出(并经后人加以验证),流体的内摩擦力(剪切力)F 与流速梯度 $\frac{v}{h} = \frac{dv}{dy}$ 成正比,与流层的接触面积 A 成正比,与流体的性质有关。即

$$F = \eta A \frac{dv}{dy} \tag{6.1}$$

或

$$\frac{F}{A} = \eta \frac{dv}{dy} \tag{6.2}$$

式(6.1)或式(6.2)称为牛顿内摩擦定律。式中,$\frac{dv}{dy}$ 为流速梯度,即流速在流层法线方向的变化率。

在厚度为 dy 的相邻层间取矩形流体微单元,因上、下流层的流速相差 dv,经 dt 时间,微单元除位移外,还有剪切变形 $d\gamma$,即

$$d\gamma \approx \tan(d\gamma) = \frac{dv dt}{dy}$$

得

$$\frac{dv}{dy} = \frac{d\gamma}{dt}$$

记流体微单元的剪切变形速率为 D,则

$$D = \dot{\gamma} = \frac{d\gamma}{dt} = \frac{dv}{dy}$$

以 S 表示剪应力，$S = F/A$，则 S 与剪切变形速率 D 之间具有线性的比例关系。牛顿内摩擦定律可进一步描述为

$$\frac{S}{D} = \eta \tag{6.3a}$$

或

$$D = \frac{S}{\eta} = \varphi \cdot S \tag{6.3b}$$

满足牛顿内摩擦定律的流体称为牛顿流体。表征剪应力 S 与剪切变形速率 D 的关系曲线称为流变曲线。牛顿流体在层流时的流变曲线，如图6.2所示，流变曲线为通过原点的直线。这表明，牛顿流体在无限小的应力作用下也将产生流动，其屈服值为0。$S-D$ 直线的斜率 η 称为粘滞系数或粘度，其倒数 φ 称为流动度。S 的量纲为 Pa，D 的量纲为 1/s，因此粘度的量纲为 Pa · s。显然，粘度的大小既不依赖于剪应力，也不依赖于剪切变形速率。粘度的大小可以用数值来比较，液体的粘度越大，流动所需的力就越大，流动时产生的内部抵抗也就越大。气体的粘度大约是水的1%，食用油的粘度大约是水的100倍。在土木工程材料中，处于流动状态的沥青及沥青混合料，其粘度则要大得多得多。

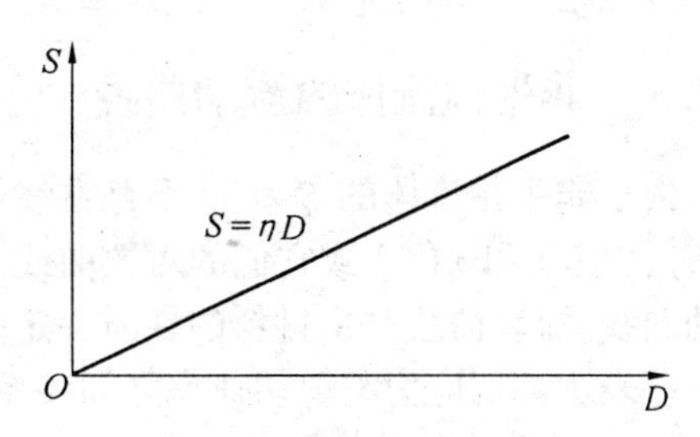

图6.2 牛顿流体层流状态下的 $S-D$ 关系曲线

6.1.2 线性粘性变形特点

假定在流体试样上瞬间施加一个应力 σ_0，然后保持不变，如图6.3所示，再在某时刻 θ 移除应力，我们来分析线性粘性变形的特点。

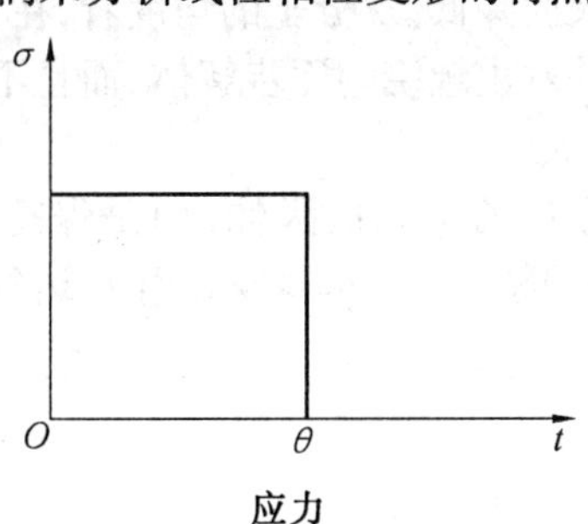

应力

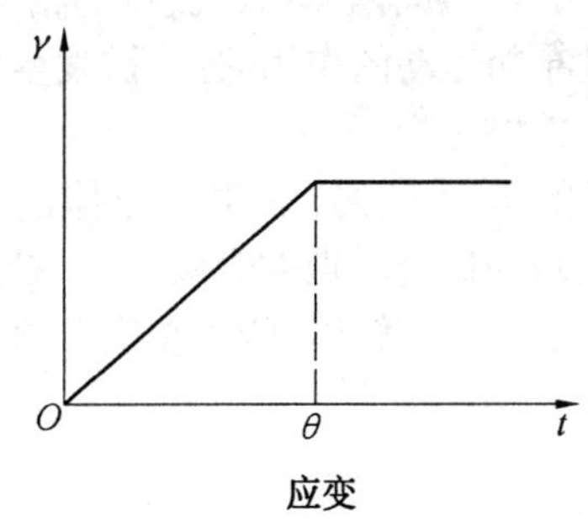

应变

图6.3 线形粘性变形

1. 变形的时间依赖性

在线性粘性流动中，达到稳定状态后，剪切速率不变，即

$$\dot{\gamma} = \sigma/\eta = \mathrm{d}\gamma/\mathrm{d}t \tag{6.4}$$

如考虑变形，则

$$\gamma = \frac{\sigma}{\eta}t \tag{6.5}$$

流体的变形随时间不断发展，即时间依赖性。

2. 流体变形的不可恢复性

这是粘性变形的特点，其变形是永久性的，称为永久变形。当外力移除后，变形保持不变

(完全不恢复),如图6.3所示。聚合物熔体发生流动,涉及分子链之间的相对滑移,当然,这种变形是不能恢复的。

3. 能量散失

外力对流体所做的功在流动中转为热能而散失,这一点与弹性变形过程中贮存能量完全相反。

4. 正比性

线性粘性流动中应力与应变速率成正比,粘度与应变速率无关。

6.1.3　非牛顿流体的流动曲线

由于非牛顿流体的 S 和 D 不存在线性关系,通常用曲线的形式来表示它们的流动性,如 $K(S)$、$S(D)$ 和 $\eta(\gamma)$ 或它们的对数曲线。这些流动曲线可以由试验得到,我们把它们统称为流动曲线。流动曲线是由材料的性质决定的,与测定的仪器特性无关。同时也已根据经验提出了一些表示剪切应力与剪切速率之间关系的经验公式。

1. 流动曲线的分析

如图6.4所示为典型的假塑性非牛顿流体的流动曲线。在很宽的剪切速率范围内,我们可按流动特性把它分为如下3个区。

(1) 第一牛顿区

在 D 很低的范围内,S 接近与 D 成正比,即它遵循牛顿定律,在图6.4(a)中为通过原点的直线,这一范围称为第一牛顿区。在该范围内,粘度不随 D 而变,该粘度称为零切粘度,用 η_0 表示。在 D 较低的范围内,聚合物分子链虽然受剪切速率的影响,分子链定向、伸展或缠绕,但在布朗运动的作用下,它仍有足够的时间恢复为无序状态,因此它的粘度不随 γ 的变化而变化。

(2) 假塑区或剪切稀化区

在这个 D 的区间内非牛顿流体的粘度随 D 的增大而降低。从分子的角度看,在该区内剪切作用已超过布朗运动的作用。分子链发生定向、伸展并发生缠绕的逐步解体,而且不能恢复。

(3) 第二牛顿区

在更高的 D 范围内,非牛顿流体的粘度不再随 D 的增大而降低,而是保持恒定,在图6.4(a)中表现为通过原点的直线。这一粘度称为无穷切粘度,用 η_∞ 表示。当 D 达到一定值后,分子链的缠绕已完全解体,所以粘度不再下降。

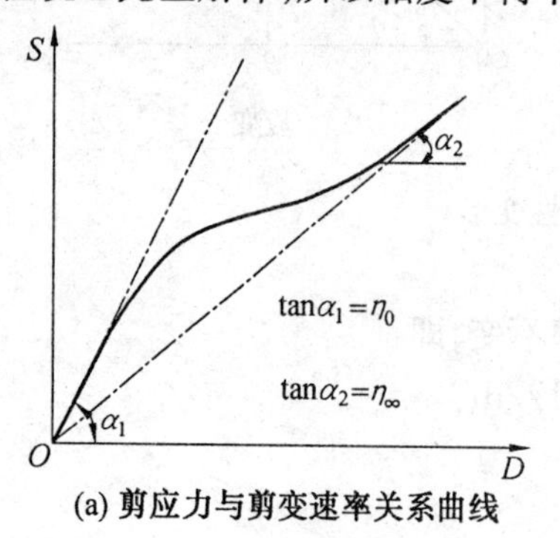

(a) 剪应力与剪变速率关系曲线

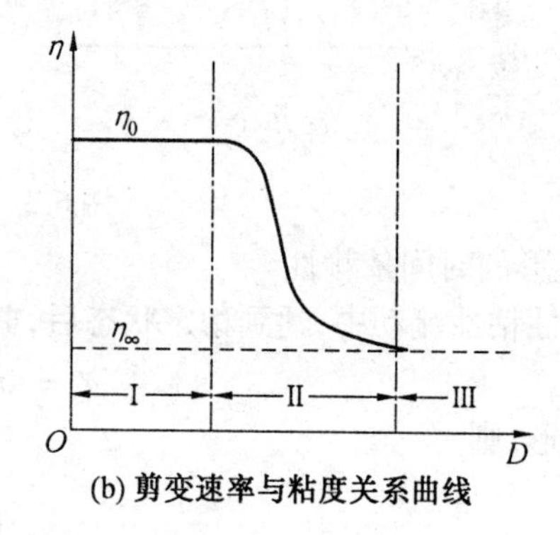

(b) 剪变速率与粘度关系曲线

图6.4　假塑性非牛顿流体的流动曲线

流动曲线通常用双对数图表示，这时曲线形状如图6.5所示。在双对数图中，第一牛顿区为斜率为1的直线，假塑区为向下凹的曲线，而第二牛顿区也是斜率为1的直线。在第一牛顿区，斜率 n 为

$$n = \mathrm{dlg}S/\mathrm{dlg}\dot{\gamma} = \frac{\dot{\gamma}}{S} \cdot \frac{\mathrm{d}S}{\mathrm{d}\dot{\gamma}} = \eta_0^{-1} \cdot \eta_0 = 1 \tag{6.6}$$

在双对数图中，任意一点的粘度为斜率为1的通过该点的直线与 $\lg \dot{\gamma} = 0$ 直线的交点处纵坐标的值，如图6.5所示。

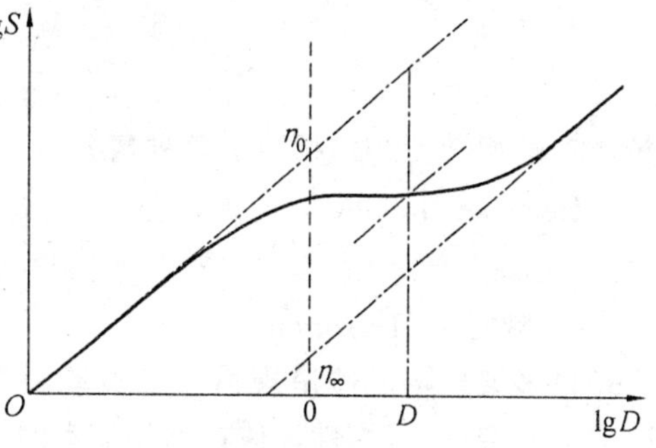

图6.5　流动曲线双对数图

在假塑区，斜率 $n < 1$，在第一和第二牛顿区，$n = 1$。

应该指出，要得到从 η_0 到 η_∞ 的完整的流动曲线是有困难的，特别是在高剪切区，流体流动会产生异常情况，聚合物熔体有可能产生熔体破裂，还有流体的温度会由于高剪切流动而升高。所以文献中的流动曲线往往只是整个流动曲线的一部分。

2. 幂率(Power Law)

非牛顿流体的流动性状通常用流动曲线 $S(D)$、$\eta(D)$ 等来表示。试验数据也可以用经验式来表示，其中最重要的是幂率公式，即

$$S = KD^n \tag{6.7}$$

或

$$\lg S = \lg K + n\lg D$$

n 有时称为非牛顿指数，且

$$n = \mathrm{dlg}K/\mathrm{dlg}D \tag{6.8}$$

对牛顿流体，$n = 1, K = \eta$。

由式(6.7)得

$$\eta = S/D = K \cdot D^{n-1}$$

$$\frac{\mathrm{d}\eta}{\mathrm{d}D} = K(n-1)^{n-2}$$

因此

$n = 1, \mathrm{d}\eta/\mathrm{d}D = 0$，牛顿流体；

$n < 1, \mathrm{d}\eta/\mathrm{d}D < 0$，假塑性非牛顿流体；

$n > 1, \mathrm{d}\eta/\mathrm{d}D > 0$，膨胀性非牛顿流体。

在整个流动曲线中，n 是变化的，在假塑区的某个 γ 范围内，n 可能是恒定的。

3. Bingham 塑性

某些聚合物流体(大多为分散体系)在静止时形成分子间或粒子间的网络(极性键间的吸引力、分子间力、氢键等)。这些键力的作用是使它们在受较低应力时像固体一样，只发生弹性变形而不流动。只有当外力超过某一临界值 σ_y(称之为屈服应力)时，它才发生流动，这时网络被破坏，固体变为液体。这种流变特性称为塑性。

最简单的塑性行为是宾汉姆(Bingham)塑性，如图6.6所示。它可以定义为

$$\begin{cases} D = 0, S = G\gamma(\gamma = J\sigma), S < S_y \\ D = (S - S_y)/\eta_P, S > S_y \end{cases}$$

式中，S_y 为屈服应力。在 $S < S_y$ 时，宾汉姆塑性材料表现为线性弹性体，只发生变形 γ，服从胡克定律；当 $S > S_y$ 时它变为液体，发生流动，其粘度我们称之为塑性粘度，以 η_P 表示，很显然

$$\eta_P = (S - S_y)/D$$

或

$$\eta = \eta_P + S_y/D \tag{6.9}$$

较复杂的塑性行为包括以下两种情况。

Herschel-Bulkley　　$S - S_y = KD^n$　　(6.10)

Casson　　$S^n = S^y + (\eta_P D)^n$　　(6.11)

4. 触变性(Thixotropy)

许多聚合物流体呈现另一种流动特性，我们称之为触变性。假塑性流体在剪切流动时，发生分子定向、伸展和缠绕，粘度随剪切速率增大而降低。但当剪切流动停止或剪切速率减小时，分子定向运动就立即丧失恢复至原来状态。

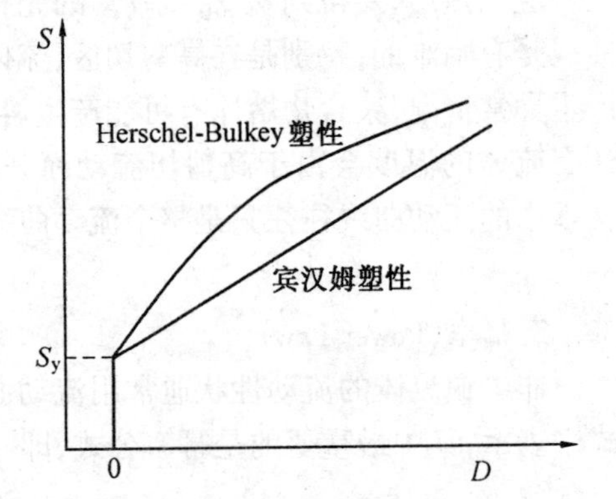

图 6.6　流动曲线双对数图

如果连续地增大剪切速率，测定剪切应力 S，以 S 对 D 作图，如图 6.7 中的升高曲线 Ⅰ。再使 D 连续下降，测得下降曲线 Ⅱ，但下降曲线并不与 Ⅰ 重合。两条曲线之间的面积定义了触变性的大小，它具有能量的量纲。

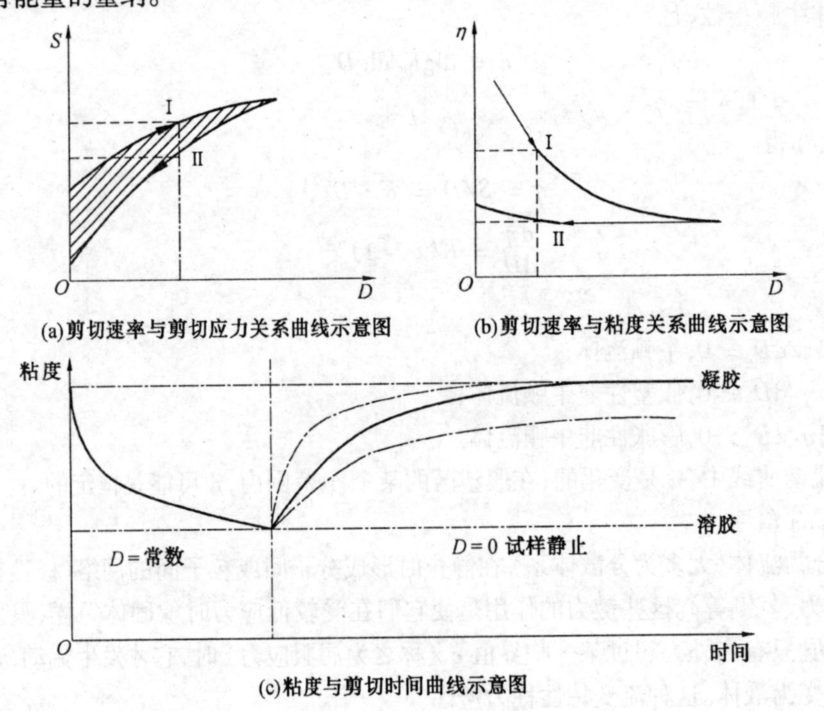

图 6.7　触变性示意图

触变性流体通常具有三向网络结构,我们称之为凝胶,由分子间的氢键等作用力连接而形成。由于这种键力很弱,当受剪切力作用时,它很容易断裂,凝胶逐渐受到破坏,这种破坏是具有时间依赖性的,最后会达到在给定剪切速率下的最低值,这时凝胶完全破坏,成为“溶胶”。当剪切力消失时,凝胶结构又会逐渐恢复,但恢复的速度比破坏的速度慢得多,触变性就是凝胶结构形成和破坏的能力。在图6.7的粘度曲线上的 Ⅰ 和 Ⅱ 点的 γ 相同,这是由于 Ⅱ 点处所受应力的历史比 Ⅰ 点长,凝胶破坏的程度大,来不及恢复。从粘度 - 时间曲线能更清楚地看出粘度随剪切的时间下降达到最低值(“凝胶” 状态),静止后结构恢复,最后恢复到凝胶状态,但需要的时间长得多。图 6.7 中流动曲线中的阴影面积正是单位面积中凝胶结构被破坏的外界所做的功,不同的触变性表现为粘度恢复的快慢,虽然完全恢复需要较长的时间,但初期恢复的比例常会在几秒或几分钟内达到 30% ~ 50%,这种初期恢复性在实际应用中很重要。

5. 流凝性(Rheopexy)(反触变性)

这种流动特性与触变性刚好相反,即粘度随剪切时间的增大而增大,而在静止后,又逐渐恢复到原来的低粘度。这种过程可以无数次重复。这种流动特性虽然存在,但很少见。

6.1.4 流动变形粘度的流动方式

下面讨论的几种流动方式都被用来测定流体的粘度,因此,常被称为测粘流动(Viscometric Flow)。

1. 圆管中流体的稳定层流(Laminar Flow)

圆管流体是通过一根细管流动的能量来测定流体的粘度最常用的方法。下面讨论该方法的基本原理。这里我们假定流动是稳定的,即流体内每个质点的流动速度不随时间而变化。

为了便于讨论,这里可采用柱坐标(r,θ,z),而不用直角坐标。我们这样定义 r、θ、z,即 z 轴 方向与圆管的轴方向一致,r 与 z 轴垂直,如图 6.8 所示。

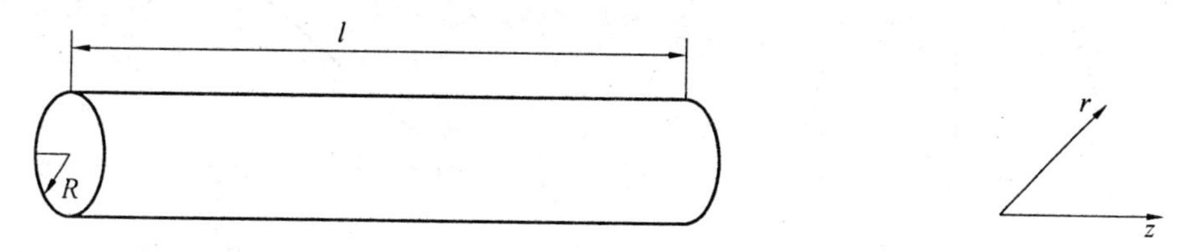

图 6.8 圆管中的层流

所谓层流流动,或称 Poiseuille 流动,是指流体仅沿 z 轴方向流动,没有沿 r 或 θ 方向的流动,即

$$v_r = v_\theta = 0 \tag{6.12}$$

$$v_z = v_z(r) \tag{6.13}$$

v_z 是质点离圆管轴的距离 r 的函数。根据粘附条件,与圆管接触的流体层是静止的,即

$$v_z(R) = 0$$

式(6.12)、(6.13) 说明层流流动可看做圆管中许多无限薄的同心圆柱状流体薄层的流动。设圆管长为 l,我们来讨论离轴距离为 r 的一层圆柱状流体,在其外表面的流体对其施加的剪应力为 t_{rz},总力为

$$f(r) = t_{rz}A = 2\pi r l t_{rz} \tag{6.14}$$

式中,A 为圆柱体的表面积;$f(r)$ 为流动的阻力。

为了保持稳定的层流流动,必须对圆管两端表面的流体施加压力差 Δp,总力为$(\Delta p)\pi r^2$使得

$$2\pi r l t_{rz} + (\Delta p)\pi r^2 = 0 \tag{6.15}$$

由此得

$$t_{rz} = - r(\Delta p)/2l \tag{6.16}$$

可见,如果层流流动是稳定的,则剪切应力是 r 的线性函数。如果流体是牛顿流体,则剪切应力正比于剪切速度,即

$$t_{rz} = \eta \frac{\mathrm{d}v_z}{\mathrm{d}r} \tag{6.17}$$

将式(6.17)与式(6.16)合并,得

$$D = \frac{\mathrm{d}v_z}{\mathrm{d}r} = -\frac{r(\Delta p)}{2l\eta} \tag{6.18}$$

用边界条件 $v_z(R) = 0$ 解上列方程,有

$$v_z(r) = (\Delta p/4\eta l)(R^2 - r^2) \tag{6.19}$$

即圆管中的层流流动的流速分布为一椭圆函数,如图 6.9 所示,而速度梯度即剪切速度则是 r 的线性函数 r(式(6.18)),如图 6.10 所示。在圆管的轴心处 v_z 具有最大值,而 $\mathrm{d}v_z/\mathrm{d}r$ 为 0,在管壁处则相反,v_z 为 0,而 $\mathrm{d}v_z/\mathrm{d}r$ 具有最大值。

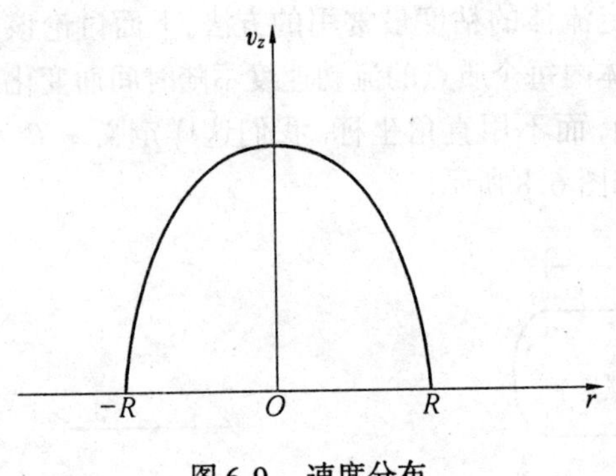

图 6.9 速度分布

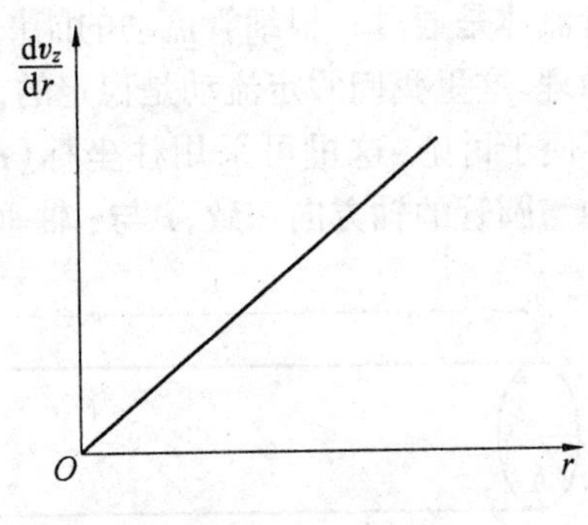

图 6.10 剪切速率

通过从 r 到 $r + \mathrm{d}r$ 的环状圆柱体的流体能量(单位时间内通过的流体体积)为

$$\mathrm{d}Q = v_z \cdot 2\pi r \mathrm{d}r$$

通过整个截面的能量为

$$Q = \int_0^Q \mathrm{d}Q = \int_0^Q [(\Delta p)/2\eta l](R^2 - r^2)\pi r \mathrm{d}r$$

积分得

$$Q = \pi R^4(\Delta p)/8\eta l \tag{6.20}$$

式(6.20)称为 Hagen-Poiseuille 方程。

2. Couette 流动

这种流动发生在两个同心的圆筒间,如图 6.11 所示。所谓 Couette 流动,是指在外圆筒和内圆筒之间环形部分内的流体中的任意一个质点仅围绕着内外筒的轴似角速度 $\omega/(\mathrm{rad} \cdot \mathrm{s}^{-1})$ 作

圆周运动,没有沿 z 轴或 r 方向的流动,ω 仅与 r 有关而与 θ 及 z 无关,即

$$\omega = \omega(r) \tag{6.21}$$

这里,仍采用柱坐标(r,θ,z);z 轴为内外管的轴向。由于存在绕轴的圆周运动,所以 $t_{rz} = t_{\theta z} = 0$,只存在一个剪切应力 $t_{r\theta} = t_{\theta r}$,剪切速度为

$$D = \frac{\mathrm{d}v}{\mathrm{d}r} = \frac{r\mathrm{d}\omega}{\mathrm{d}r} \tag{6.22}$$

要保持这一流动,对离轴 r 的流体层必须施加扭矩 $M(r)$,即

$$M(r) = t_{\theta r}2\pi r^2 h \tag{6.23}$$

式中,h 为内外圆筒的高度。

设流体为牛顿流体,又设内圆筒稳定不动,外圆筒以角速度 Ω 旋转,则

$$\omega(r) = \Omega\frac{r^2 - R^2}{R_2^2 - R_1^2}\cdot\frac{R_2^2}{r^2} \tag{6.24}$$

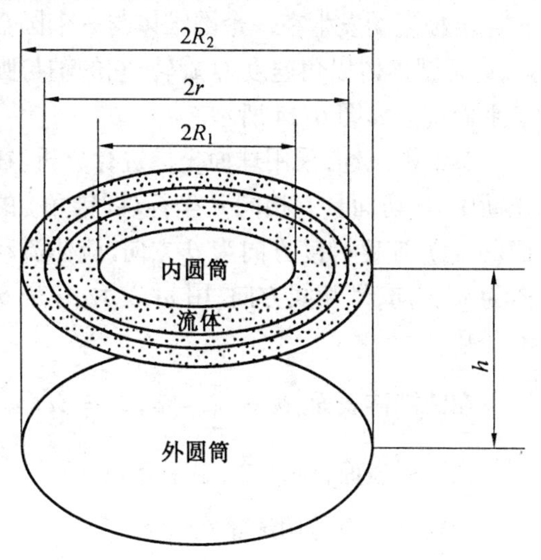

图 6.11　Couette 流动

$$D(r) = \frac{r\mathrm{d}\omega(r)}{\mathrm{d}r} = 2\Omega\frac{R_1^2R_2^2}{r^2(R_2^2 - R_1^2)} \tag{6.25}$$

因为

$$t_{r\theta} = \eta D(r) = M/2\pi r^2 h$$

所以

$$\eta = \frac{M(R_2^2 - R_1^2)}{4\pi hR_1^2R_2^2\Omega} \tag{6.26}$$

如图 6.12 所示为在 Couette 流动中角速度的分布情况,从内圆筒壁处的 $\omega = 0$ 变为在外圆筒壁处的 Ω。而图 6.13 为剪切速率分布方式,即

在 $r = R_1$ 处,$D = 2\Omega R_2^2/(R_2^2 - R_1^2)$;

在 $r = R_2$ 处,$D = 2\Omega R_1^2/(R_2^2 - R_1^2)$。

很显然,$D(R_1) > D(R_2)$。

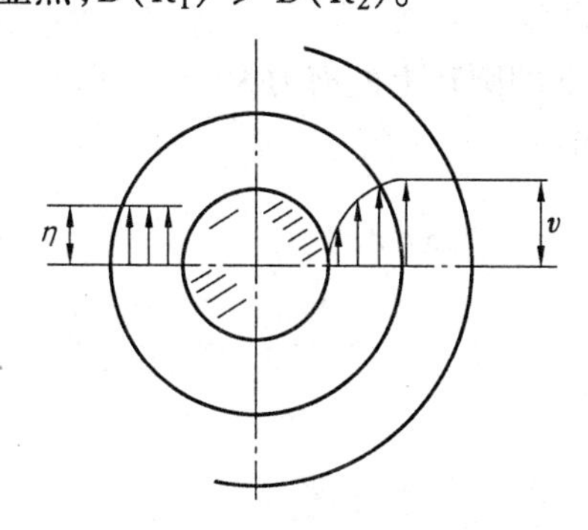

图 6.12　Couette 流动中的角速度分布

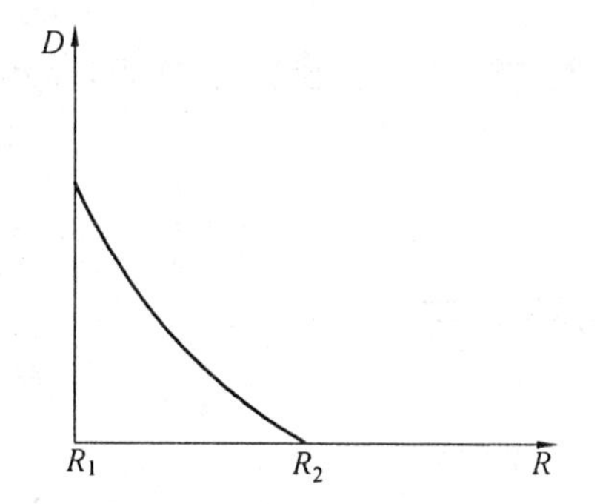

图 6.13　Couette 流动中的剪切速率分布方式

用式(6.26) 根据试验测得的角速度 Ω 和内圆筒上的转矩 M 就可以计算 η。

如果环形间隙 $\Delta R = R_2 - R_1$ 很小,即 $\Delta R/R_1 \ll 1$,则式(6.24) 和式(6.25) 可简化为

$$\omega(r) = \Omega(r - R_1)/\Delta R \tag{6.27}$$

$$D(r) = \Omega R_1/\Delta R \tag{6.28}$$

3. 锥板流动(Cone and Plate Flow)

锥板流动发生在一个圆锥体与一个圆盘之间。圆锥与平板之间的夹角 α 很小，一般小于4°。通常圆锥体以角速度 Ω 旋转，它的轴与圆盘垂直，也是圆锥体的旋转轴。圆锥体的顶点与圆盘平面接触如图 6.14 所示。

对锥板流动，采用球面坐标进行分析。在锥板流动中，剪切面具有相同 θ 坐标(圆锥角) 的圆锥面(θ 面)，速度梯度方向为 θ 方向。流体流动的方向为 φ 方向，即切线方向，用 ω 表示，它是 θ 坐标的函数。

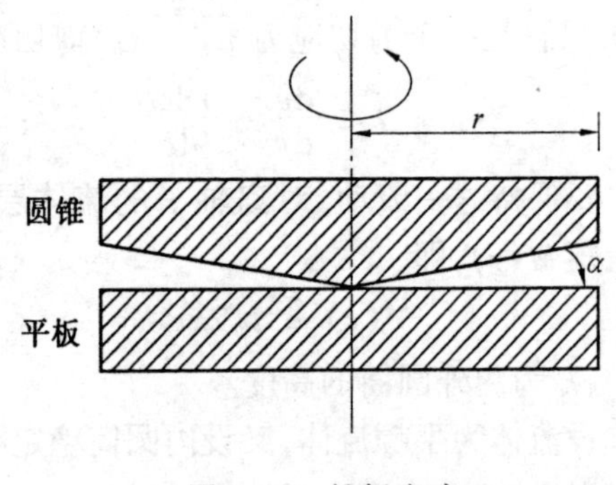

图 6.14　锥板流动

在圆锥体表面，$\theta = \frac{\pi}{2} - \alpha, \omega = \Omega$；

在平板表面，$\theta = \frac{\pi}{2}, \omega = 0$。

锥板流动中剪切速率定义为

$$D = \frac{d\omega}{d\theta} \tag{6.29}$$

α 较大时，应力与剪切速率的关系比较复杂。当 $\alpha < 4°$ 时，可近似地把锥板之间的流动认为是简单的剪切流动，即角速度 ω 是 θ 坐标的线性函数，即

$$D = \Omega / \alpha = \frac{d\omega}{d\theta} \tag{6.30}$$

积分得

$$\omega(\theta) = \frac{\Omega}{\alpha}\left(\frac{\pi}{2} - \theta\right) \tag{6.31}$$

D 在锥板流动中是常数，这对于研究牛顿流体的粘度对剪切速率的依赖性十分有利。

至于锥板流动中角速度 Ω 与转矩 M 之间的关系，在锥板流动中，剪切力作用在 θ 面上，方向为 φ 方向，因此，应力分量为 $t_{\theta\varphi}$，根据牛顿定律有

$$t_{\theta\varphi} = \eta D = \eta\Omega / \alpha \tag{6.32}$$

显然，转矩是 r 的函数，从 r 到 $r + dr$ 的圆锥面上的圆环上的剪力为

$$df = t_{\theta\varphi} 2\pi r dr$$

$$dM = r df = t_{\theta\varphi} 2\pi r^2 dr = \eta \frac{\Omega}{\alpha} 2\pi r^2 dr$$

积分得总转矩 M 为

$$M = 2\pi r^3 \eta\Omega / 3\alpha \tag{6.33}$$

因此

$$\eta = 3M\alpha / 2\pi r^3 \Omega \tag{6.34}$$

$$t_{\theta\varphi} = 3M / 2\pi r^3 \tag{6.35}$$

式(6.34) 为锥板法测定粘度的基本公式。图 6.15 和图 6.16 分别为锥板流动中的速率分布和剪切速率曲线。

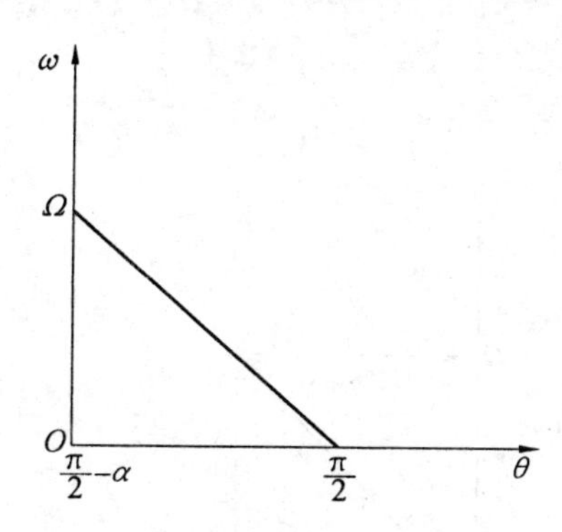

图 6.15　锥板流动中的速率分布曲线

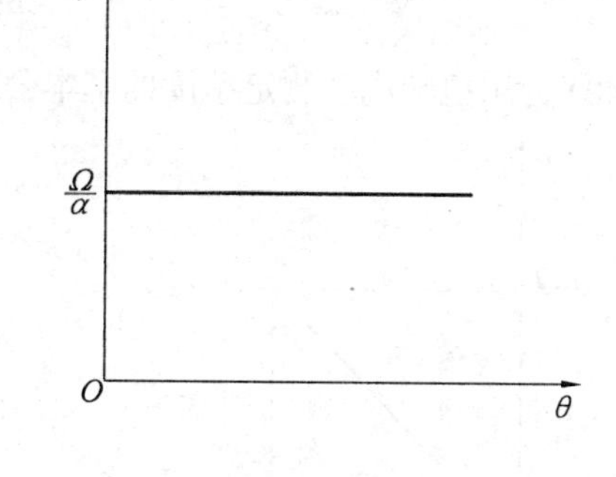

图 6.16　锥板流动中的剪切速率曲线

4. 扭转流动(Torsional Flow)

扭转流动发生在两个平行的圆盘之间，如图 6.17 所示。圆盘的半径为 R，两圆盘之间的距离为 h。上圆盘以角速度 Ω 旋转，施加的扭矩为 M。

对扭转流动采用柱面坐标进行分析。非零剪切应力分量为 $t_{z\theta}$，作用在 z 面上，方向为 θ 方向，即切线方向。在扭转流动中，只有 θ 方向的流动，即

$$v_\theta \neq 0, v_z = v_r = 0$$

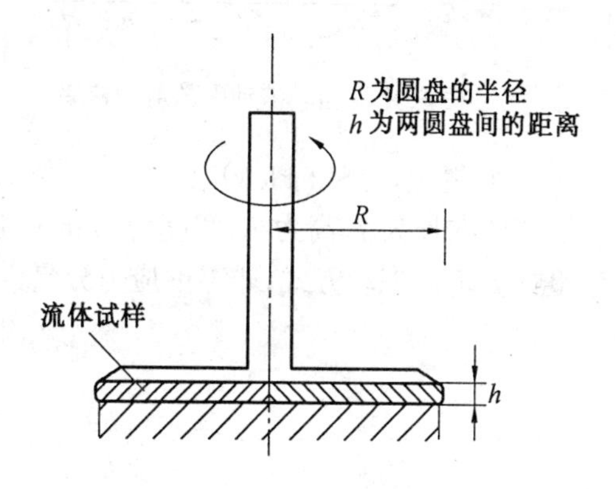

图 6.17　扭转流动

v_θ 随 z 坐标变化，因此，剪切速率为

$$D = \frac{\mathrm{d}v_\theta}{\mathrm{d}z} = \frac{r\mathrm{d}\omega}{\mathrm{d}z} \tag{6.36}$$

式中，ω 为角速度。

扭转流动中的剪切速率为

$$D = r\frac{\Omega}{h} \tag{6.37}$$

即 γ 为 r 的线性函数，如图 6.18 所示，则角速度 ω 为

$$r\mathrm{d}\omega = D\mathrm{d}z = r\frac{Q}{h}$$

$$\omega = \frac{\Omega}{h}z \tag{6.38}$$

即 ω 为 z 坐标的线性函数，但与 r 坐标无关，如图 6.19 所示。

现在来分析扭矩流动中 M 与 Ω 的关系。由于 γ 与 r 坐标有关，因此

$$t_{z\theta} = \eta D = \eta r\Omega/h \tag{6.39}$$

也与 r 坐标有关。在圆盘上取从 r 到 $r+\mathrm{d}r$ 的圆环，剪应力为

$$\mathrm{d}f = t_{z\theta}2\pi r\mathrm{d}r$$

$$\mathrm{d}M = r\mathrm{d}f = t_{z\theta}2\pi r^2\mathrm{d}r = \frac{2\pi\eta\Omega}{h}r^3\mathrm{d}r$$

积分得

$$M = \frac{\pi R^4 \eta \Omega}{2h} \tag{6.40}$$

式(6.40)为用扭转流动测定粘度的基本公式。

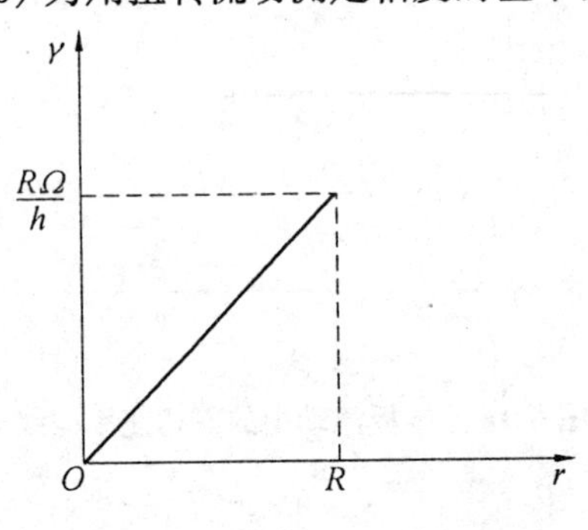

图 6.18　扭转流动中的剪切速率

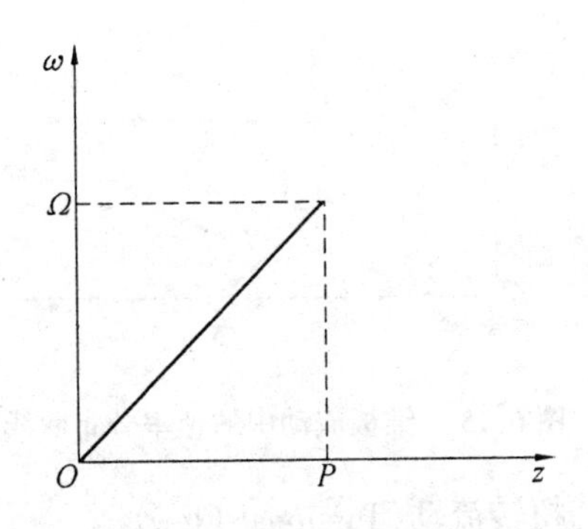

图 6.19　扭转流动中的角速度

5. 狭缝流动(Slit Flow)

流体在长为 l、高为 h、宽度为 ω 的狭缝中流动。流动方式为稳态的简单剪切流动。用笛卡尔坐标分析该流动方式,非零剪应力分量为 t_{yx},即

$$t_{yx} 2l\omega = \Delta p \omega h$$

$$t_{yx} = \frac{h}{2l} \Delta p \tag{6.41}$$

$$D = \frac{6}{\omega h^2} Q \tag{6.42}$$

式中,Q 为流量。

6. 落球法

落球法是测定比较粘稠的液体粘度的最简单、快捷的方法,其流动相当复杂,但 Stocks 在 19 世纪成功地对这一流动进行了分析。他假定一个圆球在一个无限大的流体介质内运动,证明了要使半径为 r 的球以速度 v 在粘度为 η 的流体中运动需施加的力为

$$F = 6\pi r v \eta = \frac{4}{3} \pi r^3 (\rho_s - \rho) g \tag{6.43}$$

式(6.43)称为 Stocks 定律。如果是在重力作用下在流体中下降,则粘度的计算式为

$$\eta = \frac{2}{9} r^2 (\rho_s - \rho) g / v \tag{6.44}$$

式中,ρ_s、ρ 分别为球和流体的密度;g 为重力加速度。

6.1.5　粘性流体粘度的测定

根据上一节讨论的各种流动方式,粘度计可分为 3 种类型:毛细管粘度计、孔式粘度计和旋转粘度计。

1. 毛细管粘度计

玻璃毛细管粘度计(重力毛细管粘度计)是一种利用相对法测定粘度的方法。图 6.20、6.21 所示为常用的玻璃毛细管粘度计。

图 6.20　毛细管粘度计实物图

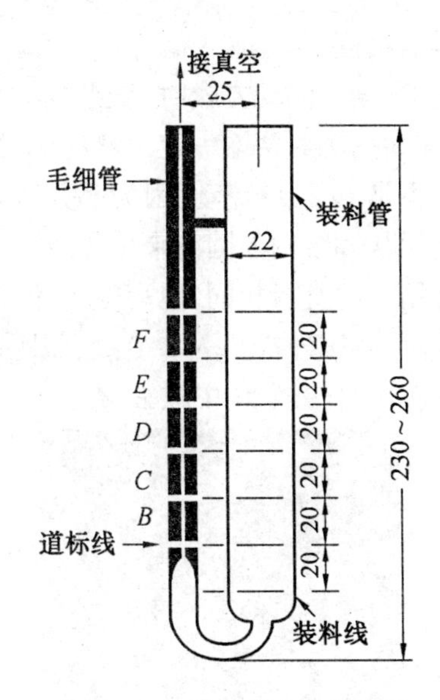

图 6.21　毛细管粘度计构造图

根据 Hagen-Poiseuille 方程有

$$\eta = \frac{\pi R^4}{8l} \cdot \frac{\Delta p}{Q} = c\frac{\Delta p}{Q} = c_1\frac{\Delta p}{V}\Delta t$$

式中，c 为由毛细管几何尺寸决定的常数。同时 Δp 是由流体的重力决定的，在玻璃毛细管粘度计中，流经球体上下两个刻度 M_1 和 M_2 的流体的体积是一定的，因此，Δp 和 V 也是由仪器决定的，所以

$$\eta = c_2\Delta t \tag{6.45}$$

式中，c_2 为与仪器尺寸有关的常数。Cannon - Fenske 粘度计可以用来测定不透明的或深色的流体。用已知粘度的流体校正求得仪器常数，就可以测定未知流体的粘度。

应该指出，由于流体流经毛细管时，液面下降，Δp 和 Q 都随时间而减小，因此，γ 也随时间而变。所以，重力毛细管粘度计仅适用于牛顿流体。

2. 孔式粘度计

孔式粘度计主要用来测定涂料、粘合剂的粘度。它也是重力型的粘度计，利用液体的自重流过一个小孔。孔式粘度计为底部有一个小孔的杯子，测定杯内的流体试样通过小孔的时间，粘度用该时间(s) 来表示。

孔式粘度计不能用来测定绝对粘度，但它简单、快捷，是适用于涂料工业的一种有效的相对粘度测定方法。

3. 旋转粘度计

前面讨论过的 Couette 流动、锥板流动和扭转流动都涉及旋转，即圆筒、圆锥和圆盘的旋转，从试验测得的角速度 Ω 和施加的扭矩 M，就可以计算出粘度。如图 6.22 所示为装有锥板的旋转粘度计，更换不同的测试头，如同轴圆筒或圆盘就可以利用 Couette 流动方式或扭转流动方式来进行测定。另一种旋转粘度计为相对法测定粘度计。它包括几组不同形状的转子，适应于不同粘度范围的流体的测定。用这种仪器不能直接利用仪器参数来计算试样的绝对粘度，由试验测得的是旋转轴上的相对转矩。用已知粘度的液体来进行校正，就可以用相对转矩的读数求出试样的粘度。

采用 Couette 流动方式时，误差的主要来源是所谓的边缘效应(Edge Effect)。如图 6.23 所示，只有在离内圆筒两端一定距离的 dc 部分的流体才是真正的 Couette 流动，而在 ed、bc 部分的流体并不是 Couette 流动，因为部分转矩被消耗在产生这种在边缘的复杂的流动上。已设计出由不同形状和结构的圆筒来尽量减少这种边缘效应造成的误差。边缘效应也可以进行校正。其方法是用一组直径相同，但高度 h 不同的圆筒进行测定，将测得的转矩 M 对 h 作图，应得到一条直线。将直线外推至 $h=0$ 处，截距即为由于边缘效应消耗的转矩 M_c，如图 6.24 所示。计算粘度时应从总转矩 M 中减去 M_c。

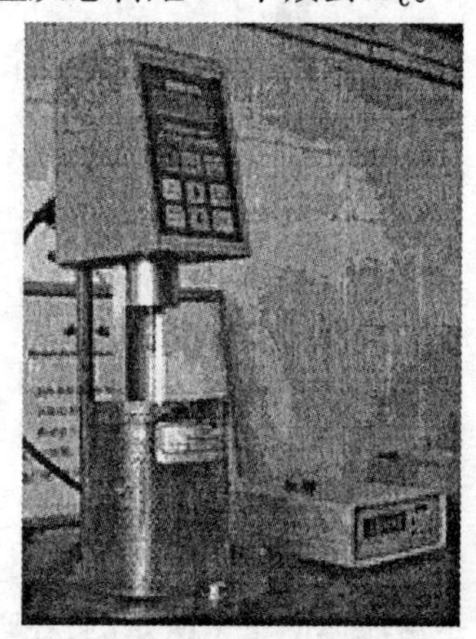

图 6.22　旋转粘度仪

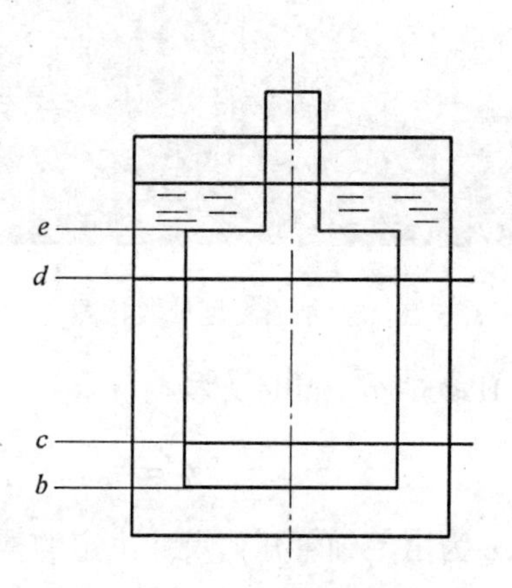

图 6.23　边缘效应

Couette 流动的同轴圆筒粘度计可以在较高 γ 时进行非牛顿流体的粘度的测定，需要的试样量较其他两种流动方式多。

锥板粘度计的优点是 γ 为常数，它便于研究非牛顿流体的粘度的剪切速度依赖性。测试所需的试样量很少，但它不适合在高剪切速率时测定。在高剪切速率时，试样由于在法向应力的作用下向圆锥体边缘爬上去，造成异常的流动情况，测得的数据误差很大。此外，圆锥体顶点与板之间的磨损也是产生误差的一个原因。锥板粘度计还可用来测定法向应力。

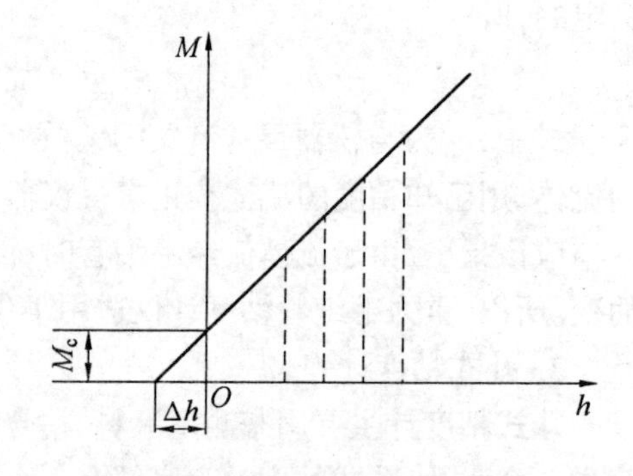

图 6.24　边缘效应的校正

6.2　沥青材料的线性粘弹基础理论

材料的粘弹性力学行为可能遵循线性理论，也可能遵循非线性理论。由于线性理论已经比较成熟，其数学描述也比较简单，并在实际应用中解决了大量问题，在本书中，我们将主要研究描述材料粘弹性力学行为的线性理论。

物体在外力作用下既产生弹性变形，又表现出粘性流动变形的性质，称之为粘弹性性质(Visco - elasticity)，沥青是一种典型的粘弹性材料。

6.2.1　线性粘弹性的基本概念

粘弹性可以用测定形变的时间依赖性的实验来说明。下面我们以剪切变形为例说明，当然也可用拉伸或各向同性的压缩来说明。在聚合物的粘弹性性状中，应变是随时间而变化的，我们用 $\varepsilon(t)$ 表示它，并称之为应变史(Strain History)。应力也可以不是恒定的，而是随时间而变的，我们用 $\sigma(t)$ 表示它，并称之为应力史(Stress History)。

1. 蠕变试验(Creep Experiment)

在不同材料上瞬间地加上一个力，然后保持恒定，如图 6.25(a) 所示，即

$$\sigma(t) = 0 \quad t \leqslant 0$$
$$\sigma(t) = \sigma_0 \quad t > 0$$

式中，σ_0 中的下标表示是在我们称之为时间为 0 时加上去的，然后观察各种材料的应变随时间的变化，这种实验称为蠕变试验。

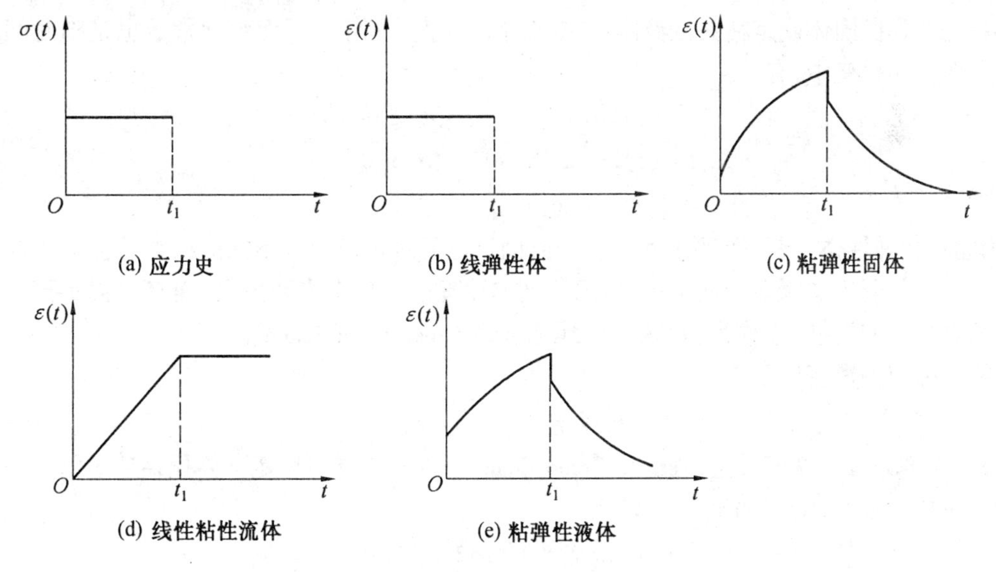

图 6.25　蠕变试验

各种材料有不同的响应，如图 6.25 所示。

对线性弹性体，弹性应变是瞬间发生的，不随时间而变，如图 6.25(b) 所示，即

$$\begin{aligned} \varepsilon(t) &= 0 \quad && t \leqslant 0 \\ \varepsilon(t) &= J\sigma_0 \quad && t > 0 \end{aligned} \tag{6.46}$$

对线性粘性流体，如图 6.25(d) 所示，有

$$\begin{aligned} \varepsilon(t) &= 0 \quad && t \leqslant 0 \\ \varepsilon(t) &= \sigma_0 t/\eta \quad && t > 0 \end{aligned} \tag{6.47}$$

实际上，聚合物的响应是不同于以上两种理想模式的。我们发现，有的聚合物材料如部分交联的弹性体，表现出的性状如图 6.25(c) 所示，即应变随时间逐渐增大，但并不是无限地发展，而是趋向一个定值，我们可称之为橡胶平台(Rubber Plateau)。如果我们在时测 t_1 时瞬间除去应力 σ_0，可以发现经过相当长的时间后，该材料能完全恢复其原有的形状，如图 6.25(c) 所示。线弹性固体在除去应力时也能立刻恢复其原有形状，如图 6.25(b) 所示。弹性形变的特点

之一是变形时能储存能量,而当应力除去后,能量又释放出来使形变消失。线性粘性流体的应变是随时间以恒定的应变速度发展的,而除去应力后应变即保持不变,我们称之为发生了流动,如图 6.25(d) 所示,即能量是完全消失的。而图 6.25(c) 所示的材料则既具有粘性(即应变随时间发展),又具有弹性(即应力除去后,应变逐渐减小)。因此,我们称之为粘弹体。图 6.25(c) 中的材料应变能完全消失,即材料变形时没有发生粘性流动,所以我们称之为粘弹性固体(Viscoelastic Solid)。

有的高聚物在蠕变中表现出如图 6.25(e) 所示的性状,即形变也是随时间发展的,而且不断发展,并趋向于恒定的应变速度(与粘性流体类似)。这种材料在应力除去后,只能部分恢复,留下永久变形,即这种材料在蠕变时发生了粘性流动,所以称之为粘弹性液体(Visoelastic Liquid)。

对线弹性体,用弹性常数 J 或 D 就可以表示其弹性,对线性粘性流体可用粘度 η 表示其粘性,它们都是与时间无关的。知道了应力和应变或应变速度就可以计算 J 和 η。然而对粘弹性体,无论是粘弹性固体或是粘弹性液体,应变都是随时间变化的,因而弹性常数也是随时间而变化的。在上述蠕变中,有

$$\begin{aligned} \varepsilon(t) &= 0 \qquad t \leqslant 0 \\ \varepsilon(t) &= E(\sigma_0, t) \qquad t > 0 \end{aligned} \tag{6.48}$$

$$J(t) = \varepsilon(t)/\sigma_0$$

因此对粘弹性体,我们需要了解在整个时间谱范围内的 $J(t)$。不同的粘弹性体有不同的 $J(t)$。这反映了材料的微观结构的差异,因此粘弹性理论不仅有实践意义,而且能揭示聚合物的内部结构。我们把 $J(t)$ 称为剪切蠕变柔量(Shear Creep Compliance)。

同时,由拉伸蠕变试验得

$$D(t) = E(\sigma_0, t)/\sigma_0 \tag{6.49}$$

式中,$D(t)$ 称为拉伸蠕变柔量(Tensile Creep Compliance)。同样可以定义体积柔量 $B(t)$。

2. 应力松弛(Strees Relaxation) 试验

使材料试样瞬间地发生一个应变,然后使它保持不变,即

$$\begin{aligned} \varepsilon(t) &= 0 \qquad t \leqslant 0 \\ \varepsilon(t) &= \varepsilon_0 \qquad t > 0 \end{aligned} \tag{6.50}$$

如图 6.26(a) 所示,然后观察应力随时间的变化,这种试验称为应力松弛试验。

图 6.26 所示为各种材料的响应。对线弹性体,应力不随时间而变化,如图 6.26(b) 所示,即

$$\begin{aligned} \sigma(t) &= 0 \qquad t \leqslant 0 \\ \sigma(t) &= G\varepsilon_0 \qquad t > 0 \end{aligned} \tag{6.51}$$

对线性粘性流体,应力瞬时即松弛,如图 6.26(c) 所示,它不能储存能量。对粘弹性固体,如图 6.26(d) 所示,应力随时间下降,但不会降为 0,而是趋向于一个定值。对粘弹性液体,如图 6.26(e) 所示,应力随时间下降,最后趋近于 0,也就是说应力完全松弛。无论是粘弹性固体或是粘弹性液体,应力都是时间的函数,因此其模量 G 也是时间的函数,即

$$\begin{aligned} \sigma(t) &= 0 \qquad t \leqslant 0 \\ \sigma(t) &= S(\varepsilon_0, t) \qquad t > 0 \end{aligned} \tag{6.52}$$

$$G(t) = S(\varepsilon_0, t)/\varepsilon_0 \tag{6.53}$$

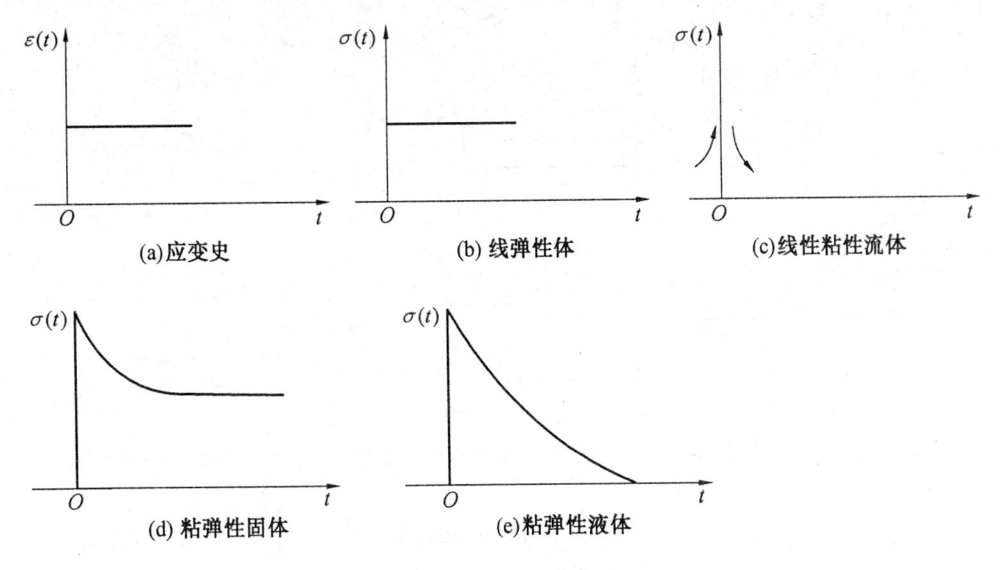

(a)应变史　(b) 线弹性体　(c)线性粘性流体　(d) 粘弹性固体　(e)粘弹性液体

图 6.26　应力松弛实验

对粘弹性体，要表征其性状，必须了解 $G(t)$，它是材料的性质，是其内部结构的反映。我们称 $G(t)$ 为剪切松弛模量(Shear Relaxation Modulus)。同样，对拉伸应力松弛试验，有拉伸松弛模量 $E(t)$ 为

$$E(t) = S(\varepsilon_0, t)/\varepsilon_0 \tag{6.54}$$

必须指出，我们用蠕变试验来定义柔量，用松弛试验来定义模量，即

$$J(t) = \frac{\varepsilon(t)}{\sigma_0} \neq \frac{\varepsilon_0}{\sigma(t)} = \frac{1}{G(t)}$$

即

$$J(t) \neq 1/G(t) \tag{6.55}$$

也就是，$J(t)$、$D(t)$ 只能从蠕变实验中测出，$G(t)$、$E(t)$ 只能从应力松弛试验中求出。

6.2.2　线性粘弹性的定义 Boltzmann 加和原理

1. 正比性

对于线性弹性体，柔量 J 为材料的性质，与应力大小无关，如图 6.27(a) 所示，并与时间 t 无关。对线性粘弹性体，我们同样要求应变与应力成正比，即

$$\varepsilon(t) = \sigma_0 J(t) \tag{6.56}$$

$$J(t) = \varepsilon(t)/\sigma_0 \tag{6.57}$$

这种关系应在任何时刻都成立，$J(t)$ 是由材料的性质决定的，与应力的大小无关，如图 6.27(b) 所示，σ_0 改变时 $J(t)$ 并不改变。我们把材料的性质符合式(6.56) 的叫做正比性，但这不是线性粘弹性的惟一要求。

2. 加和性

(1) 应力史的影响

我们来分析应力 σ_0 有不同历史的情况，即应力 σ_0 是在不同时刻施加的，如图 6.28 所示。

假定应力史有 3 种不同的情况，即应力 σ_0 是分别在时刻 0、θ_1 和 θ_2 时施加的。对线性弹性体，相对这 3 种不同的应力史，应变 $\varepsilon = J\sigma_0$，即它与应力史无关，只取决于在该时刻的应力 σ_0。

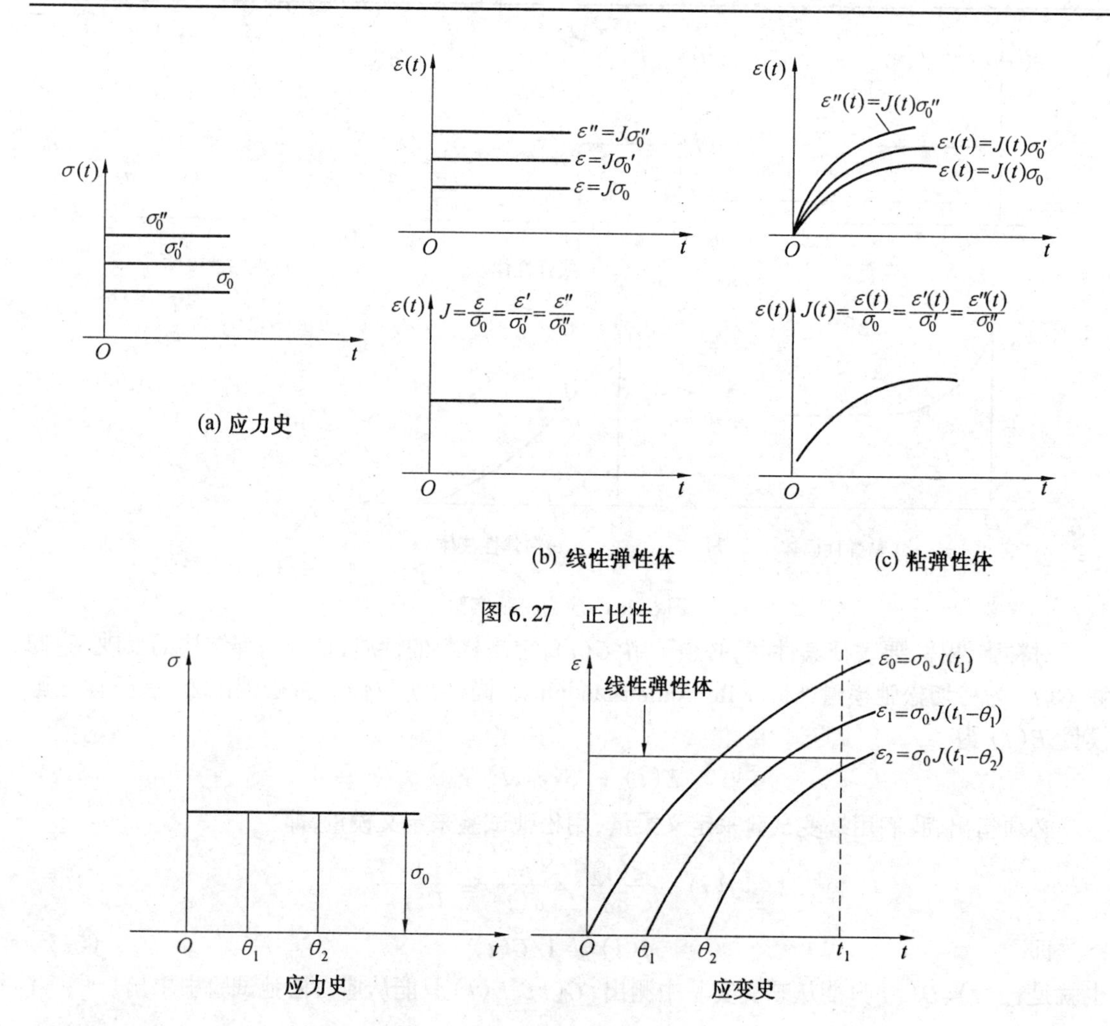

(a) 应力史　　(b) 线性弹性体　　(c) 粘弹性体

图 6.27　正比性

图 6.28　应力史的影响

对粘弹性材料，如应力史为0时刻施加的，则

$$\varepsilon_0(t) = \sigma_0 J(t)$$

如应力为 θ_1 和 θ_2 时刻施加的，则

$$\varepsilon(t) = \sigma_0 J(t - \theta_1)$$

$$\varepsilon(t) = \sigma_0 J(t - \theta_2)$$

在时刻 t_1 时，相对于3种不同的应力史，应变 ε_0 和 ε_1、ε_2 不同。也就是说，对粘弹性材料，应变史不仅取决于应力的大小，还取决于应力的历史。

(2) 两步应力史

现在我们来考虑两步蠕变的情况。设我们施加的应力史为

$$\begin{aligned} \sigma(t) &= 0 & t &\leqslant \theta_1 \\ \sigma(t) &= \Delta\sigma_1 & \theta_1 < t &\leqslant \theta_2 \\ \sigma(t) &= \Delta\sigma_1 + \Delta\sigma_2 & t &> \theta_2 \end{aligned} \tag{6.58}$$

如图 6.29(a) 所示，$\Delta\sigma_1$ 和 $\Delta\sigma_2$ 是常数，$\theta_2 > \theta_1$。我们可以把它看成是两个应力史之和，如图 6.29(b) 和图 6.29(c) 所示，即

$$\sigma_1(t) = 0 \qquad t \leqslant \theta_1$$
$$\sigma_1(t) = \Delta\sigma_1 \quad t > \theta_1 \tag{6.59}$$

$$\sigma_2(t) = 0 \qquad t \leqslant \theta_2$$
$$\sigma_2(t) = \Delta\sigma_2 \quad t > \theta_2 \tag{6.60}$$

如果该材料符合前面讲过的正比性,应变史 $\varepsilon_1(t)$ 如图 6.29(e) 所示为

$$\varepsilon_1(t) = 0 \qquad t \leqslant \theta_1$$
$$\varepsilon_1(t) = \Delta\sigma_1 J(t-\theta_1) \quad t > \theta_1 \tag{6.61}$$

相当于 $\sigma_2(t)$,如图 6.29(f) 所示,为

$$\varepsilon_2(t) = 0 \qquad t \leqslant \theta_2$$
$$\varepsilon_2(t) = \Delta\sigma_2 J(t-\theta_2) \quad t > \theta_2 \tag{6.62}$$

现在,如果材料是线性粘弹性的,那么应变史 $\varepsilon(t)$ 为

$$\varepsilon(t) = \varepsilon_1(t) + \varepsilon_2(t)$$

由式(6.61) 和式(6.62),如图 6.29(d) 所示,有

$$\varepsilon(t) = 0 \qquad t \leqslant \theta_1$$
$$\varepsilon(t) = \Delta\sigma_1 J(t-\theta_1) \qquad \theta_1 < t \leqslant \theta_2 \tag{6.63}$$
$$\varepsilon(t) = \Delta\sigma_1 J(t-\theta_1) + \Delta\sigma_2 J(t-\theta_2) \qquad t > \theta_2$$

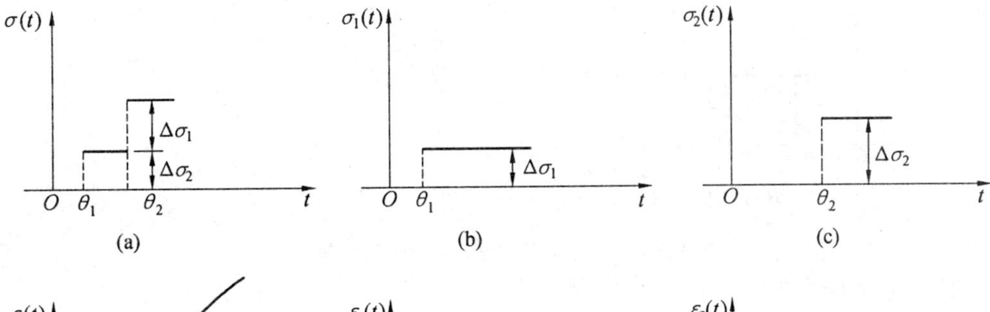

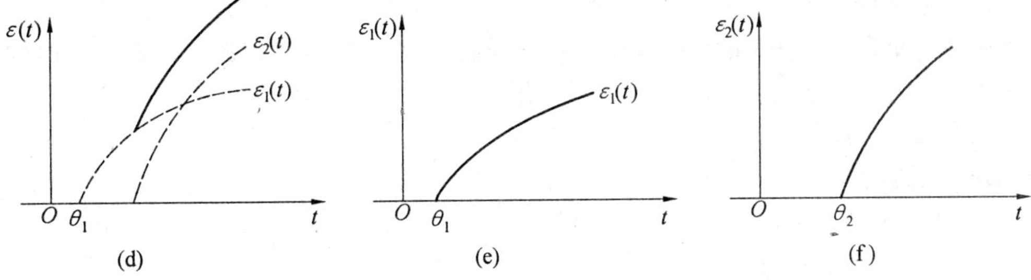

图 6.29　加和性

如果式(6.63) 成立,说明应变史是各个独立的应力史产生的相应的应变史的加和,我们说该材料的应变具有加和性,这是线性粘弹性的另一个条件。

从式(6.63) 我们可以看出 3 点。

① 对于任意的应力史,在给定的现在时刻 t,应变史是所有应力史的函数。这里 t 是常数,而 θ 是变量,$\Delta\sigma$ 是随 θ 的变化而变化的。

② 当 $\theta_1 = \theta_2$ 时,即 $\Delta\sigma_1$ 和 $\Delta\sigma_2$ 是同时从 θ_1 施加时,正比性才适用,即

$$\varepsilon(t) = \Delta\sigma_1 J(t-\theta_1) + \Delta\sigma_2 J(t-\theta_2) =$$
$$(\Delta\sigma_1 + \Delta\sigma_2) J(t-\theta_1)$$

③在给定的时刻 t，应变 $\varepsilon(t)$ 并不取决于在该时刻的应力 $\sigma(t)$，而是取决于在时刻 t 之前的全部应力史。举例来说，设在时刻 t 时，应力为 $\Delta\sigma_1+\Delta\sigma_2$，但可能有不同的应力史，如图6.30(a)所示。虽然在时刻 t_1 时，应力都是 $\Delta\sigma_1+\Delta\sigma_2$，但由于它们有不同的应力史，在时刻 t_1 时的应变就不同，即

$$\varepsilon_1(t) = (\Delta\sigma_1 + \Delta\sigma_2) J(t)$$
$$\varepsilon_2(t) = \Delta\sigma_1 J(t) + \Delta\sigma_2 J(t-\theta_1)$$
$$\varepsilon_3(t) = \Delta\sigma_1 J(t-\theta_1) + \Delta\sigma_2 J(t-\theta_2)$$

很显然 $\varepsilon_1(t) \neq \varepsilon_2(t) \neq \varepsilon_3(t)$，$\varepsilon(t)$ 与应力史有关，给定 t 时它是 θ 的函数。

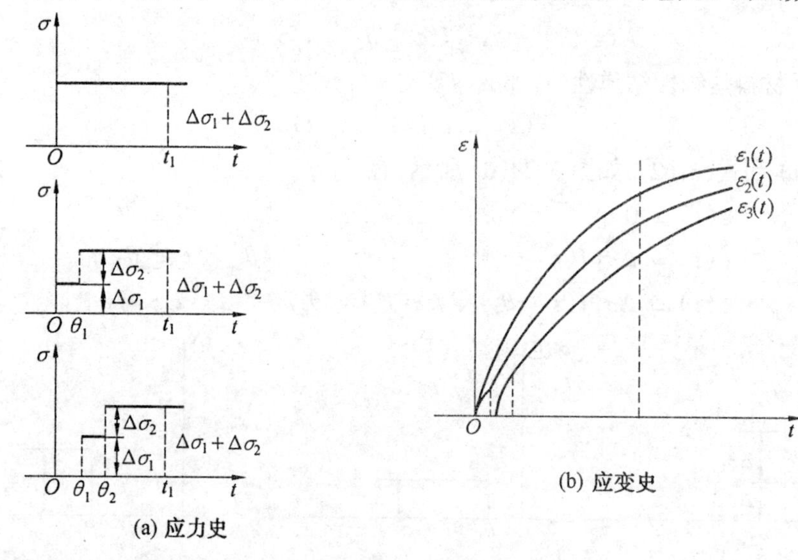

图6.30　不同应力史的两步应力实验

(3) 连续的应力史

如果应力史是一个任意的随时间而变化的函数 $\sigma(\theta)$，如图6.31所示，在时刻 t 时的 $\varepsilon(t)$ 应是在 t 之前全部应力史的函数。我们可近似地把连续的应力史看成是多步的负荷，即在 θ_1 时加一个负荷 $\Delta\sigma(\theta_1)$；在 θ_2 时增加一个负荷 $\Delta\sigma(\theta_2)$；在 θ_3 时加一个负荷 $\Delta\sigma(\theta_3)$；在 θ_i 时加一个负荷 $\Delta\sigma(\theta_i)$，这时

$$\varepsilon(t) = \Delta\sigma(\theta_1)J(t-\theta_1) + \Delta\sigma(\theta_2)J(t-\theta_2) + \Delta\sigma(\theta_3)J(t-\theta_3) + \cdots +$$
$$\Delta\sigma(\theta_i)J(t-\theta_i) + \Delta\sigma(\theta_m)J(t-\theta_m) =$$
$$\sum_{i=1}^{m}\Delta\sigma(\theta_i)J(t-\theta_i) \qquad \theta_m \leqslant t$$

如果我们把 $\Delta\sigma(\theta_i)$ 分成无限小量，则有

$$\varepsilon(t) = \int_0^{\sigma(t)} J(t-\theta)\mathrm{d}\sigma(\theta) \tag{6.64}$$

或换元后得

$$\varepsilon(t) = \int_{-\infty}^{t} J(t-\theta)\frac{\mathrm{d}\sigma(\theta)}{\mathrm{d}\theta}\mathrm{d}\theta \tag{6.65}$$

从图 6.31 可见，$\Delta\sigma(\theta_3) = (\theta_3 - \theta_2)\tan\alpha = \tan\alpha\Delta\theta_3$，当 $\Delta\sigma(\theta_i)$ 分成无限小时，显然 $\tan\alpha$ 即曲线的切线的斜率 $d\sigma(\theta)/d\theta$，$\Delta\theta$ 成为 $d\theta$，即 $d\sigma(\theta) = (d\sigma(\theta)/d\theta)d\theta$。积分下限取 $-\infty$ 是考虑到在从 $-\infty$ 到 t 的全部应力史都对 $\varepsilon(t)$ 有贡献。

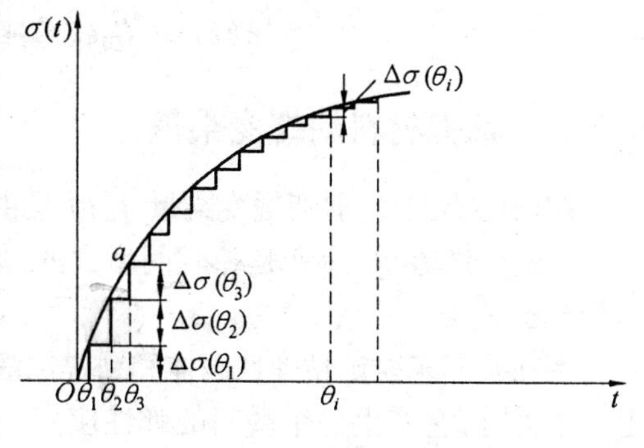

图 6.31　连续的应力史

式(6.65)就是 Boltzmann 加和性原理的数学式，表明应变与全部应力史成线性关系。很明显，对于给定的时刻 t、$\varepsilon(t)$ 是 θ 的函数，在积分中 t 是常数，θ 是变量。

由式(6.65)我们可知材料的性质 $J(t)$，又可知时刻 t 之前的全部应力史 $\sigma(\theta)$（从 $-\infty$ 到现在时刻 t），就可以计算在任意时刻 t 时的 $\varepsilon(t)$。

粘弹性不同于线弹性的主要特点就是应变或应力的时间依赖性及应变取决于应力史，而不是仅取决于某时刻的应力。

有时我们把式(6.65)中的积分变量变换为

$$T = t - \theta$$

T 为某应力 $\sigma(\theta)$ 在时刻 t 时作用的时间，把上式代入式(6.65)，有

$$\varepsilon(t) = \int_0^{\infty} J(t)\frac{d\sigma(t-T)}{d(t-T)}dT$$

根据分步积分公式，即

$$\int u dv = -\int v du + uv$$

这里 $dv = d\sigma(t-T)$，$u = J(T)$，则

$$\varepsilon(t) = \int_0^{\infty} J(t)\frac{d\sigma(t-T)}{d(t-T)}d(t-T) =$$

$$-J(T)\sigma(t-T)\Big|_0^{\infty} + \int_0^{\infty}\sigma(t-T)dJ(T)$$

由于 $\sigma(-\infty) = 0$，$J(0) = J_0$，则有

$$\varepsilon(t) = J_0\sigma(t) + \int_0^{\infty}\sigma(t-T)\frac{dJ(T)}{dT}dT \tag{6.66}$$

或

$$\varepsilon(t) = J_0\sigma(t) + \int_{-\infty}^{t}\sigma(\theta)\frac{dJ(t-\theta)}{d(t-\theta)}d\theta \tag{6.67}$$

式(6.65)或式(6.67)都是 Boltzmann 加和性原理的数学表达式。对于拉伸试验，有

$$\varepsilon(t) = \int_{-\infty}^{t} D(t-\theta)\frac{d\sigma(\theta)}{d\theta}d\theta \tag{6.68}$$

或

$$\varepsilon(t) = D_0\sigma(t) + \int_{-\infty}^{t}\sigma(\theta)\frac{dD(t-\theta)}{d(t-\theta)}d\theta \tag{6.69}$$

式中，$D(t)$ 为拉伸蠕变柔量。

同样对于指定的应变史，其应力史也符合 Boltzmann 加和性原理。用与分析连续应力史时相同的方法，对任何给定的连续的应变史 $\varepsilon(\theta)$，相应的应力史为

$$\sigma(t) = \int_{-\infty}^{t} G(t-\theta)\frac{d\varepsilon(\theta)}{d\theta}d\theta \tag{6.70}$$

或
$$\sigma(t) = G_0\varepsilon(t) + \int_0^{\infty} \varepsilon(t - T) \frac{\mathrm{d}G(T)}{\mathrm{d}T}\mathrm{d}T \tag{6.71}$$

6.2.3 粘弹材料的蠕变柔量

前面已提到过，剪切蠕变柔量 $J(t)$ 是由材料性质决定的，它反映材料的内部结构。

在蠕变试验中，应变是随时间增大的，因此我们可以认为 $J(t)$ 是随时间单调增加的，即 $\mathrm{d}J(t)/\mathrm{d}t \geqslant 0$。

现在我们来讨论粘弹性固体和粘弹性液体的 $J(t)$ 的一般形式。对粘弹性固体，当瞬间加上一个力时，它产生一个瞬间的弹性应变，然后应变随时间逐渐发展，并趋于一个极限值。其 $J(t)$ 的一般形式如图 6.32 所示。

J_0 称为瞬间剪切模量。J_0 反映粘弹性固体的线弹性变形，定义为

$$\lim_{t\to 0^+} J(t) = J_0 \tag{6.72}$$

0^+ 表示从正值趋向于 0。J_e 为当时间相当长后 $J(t)$ 的趋近值，即

$$\lim_{t\to\infty} J(t) = J_e \tag{6.73}$$

或
$$J(\infty) = J_e$$

我们可以认为 $J(t)$ 由两部分组成，即

$$J(t) = J_0 + \varphi(t) \tag{6.74}$$

式中，J_0 为瞬时或玻璃态剪切柔量，具有 $10^{-9}\mathrm{m}^2/\mathrm{N}$ 的数量级，有的文献中记为 $J_d(t)$，称为推迟剪切柔量(Delayed Shear Compliance)，它是时间 t 的单调增加函数。当 $t \to \infty$ 时有

$$J(\infty) = J_e = J_0 + \varphi(\infty)$$

式中，J_e 称为平衡柔量(Equilibrium Compliance)，因此有

$$\varphi(\infty) = J_e - J_0$$

式中，$\varphi(t)$ 反映橡胶弹性，因而是可以恢复的。

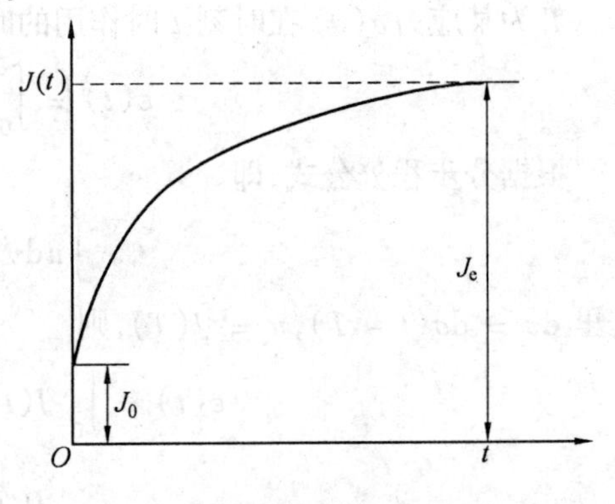

图 6.32 粘弹性固体的蠕变柔量

对于粘弹性液体，$J(t)$ 趋向与 t 成线性关系，如图 6.33 所示，即

$$J(t) = a + bt$$

由于 $J(t) = \varepsilon(t)/\sigma_0$，则

$$\mathrm{d}J(t)/\mathrm{d}t = \frac{\mathrm{d}\varepsilon(t)/\mathrm{d}t}{\sigma_0} = b$$

因为
$$\sigma_0 = \eta D$$

所以
$$b = D/\sigma_0 = 1/\eta$$

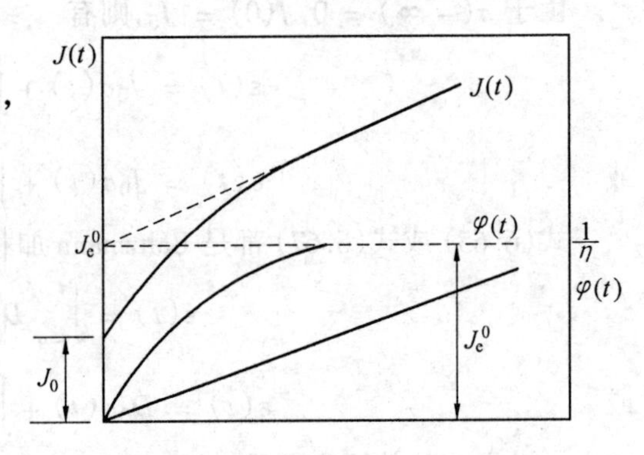

图 6.33 粘弹性液体的蠕变柔量

我们可把粘弹性液体的蠕变柔量表示为

$$J(t) = J_0 + \varphi(t) + t/\eta \tag{6.75}$$

式中，t/η 表示粘性流动；$J_0 + \varphi(t)$ 为可回复的弹性变形，可用 $J_R(t)$ 表示为

$$J_R(t) = J_0 + \varphi(t)$$

$$J(t)=J_R(t)+t/\eta \tag{6.76}$$

$t\to\infty$ 时

$$J_R(t)=J_0+\varphi(\infty)=J_e^0 \tag{6.77}$$

式中，J_e^0 称为稳定态柔量(Steady State Compliance)。

$J(t)$ 为 t 的单调增加函数，即 $\mathrm{d}J(t)/\mathrm{d}t\geqslant 0$。其两阶导数 $\mathrm{d}^2J(t)/\mathrm{d}t^2<0$，曲线向下凹。$J(t)$ 只有在 $t>0$ 时才有定义。

6.2.4　蠕变和回复试验

1. 应变史

蠕变和回复试验中的应力史如图6.34(a)所示。

$$\begin{cases}\sigma(t)=0 & t\leqslant 0\\ \sigma(t)=\sigma_0 & 0<t\leqslant\theta_1\\ \sigma(t)=0 & t>\theta_1\end{cases} \tag{6.78}$$

这是一种两步应力的情况，即

$$\begin{cases}\sigma_1(t)=0 & t\leqslant 0\\ \sigma_1(t)=\sigma_0 & t>0\end{cases}$$

$$\begin{cases}\sigma_2(t)=0 & t\leqslant 0\\ \sigma_2(t)=-\sigma_0 & t>0\end{cases}$$

$$\sigma(t)=\sigma_1(t)+\sigma_2(t)$$

对这两个独立的应力史，相应的应变史为

$$\varepsilon_1(t)=\sigma_0J(t)$$

$$\varepsilon_2(t)=-\sigma_0J(t-\theta)$$

如果材料是线性粘弹性的，则根据加和性原理有

$$\varepsilon(t)=\varepsilon_1(t)+\varepsilon_2(t)=\sigma_0J(t)-\sigma_0J(t-\theta) \tag{6.79}$$

$J(t)$ 可根据试验测出。按式(6.79)可以计算出其回复时的 $\varepsilon(t)$，将所作图与试验时得到的回复曲线进行比较，如果两曲线重合，说明该材料符合线性粘弹性。

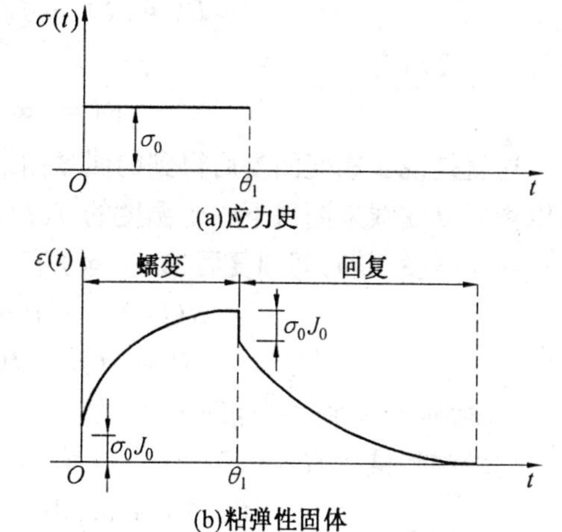

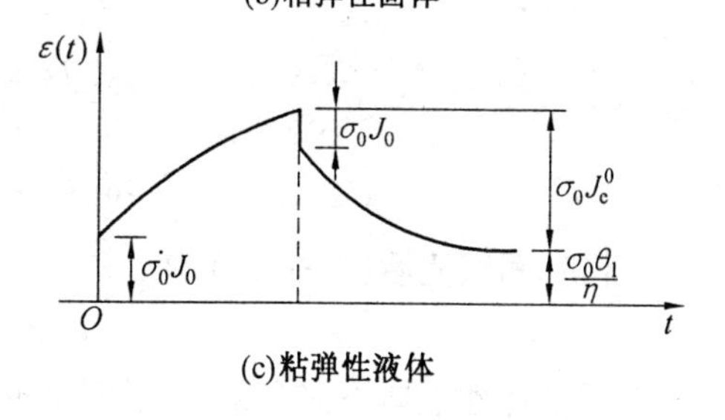

图6.34　蠕变和回复试验

在讨论蠕变和回复试验时，有时采用 $T=t-\theta$，即回复的时间。这样有

$$\varepsilon(T+\theta)=\sigma_0[J(\theta+T)-J(T)] \tag{6.80}$$

2. 回复曲线 $R(\theta,T)$

回复曲线定义为

$$R(\theta,T)=[\varepsilon(\theta^-)-\varepsilon(\theta+T)]/\sigma_0=J(\theta^-)-J(\theta+T)+J(T)$$

如图6.35所示，$\sigma_0R(\theta,T)$ 就是蠕变回复曲线中回复部分的镜像，以 $[\varepsilon(\theta^{-1}),\theta]$ 为原点的曲线。θ 给定后，它是回复时间 T 的函数。

3. 粘弹性固体的蠕变回复

对粘弹性固体，有

$$\varepsilon(t) = \sigma_0[J(\theta + T) - J(T)]$$

如果 θ 足够长,使该粘弹性固体已达到平衡状态,即 $J(\theta) = J_e$,这种蠕变称为长蠕变。反之称为短蠕变。

不论长蠕变还是短蠕变,只要长时间回复,即 $T \to \infty$ 时,有

$$\varepsilon(t) = \sigma_0[J(\infty) - J(\infty)] = \sigma_0[J_e - J_e] = 0$$

即粘弹性固体是完全回复的。

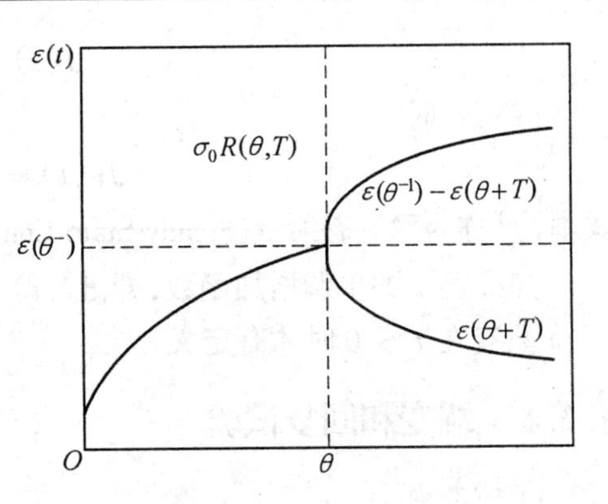

图 6.35　回复曲线

至于回复曲线的情况。对长蠕变有

$$R(\theta, T) = J(\theta) - J(\theta + T) + J(T)$$

$$R(\infty, T) = J_e - J_e + J(T) = J(T) \tag{6.81}$$

长时间回复后有

$$R(\infty, \infty) = J(\infty) = J_e$$

这就是说长蠕变回复后得到的回复曲线与蠕变柔量等同。在测定不同温度下的 $J(t)$ 时,可以用回复曲线来测得下一个温度的 $J(t)$,而不必让试样回复完全后再升温,重新测 $J(t)$。

对短蠕变,长时间回复后($T \to \infty$)有

$$R(\theta, T) = J(\theta) - J(\theta + T) + J(T)$$

$$R(\infty, T) = J(\theta) + J_e - J_e = J(\theta)$$

4. 粘弹性液体的蠕变回复

对粘弹性液体有

$$\varepsilon(\theta, T) = \sigma_0[J(\theta + T) - J(T)] =$$

$$\sigma_0\left[J_0 + \varphi(\theta + T) + \frac{\theta + T}{\eta} - J_0 - \varphi(T) - \frac{T}{\eta}\right] =$$

$$\sigma_0\left[\varphi(\theta + T) - \varphi(T) + \frac{\theta}{\eta}\right]$$

在长时间回复后($T \to \infty$)有

$$\varepsilon(\theta, \infty) = \sigma_0\theta/\eta \tag{6.82}$$

也即粘弹性液体不完全回复,长时间回复后留下永久变形(式(6.82))。这是测定线性聚合物粘度的一种方法,比测定稳定态时用直线部分的斜率($1/\eta$)来计算准确得多。

对于粘弹性液体的回复曲线,有

$$R(\theta, T) = J(\theta) - J(\theta + T) + J(T) =$$

$$J_0 + \varphi(\theta) + \frac{\theta}{\eta} - J_0 - \varphi(\theta + T) - \frac{\theta + T}{\eta} + J_0 + \varphi(T) + \frac{T}{\eta} =$$

$$J_0 + \varphi(\theta) + \varphi(T) - \varphi(\theta + T) \tag{6.83}$$

对长蠕变($\theta \to \infty$),有

$$R(\infty, T) = J_0 + \varphi(T) = J_R(T) \tag{6.84}$$

因此测定粘弹性液体的回复曲线可得到其可回复柔量 $J_R(t)$。

同时在长蠕变后,再长时间回复,可求得 J_e^0,即

$$R(\infty, \infty) = J_0 + \varphi(\infty) = J_e^0 \tag{6.85}$$

对短蠕变,长时间回复后,可求得 $J_R(\theta)$,即

$$R(\theta,\infty) = J_0 + \varphi(\theta) = J_R(\theta) \tag{6.86}$$

由上面的讨论,我们可以总结得出蠕变回复实验的应用:

① 检查材料是否是线性粘弹性材料;

② 用回复曲线测定粘弹性固体的蠕变柔量及粘弹性液体的可回复柔量 $J_R(t)$;

③ 测定粘弹性液体的粘度和稳定态柔量 J_e^0。

6.2.5　松弛模量

当试样在应力松弛试验中突然产生一个应变时,产生一个与瞬时应力相应的模量为 $G(t)$,称为瞬时剪切模量,然后随时间逐渐下降,如图 6.36(a) 所示。粘弹性固体应力不是降至 0,而是趋于一个极限值,相应的模量为

$$G(\infty) = G_e$$

式中,G_e 称为平衡剪切模量(Equilibrium Shear Modulus)。对粘弹性液体,应力最后趋于 0,如图 6.36(b) 所示。

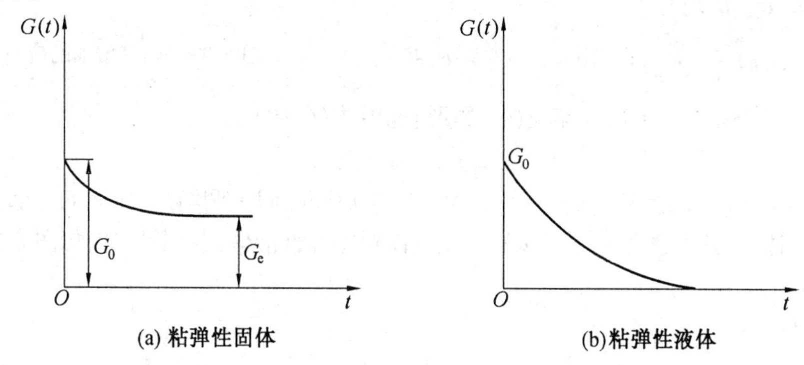

图 6.36　松弛模量

因此,对粘弹性固体,有

$$G(t) = G_e + \phi(t)$$
$$\phi(0) = G_0 - G_e$$
$$\phi(\infty) = 0$$

式中,$\phi(t)$ 称为松弛函数。

对粘弹性液体,有

$$G(t) = \phi(t)$$
$$\phi(0) = G_0$$
$$\phi(\infty) = 0$$

或合并写成

$$G(t) = [G_e] + \phi(t) \tag{6.87}$$

式中,[ ] 表示如材料为粘弹性液体,则 $G_e = 0$。

6.2.6　恒定应力速度和恒定应变速度试验

前面我们已经讲过,对于任意的连续应力史 $\sigma(\theta)$,如果已知材料的蠕变柔量 $J(t)$,就可

以用 Boltzmann 加和性原理计算应变随时间的变化。下面我们以两种最重要的试验为例加以说明,即恒定应力速度试验和正弦应力试验。

在测定聚合物性能的仪器中,有些应力可以对试样施加一个恒定增加速度的应力。现在假定应力是从时刻为 0 时施加的,而且在这之前试样没有受任何应力,即

$$\sigma(\theta) = 0 \qquad \theta < 0$$
$$\sigma(\theta) = S\theta \qquad \theta \geqslant 0$$

式中,S 为常数,该应力如图 6.37 所示。

根据 Boltzmann 加和性原理有

$$\varepsilon(t) = \int_{-\infty}^{t} J(t-\theta)\frac{\mathrm{d}\sigma(\theta)}{\mathrm{d}\theta}\mathrm{d}\theta$$

由于当 $\theta \leqslant 0$ 时 $\sigma(\theta) = 0$,积分下限为 0;又 $\mathrm{d}\sigma(\theta)/\mathrm{d}\theta = S$,所以

$$\varepsilon(t) = S\int_{0}^{t} J(t-\theta)\mathrm{d}\theta \tag{6.88}$$

换元,$T = t - \theta$ 则有

$$\varepsilon(t) = S\int_{0}^{t} J(T)\mathrm{d}T \tag{6.89}$$

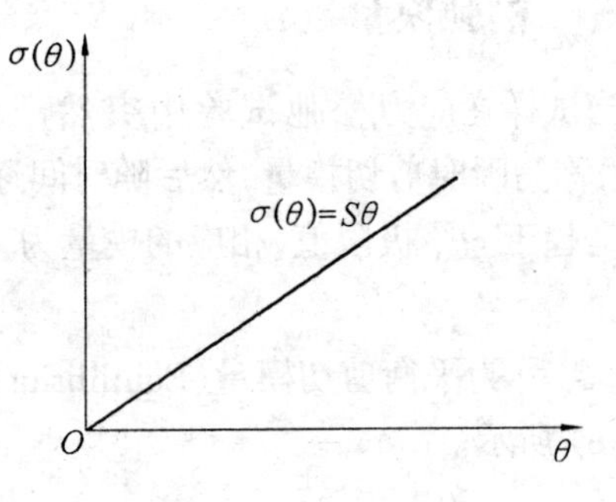

图 6.37　恒速增加的应力

我们可以从式(6.89)大致了解 $\varepsilon(t)$ 的形状。由式(6.89)得

$$\mathrm{d}\varepsilon(t)/\mathrm{d}t = SJ(t)$$

因此,$\varepsilon(t) - t$ 曲线的斜率在 $t \to 0$ 时为 SJ_0,然后随时间单调增加,曲线向上凹。当 $t \to \infty$ 时,对粘弹性固体,曲线的斜率为 $SJ(\infty) = SJ_e$;而对粘弹性液体则不断增加,如图 6.38 所示。

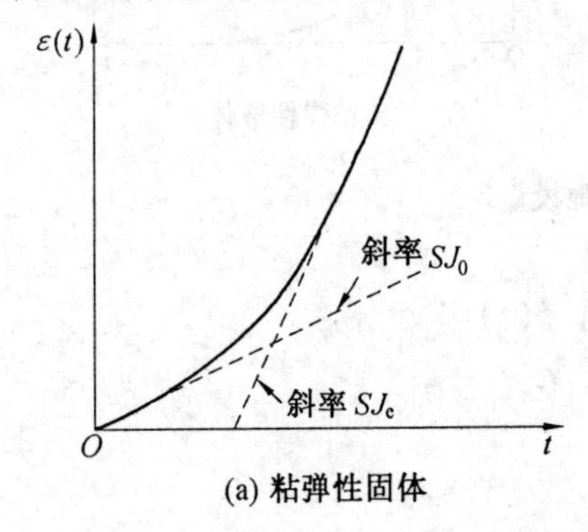

(a) 粘弹性固体

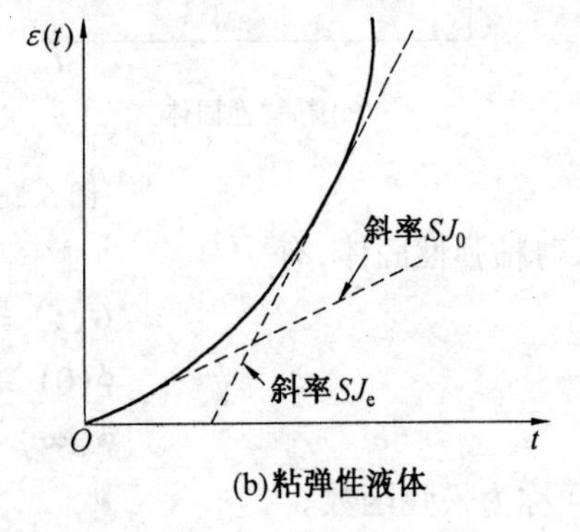

(b) 粘弹性液体

图 6.38　恒定应力速度试验

上面是恒速增加应力试验,如果在恒定应变速度 $\varepsilon(\theta) = K\theta$ 下进行试验,则

$$\sigma(t) = K\int_{0}^{t} G(T)\mathrm{d}T$$
$$\mathrm{d}\sigma(t)/\mathrm{d}t = KG(t) \geqslant 0 \tag{6.90}$$

式中,$\sigma(t)$ 为对 t 单调增加的函数。又由于

$$\mathrm{d}^2\sigma(t)/\mathrm{d}t^2 = K\mathrm{d}G(t)/\mathrm{d}t < 0$$

所以 $\sigma(t)$ 对 t 的曲线是向下凹的。该曲线的斜率如图 6.39 所示,即

$t \to 0$ 时,$\mathrm{d}\sigma(t)/\mathrm{d}t = KG_0$;

$t \to \infty$ 时,对粘弹性固体斜率为 KG_e,对粘弹性液体斜率为 0。

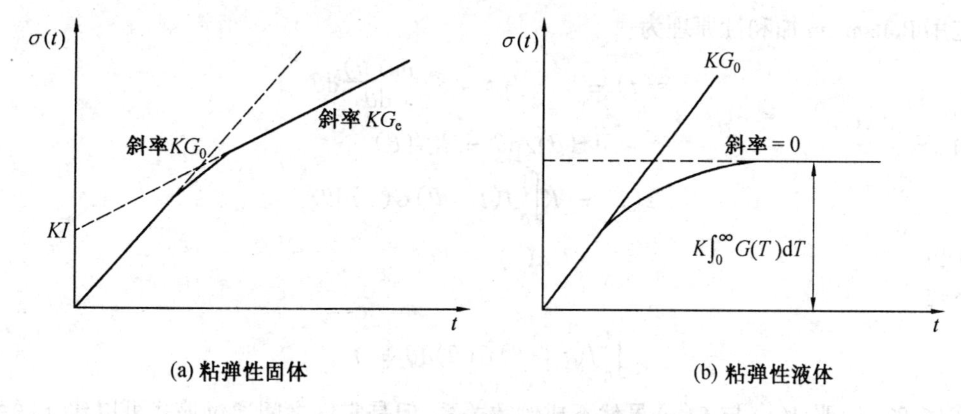

图 6.39　恒定应变速度试验

粘弹性液体的 $G(t)$ 与其粘度 η 有一定关系。式(6.90)可写成

$$\sigma(t) = K\int_0^t \{[G_e] + \phi(T)\}\mathrm{d}T = [KG_e t] + K\int_0^\infty \phi(T)\mathrm{d}T$$

对粘弹性固体,当 $t \to \infty$ 时,$\sigma(t)$ 的斜率为 KG_e,该段直线外推至 $t = 0$ 处截距为

$$KI = K\int_0^\infty \phi(T)\mathrm{d}T$$

对粘弹性液体,当 $t \to \infty$ 时,$\sigma(t)$ 的斜率为0,$\sigma(t)$ 趋于一个恒值,即

$$\sigma(t)_{t\to\infty} = KI = K\int_0^\infty \phi(T)\mathrm{d}T = K\int_0^\infty G(T)\mathrm{d}T \tag{6.91}$$

上面的试验也可以用另一种途径来完成,即施加一个恒定的应力 $\sigma_0 = K\int_0^\infty G(t)\mathrm{d}t$ 进行蠕变试验,当达到稳定状态后,则

$$\varepsilon(t) = \sigma_0 J_e^0 + \sigma_0 t/\eta$$

$$\varepsilon(t) = K = \sigma_0/\eta \qquad \sigma_0 = K\eta$$

因此

$$\sigma_0 = K\eta = K\int_0^\infty G(t)\mathrm{d}t$$

$$\int_0^\infty G(t)\mathrm{d}t = \eta \tag{6.92}$$

6.2.7　蠕变柔量与松弛模量的关系

上节中我们讨论了恒定应变速度试验

$$\varepsilon(t) = Kt$$

$$\sigma(t) = K\int_0^t G(T)\mathrm{d}T$$

如果用另一种途径进行试验达到相同的结果,我们可以得到蠕变柔量 $J(t)$ 和松弛模量 $G(t)$ 之间的关系。

我们施加一个应力史 $\sigma(\theta)$ 为

$$\sigma(\theta) = K\int_0^\theta G(t)\mathrm{d}t \quad \theta \geqslant 0$$

应用 Boltzmann 加和性原理为

$$\varepsilon(t)=\int_{-\infty}^{t}J(t-\theta)\frac{\mathrm{d}\sigma(\theta)}{\mathrm{d}\theta}\mathrm{d}\theta$$

由于

$$\mathrm{d}\sigma(\theta)/\mathrm{d}\theta=KG(\theta)$$

$$\varepsilon(t)=K\int_{0}^{t}J(t-\theta)G(\theta)\mathrm{d}\theta$$

所以

$$\varepsilon(t)=Kt$$

这样

$$\int_{0}^{t}J(t-\theta)G(\theta)\mathrm{d}\theta=t \tag{6.93}$$

式(6.93)说明 $J(t)$ 与 $G(t)$ 虽然不成倒数关系，但是它们之间通过该式可以建立联系。因此从理论上讲，其中任意一个可由另一个求出，但实际上要解这个方程并非易事。

从图6.40可以更清楚地看出 $J(t)$ 与 $G(t)$ 的关系。图中画出了 3 条曲线，分别为 $G(\theta)$、$J(t-\theta)$ 和 $G(\theta)J(t-\theta)$ 作为 θ 的函数。由图可以看出 $\int_{0}^{t}J(t-\theta)G(\theta)\mathrm{d}\theta$ 为曲线 $J(t-\theta)G(\theta)$ 下面从 $0\sim t$ 的面积，也等于在水平线(纵坐标 = 1)下从 $0\sim t$ 的面积。

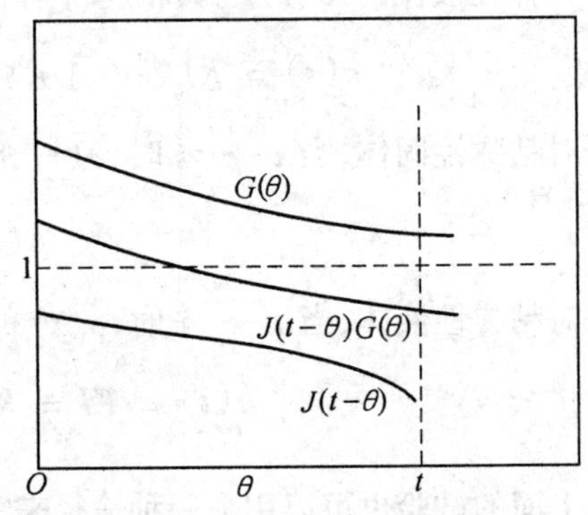

图 6.40　$G(t)$ 与 $J(t)$ 的关系

可以推导出另一个表示 $J(t)$ 和 $G(t)$ 关系的表达式，该式可更清楚地说明 $J(t)$ 和 $G(t)$ 的关系。考虑一个应力松弛实验，施加一个应变 $\Delta\varepsilon$，应力史为

$$\sigma(t)=\Delta\varepsilon G(t)$$

现在将这个实验反过来进行，即施加一个应力史 $\sigma(\theta)=\Delta\varepsilon G(\theta)$，其应变应为 $\Delta\varepsilon$。应用 Boltzmann 加和性原理式得

$$\varepsilon(t)=J_0\sigma(t)+\int_{0}^{t}\sigma(t-T)\frac{\mathrm{d}J(T)}{\mathrm{d}T}\mathrm{d}T=\Delta\varepsilon$$

$$\sigma(t-T)=\Delta\varepsilon G(t-T)$$

$$\sigma(t)=\Delta\varepsilon G(t)$$

因此

$$\Delta\varepsilon J_0G(t)+\int_{0}^{t}\Delta\varepsilon G(t-T)\frac{\mathrm{d}J(T)}{\mathrm{d}T}\mathrm{d}T=\Delta\varepsilon$$

$$J_0G(t)+\int_{0}^{t}G(t-T)\frac{\mathrm{d}J(T)}{\mathrm{d}T}\mathrm{d}T=1 \tag{6.94}$$

式(6.94)也可以从式(6.93)直接推导得到。式(6.94)可以作进一步变换，将

$$G(t-T)=G(t)+[G(t-T)-G(t)]$$

代入式(6.94)，得

$$J_0G(t)+\int_{0}^{t}\{G(t)+[G(t-T)-G(t)]\}\frac{\mathrm{d}J(T)}{\mathrm{d}T}\mathrm{d}T=1$$

对上式积分中 $G(t)$ 项进行积分得

$$G(t)J(t)+\int_0^t[G(t-T)-G(t)]\frac{\mathrm{d}J(T)}{\mathrm{d}T}\mathrm{d}T=1$$

$$G(t)J(t)=1-\int_0^t[G(t-T)-G(t)]\frac{\mathrm{d}J(T)}{\mathrm{d}T}\mathrm{d}T \tag{6.95}$$

由于 $G(t)$ 为单调减小的函数，因此 $G(t-T)$ 大于 $G(t)$，即

$$G(t-T)-G(t)>0$$

同时 $\mathrm{d}J(T)/\mathrm{d}T>0$。因此式(6.95)中的积分值一定为0或正值，这样

$$G(t)J(t)\leqslant 1 \tag{6.96}$$

可见 $G(t)\neq J^{-1}(t)$，只有在特殊情况下 $G(t)$ 才与 $J(t)$ 有倒数关系。下面对此加以讨论。

1. 瞬间模量与瞬间柔量的关系($t\to 0$ 时)

$$G(t-T)-G(t)=0$$

因此，式(6.95)中的积分为0，即

$$\underset{t\to 0}{G(t)}J(t)=G_0J_0=1,\text{即 } G_0=J_0^{-1}$$

2. 粘弹性固体的 G_e 与 J_e 的关系($t\to\infty$ 时)

图6.41(a)为式(6.95)积分中的两个积分项对 T 所作的图。对 $G(t-T)-G(t)$ 而言

$T=0$ 时，$G(t-T)-G(t)=0$

$T=t$ 时，$G(t-T)-G(t)=G_0-G_e$

任意 T 时，$G(t-T)-G(t)=G(t-T)-G_e$

对 $\mathrm{d}J(T)/\mathrm{d}T$ 而言，在较大的 T 时它趋近于0。因此当 $t\to\infty$，T 在 $0\sim t$ 的范围内时，式(6.95)中的积分总是为0。这样有

$$\underset{t\to\infty}{G(t)}J(t)=G_eJ_e=1,G_e=J_e^{-1} \tag{6.97}$$

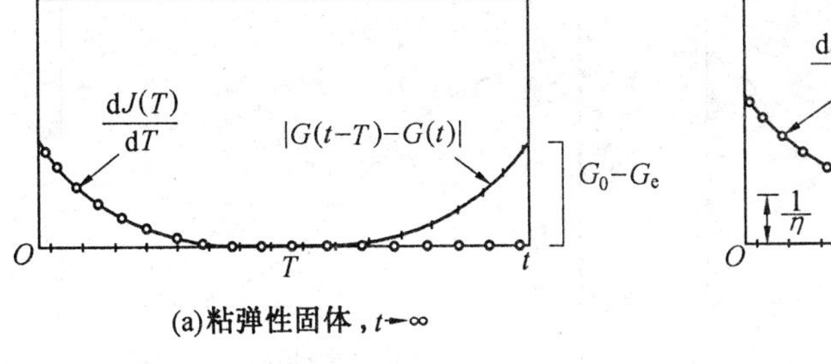

(a)粘弹性固体，$t\to\infty$

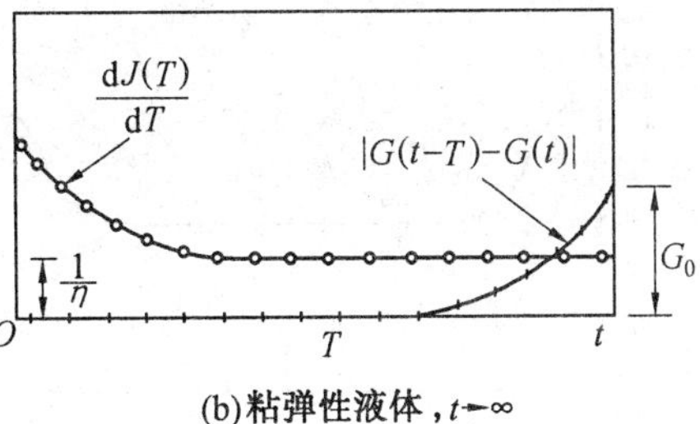

(b)粘弹性液体，$t\to\infty$

图 6.41　式(6.95)中的积分项

3. 粘弹性液体($t\to\infty$ 时)

对粘弹性液体，式(6.95)中的积分如图6.41(b)所示。当 $T\to t$ 时，$\frac{\mathrm{d}J(T)}{\mathrm{d}T}$ 趋近于 $\frac{1}{\eta}$，又由 $\underset{t\to\infty}{G(t)}=0$，因此

$$G(t)J(t)\to 1-\frac{1}{\eta}\int_0^\infty G(t-T)\mathrm{d}T$$

$$\int_0^\infty G(t-T)\mathrm{d}T=\int_0^\infty G(\theta)\mathrm{d}\theta=\eta$$

这样

$$\underset{t\to\infty}{G(t)}J(t)\to 0$$

4. t 介于0和 ∞ 之间的任意值时

在任意 t 时,T 在 $0 \sim t$ 范围内 $G(t-T)-G(t)$ 和 $\frac{\mathrm{d}J(T)}{\mathrm{d}T}$ 并不总是为0。在某个 T 的范围内,如图6.42中的 AB 段,$G(t-T)-G(t)$ 和 $\frac{\mathrm{d}J(T)}{\mathrm{d}T}$ 同时不为0,并均为正值。

这样

$$G(t)J(t)=1-\int_0^t[G(t-T)-G(t)]\frac{\mathrm{d}J(T)}{\mathrm{d}T}\mathrm{d}T<1 \tag{6.98}$$

对式(6.98)取对数,得

$$\lg G(t)+\lg J(t)<0$$
$$\lg G(t)<-\lg J(t)$$

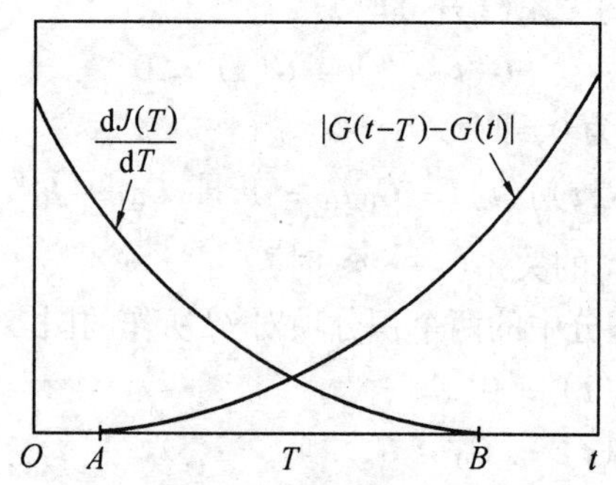

图6.42　在任意 t 时式(6.98)中的积分项

综上所述,$G(t)J(t)$ 与 t 的关系如图6.43所示。

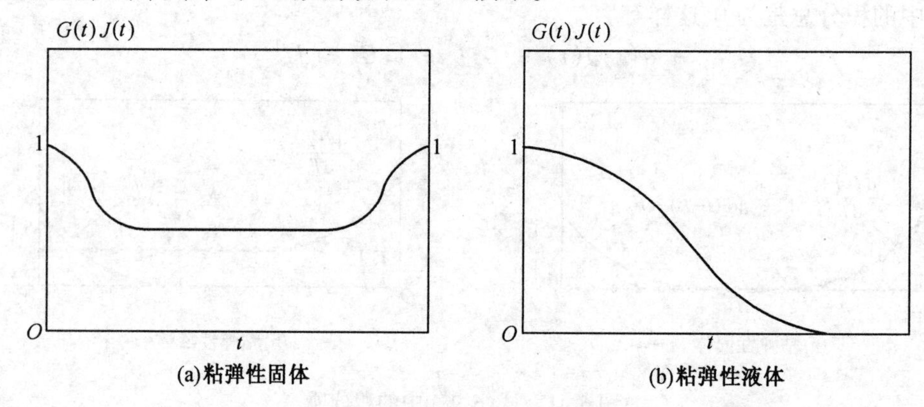

(a)粘弹性固体　　(b)粘弹性液体

图6.43　$G(t)$ 和 $J(t)$ 的关系

6.2.8　粘弹模型及本构方程

虽然粘弹性材料应力与应变为线性关系,但它们却依赖于温度和时间的变化,只有知道荷载的整个历史,材料的变形形状才能确定。所以粘弹性材料是一种有"记忆"能力的材料。

为了表征粘弹性材料的力学行为,如弹性、粘性、弹性后效、应力松弛等,需要建立一定的力学模型,使材料的粘弹性性质能够表现出来,这些模型由弹性元件和粘性元件组成。

1. 流变模型的基本元件

(1) 弹性元件

弹性元件通常用弹簧表示,如图6.44(a)所示。它可以认为是完全的弹性体,其本构方程

就是虎克定律，即

$$E = \sigma/\varepsilon \tag{6.99}$$

弹性元件在受到瞬间应力作用时，瞬间产生应变，但不会出现蠕变、应力松弛或滞后等现象。

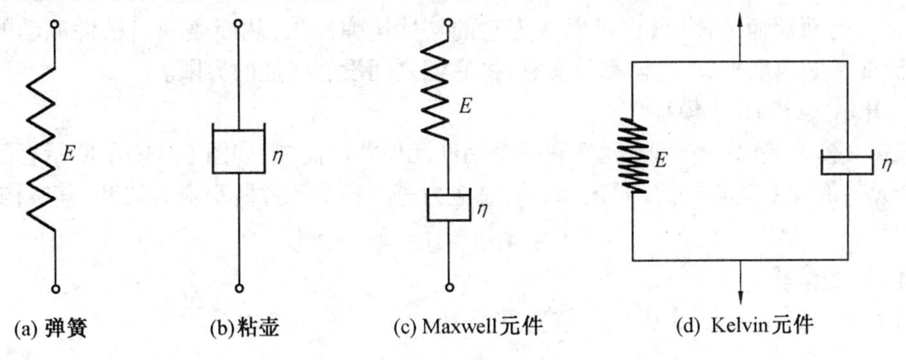

图 6.44　元件示意图

(2) 粘性元件

粘性元件用粘壶表示，如图 6.44(b) 所示。施加拉伸应力 σ 时，活塞伸长速率为 ε'，则

$$\sigma = \eta\varepsilon' \tag{6.100}$$

由于粘壶的应变随荷载作用时间增大，故对式(6.100) 积分，可得应变为

$$\varepsilon = \frac{\sigma}{\eta}t \tag{6.101}$$

2. 麦克斯韦(Maxwell) 模型

麦克斯韦模型是由一个弹性元件和一个粘性元件串联而成的，如图 6.44(c) 所示。串联模型的特征是各元件的应力都相等，而其总应变为各个元件应变之和。对于弹性元件，其应变 $\varepsilon'_1 = \sigma/E$；对于粘性元件，其应变速率 $\varepsilon'_2 = \sigma/\eta$，则总应变速率 ε' 为

$$\varepsilon' = \varepsilon'_1 + \varepsilon'_2 = \frac{\sigma}{E} + \frac{\sigma}{\eta} \tag{6.102}$$

该式即为麦克斯韦模型的本构方程。

(1) 蠕变试验

蠕变试验时，应力为常数，$\sigma = \sigma_0$，由式(6.102) 积分得

$$\varepsilon = \frac{\sigma_0}{E} + \frac{\sigma_0}{\eta}t \tag{6.103}$$

由此可见，蠕变过程中总变形等于瞬间弹性变形 ε_1 和粘性流动变形 ε_2 之和。且随着时间的延长，粘性流动变形匀速增加。当卸载时，弹性变形立即恢复，而粘性流动变形将成为不可恢复的永久变形。

(2) 松弛试验

如果在时间 $t_0 = 0$ 瞬间施加应力 σ_0，并产生应变 ε_0 不变，应力出现松弛。由式(6.102) 求解得

$$\sigma = \sigma_0 e^{-t\frac{E}{\eta}} = \sigma_0 e^{-\frac{t}{\tau_m}} \tag{6.104}$$

式中，$\tau_m = \dfrac{\eta}{E}$，它表示初始应力松弛到 σ_0 的 1/e 所需要的时间，称为松弛时间。τ_m 值小，表明应力松弛快；τ_m 值大，则表明应力松弛慢。因此，τ_m 是材料的一种属性，可以用 τ_m 来评定材料应

力松弛的能力。所以,麦克斯韦模型是表征材料松弛特性的流变模型,也称为松弛模型。

在某些特定条件下,例如观测时间 τ_m 非常小,那么,即使对于像水一样的流体,也可以认为它的弹性比粘性强,而表现为弹性性质。如果观测时间 τ_m 非常大,那么,像古老教堂里的彩色窗玻璃,上面薄而下面厚,也可以认为它的粘性比弹性强,从而表现出粘性流动的特性。所以,从流变学的角度来看,物体都具有粘性,它们之间没有明显的界限。

3. 开尔文(Kelvin)模型

开尔文模型是由一个弹性元件和一个粘性元件并联而成,如图 6.44(d) 所示。元件并联表示各个元件的应变是相同的,即 $\varepsilon_1 = \varepsilon_2$,总应力等于各个元件所受应力之和。其本构方程为

$$\sigma = \sigma_1 + \sigma_2 = E\varepsilon + \eta\varepsilon' \tag{6.105}$$

(1) 蠕变试验

当 $t = 0, \sigma = \sigma_0, \varepsilon = 0$,则其蠕变方程为

$$\varepsilon = \frac{\sigma_0}{E}(1 - e^{-t\frac{E}{\eta}}) = \frac{\sigma_0}{E}(1 - e^{-\frac{t}{\tau_k}}) \tag{6.106}$$

开尔文模型在施加荷载的瞬间,由于粘性元件的制约,弹性元件不能立即产生变形,故没有瞬时应变。随着时间的延长,粘性元件逐渐产生粘性流动,弹性元件也随之相应变形。当变形继续增大达到极限应变 σ_0/E 时,反过来弹性元件限制粘性元件的变形继续增加,这样总应变就有极限值。

由于粘性元件的牵制,使整个模型的变形延迟,故开尔文模型又称之为延迟模型。在该模型中,$\tau_k = \eta/E$ 称之为延迟时间,这是材料的固有属性,它表示位移衰减的速度。

卸载后,应变 ε 随时间的延长而逐渐减小,当时间延长至无限长时,应变全部恢复,故开尔文模型所产生的变形是能够全部恢复的,属于弹性变形。但由于粘性元件的粘滞作用,弹性恢复需要有一个时间过程,这一现象称之为弹性后效。

(2) 松弛试验

对开尔文模型施加一个恒定的应变($\varepsilon = \varepsilon_0$),则式(6.106) 中粘性元件的应力为 0,方程式就变成了弹性方程。故开尔文模型中,应力是常数,存在大应力松弛现象。

4. 伯格斯(Burgers) 模型

麦克斯韦模型虽然能够描述材料的蠕变和松弛流变行为,但不能反映材料的弹性后效;开尔文模型虽然可以描述材料的弹性滞后,但不能反映材料的应力松弛特性。因此,这两种二元模型不能全面表征材料的粘弹性性质。伯格斯将麦克斯韦模型和开尔文模型串联起来,组成了四元的伯格斯模型,如图 6.45 所示。蠕变试验时,施加应力 σ_0,则总应变为麦克斯韦模型和开尔文模型的应变之和,即

$$\varepsilon(t) = \sigma_0\left[\frac{1}{E_1} + \frac{t}{\eta_1} + \frac{1}{E_2}(1 - e^{-t\frac{E_2}{\eta_2}})\right] \tag{6.107}$$

松弛试验时,施加应变 ε_0,应力随时间衰减的流变本构方程为

$$\sigma(t) = \frac{\varepsilon_0}{\sqrt{p_1^2 - 4p_2}}[(-q_1 + q_2\alpha)e^{-\alpha t} + (q_1 - q_2\beta)e^{-\beta t}] \tag{6.108}$$

式中

$$p_1 = \frac{\eta_1}{E_1} + \frac{\eta_1 + \eta_2}{E_2}; p_2 = \frac{\eta_1\eta_2}{E_1E_2}; q_1 = \eta_1; q_2 = \frac{\eta_1\eta_2}{E_2}$$

$$\alpha = \frac{1}{2p_2}(p_1 + \sqrt{p_1^2 + 4p_2})$$

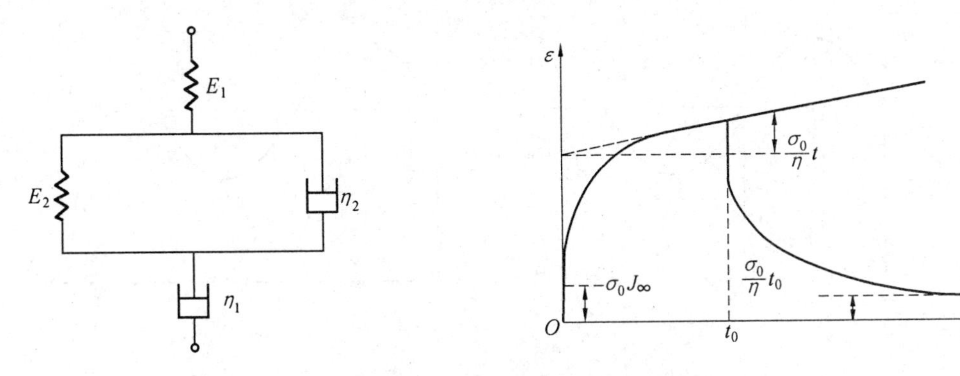

图 6.45　伯格斯模型及曲线

$$\beta = \frac{1}{2p_2}(p_1 - \sqrt{p_1^2 - 4p_2})$$

为了更确切地描述粘弹性材料的流变性质，许多学者还提出了十分复杂的流变模型，但是模型越复杂，求解也就越困难。对于分析沥青这种一般粘弹性材料的力学行为，采用四元模型已经基本上可以满足要求了。

6.3　粘弹性材料的动态力学性能

6.3.1　动态力学性能的基础理论知识

众所周知，作用于道路上的行车荷载并非一般的静止荷载，而是连续不断的反复荷载。路面层内某一点的上方有车辆通过时，经历一个从受压变成受拉、又变成受压的循环过程。因此，要研究沥青材料的真正的力学性能，应该先研究它在动荷载作用下的变性特性，即它的动粘弹性。

材料的动态力学行为是指材料在交变应力（或应变）作用下的应变（或应力）响应，动态力学试验中最常用的交变应力是正弦应力，以动态剪切为例，正弦交变剪切应力可表示为

$$\tau(t) = \tau_0 \sin \omega t \tag{6.109}$$

式中，τ_0 为应力振幅；ω 为角频率，rad/s。

试样在正弦交变应力作用下作出的应变响应随材料的性质而变，当温度很低时，沥青性状如同变形能够完全恢复的固体，在荷载作用下表现为虎克弹性体。在周期性交变变形作用下，其响应如同图 6.46(a) 所示，其应力与应变是完全同步的，相位角 δ 为 0，剪应力与剪应变之比即为剪切弹性模量，所以对正弦交变应力的应变响应必定是与应力同相位的正弦函数，即

$$\gamma(t) = \gamma_0 \sin \omega t \tag{6.110}$$

式中，γ_0 为应变振幅。

在高温状态下，沥青如同粘性液体，几乎没有恢复变形或回弹能力，对这种服从牛顿定律的粘性体来说，情况不同，在周期性的应变作用下，虽然也产生相同周期的应力响应，但二者在时间上明显不同步，峰值的出现推迟了 1/4 个周期，即相位差为 $\pi/2$，其示意图如图 6.46(b) 所示，即

$$\gamma(t) = \gamma_0 \sin(\omega t - \frac{\pi}{2}) \tag{6.111}$$

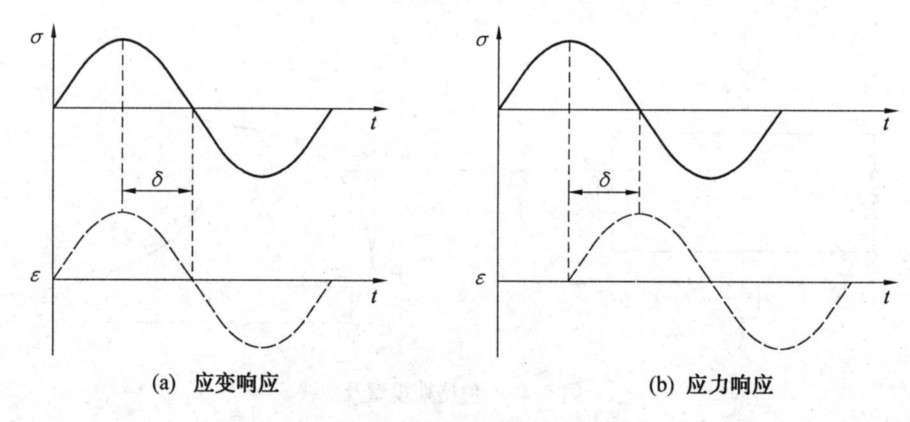

图 6.46　交变作用下的应变与应力响应

而实际上沥青在通常的路面温度及交通荷载作用下,都不是完全的虎克弹性体或牛顿粘性体,沥青表现出粘性流体和弹性固体二者共存的粘弹性体,因此对于粘弹性材料,应变将滞后于应力一个相位角 $\delta(0 < \delta < \pi/2)$,其示意图如图 6.47 所示,即

$$\gamma(t) = \gamma_0 \sin(\omega t - \delta) \tag{6.112}$$

展开式(6.112),得到

$$\gamma(t) = \gamma_0(\cos\delta \sin\omega t - \sin\delta \cos\omega t) \tag{6.113}$$

可见,应变响应包括两项:第一项与应力同相位,体现材料的弹性;第二项比应力落后$\frac{\pi}{2}$,体现材料的弹性。

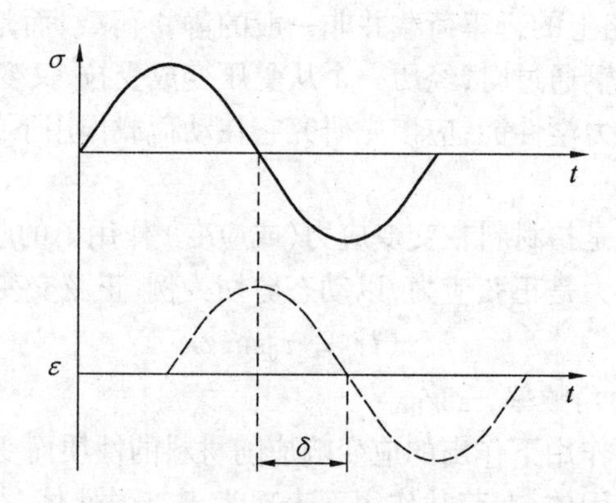

图 6.47　交变作用下的应变与应力响应

同理,如果对粘弹性试样施加一个正弦交变应变,则

$$\gamma(t) = \gamma_0 \sin\omega t \tag{6.114}$$

则该试样做出的应力响应就会超前于应变一个相位角 δ,即

$$\tau(t) = \tau_0 \sin(\omega t + \delta) \tag{6.115}$$

材料的模量是应力与应变之比。由于粘弹性材料的应力与应变之间存在一个相位差,所得模量应是复数。为了计算方便起见,可将应力与应变函数都写成复数的形式。例如式(6.114) 和式(6.115) 可分别写为

$$\gamma(t) = \gamma_0 \exp(i\omega t) \tag{6.116}$$

$$\tau(t) = \tau_0 \exp[i(\omega t + \delta)] \tag{6.117}$$

因此复数模量 G^* 为

$$G^* = \frac{\tau(t)}{\gamma(t)} = \frac{\tau_0}{\gamma_0}e^{i\delta} = \frac{\tau_0}{\gamma_0}(\cos\delta + i\sin\delta) \tag{6.118}$$

即

$$G^* = |G^*|(\cos\delta + i\sin\delta) = G' + iG'' \tag{6.119}$$

其中

$$G' = |G^*|\cos\delta = \frac{\tau_0}{\gamma_0}\cos\delta \tag{6.120}$$

$$G'' = |G^*|\sin\delta = \frac{\tau_0}{\gamma_0}\sin\delta \tag{6.121}$$

$$|G^*| = \sqrt{G'^2 + G''^2} \tag{6.122}$$

式中，复数模量的实数部分 G' 表征材料在形变过程中由于弹性形变而储存的能量，叫做储能模量(Storage Modulus)；虚数部分 G'' 表征材料在形变过程中因粘性形变而以热的形式损耗的能量，叫做损耗模量(Loss Modulus)；$|G^*|$ 称为绝对模量。

如果两种沥青的复数模量的绝对值相等，但一种沥青的相位角明显要比另一种沥青的小，则此种沥青就更富有弹性，在施加的荷载撤离后变形更容易恢复，这就清楚地说明，评价沥青的高温稳定性仅有复数模量还是不够的，还必须知道相位角的值，相位角是沥青弹性(可恢复部分)与粘性(不可恢复部分)成分的比例的指标。

复数弹性模量的倒数称为复数柔量(Complex Compliance)，即

$$J^* = \frac{1}{G^*} = \frac{1}{|G^*|(\cos\delta + i\sin\delta)} = \frac{1}{|G^*|}(\cos\delta - i\sin\delta) = J' - iJ'' \tag{6.123}$$

其中

$$J' = \frac{1}{|G^*|/\cos\delta} = \frac{1}{G'}\cos^2\delta \tag{6.124}$$

$$J'' = \frac{1}{|G^*|/\sin\delta} = \frac{1}{G''}\sin^2\delta \tag{6.125}$$

$$\delta = \arctan\frac{G''}{G'} = \arctan\left(\frac{J'}{J''}\cdot\tan^2\delta\right) \tag{6.126}$$

式中，J' 为实数轴分量，称为储存剪切柔量；J'' 为虚数轴分量，称为损失剪切柔量。

由此可以说明，$G^*/\sin\delta$ 就是损失剪切柔量 J'' 的倒数，即沥青性质的粘性成分 $G^*/\sin\delta$ 越大，表示 J'' 越小，即高温时的流动变形越小，抗车辙能力越强，所以采用它作为反映沥青材料的永久变形性能的指标。

相位角 δ 的滞后是由于试验材料的粘性成分的影响，反映了粘弹性中粘性与弹性成分的比例与影响程度。其正切称为损失正切(Loss Tangent)，即

$$\tan\delta = \frac{G''}{G'} \tag{6.127}$$

同样，可以将振动情况下的复数粘度表示为牛顿流体的表达形式，即

$$D = \frac{d_\gamma}{d_t} = \frac{\tau}{\eta^*} \tag{6.128}$$

$$\eta^* = \eta' - i\eta'' \tag{6.129}$$

式中，η' 为振动粘度，反映由沥青的粘性造成试验过程中的能量损失；η'' 为损失粘度，反映由沥青的弹性造成试验过程中的能量储存。

6.3.2 沥青胶结料和混合料的线粘弹性范围的确定及方法

粘弹性体可以分为线性、非线性两类,呈线性粘弹性的物质力学特性可以用服从于虎克定律的弹簧和服从于牛顿定律的粘壶组成的适当的模型来表示。这时通过某一试验得到的应力 - 应变比仅为时间的函数,与应力、应变值的大小无关。而非线性范围则不能用这样简单的模型来表示其动态粘弹性的范围。

在本文在动态粘弹特性探讨中,作为沥青及沥青胶浆的评价指标,其复合模量、相位角、损失模量、储存模量均被定义在线性粘弹性范围内,因此确定沥青胶浆的线性粘弹性是十分重要的,当线粘弹性的范围被定义后,应力和应变的关系仅受到温度及加荷时间(频率)的影响,与应力或者应变的数量级的大小无关,另外在数据分析处理中,采用时温等效原理 TTSP(Time-Temperature Superposition Principle)生成沥青胶浆的主曲线同样定义在材料的线性粘弹性范围。因此首先定义沥青胶浆及沥青混合料的线性粘弹性范围是本文首先要解决的问题。

材料的线性粘弹性是指材料具有下面两方面的特征:

(1) 遵从均质性

$$S[kI] = kS[I]$$

(2) 遵从 Boltzmann 线性叠加原理

$$S[I_1 + I_2 + I_3 + \cdots + I_n] = S[I_1] + S[I_2] + S[I_3] + \cdots + S[I_n]$$

显然(1) 是(2) 其中的一个特例,因此,如果材料均质也就意味着可以叠加,但反过来却不一定正确,材料可以叠加不一定就意味着材料是均质材料。

许多研究者对各种路面材料的线性粘弹性范围进行了研究,Chenug 和 Cebon 发现基质沥青的稳态流动在低应力状态下呈现线粘性行为,随着动态剪切流变仪的广泛应用,沥青材料的线性粘弹性范围逐渐被重视,在 SHRP(Strategic Highways Research Program) 计划中研究者发现在沥青材料中,应力和应变的线性粘弹性范围是复合模量的函数,其定义为

$$\gamma = 12.0(G^*)^{0.29} \tag{6.130}$$

$$\tau = 0.12(G^*)^{0.71} \tag{6.131}$$

式中,τ 为剪切应变,Pa;γ 为剪切应力,Pa;G^* 为复合模量,Pa。

根据以上两式通过尝试性手动试验可以大致推算出沥青胶结料的剪切应力或者剪切应变值,为沥青材料的线性粘弹性的快速确定提供了方便,但不能准确地确定不同胶结料的有效的线性粘弹性范围,Gordon D. Airey 等利用动态剪切流变仪直接拉伸及压缩仪表明沥青混合料一般的线性粘弹性范围为 100 $\mu\varepsilon$ 以下,基质沥青胶结料线粘弹性范围为沥青混合料的 100 倍,一般在 10 000 $\mu\varepsilon$ 以下,对于聚合物改性沥青,其线粘弹性范围为 1 000 000 $\mu\varepsilon$,但是对沥青胶没有提出合理的线性粘弹性范围建议值。

在一般情况下,沥青、沥青胶浆及沥青混合料材料通常具有非线性的应力和应变行为,而只有当这种非线性在很小的应变时才可以近似地认为材料处于线粘弹性范围内。对于沥青混合料线粘弹性范围的研究是在 1967 年 Sayegh 发现沥青混合料的线性粘弹性范围在 20 $\mu\varepsilon$ 以内,而沥青混合料的非线性粘弹性范围多发生在高温情况下,后来他又认为沥青混合料的线性粘弹性为小于 40 $\mu\varepsilon$ 的范围内,Gardner 和 Skok 利用重复荷载压力试验研究认为沥青混合料的粘弹范性范围为在较小的应力情况或者应变在 100 $\mu\varepsilon$ 范围内,Pell 和 Taylor 认为沥青混合料的线

性粘弹性范围在 50 ~ 200 $\mu\varepsilon$ 范围内或者更低的范围内。Monismith 指出线性范围为应变值在 0.1% 以下。应变值 0.1% 为路面中通常出现的最大应变值,因而实际使用的路面可以认为是在线粘弹性范围内,但是在破坏过程中常产生更大的应变,因而在讨论破坏现象时肯定超出线性粘弹性的范围。

目前对沥青及沥青混合料的线性粘弹性已做了大量的研究,但是对沥青胶浆的线性粘弹性相关内容介绍很少,这是因为加入不同矿物填料,沥青胶浆的线性粘弹性范围受矿物填料的品种及掺量的多少的影响,现有的动态剪切流变仪中,采用应变控制模式来控制试验,对于沥青材料的线粘弹性范围在原样沥青中采用 15% 的应变来控制,短期老化后沥青采用 12% 的应变来控制,对于长期老化后沥青采用 1.2% 的应变来控制,采用的角速度均为 10 rad/s。而单纯采用以上应变来控制试验可能会超出线性粘弹性范围,因此在每一次试验前需对沥青胶浆的线性粘弹性范围进行试验。

针对沥青的线性粘弹性范围可以通过动态剪切流变仪应变扫描进行动态剪切试验来确定其线性粘弹性范围,目前的沥青线性粘弹性范围的确定方法主要有以下两种。

① 利用 DSR 试验数据确定材料的均质性比较容易,通过动态应变扫描试验来确定最大的应变值,SHRP 研究人员认为随着应变的逐渐增大,如果复合模量 $|G^*|$ 的降低值不超过最大复合模量的 10%,则认为沥青材料处于线性粘弹性范围,该确定线性粘弹性范围的方法是 AASHTO DSR 规范试验的一部分,其试验结果及确定方法如图 6.48 所示。

从图 6.48 可以看出,通过简单的动态应变扫描获得不同应变下的复合模量即可确定沥青胶结料的线性粘弹性范围,在此范围内的应变均可以作为试验中控制的应变,该方法操作简单,本文所有的动态线性粘弹范围的确定均采用此方法。

② 利用 DSR 试验数据确定材料的叠加性比较困难,通过对材料施加多重的应力(应变)产生多重波形,同时施加应力产生单个波形,如果材料处于线性粘弹性范围,则一个多重波形产生的响应等于单个波形叠加后产生的总响应,即试验过程中一个波形产生的应变等于单个波形的总应变,也可以利用 Orchestrator 软件将一个多重波形的复合模量和相位角分解为多个单个波形下的复合模量和相位角,如果分解后的复合模量和相位角与试验测定单个波形的复合模量和相位角相同,则材料符合叠加性原则。

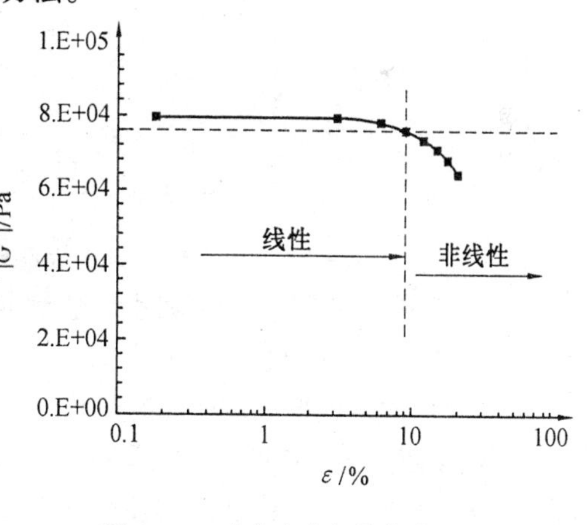

图 6.48　动态应变扫描曲线图

通过不同频率下的应变叠加即可确定材料的线性粘弹性范围,但是该方法需要专用的软件且操作比较复杂,且对于此方法的相关验证及应用较少,因此不建议采用此方法。

6.3.3　时温叠加原理

1. 时温等效原则

由于粘弹性材料的力学行为受到粘性分量的影响,粘性流动变形是时间的函数,因此这类材料的力学响应也成为时间的函数。同样,由于粘性材料的流动特性还是依赖于温度的函数,粘弹性材料的力学行为也和温度有关。在前面的几章中我们已经在粘弹性力学行为与时间之间建立了各种特征函数和本构关系，现在我们来研究特征函数与温度之间的依赖关系。

在沥青混合料这类材料的试验研究中，常常需要改变温度条件来测定材料的特征函数。在研究工作中不难发现，不同温度、不同条件下试验测定得到的特征函数曲线具有大致相同的形状。以图 6.49 中所示的松弛弹性模量实测曲线为例，在温度 T_0、T_1、T_2 条件下分别得到图示的实测松弛弹性模量曲线 $E_r(T_0、t)$、$E_r(T_1、t)$、$E_r(T_2、t)$。如果将温度为 T_1 的测定曲线 $E_r(T_1、t)$ 向左移动，如图 6.49 所示，不同温度下测得的松弛弹性模量曲线 $\lg t_1 - \lg t_0 = \lg\alpha T_1 - T_0$ 则将与 $E_r(T_0、t)$ 曲线相互重合。类似地，也可以将曲线 $E_r(T_2、t)$ 向左移动，$\lg t_2 - \lg t_0 = \lg\alpha T_2 - T_0$，温度 T_0、T_1 下测定得到的两条曲线同样可以大致重叠。采用更一般的记法为

$$\frac{t_2}{t_1} = \alpha_T \tag{6.132}$$

上述的叠合关系可以记作

$$E_r(T_1, t) = E_r(T_2, t/\alpha_T) \tag{6.133}$$

式(6.132)表明，粘弹性材料的特征函数既是时间的函数，也是温度的函数，在时间因子和温度因子之间存在一定的换算关系，这样的换算关系称为时间 - 温度换算法则。

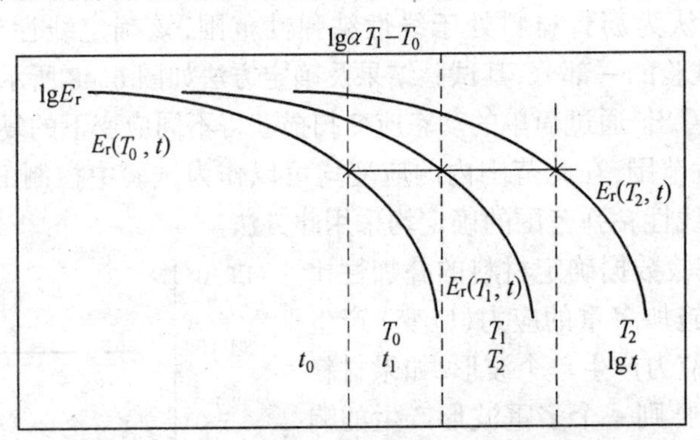

图 6.49　不同温度下测得的松弛弹性模量曲线

尽管后面我们还要介绍时间 - 温度换算法则的理论意义及理论依据，但这一法则主要是在试验研究领域根据经验建立起来的。有了这样的换算方法，我们就可以将粘弹力学中的应力 - 应变 - 温度的四维空间问题简化成应力 - 时间或者应力 - 应变 - 温度的三维空间问题。

换句话说，在粘弹性材料力学行为的数学空间中，时间和温度是可以互相代换的非独立变量。更重要的是，由于时间 - 温度可以互相换算，这为试验研究提供了极大的方便。特别是在沥青路面技术研究领域中，沥青路面材料经历的温度变化范围极大，施工过程中经历的温度变化可以从其拌和时的 180 ℃ 到终碾压温度 70 ℃，使用过程中的温度变化则可以从夏季的 60 ℃ 以上高温，一直跨越到冬季寒冷地区的 - 30 ℃ 以下。另一方面，沥青路面不仅承受 10^{-2}s 量级的瞬时车轮荷载，在道路陡峭处也可能承受十年之久的重蠕变荷载。车载问题研究和温度应用问题研究中也都必须考虑至少 10 h 的荷载作用。对于这样广泛的温度变化范围和时间变化范围，即使采用最现代的试验设备和研究手段，也很难完成沥青混合料在各种条件下力学行为的直接测定。时间 - 温度换算法则是解决这类问题的有效手段。

由于改变材料的试验温度比无限延长试验的观测时间更为有效，一般在大致相同的时间

历程内改变温度进行试验观测。

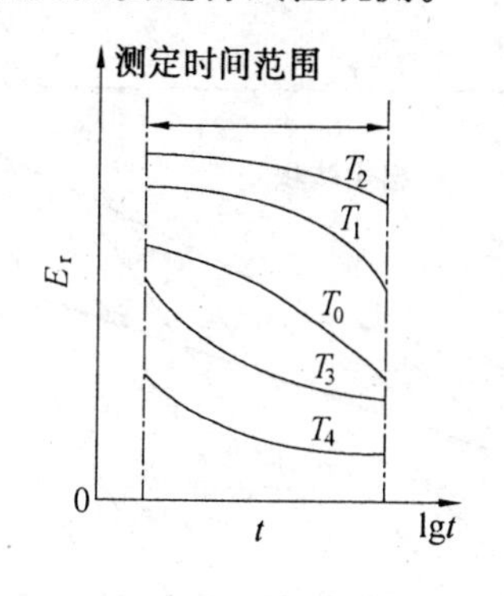

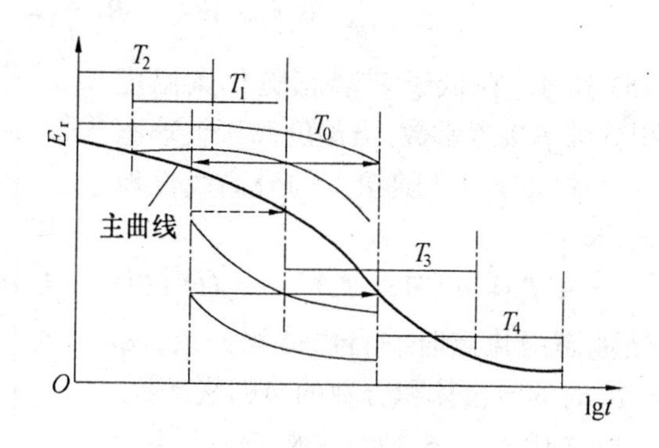

图 6.50 时间－温度换算法则的应用示例

2. WLF 公式

时间－温度换算法则最早是依赖于试验观测结果和经验方法建立起来的。为了更好地研究这一重要法则是否具有理论依据,是否能够找到它的一般数学关系,是否能在它的数学表现与所依据的理论之间建立必要的联系,这些重要的问题对时间－温度换算法则的可靠性与应用具有重要的影响。

1955 年,由化学家 M.L.Williams、R.F.Lanbel 和 J.D.Ferry 共同提出了以他们的名字第一个字母组合命名的 WLF 公式,即

$$\lg\alpha_T = \frac{-C_1(T - T_g)}{C_2 + T - T_g} \tag{6.134}$$

WLF 公式以无定型聚合物的玻璃态脆化点温度 T_g 作为基准温度,再玻璃态脆化点处 $\alpha_T = 1$,$\lg\alpha_T = 0$。尽管不同聚合物的 C_1、C_2 值略有不同,但在 WLF 公式中确定 $C_1 = 17.4$,$C_2 = 51.6$,$\lg\alpha_T - T$ 这样关系示如图 6.50 所示。

为了探讨 WLF 公式的理论依据,我们将在此强调粘弹性材料力学行为对于温度的依赖性是由它的粘性流动决定的。根据分子热力学理论,可以证明

$$\frac{T_0\eta(T)\rho_0}{T\eta(T_0)\rho} = \alpha_T \tag{6.135}$$

式中,$\eta(T)$、$\eta(T_0)$ 分别为温度 T(℉) 和 T_0(℉) 时的粘度;ρ 和 ρ_0 则为温度 T(℉) 和 T_0(℉) 时材料的密度;α_T 为不同温度下粘度间的比例常数,也是我们所说的移位因子,对于高聚物来说,近似地认为

$$\frac{T_0\rho_0}{T\rho} = 1 \tag{6.136}$$

因此

$$\eta(T)/\eta(T_0) \approx \alpha_T$$

液体的粘性流动主要与自由体积和活化能有关,在超过玻璃态脆化点后活化能逐渐趋于常数,而体积随温度增加。按照 Doolittle 方程,有

$$\ln\eta = \ln A + B\left(\frac{V - V_f}{V_f}\right) \tag{6.137}$$

式中,A、B 为体系中的常数;V 为体系的总体积;V_f 为体系所具有的自由体积。记自由体积分数 $f = V_f/V$,则上式可以记为

$$\ln\eta = \ln A + B(\frac{1}{f} - 1) \tag{6.138}$$

如图 6.51 所示，在低于玻璃态脆化点温度时，自由体积分数 f 接近常数。当温度高于玻璃态脆化点时，自由体积分数 f 随温度的升高线性地增加，可以记作

$$f = f_g + a_f(T - T_g) \tag{6.139}$$

式中，f_g 为玻璃态脆化点时的自由体积分数；a_f 为温度高于 T_g 时的自由体积分数的热膨胀系数。

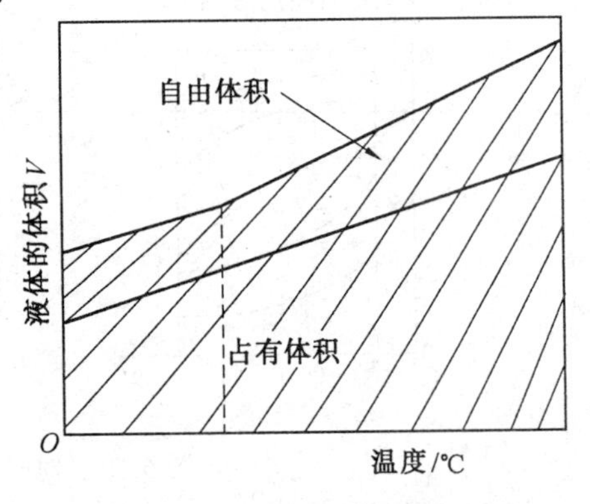

图 6.51　时间 - 温度换算法则的应用示例

将式(6.139) 代入式(6.138) 并整理，得到

$$\ln\eta(T) = \ln A + B[\frac{1}{f_g + a_f(T - T_g)} - 1]$$

在 T_g 时

$$\ln\eta(T_{gt}) = \ln A + B(\frac{1}{f_g} - 1)$$

二式相减，得到

$$\ln\frac{\eta(T)}{\eta(T_{gt})} = B[\frac{1}{f_g + \alpha_f(T - T_g)} - \frac{1}{f_g}]$$

简化上式，有

$$\ln\frac{\eta(T)}{\eta(T_{gt})} = \ln\alpha_f = -\frac{B}{2.303f_g}(\frac{T - T_g}{f_g/\alpha_f + T - T_g}) \tag{6.140}$$

在式(6.140) 中，令 $C_1 = B/(2.303f_g)$、$C_2 = f_g/\alpha_f$，则与 WLF 公式取得完全一致的形式。因此，WLF 公式是依赖于 Doolittle 公式以及高于玻璃态脆化点时自由体积线膨胀的假定建立的，它是一个半经验、半理论的公式。

特别需要指出的是，WLF 公式的理论基础决定了这一公式只在玻璃态以上温度范围内才有效，只有在略微低于玻璃态脆化点的低温范围内才能使用这一公式进行时间 - 温度换算。另外，$\frac{T_0\rho_0}{T\rho} = 1$ 的假定对于多数粘弹性材料来说也难以完全一致。因此，通常认为 WLF 公式的适用温度范围为

$$T = T_g + 100(℉ 或 ℃)$$

并不是所有的高分子材料都满足上述的时间 - 温度换算法则，在粘弹性材料力学性能研究中，满足 WLF 公式、可以进行时间 - 温度换算的材料被称为单纯流变物质。

6.3.4　材料的动态力学性能谱及应用

动态力学特性分析(Dynamic Mechanical Thermal Analysis，简称 DMTA) 的主要目的是：测定材料在一定条件(温度、频率、应力或应变水平、气氛与湿度等) 下的刚度与阻尼；测定材料的刚度与阻尼随温度、频率与时间的变化，获得与材料的结构、分子运动、加工与应用有关的特征参数。而美国 SHRP 的研究成果借鉴了聚合物材料的动态力学热分析性能，进行沥青高温性能、疲劳性能的评价，因此了解和掌握聚合物材料的动态力学热分析对更深入地了解沥青的微观结构变化及性能影响具有重要的意义。

1. 动态力学性能温度谱

(1) 微观分子运动与宏观性能的关系

与小分子相比,高分子链结构的最大特点是长而柔。柔性高分子在热运动上最大的特点是分子的一部分可以相对于另一部分做独立运动。高分子链中能够独立运动的最小单元称为链段。链段的长度约为几个至几十个单元,取决于高分子链柔性的大小。高分子链越柔,则链段越短。这样,在柔性高分子的热运动中,不仅能以整个分子链为单元发生重心迁移(称为布朗运动),还可以在分子链重心基本不变的前提下实现链段之间的相对运动,或者比链段更小的单元做一定程度的受热运动(后两者的运动称为微布朗运动)。这就是高分子热运动的多重性。

运动单元从一个平衡位置运动到另一个平衡位置的速度用松弛时间表征,它与运动单元的运动活化能、温度与所受应力之间的关系可以表示为

$$\tau = \tau_0 e^{\frac{\Delta H - \gamma\sigma}{RT}} \tag{6.141}$$

式中,ΔH 为运动单元的运动活化能;σ 为应力;γ 为比例系数;T 为热力学温度;R 为气体常数;τ_0 为常数。

在相同的环境(温度、应力等)条件下,分子运动单元越小,则其运动活化能越低,运动的松弛时间越短。高分子具有多重大小不同的运动单元,在相同温度下它们运动的松弛时间差别极大,短者小于 10^{-10}s,长者以秒、分钟、小时、天或更长的时间计。就一重运动单元而言,温度越高或所受的应力越大,则其运动的松弛时间就越短。任何一重运动单元的运动是否自由,取决于其运动的松弛时间与观察时间之比。设在一定的温度下,某一重运动单元的运动的松弛时间为 τ,实验观察时间为 t,则当 $t \ll \tau$ 时,运动单元的运动在这有限的观察时间内根本表现不出来,在这种情况下,可以认为,这重运动单元的运动被“冻结”了;相反,但 $t \gg \tau$ 时,运动单元的运动能在观察时间内充分表现出来,这时,可以认为这重运动单元的运动很自由;而当 $t \approx \tau$ 时,运动单元有一定的运动能力,但不够自由。

任何物质的性能都是该物质内分子运动的反映。当运动单元的运动状态不同时,物质就表现出不同的宏观性能。以链段运动与非晶态高聚物力学性能间的关系为例,当链段运动被冻结时,这种高聚物表现为刚硬的玻璃态,弹性模量高而弹性形变小,典型的模量范围为 1 ~ 10 GPa;而当链段能自由运动时,高聚物表现为柔软而富有高弹性的橡胶态,弹性模量低而弹性形变大,典型的模量范围为 1 ~ 10 MPa。链段运动在性能上的反映能否被观察到,既可以通过固定观察时间而改变链段运动的松弛时间来实现,也可以通过固定链段运动的松弛时间而改变观察时间来实现。例如在动态力学热分析中,固定频率就相当于固定观察时间,改变温度就可以改变链段(即其他运动单元) 运动的松弛时间。

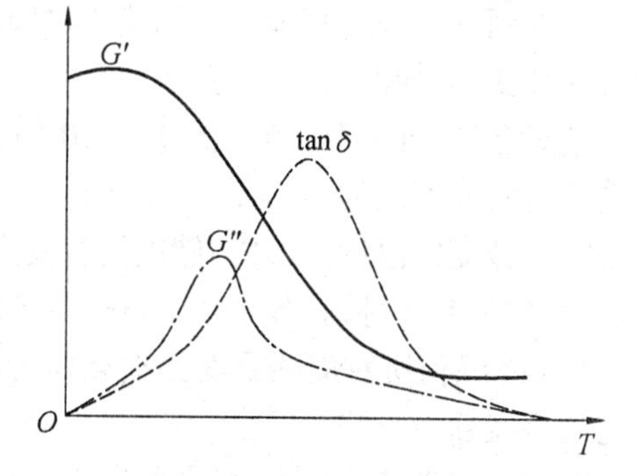

图 6.52　非晶态高聚物玻璃化转变前后的动态力学性能随温度变化示意图(固定频率)

非晶态高聚物在固定频率下玻璃化转变前后的动态力学性能所随温度的变化如图 6.52 所示。温度较低时,由于 $\tau_{链段} \geqslant 1/\omega$,链段运动被冻结,高聚物表现为玻璃态;随温度的升高,$\tau_{链段}$ 减小;当温度足够高时,从而满足 $\tau_{链段} \leqslant 1/\omega$,即链段运动自由时,高聚物就表现为高弹态;其间,在

$\tau_{链段} \approx 1/\omega$ 时,对应的温度就是玻璃态化转变温度。从力学内耗的角度来看,当链段运动被冻结时,由于不存在链段之间的相对迁移,不必克服链段之间的摩擦力,内耗非常小;而当链段运动自由时,意味着链段之间的相互作用很小,链段相对迁移所需克服的摩擦力也不大,因而内耗也很小;惟有在链段运动从冻结开始转变至自由的过程中,链段虽具有一定的运动能力,但运动中需克服较大的摩擦力,因而内耗较大,并在玻璃化转变温度下达到极大值。上述改变链段运动状态的途径对其他各重运动单元也同样适合。

高聚物的力学状态发生转变时,高聚物的一切性能,如物理性能(比容、比热容等)、力学性能(如模量、强度、阻尼等)、电学性能(如介电系数、介质损耗、电导率等)与光学性能(如折射率)都发生剧变甚至突变。图 6.53 给出了高聚物在玻璃化转变温度前后几项性能的典型变化。正因为如此,可以通过测定高聚物各种性能随温度的变化来确定其玻璃化转变温度。

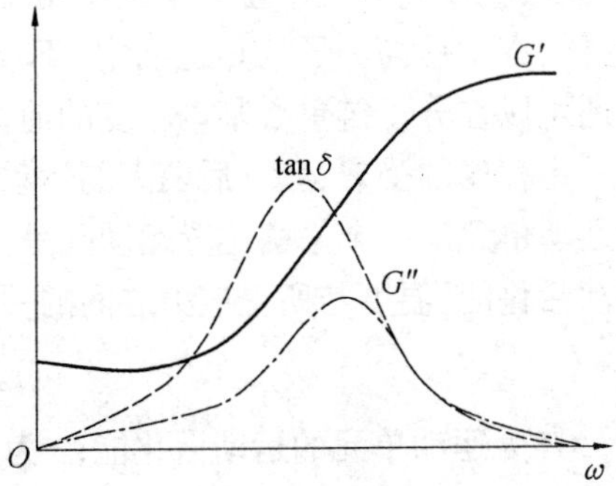

图 6.53　非晶态高聚物玻璃化转变前后的动态力学性能随频率变化示意图(固定温度)

(2) 高聚物的动态力学性能温度谱

高聚物在固定频率下动态力学性能随温度的变化成为动态力学性能温度谱,简称 DMA 或 DMTA 温度谱。虽然高聚物材料的模量随温度的变化也能从静态力学测试得到。但动态力学分析具有下列优点:① 只需要一根小试样就能在较短的时间(如 0.5 ~ 1 h 左右)内获得材料的模量与阻尼在宽阔温度范围内的连续变化;而用静态力学测试,不仅需要大量试样,而且只能在独立的若干个温度下测定,更得不到有关阻尼的信息;② 动态力学热分析中,材料中每一重分子运动单元运动状态的转变(包括主转变与次级转变),都会在内耗 – 温度曲线上有明显的反映;而在静态力学实验中,次级转变因其引起的模量变化比较小,容易被忽略。

均相非晶态线形高聚物典型的 DMTA 温度谱如图 6.54 所示。由图可见,这类高聚物在不同温度下表现出 3 种力学状态:玻璃态、高弹态和粘流态。玻璃态与高弹态之间的转变称为玻璃化转变,转变温度用 T_g 表示;高弹态与粘流态之间的转变为流动转变,转变温度用 T_f 表示。

玻璃态转变的温度范围为 1 ~ 10 GPa,高弹态高聚物的典型的储能模量范围为 1 ~ 10 MPa。在玻璃态转变的温度范围内,储能模量发生 3 ~ 4 个数量级的变化,损耗模量和 tanδ 都出现极大值,但 tanδ 峰值所对应的温度比损耗模量峰值所对应的温度要大一些。

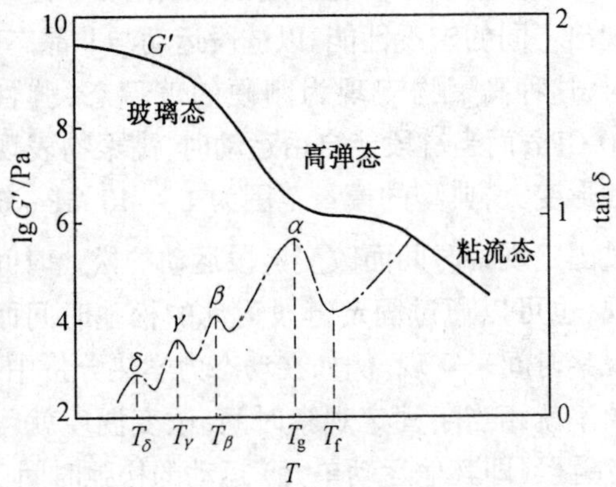

图 6.54　均相非晶态高聚物的典型动态力学性能温度谱

在动态力学热分析中,有 3 种定义玻璃化转变温度的方法,如图 6.55 所示。第 1 种是切线法,即如图 6.55(a) 所示,将储能模量曲线上折点所对应的温度定义为 T_g;第 2 种是将损耗模量峰值所对应的温度定义为 T_g,如图 6.55(b) 所示;第 3 种是将 tanδ 峰值所对应的温度定义为 T_g,如图 6.55(c) 所示。由此获得的 3 个 T_g 值依次增高。在应用 DMTA 技术时,研究者可以用其中任何一种方法来定义 T_g。但在比较一系列高聚物的性能时，应固定一种定义法。在ISO标准中，建议以损耗模量峰值所对应的温度为 T_g。习惯上，在以 T_g 表征结构材料的最高使用温度时，用第1种方法定义 T_g，因为只有这样才能保证结构材料在使用温度范围内模量不出现大的变化，从而保证结构的尺寸与形状的稳定性；而在研究阻尼材料时，常常以 tanδ 峰值所对应的温度作为 T_g。

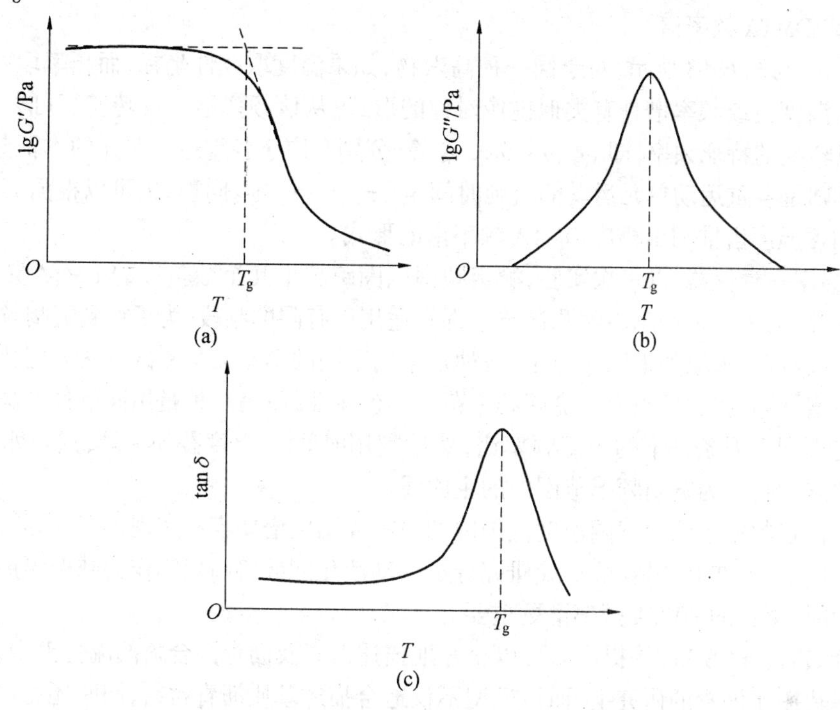

图6.55　从动态力学性能温度谱上确定玻璃化转变温度的方法

非晶态高聚物的玻璃化转变，本质上是链段运动发生冻结自由的转变。这个转变称为主转变或 α 转变。转变温度主要取决于高分子链的柔性。分子链越柔，则 T_g 越低。T_g 远高于室温的非晶态线形高聚物属热塑性塑料，T_g 远低于室温的非晶态线形高聚物属橡胶（硫化前称为生胶）。对于相对分子质量高于临界相对分子质量（即分子间可以发生缠结的最低相对分子质量）的高聚物来说，T_g 与相对分子质量基本无关。对于相对分子质量低于临界相对分子质量的低相对分子质量聚合物来说，它们的 T_g 随相对分子质量的增大而提高。

在高聚物体系中，高分子之间的相互作用并不处处相同，且随分子的热运动瞬息万变。因此体系中的链段大小存在一个分布。小链段运动状态的转变发生在较低温度时，大链段运动状态的转变发生在较高温度时。因此对任何一种非晶态高聚物来说，其玻璃化转变发生在一个温度范围内。这个范围的宽窄，很大程度上取决于体系内链段长度分布的宽窄。链段长度越窄，则玻璃化转变区越窄，在该区域内储能模量的变化十分陡峭，损耗模量或峰窄而高。反之，链段长度分布越宽，则玻璃化转变区越宽，在该区域内储能模量的变化比较平缓，损耗模量或峰相对地宽而低。

在玻璃态，虽然链段运动被冻结，但是比链段小的运动单元仍可能做一定程度的运动，并在一定的温度范围内发生冻结相对自由的转变，因此，在 DMTA 温度谱的低温部分，储能模量 - 温度曲线上可能出现数个小台阶，同时在损耗模量和 tanδ - 温度曲线上，出现数个小峰值，如图 6.54 所示，这些转变称为次级转变，从高温至低温，依次将它们标为 β、γ、δ 转变，对应的温度分别为 T_β、T_γ、T_δ。至于每一重次级转变究竟对应于哪一重运动单元，则随着高分子链的结构而变，需具体情况具体分析，尤其需有实验证明，切忌妄断。

2. 动态力学性能频率谱

材料在恒定温度下的动态力学性能随测试频率的变化曲线称为动态力学性能频率谱，简称为 DMA 或 DMTA 频率谱。

如图 6.52 与图 6.53 所示，对于同一种高聚物，如果温度取线性坐标，而频率取对数坐标，则其 DMTA 温度谱或频率谱具有类似镜像对称的形式。从该频率谱上各转变区可以得到主级转变与次级转变的特征频率，即 ω_α、ω_β、ω_γ、ω_δ 等，分别对应于各重运动单元的本征频率，而各频率的倒数则是各重运动单元运动的松弛时间 τ_α、τ_β、τ_γ、τ_δ 等。同理，也可以根据其他各类高聚物的 DMTA 温度谱推测出相应 DMTA 频率谱的形式。

但是，要用一台仪器，以一次实验，测定频率范围跨越十几个数量级的 DMTA 频率谱是几乎不可能的，因为每一种动态力学测试技术都只适用于有限的频段。为了得到宽阔频率范围内的主曲线，一般可以采取如下两种方法：一种是采用不同的动态力学测试方法分别获得不同频段内的频率谱，然后将它们组合成宽阔频率范围内的主曲线；另一种是用同一种方法在相同的频段内测定不同恒温条件下的一组频率谱，然后利用时间 - 温度叠加原理，通过水平位移和垂直位移把它们转换为宽阔频率范围内的主曲线。

鉴于在恒定频率下测定宽阔温度范围内的 DMTA 温度谱要容易实现得多，因此，一般都更乐于测定温度谱。但在有些情况下，如研究分子运动活化能或将高聚物作为减振隔声之类的阻尼材料应用时，材料的 DMTA 频率谱更重要。

2001 年，Zeng 和 Bahia 等提出了可以很好地描述沥青及沥青混合料的流变模型，大多数的流变模型多集中于沥青的研究上，而该模型不仅适合描述基质沥青材料，同时还可以描述改性沥青以及沥青混合料和几种不同的加载模式；同时还考虑了在动态荷载施加过程中应变对粘弹性材料的影响；由于其包含了沥青和沥青混合料的模型，所以可以容易地将沥青和沥青混合料之间建立相互联系，其复合模量及相位角主曲线表达式为

$$G^* = G_e^* + \frac{G_g^* - G_e^*}{[1 + (f_c/f')^k]^{m_e/k}} \tag{6.142}$$

式中，G_e^* 为平衡复合模量，即 $G^*(f \to 0)$，对沥青为 0；G_g^* 为玻璃态复合模量，即 $G^*(f \to \infty)$；f_c 为交叉频率；f' 为试验频率，是温度和应变的函数；k、m_e 为形状参数，无量纲。

改进的 CAM 模型复合模量主曲线示意图如图 6.56 所示。

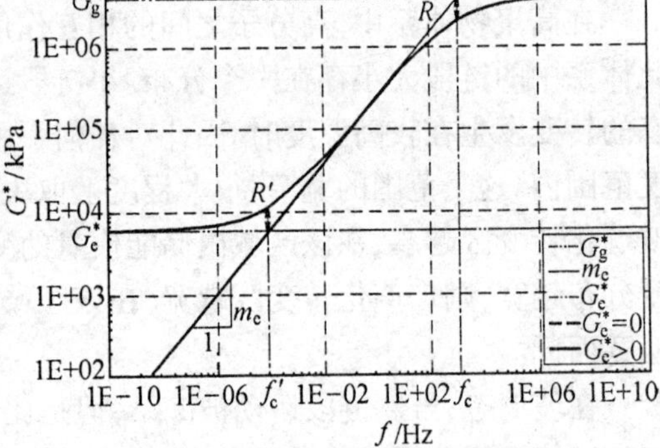

图 6.56 复合模量主曲线流变模型示意图

从图 6.56 中可以看出，G_g^* 为频率趋向无穷大时主曲线的水平渐近线的值；G_e^* 为频率趋向于 0 时主曲线的水平渐近线的值，对于沥青来说 G_e^* 为 0；第 3 条渐近线的斜率则为 m_e；而 $G^*(f_c)$ 和 G_g^* 之间的截距 R 为

$$R = \lg \frac{2^{m_e/k}}{1 + (2^{m_e/k} - 1) G_e^* / G_g^*} \tag{6.143}$$

对于沥青来说,因为 G_g^* 为 0,则 $R = m_e/(k\lg 2)$。

$G^*(f'_c)$ 和 G_e^* 之间的截距 R' 为

$$R' = \lg\left\{1 + \left(\frac{G_g^*}{G_e^*} - 1\right)\left[1 + \left(\frac{G_g^*}{G_e^*}\right)^{k/m_e}\right]^{-m_e/k}\right\} \tag{6.144}$$

对于沥青来说,则 $R' = \lg 2$。

尽管 CAM 模型是现象性的描述,但是其参数具有重要的物理意义。

(1) 玻璃态复合模量 G_g^* 是在动态剪切力的作用下水平渐近线的最大复合模量值,其代表在高频或低温下材料的复合模量。

(2) 平衡态复合模量 G_e^* 是在动态剪切力的作用下复合模量的最小值,其代表在低频或高温下材料的复合模量,同时也可以被看做是不考虑沥青材料对沥青混合料贡献时,集料之间形成的嵌挤结构所能提供高温变形能力的最小值。

(3) 交叉频率 f_c 为沥青材料在储存模量 G' 和损失模量近似相等时的频率,高的 f_c 意味着沥青具有较高的相位角,也就是沥青在剪切力的作用下具有更多的粘性成分。

(4) 形状参数 k、m_e 和流变参数 R 相关,其表达式如式(6.144)所示,R 值意味着更宽的松弛谱,高的 R 值意味着更多的弹性成分逐级转变为粘性成分,而且这种逐级转变对频率的敏感性很小。

3. 动态力学性能时间谱

材料在恒定温度与恒定频率下动态力学性能随时间的变化曲线称为动态力学性能时间谱,简称为 DMA 或 DMTA 时间谱。虽然对任何高聚物都可以在仪器允许的任何温度与频率范围内作动态力学性能时间谱,但从试验需要的时间来考虑,动态力学性能时间谱主要用来研究树脂 - 固化体系等温固化动力学,在沥青及沥青混合料的性能评价中,多采用时间扫描来评价其疲劳性能。

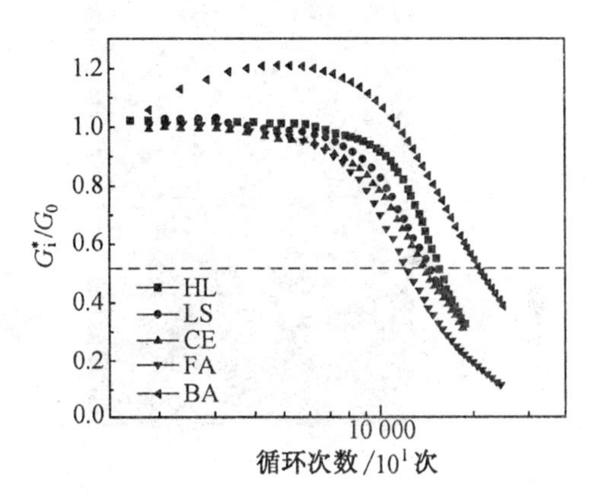

图 6.57　不同沥青胶浆的复合模量比 - 加载次数曲线图(1%,10 Hz,20 ℃)

采用 DSR 的时间扫描模式 DTS(Dynamic Time Sweep) 进行沥青胶浆的疲劳性能分析,如图 6.57 所示,采用同沥青混合料疲劳试验的加载模式,即应变加载模式,建立起不同应变下的复合模量和相位角等动态参数的响应状态。图 6.57 中以复合模量比和相位角的形式给出,即加载次数对应的模量与加载次数 100 次(控制的应变相对稳定) 的数值的比值,加载次数以对数的形式给出,将降为初始复合模量的 50% 所对应的加载次数为沥青胶浆的疲劳寿命,记作 N_{50}。

6.4　沥青粘弹态力学行为的试验研究及应用

我国道路工程领域开始真正关注应用粘弹性力学方法研究沥青及沥青混合料路用性能的开端,应该说是对美国 SHRP 研究成果的借鉴。美国的公路战略研究计划(Strategic Highway Research Program,简称 SHRP) 在沥青及沥青混合料的研究工作中,不仅始终坚持采用粘弹性力学的方法与手段研究沥青及沥青混合料的路用性能,并最终将其转化为工程技术标准中的指标体系。自我国“八五”国家重点科技(攻关)项目“沥青及沥青混合料路用性能研究”开始,我国的沥青路面材料研究人员也开始从工程角度出发,利用粘弹性力学的方法与手段研究沥青及沥青混合料的路用性能,近十年来,此类研究取得了较大进展,但仍未能够成为制定我国相关工程技术标准的主要依据。为此,本节通过简要介绍美国 SHRP 研究成果来更好地理解粘弹性材料的力学行为。

6.4.1　试验原理及方法

1. 动态剪切流变试验

沥青的流变性质取决于温度和时间。美国从塑料工业的测度仪具中得到启发,开发了一种动态剪切流变仪(DSR),通过测定沥青材料的复数模量(G^*)和相位角(δ)来表征沥青材料的粘性和弹性性质。

动态剪切流变仪的工作原理并不复杂,它是先将沥青夹在一个固定板和一个能左右振荡的板之间,如图 6.58 所示,振荡板从 A 点开始移动到 B 点,又从 B 点返回经 A 点到 C 点,然后再从 C 点回到 A 点,这样形成一个循环周期。

振荡频率是一个时间周期的倒数。频率的另一种表示方法是用振荡板走过圆周的距离,用弧度表示。美国 SHRP 规定沥青动态剪切流变仪试验频率为10 rad/s,约相当于 1.59 Hz。

图 6.58　动态剪切流变仪

根据试验时温度的不同,振荡板的直径有两种尺寸。当试验温度大于 52 ℃ 时采用直径为 25 mm 的振荡板,其沥青膜的厚度为 1 mm;当试验温度在 7 ~ 34 ℃ 时,采用直径为 8 mm 的振荡板,其沥青膜的厚度为 2 mm。

复数剪切模量 $G^* = \tau_{max}/\gamma_{max}$ 作用应力和由此而产生的应变之间的时间滞后称之为相位角。对于绝对弹性材料,荷载作用时,变形同时产生,其相位角 δ 等于 0°;粘性材料在加载和应变响应之间有较大的滞后,相位角 δ 接近于 90°。

复数剪切模量 G^* 是材料重复剪切变形时总阻力的度量,它包括两部分:弹性(可恢复)部分和粘性(不可恢复)部分。相位角 δ 是可恢复与不可恢复变形的相对指标。

假设沥青 A 与沥青 B 有相同的复数剪切模量 G^*,但它们的相位角 δ 不同,沥青 A 比沥青 B 弹性要小,而沥青 B 比沥青 A 粘度要小。如果受同样的荷载作用,沥青 A 要比沥青 B 呈现较大的永久变形。由于沥青 B 的弹性分量较大,它的变形恢复要多一些。由此说明单纯用复数剪切模量 G^* 不足以描述沥青的性能,还必须有相位角 δ。

美国SHRP规范定义 $G^*/\sin\delta$ 为车辙因子，其值大表示沥青的弹性性质显著。显然，沥青B的抗永久变形能力比沥青A强。G^* 增大，$\sin\delta$ 减小，则 $G^*/\sin\delta$ 值大，这将有利于增强沥青材料的抗永久变形能力。

沥青路面的车辙变形主要出现在夏天高温季节，美国通过对50多条试验路的观察和研究，对沥青材料提出了作为抗永久变形的车辙因子指标如下：

原始沥青　　$G^*/\sin\delta > 1.0$ kPa

旋转薄膜烘箱试验后的沥青　　$G^*/\sin\delta > 2.2$ kPa

车辙因子 $G^*/\sin\delta$ 表征沥青材料的抗永久变形能力，反映了沥青的高温性能。这一试验适用的温度范围为5 ~ 85 ℃，G^* 为0.1 ~ 10 000 kPa。

2.弯曲梁流变试验

在美国北部和加拿大以及北欧国家，沥青路面低温开裂是普遍存在的现象。路面开裂后雨水浸入路面内，造成路面破坏，由此而增加路面养护费用，降低行车质量。美国SHRP研究开发了一种能准确评价低温下沥青劲度和蠕变速率的方法——弯曲梁流变试验。

弯曲梁流变试验在弯曲梁流变仪(BBR)上进行。弯曲梁流变仪是应用工程上梁的理论来测量沥青小梁试件在蠕变荷载作用下的劲度，用蠕变荷载模拟温度下降时路面中所产生的应力。通过试验获得两个评价参数：一个是蠕变劲度，即沥青抵抗永久变形的能力；另一个是 m 值，即荷载作用时沥青劲度的变化率。

沥青小梁在一个矩形铝模中成型，其尺寸为125 mm × 12.5 mm × 6.25 mm。试验前将沥青小梁放入浴槽中恒温60 min。温度浴液体由乙二醇、甲醇和水混合而成。液体在试验恒温槽和调温槽之间循环，温度控制在 ± 0.1 ℃ 范围内，液体循环不扰动试件以免影响试验结果。试验装置如图6.59所示。

试验时应小心将沥青小梁放在两个支撑上，人工加3 ~ 4 g预载，以保证小梁与支撑紧密接触。通过计算机对试件施加100 g荷载，作用时间1 s，使试件定位。然后卸载至预载，并让其恢复20 g。在20 s结束时施加100 g荷载，保持240 s，记录沥青小梁的挠度，由计算机绘出挠度与时间关系曲线，并计算出蠕变劲度和 m 值。

应用经典的梁分析理论计算蠕变劲度 $S(t)$，即

$$S(t) = \frac{PL^3}{46h^3\delta(t)} \tag{6.145}$$

式中，$S(t)$ 为时间等于60 s时的蠕变劲度；P 为荷载，取100 g；L 为梁的间距，取102 mm；b 为梁的宽度，取12.5 mm；h 为梁的高度，取6.25 mm；$\delta(t)$ 为时间等于60 s时小梁的挠度。

由式(6.145)可以计算出 $t = 60$ s时沥青的劲度模量。蠕变劲度原是在路面最低温度下加载2 h测定的，但SHRP研究者应用利用时温等效原则将温度提高10 ℃，使加荷时间缩短为60 s，所测劲度与前者是相等的，然而却可以大大节省试验时间。

m 值为双对数坐标图上劲度与时间关系曲线某一时间所对应的斜率，如图6.60所示。

图 6.59　弯曲梁流变仪

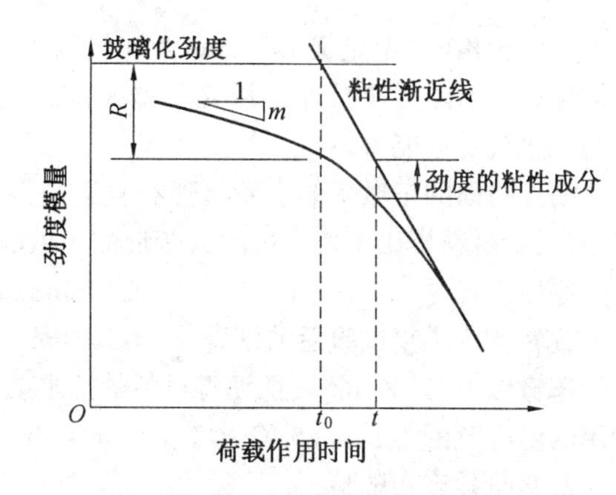

图 6.60　弯曲蠕变曲线

沥青在低温下为弹性体，在高温下为流体，沥青路面通常介于上述两种温度之间。弯曲梁试验是一种判断沥青弹性和粘性的方法，但其测试温度比较低。如果沥青材料的蠕变劲度太大，则呈现脆性，路面容易开裂。因此，为防止路面开裂破坏，需要限制沥青材料的蠕变劲度，SHRP 规定不大于 300 MPa。

SHRP 研究认为，表征沥青低温劲度随时间的变化率 m 值越大越好。这意味着当温度下降而路面也呈现收缩时，沥青混合料的响应将相当于降低了劲度的材料，从而导致材料中的拉应力减小，低温开裂的可能性也随之减小。SHRP 要求测量时间为 60 s 时，m 值应不小于 0.30。

3. 直接拉伸试验

当路面温度下降时因收缩而产生应力累积，当累积应力超过材料的抗拉强度时路面发生开裂。研究表明，当沥青收缩时，如沥青伸长超过沥青原始长度的 1%，路面则很少发生开裂。因此，为测试沥青的拉伸性能，SHRP 又开发了直接拉伸试验，用以测试沥青在低温时的极限拉伸应变。试验温度为 0 ~ －36 ℃，这时沥青呈脆性特征。直接拉伸试验仪如图 6.61 所示。

图 6.61　直接拉伸试验仪

试验时将沥青成型呈哑铃状，试件重约 2 g，包括端模在内长约 100 mm，每个端模长 30 mm。试件长 40 mm，试件截面为 6 mm × 6 mm。端模用聚丙烯或与沥青有类似线膨胀系数（0.000 06 mm/℃）的材料制成，而且能与沥青牢固地粘结而不需要其他粘结剂。

直接拉伸试验仪包括 3 个组成部分：拉伸试验机、伸长测量系统和环境系统。拉伸试验机的加载速率为 0.1 mm/min。总荷载可达 400 ~ 500 N。荷载传感器的分辨率为 ± 0.5 N。由计算机采集数据并进行计算。

由于直接拉伸试验是在很低的温度下进行的，破坏应变很小，传统测量应变的方法是不适用的，因此应采用激光测微计。其原理是激光发生器产生的激光通过试件端模上的小孔射向装置在试件背后的接受器。接受器可以通过监视上、下两束激光的运动来测量试件的伸长。

环境系统由环境箱和机械冷冻机组成。环境箱温度可以降至 －40±0.2 ℃。试验时将试件装在球座上，对试件施加拉伸荷载直至破坏。整个试验过程不超过 1 min。当试件在中部断裂，试验才算成功，否则应重新试验。

6.4.2　沥青胶结料的性能等级

新的 SHRP 胶结料标准是惟一的一个基于道路所在地区气候特点的性能标准，其物理要求(如蠕变劲度、$G^*/\sin\delta$ 等）对各种胶结料是一个常数，如表 6.1 所示。沥青胶结料标准的特点是必须满足对应的温度要求，如胶结料的等级为 PG58－22，意味着胶结料高温时的物理特性试验温度必须达到 58 ℃ 以上，低温下的物理特性试验温度必须在 －22 ℃ 以下。

表 6.2 给出了现有的胶结料等级，在该表中，PG76 和 PG82 仅适用于静载和重载情况。

表 6.2　Superpave 胶结料等级

高温等级	低温等级
PG46－	34,40,46
PG52－	10,16,22,28,34,40,46
PG58－	10,22,28,34,40
PG64－	10,16,22,28,34,40
PG70－	10,16,22,28,34,40
PG76－	10,16,22,28,34
PG82－	10,16,22,28,34

Superpave 提供了如下 3 种选择胶结料等级的方法。

① 根据地理区域。根据要求，设计人员提供不同气候或政策要求的胶结料等级图。

② 根据路面温度。设计人员必须了解路面的设计温度。

③ 根据气温。设计人员确定该地区的气温，然后转换为路面温度。

6.4.2.1　Superpave 气候数据库

Superpave 软件提供了美国和加拿大 6 500 个观测站的温度数据库，设计人员可以根据所在地区的温度选择胶结料的等级。每个观测站根据观测结果，计算 7 d 最高温度的区间及对应温度的平均值，通过对所有这些观测计算的平均值和标准差的计算分析，同样可以计算最低温度的平均值和标准差。

1. 可靠性

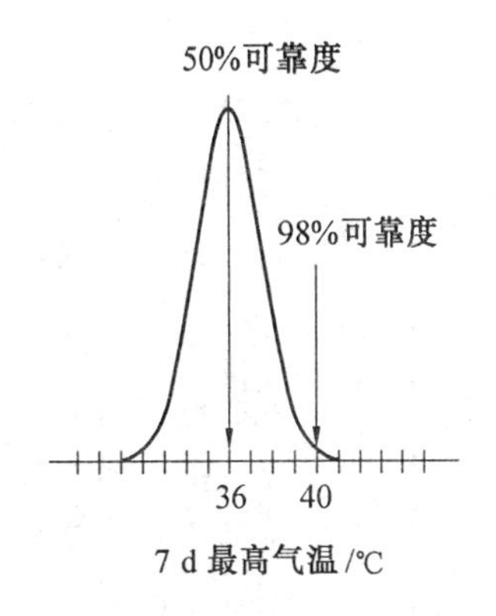

图 6.62　温度频率分布图

在 Superpave 设计系统中，可靠性指某一年的实际温度不超过设计温度的百分率，Superpave 设计系统提供不同的可以采用的高温和低温的可靠度水平。假定在沈阳的平均最高气温为 36 ℃，标准差为 2 ℃，如图 6.62 所示为温度的频率分布图，7 d 的平均最高温度为36 ℃，但是超过 40 ℃ 的概率仅为 2%，

表 6.1　美国 SHRP 沥青路面性能规范(AASHTO MP1,1995)

沥青使用性能等级	PG46			PG52							PG58					PG64B					
	-34	-40	-46	-10	-16	-22	-28	-36	-40	-46	-16	-22	-28	-36	-40	-10	-16	-22	-28	-34	-40
平均 7 d 最高路面设计温度/℃	<46			<52							<58					<64					
最低路面设计温度大于/℃	-34	-40	-46	-10	-16	-22	-28	-36	-40	-46	-16	-22	-28	-36	-40	-10	-16	-22	-28	-34	-40
原样沥青																					
闪点/℃(COC,ASTM D 92),不小于	230																				
粘度 ASTM 4402,不大于,2Pa·s 试验温度/℃	135																				
动态剪切(SHRP B-003) $G^*/\sin\delta$,不小于,1.0 kPa 试验温度/℃@10 rad/s	46			52							58					64					
RTFOT(ASTM D2872)残留沥青																					
质量损失/%,不大于	1.00																				
动态剪切(SHRP B-003)$G^*/\sin\delta$,不小于, 2.0 kPa 试验温度/℃ @10 rad/s	46			52							58					64					
PAV 残留沥青(SHRP B-005)																					
PAV 老化温度 /℃	90			100							100					100					
动态剪切(SHRP B-003)$G^*/\sin\delta$,不小于, 30 kPa 试验温度/℃ @10 rad/s	10	7	5	25	22	19	16	13	10	7	25	22	19	16	13	31	28	25	22	19	16
物理老化	实测记录																				
蠕变劲度(SHRP B-002) S,max,200 MPa,m 值,不小于,0.35 试验温度/℃ @60 s	-24	-30	-36	0	-6	-12	-18	-24	-30	36	-6	-12	-18	-24	-30	0	-6	-12	18	-24	-30
蠕变劲度(SHRP B-002) S,max,200 MPa,m 值,不小于,0.35 试验温度/℃@60 s	-24	-30	-36	0	-6	-12	-18	-24	-30	36	-6	-12	-18	-24	-30	0	-6	-12	18	-24	-30

续表 6.1

沥青使用性能等级	PG70						PG76					PG82				
	-10	-16	-22	-28	-34	-40	-10	-16	-22	-28	-34	-10	-16	-22	-28	-34
平均 7 d 最高路面设计温度/℃	<70						<76					<82				
最低路面设计温度大于/℃	-10	-16	-22	-28	-34	-40	-10	-16	-22	-28	-34	-10	-16	-22	-28	-34
原样沥青																
闪点/℃(COC,ASTM D 92),不小于	230															
粘度 ASTM 4402,不大于,2Pa·s 试验温度 /℃	135															
动态剪切(SHRP B-003) $G^*/\sin\delta$,不小于,1.0 kPa 试验温度/℃ @10 rad/s	70						76					82				
RTFOT(ASTM D2872)残留沥青																
质量损失/%,不大于	1.00															
动态剪切(SHRP B-003) $G^*/\sin\delta$,不小于,2.0 kPa 试验温度/℃ @10 rad/s	70						76					82				
PAV 残留沥青(SHRP B-005)																
PAV 老化温度/℃	100(110)						100(110)					100(110)				
动态剪切(SHRP B-003) $G^*/\sin\delta$,不小于,30 kPa 试验温度/℃ @10 rad/s	34	31	28	25	22	19	37	34	31	28	25	40	37	34	31	28
物理老化	实测记录															
蠕变劲度(SHRP B-002) S,max,200 MPa,m 值,不小于,0.35 试验温度/℃ @60 s	0	-6	-12	-18	-24	-30	0	-6	-12	-18	-24	0	-6	-12	-18	-24
蠕变劲度(SHRP B-002) S,max,200 MPa,m 值,不小于,0.35 试验温度/℃ @60 s	0	-6	-12	-18	-24	-30	0	-6	-12	-18	-24	0	-6	-12	-18	-24

注:①路面温度由大气温度按 Superpave 程序中的方法计算,也可按指定的机构提供。②如果供应商认为安全的温度下,沥青结合料都能泵送或拌和,此要求可按指定的机构确定放弃。③为控制非改性沥青结合料产品的质量,在试验温度下测定原样沥青粘度,可以取代测定动态剪切的 $G^*/\sin\delta$。在此温度下,沥青多处于牛顿流体状态,任何测定粘度的标准试验方法均可使用,包括毛细管粘度计或螺旋粘度计(AASHTO T 201 或 T 202)。④PAV 老化温度为模拟气候条件温度,从 90 ℃、100 ℃、110 ℃中选择一个温度,高于 PG64 时为 100 ℃,在沙漠条件下为 110 ℃。⑤物理老化:按照 TP1 规定的 BBR 试验 13.1 节进行,试验条件中的时间为最低路面设计温度以上 10 ℃延续 24 h ± 10 min,报告 24 h 劲度模量和 m 值(仅供参考)。⑥如果蠕变劲度小于 300 MPa,可不要求直接拉伸试验,如果蠕变劲度在 300 ~ 600 MPa 之间,直接拉伸试验的破坏应变要求可代替蠕变劲度的要求,m 值在两种条件下都应满足。

即设计温度为 40 ℃ 的可靠度为 98%。

2. 原始气温

为了弄清胶结料选择的具体方法，下面举一下沈阳的设计实例。如图 6.63 所示为设计最高气温和最低气温分布曲线，在一般的夏天，平均 7 d 的最高温度为 36 ℃，标准差为 2 ℃；在一般的冬天，平均 7 d 的最低温度为 -23 ℃，标准差为 4 ℃。对某一非常冷的冬天，其最低温度为 -31 ℃。因此如果取温度区间为 36 ~ -23 ℃，则可靠度只有 50%，如取温度区间为 40 ~ -31 ℃ 就可以大大提高可靠性。

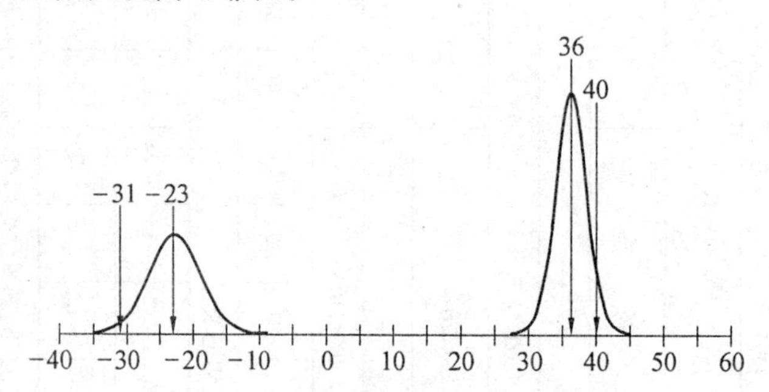

图 6.63 设计最高气温和最低气温分布 /℃

3. 路面温度的转化

Superpave 提供了计算路面下 20 mm 的最高温度和路表最低温度的计算方法。对路表磨耗层，假定可靠度为 50% 的沈阳地区的路面温度为 56 ℃ 和 -23 ℃，假定可靠度为 98% 的沈阳地区的路面温度为 60 ℃ 和 -31 ℃，参见图 6.64。

在 Superpave 路面设计体系中，在路面下 20 mm 的路面最高设计温度计算式为

$$T_{max} = (T_{air} - 0.006\ 18L_{at}^2 + 0.228\ 9L_{at} + 42.2) \times 0.954\ 5 - 17.78$$

式中，T_{max} 为路面下 20 mm 的路面最高设计温度；T_{air} 为 7 d 的最高温度的平均值；L_{at} 为工程所处的纬度。

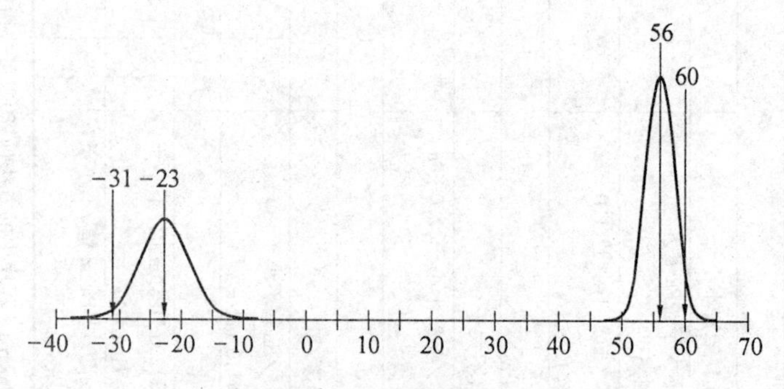

图 6.64 路面温度分布 /℃

确定路面最低温度的方法有两种：第一种方法是简单地假定路面最低温度与最低气温相同，这种方法最初是由 SHRP 研究人员提出的，这是一种很保守的假定，因为在冬天，路面的温度高于气温；第二种方法是用由加拿大研究人员提出的方法，即

$$T_{min} = 0.895T'_{air} + 1.7$$

式中，T_{min} 为路表的最低设计温度；T'_{air} 为最低温度的平均值。

这样沈阳的路面最低温度为

$$0.895 \times (-23\ ℃) + 1.7\ ℃ = -19\ ℃$$

6.4.2.2　选择胶结料的等级

1.胶结料等级的确定

由于可靠度必须至少达到50%,沈阳的最高温度至少应该大于PG58,实际上PG58这个等级的可靠度达到了85%,令一个稍低的等级为PG52,其可靠度小于50%。低温等级应该为PGXX-28,对这种高温等级的可靠度将达到90%。对98%的可靠度,其高温等级应该为PG64,低温等级应该为PGXX-34。

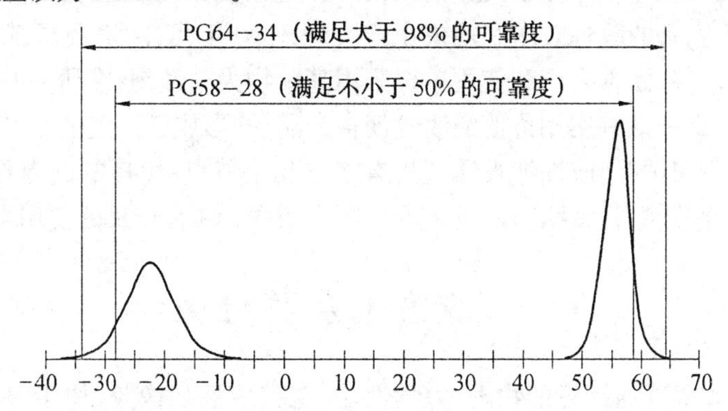

图 6.65　胶结料等级确定

以上低温等级的确定方法是假定最低气温与路面最低温度相同,利用以上介绍的方法,胶结料的等级对可靠度最低达到50%时应该为PG58-28,达到98%的可靠度时应该为PG64-34。最低气温到路面温度的转化方法被认为是可行的。

计算温度频率的分布对设计人员来讲比较简单,因为Superpave已经提供了设计计算软件。设计人员只要给定最小的可靠度水平,计算软件就可以给出胶结料的等级,对于给定的胶结料等级,计算软件就可以计算相应的可靠度。

2.荷载等级对胶结料选择的影响

Superpave胶结料选择方法假定路面承受快速移动荷载,动态剪切流变仪的荷载变化速率是10 r/min,对应的汽车速度为90 km/h,小的旋转速度对交叉口和收费站比较合适,其他一些场合的荷载静止,胶结料必须具有高的劲度以抵抗材料的蠕变。为了满足以上特殊情况,胶结料必须至少提高1~2个等级。如果基于温度的胶结料等级为PG64-22,为了减少低速荷载对路面的破坏,设计的胶结料等级应该为PG70-22,对于静止荷载,设计的胶结料等级应该为PG76-22,荷载速率对低温等级没有影响。76 ℃和82 ℃的路面温度等级不对应于北美的气候特征,规定76 ℃和82 ℃的路面温度等级主要是为了在路面温度高于64 ℃时胶结料具有较高的劲度。对低速荷载,由于在北美地区路面的可能最高温度约为70 ℃,必须附加PG76和PG82两个等级。

3.交通等级对胶结料选择的影响

Superpave的胶结料等级必须考虑交通等级,当设计的交通等级超过10^7的当量车轮荷载(ESWL)时,设计人员必须将胶结料等级提高一个等级。同荷载等级一样,交通等级对低温等级没有影响。对沈阳选择的温度等级为PG58-28,当承受很高的交通等级时,温度等级应该为PG64-28。施工安全性及可操作性采用原样沥青的闪点及135 ℃粘度(开始曾经是165 ℃粘度)予以反映,要求闪点大于230 ℃,且135 ℃粘度不超过3 Pa·s。对通常使用的非改性沥青来说,135 ℃粘度一般不超过1 Pa·s,因此高温粘度指标极限值主要是针对改性沥青的。

第7章 聚合物改性沥青

我国从20世纪80年代开始探索道路改性沥青,但是应用的改性剂品种有限,基质沥青的质量不高,未能形成完备的改性技术和规模生产。进入90年代,随着我国工业的发展提供了高聚物等新型材料,一些沥青生产和使用单位采用高聚物为改性剂,在研究开发并引进国外技术的基础上,已经推出一批有实用价值的改性沥青产品,并形成了一定的生产能力。纵观国内改性沥青的研究与应用情况,改性沥青通常具有如下几个特点:优良的高温稳定性;较好的低温抗裂和抗反射裂缝的能力;粘结力及抗水损害能力增强;具有较长的使用寿命。

7.1 改性剂及其分类

改性沥青是为改善普通沥青的物理、力学性能,在其中添加橡胶、树脂、高分子聚合物、磨细的橡胶粉或其他填料等外掺剂。国际上并没有统一的改性沥青的分类标准,目前主要按使用的改性剂的品种进行分类,可将其分为4类。

(1)无机填料类

代表性品种有炭黑、玻璃纤维、木质素纤维等。

(2)橡胶类

代表性品种有丁苯橡胶(SBR)及其乳液。

(3)热塑性树脂类

包括热塑性树脂与热固性树脂,前者有聚乙烯(PE)、乙烯-醋酸-乙烯共聚物(EVA)、聚乙氯烯(PVC)、低密度聚乙烯(LDPE)、聚烯烃等;后者有近年来国外(美国)广泛用做正交异性钢桥面铺装的环氧树脂(EP)。

(4)热塑性弹性体

代表性品种有苯乙烯-丁二烯-苯乙烯嵌段共聚物(SBS)、苯乙烯-异二烯-苯乙烯嵌段共聚物(SIS)。

早期主要用炭黑、玻璃纤维、木质素纤维等无机材料作为填料用来改善沥青材料的性质,这类材料能够改变沥青路面的抗永久变形能力,但无法改善其低温抗裂性能和疲劳性能,因此聚合物改性沥青迅速发展起来,橡胶类、热塑性树脂类及热塑性弹性体都属于聚合物改性沥青。

7.2 聚合物改性剂

聚合物是由很多小分子(单聚体)通过化学反应形成的大链状或簇状分子,一般相对分子量可达几万甚至几百万。聚合物的物理性质是由组成该聚合物的单聚物的排列顺序和化学结构决定的。通常说来,弹性体聚合物被用来修建更有弹性、柔韧的路面,而塑性体聚合物会增加高温稳定性,使沥青混合料劲度模量更大。

目前在国内使用较多的主要有 SBR、PE、EVA、SBS,它们能够同时改变基质沥青的高温稳定性与低温柔韧性,因此近年来得到较广泛的应用。我国目前乃至在今后相当长的一段时间内,可能使用的聚合物改性剂主要是 SBS、SBR、EVA、PE,因此将其分为 SBS(属热塑性弹性体类)、SBR(属橡胶类)、EVA 及 PE(热塑性树脂类)三类。其他未列入的改性剂,可以根据其性质,参照相应的类别执行。

(1)I 类 SBS 类热塑性弹性体聚合物改性沥青

I-A 型及 I-B 型适用于寒冷地区,I-C 型适用于较热地区,I-D 型适用于炎热地区及重交通量路段;SBS 由苯乙烯和丁二烯组成,互不相容和保持分离,成为聚丁二烯三维似橡胶网络的物理交叉连接点。苯乙烯段有强度,丁二烯段有弹性。

(2)II 类 SBR 橡胶类聚合物改性沥青

II-A 型用于寒冷地区,II-B 和 II-C 适用于较热地区,早期用废旧轮胎和天然橡胶(NR)等;废旧橡胶的利用可以减少环境污染,天然橡胶(NR)的使用则是因原料的成本较低。后来发现用丁苯橡胶(SBR)等生产的改性沥青性能更加优良,促使改性沥青进入一个新的发展阶段,其中使用最多的是丁苯橡胶(SBR)和氯丁橡胶(CR)。

(3)III 热塑性树脂类改性沥青

如乙烯-醋酸-乙烯脂(EVA)、聚乙烯(PE)改性沥青,适用于较热和炎热地区。通常要求软化点温度比最高月使用温度的最大日空气温度要高 20℃左右。

7.3 改性剂与沥青的相容性、改性机理

各类改性剂对沥青性质的最终影响是不同的,例如天然橡胶增加混合料的粘结力,有较低的低温敏感性,与集料有较好的粘附性;氯丁胶乳和丁苯胶乳 SBR 将可增加弹性、粘结力,降低感温性;嵌段共聚物 SBS 则还可以改善柔性,增强抵抗永久变形的能力并减小温度敏感性;再生橡胶粉将增加柔性、粘附性,提高抗滑、抵抗疲劳和阻碍发生裂缝的能力。塑料包括 PE、聚丙稀、EVA、乙丙橡胶等将增加稳定性和劲度模量,提高抵抗永久变形的能力,有较低的低温敏感性。

壳牌公司曾对 4 种常用改性剂的改性效果进行对比,如表 7.1 所示。

表 7.1 4 种不同的改性剂的功效

改性剂品种	抗车辙变形	抗温缩裂缝	抗温度疲劳裂缝	抗交通疲劳裂缝	裂缝自愈合性能	抗磨耗性能	抗老化性能
SBS	+	+	+	+	+	+	+
SIS	+	+	+	+	+	+	+
EVA	+	-	-	+	?	+	0
PE	+	-	-	-	-	-	0

注:表中"+"表示提高;"-"表示降低;"0"表示没有影响;"?"表示尚不清楚。

根据沥青改性的目的和要求选择改性剂时,可作如下选择。

①为提高抗永久变形能力,宜使用热塑性橡胶类、热塑性树脂类改性剂。

②为提高抗低温开裂能力,宜使用热塑性橡胶类、橡胶类改性剂。

③为提高抗疲劳开裂能力,宜使用热塑性橡胶类、橡胶类、热塑性树脂类改性剂。

④为提高抗水损害能力,宜使用各类抗剥落剂等外掺剂。

7.3.1 相容性定义

所谓相容性,在热力学上的含义是指两种或两种以上物质按任意比例形成均相体系(或物质)的能力。但实际生活中能够完全互溶的物质几乎是不存在的,因此道路工程上所指的相容性是指“聚合物改性剂以微细的颗粒与基质沥青发生反应或均匀、稳定地分散在基质沥青中,而不发生分层、凝聚或离析等现象”。改性剂与基质沥青的相容性主要取决于两者之间的界面作用、基质沥青的组分以及集合物的极性、颗粒大小、分子结构等因素。一般地,聚合物的极性越强,分子结构与沥青越接近,则它与基质沥青的相容性越好,相应地改性效果也较好。国内的研究还表明聚烯烃类改性剂与高饱和酚的沥青相容性较好,而 SBR、SBS 等则与高芳香酚的基质沥青相容性较好。大量研究认为聚合物在沥青 - 聚合物体系中的理想状态是细分布而不是完全互溶。沥青与聚合物之间的相容性取决于沥青及聚合物性质,并不是某种改性剂对任何沥青都具有改性作用,同样也不是任何沥青都适于改性,这就是相容性问题(或称配伍性)。

7.3.2 聚合物改性沥青对相容性的要求

在进行改性沥青设计时,改性体系首先要满足相容性要求。一种聚合物能否作为改性剂,主要看它是否具备以下几个条件:

①与沥青相容;

②在沥青的混合温度下能够抵抗分解;

③易加工与批量生产;

④在使用过程中能够始终保持原有的优良性能;

⑤经济上合理,不会显著增加工程造价。

其中相容性是沥青改性的首要条件,是影响改性沥青性能的主要因素。改性的效果在很大程度上取决于聚合物的浓度、分子重量、化学成分、分子排列、炼制沥青的原油品种、加工过程以及所采用的基质沥青,因此首先要看相容性及其影响因素。

沥青和聚合物的相容性质是决定聚合物改性沥青性能的关键因素,当一种聚合物加入到两种不同的沥青时,产品的物理性能可能会截然不同,聚合物在沥青中呈连续网状结构时,其改性效果最明显。要达到这种效果,需要聚合物和沥青的化学性质相容。

7.3.3 选择沥青的原则

沥青的原油基属、组分构成以及沥青标号对相容性和改性效果均有很大的影响,其中沥青组分构成对相容性的影响最为显著。研究认为沥青中芳香油酚在聚合物剂量很小的情况下可以溶解聚合物,而饱和油酚对改性效果起很大的作用,沥青质含量较大的沥青与聚合物的相容性很差。壳牌公司提出:当沥青的组分比例在如下范围时,它与聚合物的相容性好。

①饱和油酚:8% ~ 12%;

②芳香油酚及树脂:85% ~ 89%;

③沥青质:1% ~ 5%。

总体上沥青的标号不仅影响到沥青与聚合物的相容性,而且影响到改性性质,所以在选择沥青时,应以相容性作为首要条件。一般随着针入度的减小,相容性降低,形成网状结构所需聚合物增加,温度敏感性也会提高,所以改性沥青宜采用高标号的沥青。这样高分子聚合物可改善沥青的高温抗变形能力,同时低粘度沥青的低温柔性也较好,从而达到同时改善高、低温性能的改性效果。但沥青标号也不宜太大,标号的选择要结合沥青路面使用温度的范围而定。

7.4 改性沥青的生产和技术标准

我国现有的改性沥青加工工艺,除了少量可以采用直接投入法加工的改性剂如SBR胶乳外,大部分改性剂与道路沥青的相容性很不好,所以必须采取特殊的加工方式,将改性剂完全分散在沥青中,才能生产改性沥青。我国之所以长期以来对改性沥青的研究和推广进展缓慢,不能不说是因为在改性沥青设备上陷入了误区,对PE、SBS等仅仅采用常规的机械搅拌方式,以致加工效果不明显,严重影响了改性沥青的发展。所以,改性沥青设备成了发展改性沥青的关键。

7.4.1 改性沥青生产方法

归纳起来,改性沥青的加工制作及使用方式,可以分为预混法和直接投入法两大类。实际上,直接投入法是制作改性沥青混合料的工艺,只有预混法才是名副其实的制作改性沥青,不过现在统称为改性沥青,细分可有如图7.1所示的几种。下面介绍有代表性的两种改性沥青生产工艺。

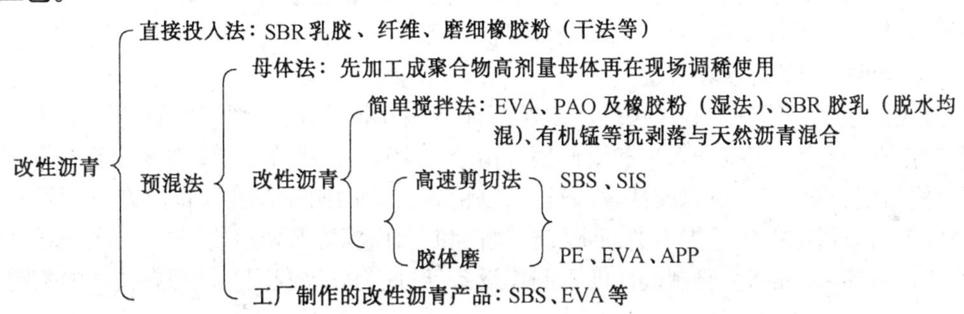

图7.1 改性沥青工艺

1. 母体法

母体法的原理是先采用一种适当的方法制备加工成高剂量聚合物改性沥青母体,再在现场把改性沥青母体与基质沥青掺配调移成要求剂量的改性沥青使用,所以又称为二次掺配法。母体法可以采用溶剂法和混炼法制备改性沥青母体。

对与沥青相容性不好的SBR、SBS、PE等聚合物改性剂,都可以采用高速剪切等工艺生产高浓度的改性沥青母体。可是如果仅仅是把聚合物剂量增加,不采取添加稳定剂等措施,那么改性沥青在冷却、运输、存放乃至将母体加热、与沥青稀释掺配的再加工过程中,改性剂势必发生离析,严重影响改性效果。所以在二次掺配时还必须进行强力搅拌,使改性剂分散均匀。

生产改性沥青母体的方法在我国曾经用于SBR橡胶沥青的生产,其中能形成规模生产、工艺较为成熟的主要是交通部重庆公路科学研究所发明的"溶剂法"橡胶沥青生产工艺。该工艺分如下两步。

①第一步,先将固体丁苯橡胶切成薄片,用溶剂使丁苯橡胶溶解(溶胀)变成微粒,液态与熟沥青共混,再回收溶剂,制成高浓度SBR改性沥青母体,以商品形式销售。成品SBR改性沥青母体固体成分含量一般为20%。由于生产过程中的溶剂难于完全回收,母体中一般残留有

5%以下的溶剂。

②第二步,在工程上使用时,用户将此固体形态的母体用人工方式切碎,按要求比例投入热态的沥青中,采用搅拌机或循环泵搅拌,直至混合均匀(一般需 1 ~ 2 h),制成要求比例的改性沥青,再投入沥青混合料拌和锅中拌和即可。现在已经有了热法切割改性沥青母体的专用配套设备,切碎的程度越小越好,一般小于 1 kg,均混的温度宜保持在 120 ~ 150 ℃范围内,并保持温度稳定。

母体法同样需要加工后的防离析措施,否则在使用过程中照样要离析。采用溶剂法生产成母体,成本较高,母体再熔化加工也比较困难,使用受到限制。

对目前工程上使用较多的 SBS、SIS 等热塑性橡胶类和 EVA、PE 热塑性树脂类改性剂,由于它与沥青相容性较差,仅仅采用简单的机械搅拌势必需要太长的时间,且效果不好,所以我国长期以来始终停留在试验阶段。对这些改性剂,必须通过胶体磨设备或高速剪切设备等专用机器的研磨和剪切力强制将改性剂打碎,使改性剂充分分散到基质沥青中。这种生产改性沥青的方式是目前国际上最先进的方法,除了可以在工厂生产专用的改性沥青并运输到现场使用外,也可以将改性沥青设备安装在现场,边制造边使用,从而给生产带来了很大的方便。而且改性沥青的质量良好,因此是值得推广的方法。

例如在热沥青中加入 SBS 后,SBS 在受到剪切粉碎的同时,聚合物中的聚苯乙烯块吸收了沥青中的部分芳香酚及轻胶质而使体积较原来膨胀了 9 倍,当混合物冷却到 100℃以下时,聚苯乙烯块粘结而强化了结构,聚丁二烯则可提供弹性。

2. 胶体磨式与高速剪切式

目前我国主要采用一种制作法生产改性沥青,即采用专用的改性沥青制造设备在现场加工制造改性沥青,然后直接送入拌和机使用。由于它生产成本较低,改性剂分散后不等它离析或凝聚,便与混合料拌和,所以改性效果较好,是值得推广的制作改性沥青的方向。所加工的改性沥青也可以供应一定范围内的沥青混合料拌和厂,由沥青车调运使用,只需在现场设置可搅拌的储存罐即可。因此,研制改性沥青制作设备,已成为发展我国改性沥青技术的关键中的关键。

现场使用的改性沥青设备有胶体磨式与高速剪切式两大类,这两类设备都是国外常用的专用改性沥青制作设备。采用胶体磨法和高速剪切法加工改性沥青,一般都需要经过改性剂融胀、分散磨细、继续发育三个阶段。每一阶段的工艺流程和时间随改性剂及加工设备的不同而不同,而加工温度是个关键。改性剂经过融胀阶段(SBS 充油将使融胀变得很容易)后,磨细分散才能做到又快又好,加工出来的改性沥青还需进入储存罐中不停地搅拌,使之继续发育(对 SBS 一般需 30 min 以上),才能喷入拌和锅中使用。

制造改性沥青的关键在于能将改性剂磨细,并使其均匀地分散于沥青胶体中。沥青改性设备一般包括 7 个子系统:沥青外掺剂供给系统、炼磨搅拌系统、加热保温系统、控制系统、称量称重系统、液压站及成品储存罐。胶体磨是整个改性设备的核心,它应能在高温、高压环境下长时间高速旋转,同时还应能控制物料的均混粒度以及胶溶效果。胶体磨式、高速剪切式等专用设备我国都已经有产品。

另外,可以用溶剂法将固体丁苯胶溶解在汽油中,再与沥青拌和制成丁苯胶沥青母体,使用时按要求的丁苯胶含量将母体与所用沥青在高温下拌和均匀。也可以将丁苯胶制成薄片状,使用时沥青在专用搅拌锅内加温到约 160 ℃时将丁苯胶薄片加入搅拌锅中进行搅拌至全部溶入沥青为止。

7.4.2　改性沥青的技术标准

我国以前并没有改性沥青的技术标准,最新编制的《公路改性沥青路面施工技术规范》(JTJ 03698 - 98)主要是参考国外的标准,同时根据我国近年来的施工实践制定的。各国改性沥青的技术标准都有一些共同的特点,应根据聚合物类型、不同的气候条件选择合适的改性沥青的种类。

我国的《公路改性沥青路面施工技术规范》(JTG F40 - 2004)已经交通部批准作为交通行业标准在我国施行。根据我国的情况,提出的聚合物改性沥青技术要求如表 7.2 所示。它是在我国改性沥青实践经验和试验研究的基础上提出的,制定时主要是参考了 ASTM 标准,既吸取了国外标准的长处,又采用了我国经过努力可以实现的指标和试验方法。

表 7.2　我国聚合物改性沥青技术要求

指标	SBS 类(I 类)				SBR 类(II 类)			PE、EVA 类(III 类)			
	A	B	C	D	A	B	C	A	B	C	D
针入度(25℃,100 g,5 s),0.1 mm	>100	80~100	60~80	40~60	>100	80~100	60~80	>80	60~80	40~60	30~40
针入度指数 PI,不小于	-1.0	-0.6	-0.2	0.2	-1.0	-0.8	-0.6	-1.0	-0.8	-0.6	-0.4
延度(5 ℃,5 cm/min)/cm,不小于	50	40	30	20	60	50	40	–			
软化点 $T_{R\&B}$/℃,不小于	45	50	55	60	45	48	50	48	52	56	60
运动粘度(135 ℃)/(Pa·s),不大于	3										
闪点/℃,不小于	230				230			230			
溶解度/%,不小于	99				99			–			
离析,软化点差/℃,不大于	2.5				–			无改性剂明显析出、凝聚			
弹性恢复(25 ℃)/%,不小于	55	66	65	70	–			–			
粘韧性 /($N\cdot m^{-1}$)	–				5			–			
韧性 /($N\cdot m^{-1}$)	–				2.5						
RTFOT 后残留物											
质量损失/%,不大于	1.0				1.0			1.0			
针入度比(25 ℃)/%,不小于	50	55	60	65	50	55	60	50	55	58	60
延度(5 ℃)/cm,不小于	30	25	20	15	30	20	10				

注:①表中 135℃运动粘度可采用《公路工程沥青及沥青混合料试验规程》(JTJ 052 - 2000)中的"沥青布氏旋转粘度试验方法(布洛克菲尔德粘度计法)"进行测定。若在不改变改性沥青物理力学性质并符合安全条件的温度下易于泵送和拌和,或经证明适当提高泵送和拌和温度时能保证改性沥青的质量、容易施工,可不要求测定。

②储存稳定性指标适用于工厂生产的成品改性沥青。现场制作的改性沥青对储存稳定性不可不做要求,但必须在制作后,保持不间断的搅拌成泵送循环,保证使用前不发生明显的离析。

7.5 SBS 改性沥青

7.5.1 SBS 改性剂介绍

SBS 是一种热塑性弹性体,是以丁二烯和 1,3 - 苯乙烯单体,采用阴离子聚合制得的线型或星型嵌段共聚物,如果添加了填充油,则称为充油 SBS。SBS 高分子链具有串联结构的不同嵌段、塑性段和橡胶段,形成了类似合金的“金相组织”结构,如图 7.2 所示。这种热塑性弹性体具有多相结构,每个丁二烯链段(B)的末端都连接一个苯乙烯嵌段(S),若干个丁二烯链段偶联则形成线型或星型结构。其中的聚苯乙烯链段(S)在两端,分别聚在一起,形成物理交联区域,即硬段,称为微区(Domain),也可以称为约束相(或分散相、聚集相);而聚丁二烯链段(B)软段,也可称为连续相(或海相),呈现高弹性。SBS 的硬段作为分散相而分布在连续相聚丁二烯之间,起着物理交联点固定链段和聚丁二烯补强活性填充剂的作用,它阻止分子链的冷流,常温下,甚至在低温 100 ℃时,仍具有硫化橡胶的特征。

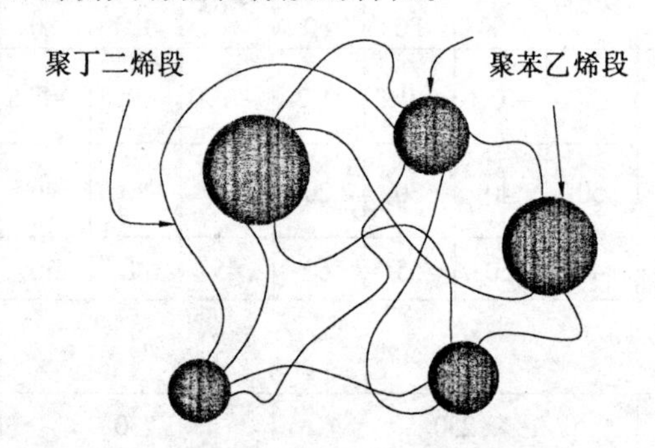

图 7.2 SBS 热塑性橡胶的相位结构

SBS 的两相分离结构决定了它具有两个玻璃化温度,Tg_1 为 - 80 ℃(聚丁二烯),Tg_2 为 80 ℃(聚苯乙烯)。当温度升高到超过 SBS 端聚苯乙烯的玻璃化温度(Tg_2)时,网状结构消失,塑料段开始软化和流动,有利于拌和和施工,而在路面使用温度下为固体,起物理的交联和增强效果,产生高拉伸强度和高温下的抗拉伸能力;其中聚丁二烯具有较好的弹性和抗疲劳性能,其玻璃化温度极低,有低温柔性。当 SBS 熔入沥青后,端基转化并流动,中基吸收沥青的软沥青质组分,形成海绵状的材料,体积增大许多倍。冷却以后,端基再度硬化,且物理交联,使中基嵌段进入具有弹性的三维网状之中。这种在通常加工温度下呈塑性流动状态,而在常温下无需硫化即成橡胶性能的特点使 SBS 作为道路沥青的改性剂具有极好的使用性能。

SBS 有线型及星型两种,如图 7.3 所示,我国岳阳、燕山等石化公司均有生产。SBS 的改性效果与 SBS 的品种、相对分子量密切相关,SBS 的相对分子量很大,按照我国的石化标准进行划分,可以分为 3 种情况:不大于 10 万,14 ~ 16 万,23 ~ 28 万。一般来讲,SBS 的相对分子量越大,改性效果越明显,但加工越困难。

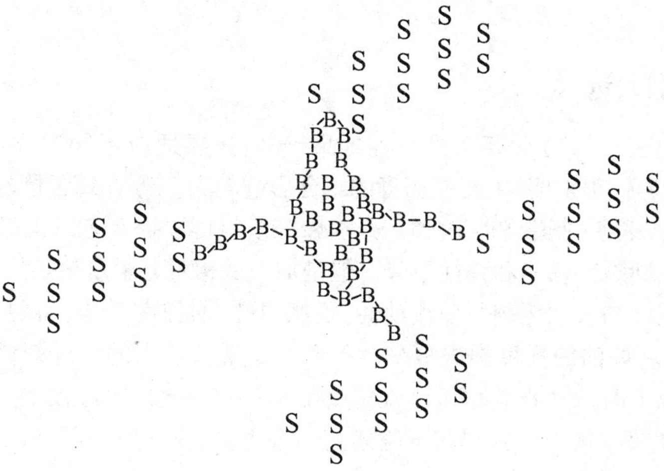

(a) 星型结构

(b) 线型结构

图 7.3　SBS 热塑性弹性体结构示意图

7.5.2　SBS 改性沥青的相容性

大量研究已经表明，改性剂与沥青并没有发生明显的化学反应，而是均匀地分散、吸附在沥青中，仅仅是物理意义上的共存共融。所谓相容性是指改性剂以微细的颗粒均匀、稳定地分布在沥青介质中，不发生分层、凝聚或者互相分离现象的性质。它取决于改性剂和沥青两种不同相的界面上的相互作用，溶解度参数或者分子结构越是接近的相容性越好。相容性好的改性沥青，改性剂分散均匀，或者成为均匀连续的网状结构；反之就凝聚成为絮状、块状。当改性沥青冷却时，改性剂便析出、分层。所以，同一种改性剂对不同的基质沥青会有不同的改性效果，这就是改性剂和沥青的相容性。

很显然，并不是所有的沥青都可以采用同样的聚合物改性剂和改性工艺达到相同的改性效果的，某一种改性剂的改性效果不仅与剂量有关，还受到改性剂品种与基质沥青品种的相容性的影响。不仅不同的聚合物对同一种沥青的改性效果不同，而且同一种改性剂对不同的基质沥青的改性效果也不相同。同一种聚合物对某些聚合物能够较好地混融，而对另一些沥青则不太易混融。当聚合物在外力作用下混入沥青中以后，一旦外力撤离，聚合物在一些沥青中极容易离析，而在另一些沥青中则可能比较稳定，这就是因为聚合物改性剂与沥青品种存在着不同相容性的原因。

从热力学角度分析，聚合物与沥青的相容性是指二者相互混融而形成均匀体系的能力。然而，能完全满足热力学条件形成均相体系的物质很少，而热力学不相容则是通常存在的情况。一般情况下的混合体系均为微观或亚微观结构上的多相体系，这种物质不完全相容是客观存在的，如果这些物质不同组分的特性能够互为补充，就会使材料的性能得到改善。相容性好就使得二者不容易分离，组成比较均匀；相容性差就使得聚合物在沥青中分散不均匀，聚合物容易凝聚、离析，成为非均质体。改性沥青的性能取决于改性剂与基质沥青的混融状态及体系的稳定性。

7.5.3 SBS改性剂的选择

选择什么种类的SBS,一方面要考虑改性效果,同时还要适应不同的改性设备的加工能力。SBS与沥青的相容性很重要,主要是沥青的组分影响较大。芳香酚含量越高,改性加工越容易,效果越好。研究表明,制造SBS时加入聚乙烯等塑料可以提高SBS的硬度,改善其耐候性,但将使抗拉强度、断裂伸长率和弹性下降。但是加入低相对分子量聚烯烃可能会出现抗拉强度增加的特殊情况。加入软化剂可使流动性、耐挠曲性、回弹性增强,而硬度、抗拉强度、耐磨性下降,其中加入环烷油的强度损失最少。关于SBS单独使用的合理剂量,欧洲的研究表明,SBS剂量在3%以上时,开始比较有效,软化点在3%~5%之间大幅度上升,抗车辙能力在4%~6%范围内提高幅度较大。我国的试验研究结果表明,在一般情况下,SBS剂量以4.5%~5.0%为宜。

第 8 章　配合比设计方法

8.1　Superpave 水平 1 混合料设计方法

8.1.1　前言

美国 SHRP 研究成果《Superpave 混合料设计体系规范和实践手册》是一套从轻交通到重交通道路的混合料设计方法，根据交通量不同，按表 8.1 分为 3 个设计水平。

表 8.1　设计水平 1、2、3 与相应的设计交通量

设计水平	水平 1	水平 2	水平 3
设计交通量 (80kN EASL)	轻交通 ≤106	中等交通量 ≤107	重交通量 > 107
试验要求	选择材料和体积配合比	水平 1 + 性能预测试验	水平 1 + 增加的性能预测试验

可见，设计水平 1 不仅用于低交通量，而且也是各级设计水平的基础。

8.1.2　材料的选择

选择沥青、集料和改性剂应根据环境、交通条件和路面要求的性能而定。

1. 沥青胶结料等级的确定

表 8.2 给出了 Superpave 胶结料规范中现在的胶结料等级。

表 8.2　Superpave 胶结料等级

高温等级/℃	低温等级/℃						
PG - 46	- 34	- 40	- 46				
PG - 52	- 10	- 16	- 22	- 28	- 34	- 40	- 46
PG - 58	- 16	- 22	- 28	- 34	- 40		
PG - 64	- 10	- 16	- 22	- 28	- 34	- 40	
PG - 70	- 10	- 16	- 22	- 28	- 34	- 40	
PG - 76	- 10	- 16	- 22	- 28	- 34		
PG - 82	- 10	- 16	- 22	- 28	- 34		

(1) 设计温度的确定

选择胶结料等级有 3 个考虑因素，即地理区域、路面温度和气温。

采用每年最热的7天并计算这7天的平均最高气温，对于所有的年份，计算7天平均最高气温的平均值和标准差。同样，鉴别每一年的一天最低气温并计算平均值和标准差。用于选择沥青胶结料等级的设计温度是路面温度而不是气温。对于表面层，Superpave 定义最高路面设计温度是在路表面以下 20 mm 深处，而最低路面设计温度在路表面。用净热流和能量平衡理论分析实际情况，并对太阳能吸收(0.90)、通过空气的幅射传送(0.81)、大气辐射(0.70)和风速(4.5 m/s) 进行考虑，由此，最高路面设计温度为

$$T_{max} = (T_{air} - 0.006\ 18L_{at}^2 + 0.228\ 9L_{at} + 42.2) \times 0.954\ 5 - 17.78 \tag{8.1}$$

式中，T_{max}为 20 mm 深处最高路面设计温度；T_{air}为 7 d 平均最高气温，℃；L_{at}为项目所在地的地理纬度。

在 Superpave 中采用式(8.2)确定最低路面设计温度，即

$$T_{min} = 0.859T_{air} + 1.7 \tag{8.2}$$

在选择胶结料等级中，使用可靠度以选定最高和最低路面温度设计风险的程度。可靠度是在一年实际温度(一天最低温度或7 d最高温度)不超过设计温度的概率。

(2)根据路面温度选择胶结料等级

举例说明，为了达到最少 50%的可靠度并提供最少 52 ℃的平均最大路面温度，配合设计温度为 52 ℃，标准高温等级为 PG - 52；同样的道理，配合设计温度为 - 16 ℃，达到 50%的可靠度，标准低温等级是 PG - 16。为获得最少 98%的可靠度，选择标准高温等级 PG - 58 以防止 56 ℃以上的温度，选择标准低温等级 PG - 28 以防止低于 - 23 ℃是必要的。PG58 - 28 的高温和低温情况，由于在标准等级之间有 6 度的差异，所以实际的可靠度超过 99%。

(3)根据交通速率和荷载调整胶结料等级选择

上述沥青胶结料的选择是根据典型的公路荷载条件来决定的。如设计车速不高，胶结料应选择高一级的高温等级，如用 PG64 代替 PG58。

对于重载交通应进行附加的换算。若设计交通超过 10 000 000 ESAL，则要求根据气候选择高一级的高温等级。若设计交通超过 30 000 000 ESAL，则要求选择再高一级的高温等级。

根据路面最低和最高设计温度和交通条件参照表 8.3 确定胶结料的等级。

表 8.3　胶结料等级的选择

最低路面设计温度/℃	> - 10	PG46 - 10	PG52 - 10	PG58 - 10	PG64 - 10	PG70 - 10	PG76 - 10	PG82 - 10
	- 10 ~ - 16	PG46 - 16	PG52 - 16	PG58 - 16	PG64 - 16	PG70 - 16	PG76 - 16	PG82 - 16
	- 16 ~ - 22	PG46 - 22	PG53 - 2	PG58 - 22	PG64 - 22	PG70 - 22	PG76 - 22	PG83 - 2
	- 22 ~ - 28	PG46 - 28	PG53 - 8	PG58 - 28	PG64 - 28	PG70 - 28	PG76 - 28	PG83 - 8
	- 28 ~ - 34	PG46 - 34	PG52 - 34	PG58 - 34	PG64 - 34	PG70 - 34	PG76 - 34	PG82 - 34
	- 34 ~ - 40	PG46 - 40	PG52 - 40	PG58 - 40	PG64 - 40	PG70 - 40	PG76 - 40	PG82 - 40
	- 40 ~ - 46	PG46 - 46	PG52 - 46	PG58 - 46	PG64 - 46	PG70 - 46	PG76 - 46	PG82 - 46

2.集料的选择

粗集料(2.36 mm 筛余)和细集料(通过 2.36 mm 筛)的具体要求见表 8.4。

(1)粗集料棱角

为了确保粗集料有高的内摩擦力和车辙抗力，定义为大于4.75 mm集料具有一个或一个以上破碎面的重量百分率。

(2)细集料棱角

为了保证细集料有高的内摩擦力和车辙抗力，定义为小于2.36 mm松压集料的空隙百分率(AASHTO TP33)。较高的空隙含量意味着较多的破碎面。

(3)粗集料的扁平与细长颗粒

指最大与最小尺寸比率大于5的粗集料的质量百分率。使用的试验方法是ASTM D 4791“粗集料中的扁平或细长颗粒”，用大于4.75 mm的粗集料进行试验。

(4)粘土含量

包含在通过4.75 mm筛的集料中的粘土百分率。用AASHTO T176测定“用砂当量试验级配集料和土中的塑性细颗粒”(ASTM D 2419)。

(5)集料的坚固性

集料在洛杉矶磨耗试验中材料损失的百分率(AASHTO T 96或ASTM C 131或C 535)。推荐最大损失值范围为35%～45%。

(6)安定性

集料在钠或镁的硫酸盐安定试验中的质量损失百分率(AASHTO T 104或ASTM C 88)。试验结果是对于规定循环次数的各种筛孔间隔总的百分损失率，对于5次循环，最大损失值范围为10%～20%。

(7)有害物质

定义为粘土块、页岩、木材、云母和煤这样的材料在集料中的质量百分率(AASHTO T 112或ASTM C 142)。可用粗集料和细集料进行分析。有害颗粒存在的最大容许百分率的范围为0.2%～10%。

表8.4　Superpave混合料设计要求

交通量百万ESAL/s	粗集料棱角		细集料棱角		砂当量	扁平细长颗粒/%	矿粉与有效沥青用量比
	在路面下深度/mm		在路面下深度/mm				
	< 100	> 100	< 100	> 100			
< 0.3	55/ -	- / -	-	-	40	-	0.6～1.2
< 1	65/ -	- / -	40	-	40	-	0.6～1.2
< 3	75/ -	50/ -	40	40	40	10	0.6～1.2
< 10	85/80	60/ -	-	-	45	10	0.6～1.2
< 30	95/90	80/75	45	40	50	10	0.6～1.2
< 100	100/100	95/90	45	45	50	10	0.6～1.2
> 100	100/100	100/100	45	45	50	10	0.6～1.2

注：“85/80”表示85%的粗集料有一个或一个以上的破碎石，80%的粗集料有两个或两个以上的破碎面，其余同理。

3. 级配

对规定级配，Superpave采用0.45次方级配图表来定义容许级配。图表的纵坐标是通过百分率,横坐标是筛孔尺寸的0.45次方。最大密度级配为从最大粒径到原点的一条直线,Superpave使用如下集料尺寸定义。

最大尺寸:大于公称最大尺寸的筛孔尺寸。

公称最大尺寸:大于第一级筛,筛余多于10%的筛孔尺寸。

最大密度级配:集料颗粒以最密实的可能排列配合在一起的级配。

Superpave采用控制点和一个限制区来规定集料级配。控制点分别放在公称最大筛、一个中等筛(2.36 mm)和最小筛(0.075 mm)处,见表8.5。它们是级配必须通过的主要区域。

限制区处于沿最大密度级配线中等筛和0.3 mm筛之间。由于限制区特有的驼峰形,所以通过这个区的级配称为“驼峰级配”。在多数情况下,驼峰级配表一种多砂混合料和或相对于总砂量拥有较多细砂的混合料,这种级配常引起施工中混合料压实问题,并降低抗永久变形的能力。集料限制区的边界如表8.6所示。当交通量增大时,建议级配向最小控制点移动。

表8.5(a) 最大公称尺寸25 mm

筛孔尺寸/mm	控制点范围(通过百分率/%)	
	最小	最大
0.075	1	7
2.36	19	45
19.0	-	90
最大公称尺寸	90	100
最大集料尺寸	100	—

表8.5(b) 最大公称尺寸19 mm

筛孔尺寸/mm	控制点范围(通过百分率/%)	
	最小	最大
0.075	2	8
2.36	23	49
12.5	-	90
最大公称尺寸	90	100
最大集料尺寸	100	—

表8.5(c) 最大公称尺寸12.5 mm

筛孔尺寸/mm	控制点范围(通过百分率/%)	
	最小	最大
0.075	2	10
2.36	28	58
9.5	-	90
最大公称尺寸	90	100
最大集料尺寸	100	—

表 8.6　集料的限制区边界

限制区内筛孔尺寸 /mm	最大公称尺寸,最大、最小边界 (最小/最大通过百分率)				
	37.5 mm	25.0 mm	19.0 mm	12.5 mm	9.5 mm
4.75	34.7/34.7	39.5/39.5	–	–	–
2.36	23.3/27.3	36.8/30.8	34.6/34.6	39.1/39.1	47.2/47.2
1.18	15.5/21.5	18.1/24.1	22.3/28.3	25.6/31.6	31.6/37.6
0.6	11.5/15.7	13.6/17.6	16.7/20.7	19.1/23.1	23.5/27.5
0.3	10.0/10.0	11.4/11.4	13.7/13.7	15.5/15.5	18.7/18.7

8.1.3　设计集料的结构

1.试件体积特性计算

评价集料特性以后,下一步是压实试件并确定每种试件的体积特性。

(1)混合料的有效密度

$$G_{se} = G_{sb} + 0.8(G_{sa} - G_{sb}) \tag{8.3}$$

式中,G_{se}为集料的有效密度; G_{sb}为集料的毛体积密度;G_{sa}为集料的表观密度;系数 0.8 为可根据设计者的判断而改变,吸水性集料更接近 0.6 或 0.5。

(2)吸收进集料中的沥青体积

$$V_{ba} = w_s \times \left(\frac{1}{G_{sb}} - \frac{1}{G_{se}}\right) \tag{8.4}$$

式中,w_s 为混合料重量百分率,$w_s = \dfrac{P_s \times (1 - V_a)}{\dfrac{P_b}{G_b} + \dfrac{P_s}{G_{se}}}$;$V_{ba}$为吸收的胶结料体积;$P_b$ 为沥青用量(实测或假定为 0.05);P_s 为集料的质量百分率(实测或假定为 0.95);G_b 为胶结料的密度(实测或假定为 1.02);V_a 为空隙率(假定为混合料的 4%)。

(3)有效沥青的体积

$$V_{be} = 0.176 - 0.067\,5\lg(S_n) \tag{8.5}$$

式中,S_n 为集料的最大公称尺寸,mm。

(4)初始试用沥青胶结料含量

$$P_{bi} = \frac{G_b \times (V_{be} + V_{ba})}{G_b \times (V_{be} + V_{ba}) + w_s} \times 100\% \tag{8.6}$$

2.试件制备与压实

本方法用 Superpave 旋转压实机制备沥青混合料(HMA)试件。

(1)试件尺寸

用于 Superpave 水平 1 混合料设计的压实试件的尺寸为直径 150 mm,高 115 mm。根据 AASHTO T 209/ASTM D 2041,保留未压实的状态的试样用于确定最大理论密度;水损害试验采用 AASHTO T 283 方法,试件高为 95 mm。

表 8.7 设计旋转压实次数表

交通量 ESAL/10⁶s	7 天最高平均气温/℃											
	< 39			39 ~ 41			41 ~ 43			43 ~ 45		
	N_i	N_d	N_m	N_i	N_d	N_m	N_i	N_d	N_m	N_i	N_d	N_m
< 0.3 < 1	7	68	104	4	74	114	7	78	121	7	82	127
	7	76	117	7	83	129	7	88	138	8	93	146
	7	86	134	8	95	150	8	100	158	8	105	167
	8	96	152	8	106	169	8	113	181	9	119	192
	8	109	174	9	121	195	9	128	208	9	135	220
	9	126	204	9	139	228	9	146	240	10	153	253
	9	143	235	10	158	262	10	165	275	10	172	288

(2)试件压实

根据交通量等级和平均设计气温来选择设计旋转压实次数,其步骤如下。

根据表 8.7 确定设计旋转压实次数 N_d。表中给出不同交通量和 7 天最高平均气温初始旋转压实次数 N_i,设计旋转压实次数 N_d 和最大旋转压实次数 N_m。

N_d 是达到空隙率 4% 时的旋转次数,根据交通量和平均气温确定;N_m 是混合料密度小于最大理论密度 98% 或空隙率大于 2% 的最大旋转压实次数;N_i 是混合料密度小于最大理论密度 89% 的最大旋转压实次数。

(3)采用 SHRP M – 007 松散沥青混合料短期老化后,按照 AASHTO TP4(SHRP M – 002)旋转压实仪压实试件,该仪器可自动采集试件压实次数与试件密度。Superpave 混合料设计压实要求如表 8.7 所示。

(4)测定混合料最大理论密度

3.数据分析与表示

由于初始试验沥青混合料的空隙率不可能正好为 4%,所以数据分析的目的是对沥青用量进行调整,调整方法如下。

(1)通过计算估算的毛体积比重

在压实中,每次旋转后测量并记录高度,测量压实试件的 G_{mb} 和松散混合料的 G_{mm}。估算旋转数的 G_{mb} 可通过用压实模的体积除混合料的质量来得到,即

$$G_{mb} = \frac{\frac{w_m}{V_{mx}}}{\gamma_w} \tag{8.7}$$

式中,G_{mb} 为试件压实中估算的毛体积比重;w_m 为试样的质量,g;γ_w 为水的密度,1 g/cm³;V_{mx} 为压实模的体积,cm³,由下式计算,即

$$V_{mx} = \frac{\pi d^2 h_x}{4} \times 0.001 \tag{8.8}$$

式中,d 为试件的直径,取 150 mm;h_x 为压实中试件的高度,mm。

计算时假定试件为平滑圆柱体,但实际情况并非如此。因此,在 N_d 时最终估算的 G_{mb}不同于量测的 G_{mb},则被估算的 G_{mb}将用量测值与估算值的比值来进行修正,即

$$C = \frac{G_{mb}(量测)}{G_{mb}(估算)} \tag{8.9}$$

式中,C 为估算系数。

在任何旋转次数是估算的 G_{mb}为

$$G_{mb}(修正) = C \times G_{mb}(估算) \tag{8.10}$$

(2)集料的最大公称尺寸确定 VMA

不同的最大公称尺寸要求的 VMA 不同,表 8.8 给出了最大公称尺寸要求的最小 VMA 值。

(3)确定旋转 N_d 次数后的空隙率 V_a 和 VMA

N_d 时的空隙 V_a 率和 VMA 为

$$V_a = \frac{G_{mm} - G_{mb}}{G_{mm}} \times 100\% \tag{8.11}$$

$$VMA = 100 - \frac{G_{mb} \times P_s}{G_{mb}} \tag{8.12}$$

式中,V_a 为 N_d 时的空隙率;G_{mm}为混合料的最大理论密度;G_{mb}为混合料的毛体积密度;P_s 为混合料总质量中的集料含量百分率。

(4)如果空隙率等于 4%,则这个数据与体积标准进行比较并完成混合料的分析。然而,如果在 N_d 时空隙率不是 4%(这是典型情况),则需确定在 N_d 达到 4% 的空隙时的设计沥青用量,并计算在估算的沥青用量下的估算设计性能。

用下式计算在 N_d 等于 4% 空隙的估算沥青含量

$$P_b(估算) = P_{bi} - 0.4 \times (4 - V_a) \tag{8.13}$$

式中,P_b(估算)为估算的沥青用量,混合料质量百分率;P_{bi}为初始沥青用量,混合料的质量百分率;V_a 为在 N_d 时的空隙率(试验测得)。

(5)此沥青用量时的 N_d 的体积指标(如 VMA 和 VFA)为

对 VMA

$$VMA(设计) = VMA(试验) + C \times (4 - V_a) \tag{8.14}$$

式中,VMA(设计)为在设计空隙率 4% 下的 VMA;VMA(试验)为在初始试验沥青用量下确定的 VMA;C 为常数,当 V_a 小于 4% 时,$C = 0.1$,当 V_a 大于 4% 时,$C = 0.2$。

对 VFA

$$VFA(设计) = 100 \times \frac{VMA(设计) - 4.0}{VMA(设计)} \tag{8.15}$$

4.粉胶比的确定

粉胶比以通过 0.075 mm 筛孔的材料质量百分率除以有效沥青含量进行计算。有效沥青含量为

$$P_{be} = P_b(设计) - (P_s \times \gamma_b) \times \frac{G_{se} - G_{sb}}{G_{se} \times G_{sb}} \tag{8.16}$$

式中,P_{be}为有效沥青含量,混合料的质量百分率;P_s 为集料含量,混合料的质量百分率;γ_b 为沥青的密度;G_{se}为集料有效密度;G_{sb}为集料毛体积密度。

则粉胶比为

$$DP = P_{0.075}/P_{be} \tag{8.17}$$

式中，$P_{0.075}$为通过0.075 mm筛孔的集料含量，以集料质量百分率表示。

5. Superpave 混合料体积设计标准

表8.8给出了 Superpave 混合料体积设计要求。

表8.8　Superpave 混合料体积设计要求

<table>
<tr><th rowspan="3">交通量
ESAL
/10⁶s</th><th colspan="3" rowspan="2">要求密度
（最大理论密度/%）</th><th colspan="5">最小矿料间隙率/%</th><th rowspan="3">VFA</th><th rowspan="3">粉胶比</th></tr>
<tr><th colspan="5">最大公称尺寸</th></tr>
<tr><th>N_i</th><th>N_d</th><th>N_m</th><th>37.5</th><th>25.0</th><th>19.0</th><th>12.5</th><th>9.5</th></tr>
<tr><td><0.3</td><td>≤91.5</td><td rowspan="5">96</td><td rowspan="5">≤98</td><td rowspan="5">11.0</td><td rowspan="5">12.0</td><td rowspan="5">13.0</td><td rowspan="5">14.0</td><td rowspan="5">15.0</td><td>70~80</td><td rowspan="5">0.6~1.2</td></tr>
<tr><td>0.3~3</td><td>≤90.5</td><td>65~78</td></tr>
<tr><td>3~10</td><td rowspan="3">≤89.0</td><td rowspan="3"></td></tr>
<tr><td>10~30</td></tr>
<tr><td>>30</td></tr>
</table>

8.1.4　确定设计沥青用量

设计沥青用量的目的是在设计旋转次数条件下产生4%空隙率的沥青用量。因此应对不同的沥青用量情况下的试件进行评价，以得到设计沥青用量，其步骤如下。

1. 选择4个沥青用量

以初始沥青用量 P_b、$P_b-0.5\%$、$P_b+0.5\%$、$P_b+1.0\%$这4种沥青用量作为评价基础。

2. 成型4种沥青用量的混合料试件

根据表8.8选择 N_i、N_d、N_m。采用 SHRPM-007 松散沥青混合料短期老化后，按照 AASHTO TP4(SHRP M-002)旋转压实仪压实试件，并测定试件的最大理论密度。

3. 选择相应于空隙率为4%的沥青用量

(1)评价4种沥青用量的密度曲线，测量 N_i、N_d、N_m 时相应的混合料的密度 C_i、C_d、C_m；

(2)确定相应于 N_d 条件下的 V_a、VMA 和 VFA；

(3)绘出沥青用量与 V_a，VMA、VFA 及 C_d 的关系曲线图，由该图确定空隙率为4%时的设计沥青用量；

(4)验证在设计沥青用量时是否满足 Superpave 要求，如表8.8所示。

8.1.5　水敏感性评价

水敏感性评价方法按 AASHTO T 283“压实沥青混合料对水损害的抵抗力”进行。试件压实的空隙率为7%。水敏感性确定为条件试件的平均抗压强度除以对比试件平均抗拉强度的比值，最小为80%。

8.2 体积设计法

传统的级配设计理论有两个基本假设:假定基本颗粒为规则的球体;假定各分级颗粒粒径都相等。这种假设与实际存在着很大的差异。在这种假设的基础上,常用的连续级配设计理论即堆积理论,是以混合料的最大密度为目的,形成的是密实-悬浮结构。这种结构中粗集料少不能形成骨架,混合料的内磨阻小,高温稳定性与低温抗裂性均较差。另一种理论是间断级配理论,以魏矛斯的干涉理论为基础,一个连续级配的粗集料为骨架;另一个连续级配的细集料填隙形成的、集料之间往往形成干涉的骨架-空隙结构,混合料空隙率大,容易受水侵害而破坏。为了协调这一对矛盾,哈尔滨建筑大学在20世纪90年代初期提出了体积法设计理论。其设计思路是实测主骨架矿料的空隙率,计算其空隙体积,使细集料体积、沥青体积和混合料设计空隙体积的总和等于主骨架的空隙体积,从而确定细集料用量与沥青用量。为了避免集料的干涉,细集料颗粒不能太大,相对连续级配用量较少。按这种方法设计的沥青混合料,既保证了骨料的充分嵌挤,又使沥青胶浆充分填充了主骨架间隙,从而提高了混合料的性能。设计步骤如下。

(1)根据泰波公式或经验确定主骨料,并根据泰波公式设计细集料级配组成,一般宜采用间断级配效果较好。

(2)分别测定粗、细集料与矿粉的表观密度 ρ_{tc}、ρ_{tf}及 ρ_{tp}。对于表观密度的测定可参照有关规范。

(3)测定主骨料的装填密度。为了减少偶然因素,提高设计结果的可靠度,宜测定其紧装空隙率。方法如下:将马歇尔试模连同盖筒固定好(直径101.6 mm,高143 mm)。参照有关装填密度测试的规范装好石料,用马歇尔击实仪击实100次,测定其紧装密度。

(4)计算主骨料紧装空隙率

$$V_{vc}=(1-\frac{\rho_{sc}}{\rho_{tc}})\times 100\% \tag{8.18}$$

式中,V_{vc}为主骨料紧装空隙率百分数;ρ_{sc}为主骨料紧装密度;ρ_{tc}为主骨料表观密度。

(5)根据经验初步确定矿粉、沥青的用量,并根据不同功能要求确定沥青混合料的设计目标空隙率。设计Ⅰ型沥青混合料时目标空隙率可取3%~6%,设计Ⅱ型沥青混合料时目标空隙率可取6%~9%,设计透水性沥青面层时目标空隙率可取10%~25%。根据研究结果,最佳粉油比一般为0.8~1.2。

(6)根据沥青混合料设计的主骨料空隙体积填充法的两个基本假设,细集料体积、矿粉体积、沥青体积以及沥青混合料的目标空隙体积的总和等于主骨架空隙体积。可以得到式(8.19)和式(8.20)两个关系式。根据以上所确定的各已知量,利用式(8.19)和式(8.20),联立求解即可求出粗集料用量 q_c 和细集料用量 q_f

$$q_c+q_f+q_p=100 \tag{8.19}$$

$$\frac{q_c}{100\rho_{sc}}(V_{vc}-V_{vs})=\frac{q_f}{\rho_{tf}}+\frac{q_p}{\rho_{tp}}+\frac{q_a}{\rho_a} \tag{8.20}$$

式中,q_c、q_f、q_p、q_a 分别为粗集料、细集料、矿粉以及沥青用量百分数;ρ_{sc}为粗骨料紧装密度;ρ_{tf}、ρ_{tp}分别为细料、矿粉的表观密度;ρ_a 沥青的密度;V_{vc}、V_{vs}分别为主骨架紧装空隙率百分数及沥青混合料设计目标空隙率百分数。

(7)根据以上结果计算沥青混合料级配组成,并制作马歇尔试件,进行标准马歇尔试验,确定最佳沥青用量,并分析马歇尔试验结果。必要时,可对级配按正交法变动砂率、矿粉－沥青用量比,筛选出最佳级配。

(8)必要时,也可进一步进行沥青混合料车辙试验等性能确认性试验,测定其各项性能指标并与各项经验指标比较,以确定最终级配。

8.3 贝雷法

"贝雷法"沥青混合料级配设计是由美国以利诺州交通部 Robert D. Bailey 先生发明的一套确定沥青混合料级配的方法。经过 Heritage Research Group 近十年的内部使用和普渡大学进一步的研究、实践和验证,认为采用该方法设计的沥青混合料具有良好的骨架结构,同时可以达到密实的效果,我们直译称之为"贝雷法"沥青混合料级配设计。该设计方法也被美国著名的道路咨询公司(IRES 公司)作为沥青混合料设计级配选择的重要方法。该方法的研究和应用情况在 2001 年 AAPT 论文中首次进行了相关的介绍。2001 年 Superpave 专家组将其讨论是否纳入到 Superpave 的沥青混合料级配设计体系中。采用该方法设计的级配曲线走向通常属于 Superpave 粗级配的范畴,选择方法则根据原材料的性质特点,通过原集料的体积实验,设计成骨架密实的混合料材料结构。采用该方法可以简化和优化混合料设计中级配结构选择的过程,使级配的选择根据材料、交通量状况有章可循。下面简要介绍"贝雷法"设计的原理和简单过程。

"贝雷法"设计依据的数据模型是平面圆模型,如下图 8.1 所示。根据该数学模型,沥青混合料矿料组成中可以分为形成骨架的粗骨料和形成填充的细集料。形成填充的粒径与骨料直径的关系根据圆形与片状的不同,大致系数在 0.15～0.29 之间。统一考虑,形成第一级填充的细集料平均直径为最大公称尺寸的 0.22 倍。即最大公称尺寸乘以 0.22 即为主要控制粒径。其设计原理是级配要求细集料的体积数量等于粗集料空隙的体积。同样,细集料也按照此原理分成细集料中的粗集料与细集料中的细集料,并形成依次的填充状态。"贝雷法"的设计过程如下。

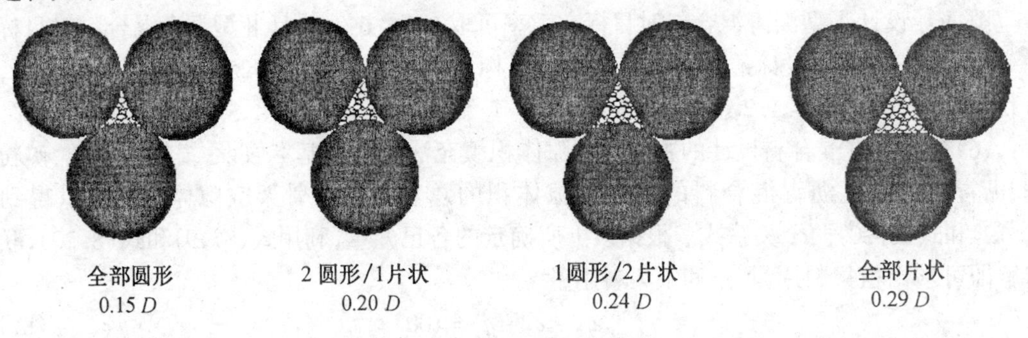

图 8.1 贝雷法的平面圆模型

1.粗细集料的划分

按照通常的划分,一般以大于 2.36 mm 的集料称为粗集料,小于 2.36 mm 的集料称为细集料。"贝雷法"粗细集料的区分动态的根据最大公称尺寸(NMPS)的 0.22 倍所对应的相近尺寸的筛孔孔径作为粗细集料的分界点。例如最大公称尺寸为 37.5 mm 混合料对应 9.5 mm 的筛孔孔径。然后将粗细集料的分界点作为第一个控制筛孔(PCS)。首先确定细集料含量。细集料含量确定的基本原则是:细集料的体积≤粗集料空隙率的体积;粗集料的体积 + 细集料的体积 = 单位体积

2.粗集料、细集料以松散和捣实密度来确定混合料的体积特征

3.进一步对粗集料的不同粒径进行约束

采用 CA 比指标对粗集料的级配进行约束,主要是从集料的离析和压实方面进行考虑。"贝雷法"要求 CA 比为 0.4~0.8。根据在美国相关研究的经验,如果 CA 比大于 1,则混合料不能形成良好的骨架结构;如果 CA 比小于 0.4,则混合料容易产生离析并难以压实。

$$\text{CA 比} = \frac{P(\text{NMPS}/2) - P(\text{PCS})}{P(100\%) - P(\text{PCS})}$$

式中,$P(\text{NMPS}/2)$为最大公称尺寸的 1/2 所对应的筛孔的通过率;$P(\text{PCS})$为关键筛孔的通过率;$P(100\%)$为最大筛孔的通过率;

(1) 确定细集料中较粗的部分的与较细的部分的比例关系。将 PCS 点 ×0.22 对应的筛孔作为细集料中的粗细分界点,即 FA_C;将 $FA_C \times 0.22$ 再分为 FA_F 点,然后根据 FA_C 比和 FA_F 比确定各部分的组成含量,一般要求 FA_C 比和 FA_F 比 < 0.5。

$$FA_C = \frac{P_{FAC}}{P_{PCS}}$$

$$FA_F = \frac{P_{FAF}}{P_{FAC}}$$

$P_{FAC} = FA_C$ 点的通过率

$P_{PCS} = PCS$ 点的通过率

$P_{FAF} = FA_F$ 点的通过率

(2) 我们一般所做的工作就是进行相关粗细集料体积状态的试验,将试验数据输入到计算机中并进行适当的调整,计算机将计算出级配的控制指标和各种原材料的用量,并在 0.45 次方级配曲线图上绘出相应的级配曲线。在调整过程中需要综合考虑集料的相关因素,选定适宜的集料密度取值、粗集料之间的合理搭配、细集料之间的合理搭配、矿粉的含量等。

"贝雷法"设计级配曲线的分段示意图如图 8.2 所示。各种最大公称尺寸的混合料各项级配控制指标的汇总摘要见表 8.9。

"贝雷法"设计有一个非常复杂的计算和修订的过程。需要计算每一种原材料在混合料中可能形成的状态以及根据原材料级配的不均匀性修正骨料的分布和数量,整个过程需要有应用的试验规程和计算机设计程序完成。

"贝雷法"设计虽然给我们提供了一个非常好的结构设计的理念,但是在其应用过程中还有如下问题需要进一步的探讨。

(1) 该方法采用的是平面三圆模型,该模型与混合集料实际状态相差甚远,集料的状态是一种立体的填充状态,混合料的体积状态和填充状态不能恰当地反映出来,以此状态作为填充粒径的确定依据可能仅适用于 Superpave 混合。

(2) 嵌挤点控制和级配参数计算由于采用的都是标准筛孔值,该方法对于不同粒径的混合料形成嵌挤的粒径比例关系是不同的(嵌挤系数是浮动变化的),也就是说对于最大公称尺

寸不同的混合料,形成嵌挤的条件是不同的。

(3) 不同混合料嵌挤系数的变化,导致不同混合料级配控制参数上没有统一的可能性。

(4) 没有考虑矿粉的体积填充影响。

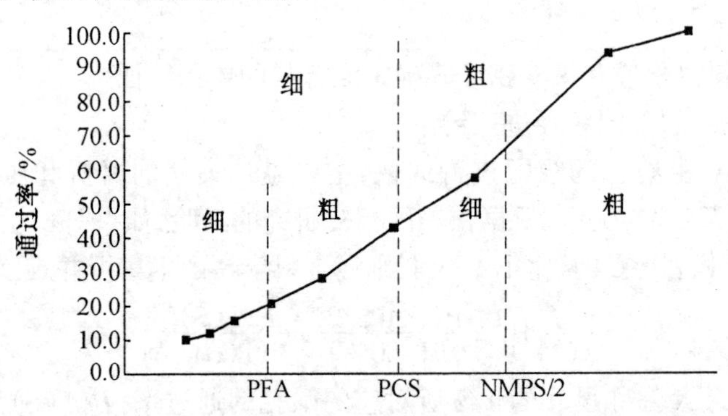

图 8.2 “贝雷法”设计级配曲线的分段示意图

表 8.9 集料级配控制点和参数比例汇总摘要

最大公称尺寸 NMPS	25 mm	19 mm	12.5 mm	9.5 mm
第一控制筛孔	4.75	4.75	2.36	2.36
NMPS 半值筛孔	12.5	9.5	4.75	4.75
CA 比	$\frac{12.5-4.75}{100-12.5}$	$\frac{9.5-4.75}{100-9.5}$	$\frac{4.75-2.36}{100-4.75}$	$\frac{4.75-2.36}{100-4.75}$
第一控制筛/NMPS(嵌挤细数)	0.19	0.25	0.19	0.25
细集料的初始粗、细分界点	1.18	1.18	0.60	0.60
细集料的 CA 比(FAC)	$\frac{1.18}{4.75}$	$\frac{1.18}{4.75}$	$\frac{0.60}{2.36}$	$\frac{0.60}{2.36}$
细集料中第二粗、细分界点	0.300	0.300	0.150	0.150
细集料的细集料比(FAC)	$\frac{0.300}{1.18}$	$\frac{0.300}{1.18}$	$\frac{0.150}{0.600}$	$\frac{0.150}{0.600}$

第 9 章　沥青混合料其他性能

9.1　沥青混合料的疲劳性

随着公路交通量日益增长,汽车载重不断增大,汽车对路面的破坏作用变得越来越明显。路面使用期间经受车轮荷载的反复作用,长期处于应力应变交迭变化状态,致使路面结构强度逐渐下降。当荷载重复作用超过一定次数以后,在荷载作用下路面内产生的应力就会超过强度下降后的结构抗力,使路面出现裂纹,产生疲劳断裂破坏。

早在 1942 年,Portor 就注意到在小至 0.5 ~ 0.75 mm 的弯沉下,道路路面在车轮荷载重复作用几百万次后会遭到破坏。20 世纪 50 年代 Nijbver 指出,沥青路面寿命后期出现的裂缝与行驶车辆产生的弯曲应力超过了材料的抗弯强度有关,强调裂缝是疲劳的结果,取决于弯沉大小和重复次数。我国于 20 世纪 60 年代开始对路面疲劳特性进行系统研究,对路面疲劳破坏机理也有了更深刻的认识。

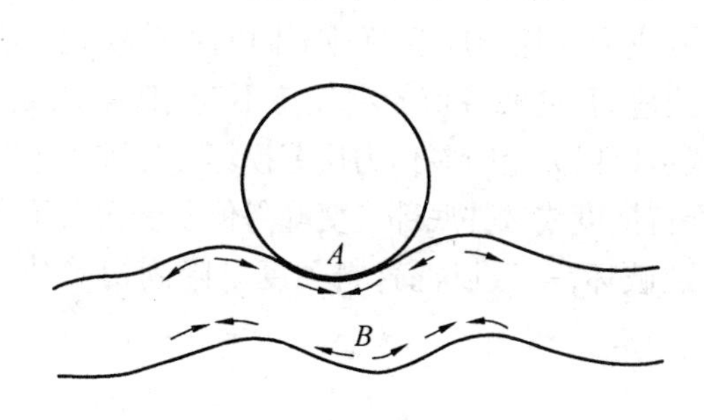

图 9.1　路面内部点在车轮下的受力状态图

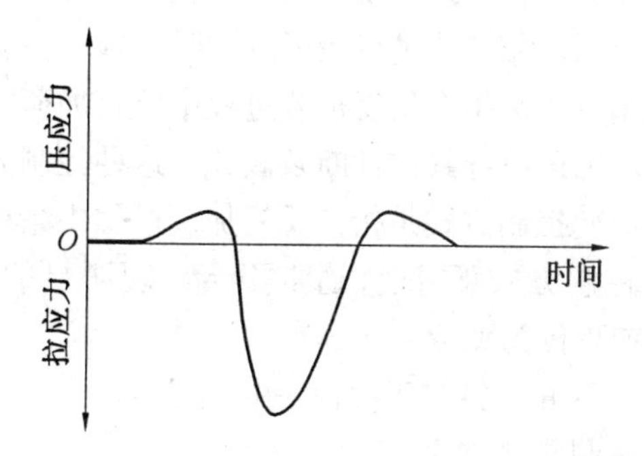

图 9.2　路面结构内部 B 点应力随时间变化

理论和实践都表明,在移动车轮荷载作用下,路面结构内各点处于不同的应力应变状态,如图 9.1 所示,路面面层底部 B 点处于三向应力状态。车轮作用于 B 点正上方时受到全拉应力作用,车轮驶过后应力方向旋转,量值变小,并有剪应力产生。当车轮驶过一定距离后,B 点则承受主压应力作用,B 点应力随时间变化的曲线如图 9.2 所示。路面表面 A 点则相反,车轮驶近时受拉,车辆直接作用时受压,车轮驶过后又受拉。车辆驶过一次就使 A、B 出现一次应力循环。路面在整个使用过程中,长期处于应力(应变)重复循环变化的状态。由于路面材料的抗压强度远较抗拉强度大,而面层底部 B 点在车轮下所受的压应力较之表面 A 点在车轮驶近或驶过后产生的拉应力要大得多,因此在荷载重复作用下路面裂缝通常从面层底部开始发生。路面疲劳设计大多数以面层底部拉应力或拉应变作为控制指标。

9.1.1　沥青混合料疲劳的力学模型

综合目前已有的研究成果,沥青路面疲劳特性的研究方法基本上可以分为两类,一类为现象学法,即传统的疲劳理论方法,它采用疲劳曲线表征材料的疲劳性质;另一类为力学近似法,即应用断裂力学原理分析疲劳裂缝扩展规律以确定材料疲劳寿命的一种方法。现象学法与力学近似法都研究材料的裂缝以及裂缝的扩展,其主要区别就在于前者的材料疲劳寿命包括裂缝的形成和扩展阶段,研究裂缝形成的机理以及应力、应变与疲劳寿命之间的关系和各种因素对疲劳寿命及疲劳强度的影响;后者只考虑裂缝扩展阶段的寿命,认为材料一开始就有初始裂缝存在,因此不考虑裂缝的形成阶段,而主要研究材料的断裂机理及裂缝扩展规律。

1.现象学法

沥青混合料的疲劳是材料在荷载重复作用下产生不可恢复的强度衰减积累所引起的一种现象。显然荷载的重复作用次数愈多,强度的损伤也就愈加剧烈,它所能承受的应力或应变值就愈小,反之亦然。

在现象学法中,通常把材料出现疲劳破坏的重复应力值称作疲劳强度,相应的应力重复作用次数称为疲劳寿命。由于在试验室中试验方式不同,疲劳破坏状态便明显不同,因此疲劳寿命可以采用两种量度来表示,即服务寿命和破裂寿命。服务寿命为试件能力降低到某种预定状态所必需的加载累积次数;破裂寿命为试件完全破裂所需的加载累积次数。如果试件破坏都被定义为在连续重复加载下完全裂开时,则服务寿命与破裂寿命两者相等。

应用现象学法进行疲劳试验时,可以采用控制应力和控制应变两种不同的加载模式。应力控制方式是指在反复加载过程中所施加荷载(或应力)的峰谷值始终保持不变,随着加载次数的增加最终导致试件断裂破坏。这种控制方式可以以完全断裂作为疲劳损坏的标准。

应变控制方式是指在反复加载过程中始终保持挠度或试件底部应变峰谷值不变。由于在这种控制方式下,试件通常不会出现明显的断裂破坏,一般以混合料劲度下降到初始劲度50%或更低为疲劳破坏标准。

沥青混合料的疲劳特性由下式表征

控制应变方式

$$N_f = C\left(\frac{1}{\varepsilon_0}\right)^m \tag{9.1}$$

控制应力方式

$$N_f = k\left(\frac{1}{\sigma_0}\right)^n \tag{9.2}$$

式中,N_f 为达到破坏时的重复荷载作用次数;ε_0、σ_0 分别为初始的弯拉应变和弯拉应力;C、m、k、n 分别为由试验确定的参数。

Monismith 等人根据进一步的研究工作,建议了可应用于更一般的沥青混合料的疲劳方程

$$N_f = a\left(\frac{1}{\varepsilon_0}\right)^b\left(\frac{1}{S_0}\right)^c \tag{9.3}$$

式中,S_0 为沥青混合料的初始劲度;a、b、c 分别为由试验确定的参数。

选用何种荷载模式的疲劳试验能够较好地反映路面的疲劳特性,或者说,选用应力控制还是应变控制进行路面疲劳强度设计,主要考虑以下两个因素。

(1)何种荷载模式能够更好地反映沥青混合料在路面中受行车荷载作用的疲劳特性;

(2)路面结构中,沥青混合料的应力应变状态更接近于哪类荷载模式。

2. 力学近似法

力学近似法是用断裂力学原理来分析路面材料的开裂,并用以预测材料疲劳寿命的一种方法。由于这种方法是将应力状态的改变作为开裂、几何尺寸及边界条件、材料特性及其统计变异性的结果来考虑,并能对裂缝的扩展和材料中疲劳的重分布所起的作用进行分析,因此它有助于人们认识破坏的形成和发展机理。

试验常采用切口试件,将梁式试件做成单边的“V”形或“U”形槽口,进行弯曲或拉伸试验。

应用这一方法的疲劳寿命被定义为在一定的应力状态下,材料的损坏按照裂缝扩展定律,从初始状态增长到危险和临界状态的时间。

根据目前已有的疲劳裂缝扩展规律公式进行比较的结果,较为普遍的倾向是认为 P.C. Paris 的裂缝扩展公式最适合于沥青混合料的情况。

根据 P.C. Paris 理论,裂缝扩展规律为

$$\frac{\mathrm{d}c}{\mathrm{d}N} = AK^{n} \tag{9.4}$$

式中,c 为裂缝长度;N 为荷载作用次数;A、n 分别为材料常数;K 为应力强度因子,是与荷载、试件几何尺寸和边界条件有关的参数。

9.1.2　沥青混合料疲劳性能评价方法

应用现象学法进行疲劳试验的方法很多,归纳起来可以分为四类。第一类是实际路面在真实汽车荷载作用下的疲劳破坏试验,以美国著名的 AASHTO 试验路为代表。第二类是足尺路面结构在模拟汽车荷载作用下的疲劳试验研究,包括环道试验和加速加载试验,主要有澳大利亚和新西兰的加速加载设备(ALF)、南非国立道路研究所的重型车辆模拟车(NVS)、美国华盛顿日立大学的室外大型环道和重庆公路科学研究所的室内大型环道疲劳试验。第三类是试板试验法。第四类是试验室小型试件的疲劳试验研究。由于前三类试验研究方法耗资大、周期长,开展得并不普遍,因此大量采用的还是周期短、费用少的室内外小型疲劳试验,包括脉冲压头式、轮胎加压式、动轮轮迹式和动板轮迹式等。其中动轮轮迹式是采用车辙试验机来了解沥青混合料块体的疲劳特性。试验采用轮胎在沥青混凝土块体上滚动,沥青试块用橡胶垫支承,设备能够测量块体底部应变并检验裂缝的产生和发展。

试件试验法汇总见表 9.1。迄今为止,各国均没有将疲劳试验作为标准试验方法纳入规范。北美大多数采用梁式试件进行反复弯曲疲劳试验;欧洲大多采用悬臂“T”形梁试件,在其端部施加正弦形的反复荷载;也有采用圆柱体试件,进行间接拉伸疲劳试验的。

表 9.1　沥青混合料疲劳试验汇总

试验方法	加载方式	应力分布	加载波形	加载频率/Hz	应力状态
三分点弯曲	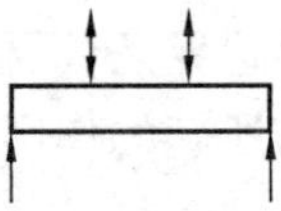	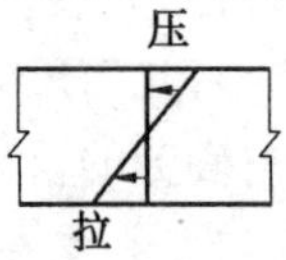 压 拉	带间隙的半正弦波	1～1.67	单轴
中点弯曲	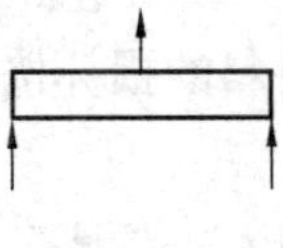	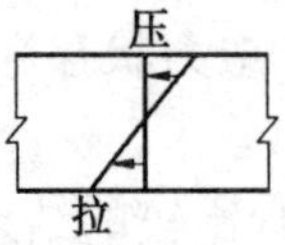 压 拉	带间隙的正弦、三角或方波	最大 1/100	单轴
不规则四边	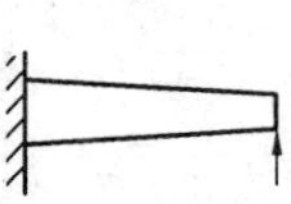	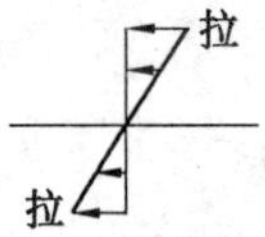 拉 拉	带间隙的正弦三角波形	25 或 1/100	单轴
旋转悬臂 10℃	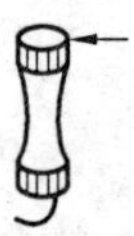	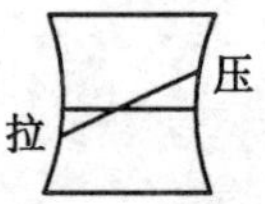 压 拉	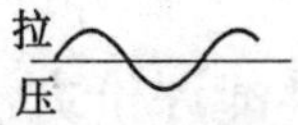 拉 压	16.67	单轴
单轴	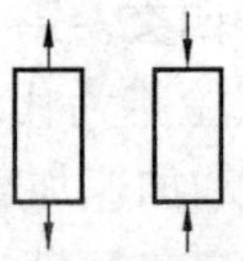	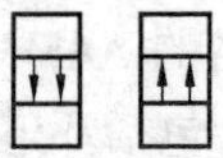	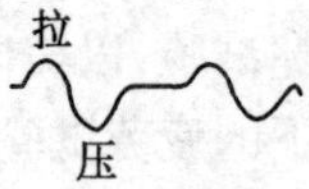 拉 压	8.33～25	单轴
间接拉伸	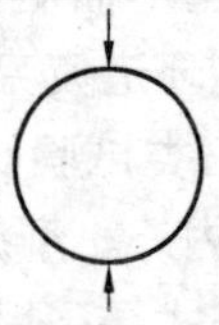	 拉压 水平 拉 压 竖直 拉 压 拉压	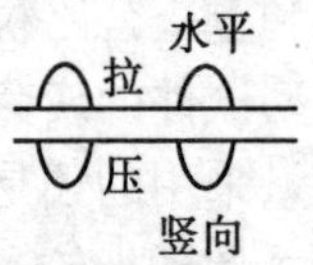 水平 拉 压 竖向	1.0	双轴
支承梁弯曲	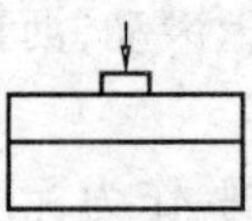	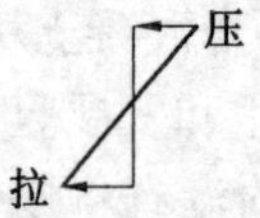 压 拉	半正弦	0.75	单轴

简单弯曲试验主要有 3 种形式：中点加载或三分点加载；旋转悬臂梁；梯形悬臂梁。

三分点加载试验设备包括加州伯克莱分校和沥青协会使用的两种，前者采用的试件尺寸为 38.1 mm×38.1 mm×38.1 mm，后者采用的试件尺寸为美国公路战略研究计划提出的压实沥青混合料重复弯曲疲劳寿命测定的标准试验方法(SHRP M－009)，也是通过三分点加载，试件尺寸为 50 mm×63.5 mm×381 mm，试验温度 20 ℃，加荷频率 5～10 Hz，采用应变控制模式测定试件劲度降低到初始劲度 50%的荷载循环次数。

阿姆斯特丹的壳牌试验室采用中点加载方式，试件尺寸为 30 mm×40 mm×230 mm，试验在应变控制下进行。

英国诺丁汉大学采用一种旋转的悬臂梁设备,试件竖向安装在旋转悬管轴上,荷载作用于试件顶部,从而使整个试件都受到恒定的弯曲应力作用。大部分试验在 10 ℃和 1 000 r/min 速度下进行。

壳牌比利时的研究者和法国 LCPC 采用“T”形梁疲劳试验,梁的较粗一端固定,另一端受到正弦变化的应力或应变作用。如梁的尺寸合理,破坏将产生在试件高度和中部区域而不是基部。采用的试件粗端尺寸为 55 mm × 20 mm,顶端尺寸为 20 mm × 20 mm,高度为 250 mm。

英国道路与运输研究所(TRRL)采用无反向应力的单轴拉伸试验,加载频率为 25 Hz,持续时间为 40 ms,间歇时间 0 ~ 1 s 不等。

间接拉伸试验是沿圆柱形试件的垂直径向面作用平行的重复压缩荷载,这种加载方式在沿垂直径向面、垂直于荷载作用方向产生均匀拉伸应力,试验易于操作,被广大研究人员采用。试件直径为 100 mm,高为 63.5 mm,荷载通过一宽为 12.5 mm 的加载压条作用在试件上。

我国哈尔滨建筑大学则利用圆柱体试件进行了间接拉伸试验(温度 15 ℃,频率 1 Hz),按照能量理论研究了沥青混合料的疲劳性能,用劈裂蠕变试验建立了疲劳特性的预估模型。

9.1.3　沥青混合料疲劳性能影响因素

沥青路面的疲劳寿命除了受荷载条件的影响外,还受到材料性质和环境变化的影响。

9.1.3.1　荷载条件

1. 荷载历史

材料的疲劳寿命可按不同的荷载条件来测定。如果在试验的全过程中荷载条件保持不变,则称为试件承受简单荷载;如果试件按某种预定形式重复施加应力的过程中荷载条件改变,即称为承受复合荷载。复合荷载不仅包括应力的改变,而且也包括环境条件(例如温度)的改变。因为温度的改变会引起沥青混合料劲度的变化,因而在相同荷载下的应力将会发生改变。显然,对于相同的沥青混合料,试件承受简单荷载或是复合荷载所表现的疲劳反应是不相同的。

试件在承受简单荷载的情况下,在初始应力和应变相同的条件下,采用两种不同加载模式所得出的疲劳寿命试验结果也是不同的。这是因为在控制应力加载模式中,由于材料劲度随着加载次数的增加而在逐渐减小,因而为了要保持各次加载时的常量应力不变,每次加载实际作用于试件的变形就要增加;而在控制应变加载模式中,为了要保持每次加载的常量应变不变,每次加载作用于试件的实际应力则减小。因此,采用不同的加载模式作用于试件的实际受荷状况是不同的。显然,对于相同的材料,在初始应力、应变条件相同的情况下,采用控制应变加载模式,试件达到破坏时的荷载作用次数要大于控制应力加载模式的作用次数。两者之间疲劳寿命的差值,随试件所处的温度条件而有所不同,低温时差值较小,高温时差值较大。

采用弹性层状体系理论对一系列路面结构的分析发现,控制应变加载模式适合于沥青混合料厚度较薄(小于 5 cm)和模量较低的路面情况;而控制应力加载模式则适合于沥青混合料厚度较大(大于 15 cm)和模量较高的情况。对于介于上述两种情况之间的路面,Monismith 和 Deacon 建议采用如下模式因素参数来判断在保持常量应变和常量应力之间的中间状态时的重复荷载作用性质

$$MF = \frac{|A| - |B|}{|A| + |B|} \tag{9.5}$$

显然,对于控制应变加载模式,$B = 0$,模式因素参数 MF = 1;对于控制应力加载模式,$A = 0$,模式因素参数 MF = -1。对于应力和应变都不保持常值的中间模式,其模式因素参数 MF = -1 ~ 1,疲劳曲线则介于控制应力与控制应变加载模式的疲劳曲线之间。

2. 加载频率

分析加载频率对疲劳试验结果的影响是有意义的。作为实验室的加速性能试验,总希望用较短的试验时间,即较快的频率来完成试验,但首先必须了解频率对试验结果的影响。当加载时间为 0.02 s 时,相当于车速为 50 ~ 60 km/h 时。图 9.3 是沥青混合料在 3 种加载频率(2 Hz、5 Hz、10 Hz)下劲度的变化规律。由图 9.3 可以看出:劲度 S_m 随着加载作用次数增加而下降的趋势;频率对劲度 S_m 有影响,频率越高,则劲度 S_m 也就越大。

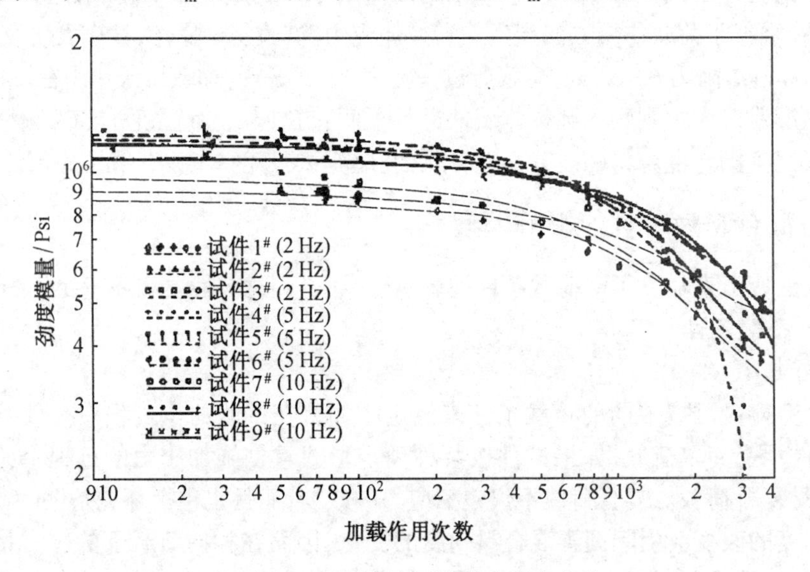

图 9.3 不同频率下的劲度损失曲线

3. 施加应力或应变波谱的形式

通常,在进行疲劳试验时采用较多的应力或应变波谱是单向作用的矩形波、三角形波和半正矢波形,或是交变的正弦波形。试验表明,波谱的形状对疲劳性能的影响并不显著,但是应力或应变波谱是单向作用或是交变作用则可对疲劳试验的结果产生比较显著的影响。通过室内试验发现,当试件承受单向的受拉脉冲时,其疲劳寿命可比承受相等的拉压交变脉冲时提高约 30%。

考虑到车辆荷载通过路面时实际是产生三个连续的交变脉冲而不是通常在实验室采用的单一脉冲,当车轮接近路面某点材料底部首先受压,在车轮驶越该点时则受拉,然后车辆离开时又受压。Raithy 和 Sterling 曾测量了在沥青混凝土结构层底部的最初压缩变形的脉冲约为随后拉应变脉冲的 1/7。这样,根据上述室内试验结果的资料分析,则可估计路面在实际车轮荷载作用下由于引起应力符号的变更使疲劳寿命比室内单向受拉脉冲条件下将会降低 10% ~ 15%。

为了简化试验以及可以获得相对大量的数据作比较之用,Epps 和 Monismith 曾建议采用重复方块波或半正矢波谱作为施加应力的图式,并建议应用悬臂梁或三分点荷载的简支梁进行简单荷载试验。

4. 荷载间歇时间

路面在承受车辆荷载时,在车辆前后轮之间或前后车辆轮载之间都有间隔时间。由于沥青材料具有粘弹性性质,故在荷载之间的间歇时间内沥青路面将产生有利于疲劳微细裂缝愈合的内部应力,因而可以延长其疲劳寿命。野外的现场观测和室内试验都证明了这一点。研究表明,改变荷载波谱形式对疲劳性能的影响不是太大,但是荷载间歇时间对疲劳性能则有较大的影响。

5. 试验方法和试件形状

通过试验比较发现,当采用试件法试验时,采用弯拉试验的疲劳寿命可比单向受拉试验的疲劳寿命至少大50%;而当采用板式试件试验时,其疲劳寿命甚至比梁式试件在弯曲试验时的疲劳寿命还要高。这些结果说明了路面中的实际应力状态可对材料的疲劳反应产生重要的影响。

9.1.3.2 材料性质

1. 混合料劲度

从疲劳观点来看,沥青混合料的劲度模量是一个重要的材料特性。任何影响混合料劲度的变量,诸如集料与沥青的性质、沥青用量、混合料的压实度与空隙率,以及反映车辆行驶速度的加载时间和所处的环境温度条件等都将会影响到它的疲劳寿命。

据试验结果表明,混合料劲度对疲劳性能的影响,随着加载模式的不同而表现出不同的情况。

在控制应力加载模式中,疲劳寿命随混合料劲度的增加而增加。这是因为混合料的劲度模量愈高,则在相同的常量应力条件下,每次重复荷载产生的应变就愈小,因此,混合料所能承受的疲劳破坏的荷载重复作用次数就愈多。但是,在控制应变加载模式中,疲劳寿命则随混合料劲度的增加而降低,这是因为在相同的常量应变条件下,混合料的劲度模量愈高,每次重复荷载作用于试件的应力就愈大,因而疲劳寿命就缩短。

2. 混合料的沥青用量

在美国沥青协会1981年的疲劳方程中,沥青的体积比用沥青饱和度VFA作为参数,VFA对沥青混合料的疲劳寿命有重要影响。

$$N_f = S_f \times 10^{[4.84(\mathrm{VFA}-0.69)]} \times 0.004\,325 \times (\varepsilon_f)^{-3.29} \times (S_{mix})^{-0.845}$$

式中,S_f为现场试验与实验室试验的相关因素,当开裂率为18.4%时为10。

后来SHRP A-003A的研究也证实了沥青饱和度VFA的重要性。

3. 沥青的种类和稠度

沥青种类和稠度对沥青混合料疲劳寿命的影响基本上可以用它对混合料劲度的作用来衡量。通常,在控制应力加载模式中疲劳寿命随沥青硬度的增大而增长;在控制应变加载模式中则出现相反的情况,即沥青愈软,疲劳寿命愈长。

4. 混合料的空隙率

试验结果表明,混合料的疲劳寿命随孔隙率的降低而显著增长。这个规律,既适用于控制应力加强模式的试验,也适用于控制应变加载模式的试验。

通常,密级配混合料要比开级配混合料有较长的疲劳寿命。一般情况下,混合料的空隙率随填料用量的增多而减小。

5. 集料的表面性状

由于集料的表面纹理、形状和级配可以影响混合料中的空隙结构,即空隙的大小、形状与连贯状况以及沥青的适宜用量和沥青同集料的相互作用情况,可以对疲劳寿命表现出不同的影响。

棱角尖锐、表面粗糙的开级配集料通常由于难以压实而造成高的空隙率,这可能是引起裂缝的原因并进而导致沥青混合料疲劳寿命的缩短。另一方面,粗糙有棱角但级配良好的集料可以产生劲度值相对高的混合料,而纹理光滑的圆集料会形成劲度较低的混合料,因而对疲劳可以产生不同的影响。

9.1.3.3 环境条件

温度、湿度以及路面在使用过程中使混合料性质发生本质改变的大气因素对疲劳性能都会产生极为重要的影响。

1. 温度

在控制应力加载模式试验中,表现为疲劳寿命随温度的降低而增长。但是,在采用控制应变加载模式时,当试验在低温进行时,疲劳寿命较少地依赖于温度;而当温度增加时,则疲劳寿命随之增长。

温度在一定限度内下降时,沥青混合料的劲度增大,试件在承受一定应力的条件下所产生的应变就小,因而在控制应力加载模式的试验中导致有较长的疲劳寿命;而在控制应变加载模式的试验中,温度增加引起混合料劲度降低,使裂缝扩展速度变大而导致疲劳寿命延长。

2. 湿度

关于湿度和大气因素对沥青路面疲劳寿命的影响,目前这方面的研究成果较少。预计湿度的作用可使混合料的劲度减少,沥青混合料在大气因素作用下的老化过程可使其劲度增高。沥青混合料在这些因素作用下的疲劳反应可以通过劲度的变化体现。B.A.Vallerge、F.N.Finn 和 R.C.Hicks 为了研究老化对沥青混凝土疲劳性能的影响,进行了室内试验研究,得出了类似的结论。通常,老化沥青混合料的抗疲劳性能要比未老化沥青的混合料差。

9.2 沥青混合料的耐老化性

耐老化性是沥青混合料抵抗由于各种人为和自然因素的作用而逐渐丧失变形能力、柔韧性等各种良好品质的能力。沥青路面在施工过程中不可避免地要对沥青进行反复加热,铺筑好的沥青混合料路面长期处于大自然环境中,也要经受阳光特别是紫外线等自然因素的作用,这些均会使沥青性质发生变化,产生老化现象,导致沥青混合料路面性能的衰减。老化的沥青混合料路面变形能力下降,路面在温度和荷载作用下容易开裂,特别是容易产生网状裂缝,从而导致水分下渗数量增加,加剧路面破坏,缩短沥青混合料路面的使用寿命。

9.2.1 沥青混合料耐老化性的影响因素

影响沥青混合料老化速度的因素主要有沥青的性质、沥青用量、沥青混合料的残留空隙率、施工工艺与自然因素的强烈程度等。如前所述,沥青化学组分中转质成分含量、不饱和烃的含量等均成为影响沥青老化性的材料因素,油源不同、沥青标号不同则这些含量不同,会表现出不同的老化速度;沥青用量的大小影响沥青混合料内部所分布沥青薄膜的厚度,特别薄的沥青膜容易老化、容易变脆,从而反映出沥青混合料较低的耐老化性能;沥青混合料的残留空隙率影响沥青与空气、沥青与水接触的范围,空隙率越大,接触范围越大,越容易产生老化现象;过高的拌和温度、过长时间的加热会导致沥青的严重老化,使路面过早的出现裂缝。

9.2.2 沥青混合料老化性的评价方法

沥青路面施工时,沥青混合料需要在空气介质中进行加热;路面建成后,长期暴露在大气环境中,经受光照、降水、氧气等自然因素的作用,同时还要受到汽车等机械应力的作用。因此,对沥青混合料的老化过程的评价方法,应当充分考虑到上述因素,以便尽可能地接近路面的实际使用状况。

仅仅通过沥青自身的老化性能评价沥青路面耐久性是远远不够的,沥青和矿料的相互作用及混合料的结构(如空隙率)对沥青混合料的老化均有显著的影响。沥青的老化性能与沥青混合料老化性质之间的差异是由沥青与矿料之间的相互作用引起的。

美国 SHRP A - 003A 项目"沥青 - 集料系统的老化"是美国公路战略研究计划的一部分,与沥青老化的研究相比,沥青混合料老化的研究则影响因素多、试验技术复杂、数值离散性大、老化周期长。而且,SHRP 沥青混合料老化研究的主导思想并不是要象我们历来习惯考虑的那样,经过一定程度的老化过程后,测定沥青混合料老化前后各种性质的变化(如 TFOT 后的质量损失、针入度比等等),它也和沥青的老化性能研究一样,主要是要确定一个模拟实践状态的老化条件,使沥青混合料经受模拟生产过程的短期老化和模拟使用过程的长期老化,然后采用不同老化程度的沥青混合料进行试验。例如在 SHRP 沥青路用性能规范中,考虑到沥青路面的车辙等永久变形主要发生在沥青路面铺筑的初期,所以采用原样沥青和 RTFOT 后的沥青的动态剪切试验(DSR)来评价,而沥青路面的低温开裂和疲劳开裂主要发生在沥青路面已经老化的后期,所以采用经过 RTFOT 又经过 PAV 的沥青进行动态剪切试验(DSR)、弯曲蠕变试验(BBR)、直接拉伸试验(DTT)等评价其抗裂性能。

因此,SHRP 对沥青混合料在使用过程中的老化过程开展了大量的室内外研究工作,其目的在于提出一个模拟沥青路面实际使用过程中老化的室内老化试验方法,包括沥青混合料试件的制作和成型条件、产生老化过程的各种因素如温度、氧、压力等条件、老化时间与路面使用时间的关系等等。可以说,这方面的研究尚未最终完成,目前提出的试验评价方法还仅仅是初步的建议,只有通过广泛的应用和推广才能取得一致的结论。

沥青混合料的老化过程分为两个阶段,即短期老化和长期老化。短期老化表征沥青路面建设期沥青混合料因受热引起的老化,开始于拌和厂,终止于沥青路面压实后温度降至自然温度时。长期老化表征沥青路面使用期内沥青混合料因光照、温度、降水和交通荷载的综合作用导致的老化,开始于路面建成之后,终止于路面服务性能下降直至不满足行车的要求时。

1. 短期老化的方法

作为沥青的短期老化的方法仅仅是就沥青本身而言的,是一种较为间接的模拟方法。要对沥青路面的老化过程给出更切合实际状况的评价,还应该从沥青混合料的老化入手来进行研究。

沥青混合料短期老化的试验方法应体现松散的沥青混合料在拌和、贮存和运输中受热而挥发和氧化的效应,以模拟沥青混合料施工阶段的老化效应,所以仅仅采用室内试验拌和的混合料是不够的。SHRP 根据以往沥青混合料短期老化方法的研究试验结果提出了备选的 3 种方法,将经过拌和的沥青混合料再进行一个加速老化的过程。

(1)烘箱加热法。该方法将拌和的沥青混合料放在烘箱中一定时间,使沥青混合料老化。

(2)延时拌和法。该方法适当延长混合料的拌和时间,使沥青混合料老化。

(3)微波加热法。该方法将拌和的沥青混合料用微波加热,使沥青混合料老化。

研究表明,按模拟施工条件、使用复杂程度、设备投资费用等7个评价标准对3种方法的有效性进行评估。其中烘箱加热法被认为模拟施工条件好、方法简便、设备投资费用不高,因而是室内模拟沥青混合料短期老化最有效的方法。

温度和时间效应是烘箱加热法控制沥青混合料老化程度的重要条件。早在1988年Von Quintas等人就根据施工现场两种沥青混合料回收沥青的针入度比和粘度比与试验室模拟试验结果,提出了烘箱加热135 ℃、4 h的老化条件,它大体上相当于沥青混合料拌和以后直至压实成型到冷却、开放交通的过程。SHRP将该条件下的烘箱加热老化拟定为沥青混合料短期老化的试验方法(Short Time Oven Aging,简称STOA)。这里应该注意的是短期老化实际上应包括沥青在拌和过程中的老化和在烘箱中的继续老化两个过程。

SHRP给出的STOA方法旨在模拟沥青混合料施工过程的老化,即从拌和开始直至施工结束过程中的老化,因此始终采用松散的沥青混合料进行试验。具体的老化步骤是:拌和沥青混合料,按21～22 kg/m^{2}的松铺厚度均匀摊铺在盛料盘中,放入135±1 ℃的烘箱内,加热4 h±5 min。在加热过程中每小时翻拌一次;4 h后,从烘箱中取出混合料准备做规定的性能试验,我国已经将此列入了《公路工程沥青及沥青混合料试验规程》作为标准试验方法。

2.长期老化的方法

沥青混合料试验室长期老化的方法应着重体现沥青混合料压实成型试件持续氧化的效应,以模拟使用期内沥青路面的老化效果。SHRP总结了以往的研究成果,提出了3种备选的方法。

(1)加压氧化(PAV)法。该方法是对沥青混合料施以低压氧气,使其在短时间内加速老化的一种方法。将经过短期老化成型的沥青混合料试件放入压力罐的试样架上,当容器密闭后,注入压力达到2.0±0.5 MPa的氧气,在40 ℃或60 ℃的环境下保持一定时间(1 d、2 d、3 d、5 d、7 d),然后冷却至室温缓缓解除压力。

(2)延时烘箱加热法。该方法是对沥青混合料施以高温强化手段,以达到沥青加速老化的目的的一种方法。具体步骤是将沥青混合料经过短期老化后成型的试件过夜冷却、脱模,置于试样架上,放入85±1 ℃的烘箱中恒温120±0.5 h使其老化,然后在不移动试件的情况下,打开烘箱门冷却至室温。

(3)红外线、紫外线处理法。该方法是将试件在红外线、紫外线下照射一定的时间,主要模拟太阳光对沥青的老化情况。

与沥青混合料短期老化试验方法的评估标准一样,根据研究结果,对3种方法的有效性进行评估。从体现野外条件、程度、易于实施、设备投入不高、可敏感地反映沥青混合料性能的变化等方面,延时烘箱加热法和加压氧化法是混合料试验室长期老化方法中最有效的方法。

应该特别注意,在沥青混合料长期老化之前,首先应该对拌和的沥青混合料模拟施工过程进行短期老化,然后在规定的成型温度下制作沥青混合料试件,再进行长期老化试验。试件制作根据检测项目的不同进行选择,如劈裂抗拉试件或小梁弯拉试件等。我国已经将烘箱加热法列入了《公路工程沥青及沥青混合料试验规程》作为沥青混合料标准的长期老化试验方法。

上面介绍的沥青混合料短期老化或长期老化试验方法仅仅提供了一个沥青混合料的老化步骤,对经过老化以后的沥青混合料如何进行评价则是另一个问题。目前国内外通行的评价沥青混合料老化的试验方法可以分为两大类。

(1)对老化后的沥青混合料进行各种与路用性能密切相关的物理力学性能试验。

(2)从经过老化的沥青混合料中回收沥青,进行老化后的沥青的性能试验。

3. 提高沥青混合料耐老化性的措施

如前所述,沥青混合料的老化分为短期老化和长期老化。短期老化也称为施工期老化或称热老化。显而易见,引起沥青混合料热老化的原因主要是温度,即沥青混合料施工温度。其次是高温保持时间和与空气接触的条件等因素。那么,减轻沥青混合料短期老化的措施就应该从这几个方面入手。同时,应优先使用耐老化性能好的沥青材料。不能使用 TFOT 或 RTFOT 试验和混合料短期老化试验(STOA)测定的沥青抗老化指标(主要是针入度比或粘度比)达不到规定要求的沥青材料。为减轻沥青混合料的短期老化,可考虑采取以下几项措施。

(1)在保证沥青混合料拌和、摊铺、碾压技术性能的前提下,尽可能采用比较低的拌和温度,并严格控制不得超过规范规定的最高拌和温度。例如美国 SHRP 研究成果中指出沥青混合料的拌和温度不得超过 175 ℃。同时,应尽可能避免在低温季节施工。

(2)尽量缩短沥青混合料的高温保存时间。特别是对拌和好的沥青混合料应避免长时间在热贮料仓存放,还应避免混合料运输距离太长,或因拌和设备生产能力与摊铺设备不匹配造成等料时间过长。国外有些拌和机的热贮料仓已开始采用充氮气的方法减轻沥青氧化程度。

(3)在运队长或等料时间长的情况下,一方面为了保证足够的摊铺、碾压温度,势必要提高拌和温度;另一方面,因时间的增长也会造成沥青混合料在运输过程的老化。另外在运输过程中应加盖蓬布,减少混合料与空气的接触。

在使用过程中,沥青的老化是一个长时间的过程,减轻沥青混合料的老化主要应从混合料的结构上考虑,即在可能的条件下尽量使用吸水率小的集料,减小路面混合料的空隙率,提高压实度,减少沥青与空气的接触,同时采用耐老化性能好的沥青材料(如改性沥青等)。保证沥青混合料路面有足够的密实性是减轻老化的根本性措施。

第10章　沥青混合料的离析

沥青混合料的和易性是沥青路面具有良好路用性能最重要的性能,沥青混合料施工的和易性控制函数可以直观表示为

$$W=f(s,u,c)$$

式中,W 为混合料施工的和易性;s 为混合料离析度;u 为混合料拌和均匀性;c 为混合料压实特性。但三者的影响因素又相互交叉和制约,因此,沥青混合料的和易性可以近似地看做是沥青混合料的离析程度。

沥青混合料的离析是指经过摊铺压实后的沥青面层在一定区域范围内材料组成与设计不符,并具有不同的性质,诸如沥青混合料的级配组成、沥青含量、空隙率、碾压温度等存在差异,从而使成型路面表现出不同的路用性能,它主要包括集料离析、温度离析、压实离析3大类型。集料离析出现时,沥青面层上一些区域粗集料较为集中,而另一些区域细集料比较集中,使得混合料变得不均匀,级配组成及沥青用量与设计值不一致,导致路面呈现出较差的结构和纹理特性。通常粗集料较为集中的部位往往空隙率过大、沥青含量偏低,这是造成沥青路面加速出现水损害、形成坑槽的主要原因之一。很粗的集料离析的沥青混合料的拉伸强度低,抗裂性能差,将严重缩短路面的疲劳寿命;细集料较为集中的路面部位则往往沥青含量偏高,空隙率过小,将导致路面的永久变形,并出现泛油等多种路面病害。温度离析是指沥青混合料在储存、运输及摊铺过程中受天气、施工机械、施工工艺等影响,由于沥青混合料的热量损失而出现温度差异的状况。沥青混合料的温度离析,会导致路面压实度不均匀,降低路面的平整度。摊铺和碾压温度较低的区域,路面的空隙率较大,纹理深度也较大,这些区域的路面易出现早期损坏;另外一种离析为碾压离析,其表现形式是在压实过程中施加的压实功不均,会造成路面压实度的差异和空隙率的变化。

离析使新铺沥青混合料面层透水性增强,当雨水渗入到基层后,会加剧路面的冻胀破坏。同时,离析使路面水稳定性变差,在自然因素作用下,路面会出现局部网裂,当雨水下渗后在行车轮胎的强力“泵吸”作用下,半刚性基层灰浆被吸出会导致基层破碎松散、沥青层下沉而破坏。路面压实度不足,有时也是由混合料离析引起的,仅检测路面的平均压实度,往往不能客观地反映问题,还应该考虑其变异性。当混合料发生离析时,仅仅依靠提高压实度难以达到减小空隙率的目的,甚至会造成集料碎裂而适得其反。

研究表明,由于离析的影响,沥青面层的使用寿命大大缩短,严重离析的路面使用寿命可能会缩短50%。可以说,路面大部分早期损坏都起源于沥青混合料的不均匀,这已经成为决定沥青路面质量的重要因素之一。一旦在施工过程中沥青混合料产生离析,一切关于材料设计的努力实际上都变得徒劳了。因此,提高沥青面层的施工均匀性,对提高路面的使用质量,减少甚至根本消除沥青路面的多种初期和早期破坏以及保证路面的使用寿命具有十分重要的意义。

沥青路面离析控制技术的研究是当前交通领域的一项重要课题,涵盖材料特性、机械性

能、施工工艺、检测手段等，涉及材料品质和管理、机械设备的配套及工作特性、施工过程的质量管理、跟踪检测和过程控制等方面，本章从沥青混合料的离析的 3 种形式入手，分析产生离析的机理以及国内外对离析的评价方法以及对策。

10.1　产生沥青混合料的离析的影响因素

10.1.1　材料离析现象及原因

10.1.1.1　材料堆放的离析

没有优质的材料就拌不出优质的混合料，矿料在混合料中起到一个来抵抗路面变形的整体作用。对集料的要求除了粗集料棱角性，细集料棱角性、扁平与细长颗粒含量，粘土含量的要求，以及坚固性、安定性、有害物质含量的要求之外，原材料的来源与贮存的离析问题对混合料的质量有十分重要的影响。

集料没有专业化生产料场，不同的料场之间岩石性质不同、加工机械不同导致加工的集料规格不同，从而导致集料来源杂、变异性大、质量不稳定。不同性质的石料、不同规格的集料相互掺和使用，级配变化太大，往往不能达到配合比的设计要求，生产的沥青混合料容易发生离析。

在我国公路建设中多家料场向一个标段供料的现象十分普遍。由于不同的料场采用的碎石机的原理和结构形式不一致，会产生材料规格的变化，如采用颚式破碎机、锤式或反击式破碎机破碎的针片状含量、粒度分布存在着差异，即使采用同一个名义规格的筛网，由于不同的生产厂家的产品实际尺寸和筛分效率也有很大差异，再加上不同石料厂原材料材质的差异，导致碎石场名义上相同规格的碎石，其颗粒组成变异性大。对于进场的材料如果堆放不正确也容易产生离析，如图 10.1 所示。由于采用输送带进行堆料或采用卡车在一定高度向下卸料，大颗粒下落速度较快，会滚动到料堆外侧，细颗粒则会留在内侧使粗细料发生离析，卡车在高位卸料也同样会发生类似的离析现象。这两种离析可以分别称为落差离析和抛料离析，影响此类离析程度的因素有 3 个方面：一是粒径差异，粗细集料粒径相差越大离析越严重；二是落差，卸料点愈高，落差越大，发生离析的现象越严重；三是卸料速度，料斗举升越快或供料皮带转速越高，集料发生离析的程度越严重。

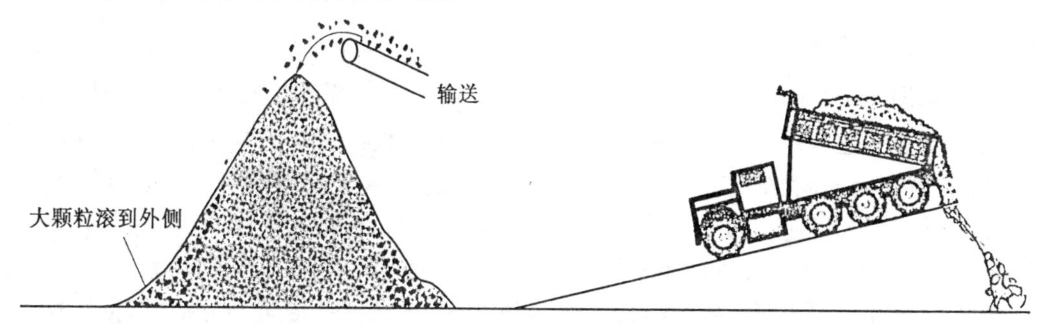

图 10.1　集料堆积过程中的离析

长安大学对料源不同规格的材料按照堆垛高度在上、中、下部位分别取样进行级配检测，发现料(13.2 ~ 31.5 mm)堆垛高度为 6 m，料堆底部粗集料明显集中，上部细集料偏多，如图

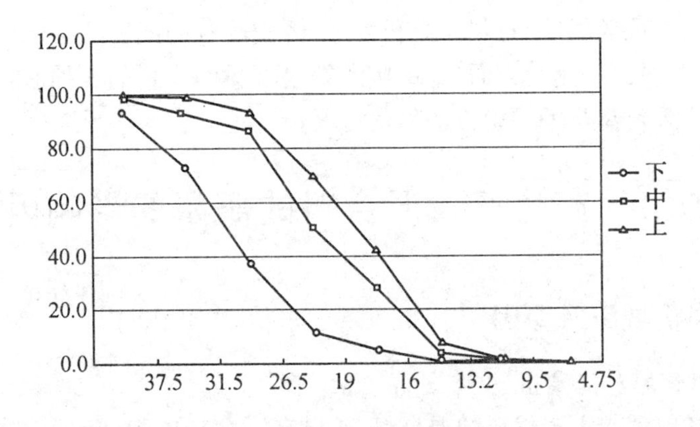

图 10.2　粗集料不同位置的级配

10.2 所示,料堆上部与下部 26.5 mm 筛网通过率偏差范围为 37.9% ~ 94.6%,可见离析相当严重。从筛分结果来看,材料堆垛时必须控制堆垛高度,铲料务必均匀,否则会出现材料明显离析,从而引起沥青混合料离析,降低拌和机产量,影响沥青混合料质量。

10.1.1.2　搅拌设备造成的离析

目前在路面施工设备中,热拌沥青混合料搅拌设备是系统最多、机电液一体化程度较高的产品,从搅拌原理上分为单滚筒连续式搅拌设备、双滚筒连续式搅拌设备和间歇式搅拌设备。无论哪种结构型式的搅拌设备其共同特点是不同规格的冷料按比例供料,烘干加热后经准确计量与热沥青混合拌制出所需的混合料。由于搅拌设备的生产厂家和系统的结构型式很多,不同厂家又具有专门的设计,加之在很长一段时间内人们并未深刻认识到材料离析对路面质量的影响,在设备制造中对这一环节也未引起足够的重视,有些厂家在设备制造过程中存在缺陷,造成或加重了材料的离析。在混合料的生产过程中以下环节可能存在着材料离析的隐患。

1. 冷料供给系统

对于间歇式搅拌设备,各种规格的冷料在进入干燥筒之前在这里进行初次配比;对于连续式搅拌设备,这个配比便是混合料最终的级配组成,是一个重要环节,它直接关系到各种材料的均衡、稳定、准确的供料和配料,因此它是混合料拌和的第一关。冷料斗的尺寸、料门宽度出料口的形状以及皮带送料器的转速及其稳定性对材料离析有较大影响。如图 10.3 所示,当冷料斗宽度 D_1 小于装载机铲斗宽度时,在装载的时候两种规格的材料易混合在一起,难于分开;即使料斗尺寸 D_1 大于装载机铲斗的宽度,若在冷料斗之间未加装隔板,在材料装满的情况下,也容易造成材料混杂;出料口的形状和料门宽度影响了给料皮带的工作阻力和转速。如图 10.4 所示,若冷料斗出料口做成长方形,在斗内通常形成死区,当斗内料位降低到一定高度时才开始移动,造成输送阻力的变化;料门宽度太大或太小,会使供给皮带于最小或最大极限转速附近工作,在这个区段供给马达的特性很软,即抵抗阻力变化的能力很差,由于冷料供给控制系统一般为开环控制系统,在阻力变化引起供给量发生变化时,没有反馈信号传送给控制系统,造成供给量的波动。还应特别注意对于细集料,当料门开启过大或细集料含水率过高时,供料会产生聚堆的情况,如图 10.5 所示。

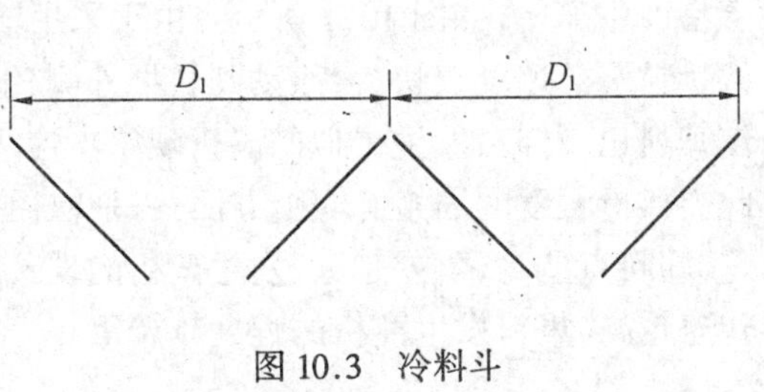

图 10.3　冷料斗

2．干燥筒的影响

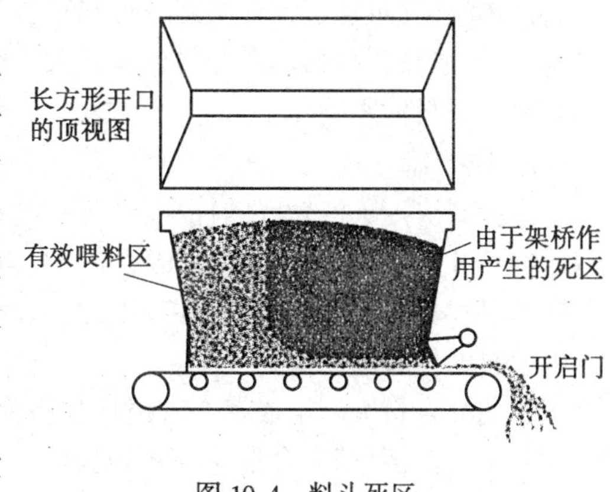

图10.4　料斗死区

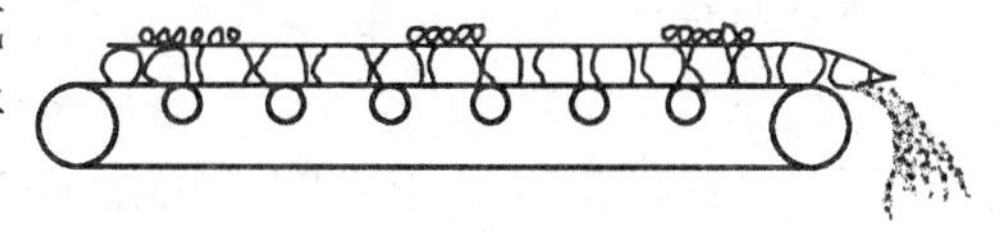

图10.5　材料聚堆

干燥筒是对集料烘干加热的设备。集料在具有一定倾角的干燥筒内均匀分散，通过叶片不断的进行螺旋式的移动，在这一个过程中对于软质材料，如石灰石材料，会产生磨细效果。干燥筒的一个重要功能是将集料加热烘干到要求温度，在这一过程中燃烧器正常完全燃烧的条件是有合适的过量空气系数和在滚筒中形成一定的负压，负压的形成和大小是依靠鼓风机的送风和引风机的引风共同完成的，在引风除尘的过程中如果风量大幅度变化将会造成集料中细颗粒的大幅波动。一般搅拌设备的除尘系统分为二级：一级为干式或旋风除尘，二级为袋式除尘。一级除尘器是将含尘气体以一定的速度进入集尘器做旋转运动，在离心力的作用下，较大的灰尘颗粒被甩到筒壁上而滑落下来堆集在筒底。对于大于75 μm的颗粒其除尘效率可达到80%～95%，小于75 μm的颗粒其除尘效率较低，因此可以作为细集料的一部分回收到热料仓中。这里不得不指出由于烘干筒引风的波动，造成集料中细颗粒的变动与此时回收并送回热料仓的材料并不同步，因此往往造成混合料级配的变动。

3．振动筛、热料仓与计量系统

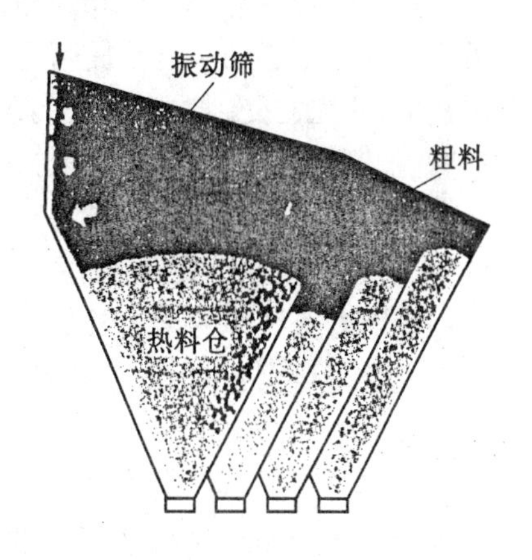

图10.6　热料仓

筛分装置有滚筒筛与振动筛两种形式，由于滚筒筛的效率较低(低于60%)，一般较少采用。振动筛分为单轴振动筛、双轴振动筛和共振筛等，根据筛网安装角度又分为平筛和斜筛。作为评价其性能的主要指标是生产率和筛分效率，筛分效率是对某种规格料的筛净能力，即通过规定尺寸筛孔的物料质量与材料中含有该粒径材料总量的比值。一般而言，振动筛的筛分效率与筛分产量有着密切的关系。当产量低于额定产量时，效率会适当增大，而高于额定产量时效率则降低。振动筛为了保持高效的筛分效率，其振动参数一般设定在17～28 Hz之间的某个频率，振幅为4～8 mm之间的某个确定值。由于振动筛的振幅取决于激振力和振动筛及筛上材料的质量，当弹簧刚度一定时，其上质量越大，振幅越小，筛分效率越低。因此，生产过程中若随意改变生产能力，将造成集料严重串仓。

如图10.6所示，在振动筛下方一般有4～6个热料仓，由于结构与使用特性等方面的原因，一般1号仓的容积最大，大约为总容量的40%～50%。在运行过程中细料会先落下，在仓壁上滞留，当仓中的料位降到某种高度时会突然下落，使混合料中粉料含量过多，造成离析。由于细集料有很大的表面系数，如0.075 mm的表面系数是4.75 mm的80倍，0.15 mm的表面系数是4.75 mm的30倍，因此对混合料的油膜厚度有极大影响。另外热料仓中料位的高度对骨料秤的计量影响很大。在称量系统中，为了减少或消除由于材料对秤的冲击、关仓门时空中飞料的影响,要对动态计量误差进行修正。由于热料仓中料位的大幅度变化,使误差修正难于准确进行,造成各料仓动态配料误差过大。而且还有计量斗门变形、磨损引起的漏料现象和斗中余料对配料的影响。

4. 搅拌器

搅拌器决定了混合料的拌和均匀性,其结构形式经过多年的试验研究已基本定型,常采用双卧轴桨叶式,叶桨布置、安装角度等基本相同。只是不同的厂家在搅拌器的几何尺寸、搅拌桨转速、材料充盈率的设计上各有不同,从而产生了由材料特性、运行参数和拌和时间所决定的混合料的拌和均匀性。

不同混合料级配组成存在着搅拌难易程度不同的问题,其中起作用的主要因素有细骨料和矿粉所占比例、沥青含量、拌和温度等。一般而言细骨料或矿粉较多,单位体积的材料有较大的表面积,沥青均匀粘附其上需要相对较长的时间;若材料温度较高,则沥青粘度较低,流动性好,容易在骨料中均匀分布,裹覆性较好。另一个影响因素是骨料的松装容重,由于搅拌器在设计时,充盈率一般低于65%,当充盈率继续增大时,所需驱动力不再呈线性变化,经济效益差,因此骨料松装容重的变化会影响搅拌器的产量。例如骨料松装容重从1.6 t/m^3 变化到1.4 t/m^3,则搅拌器的充盈率增加12.5%。但是由于搅拌何种级配组成的混合料是由工程设计确定的,搅拌设备的任务就是保证无论何种级配组成的材料都能生产出符合质量要求的成品料。因此,搅拌器必须有一个可以调整的运行参数以满足不同材料的要求。

定型搅拌器的搅拌速度是不变的,而搅拌器充盈率和搅拌时间是可以改变的。对于双轴桨叶式搅拌器,材料在搅拌时存在着垂直和水平两个面内的两种类型的运动,在垂直面内的横向搅拌,作用于拌锅上方的沸腾效应;在水平面内两轴间材料的不规则移动与两轴外侧区域的沿周边的循环运动。显然提高搅拌速度对强化搅拌作用十分有利,但是速度的增加并不是无限制的,首先它受到功率消耗的限制;其次速度过高将增加骨料在搅拌过程中的二次破碎概率,并加剧搅拌器磨损,因此搅拌速度一般控制在2.1~3.5 m/s。

搅拌器充盈率对生产能力有着直接的影响,提高充盈率意味着直接增加了每锅拌和料的数量,从而成正比地提高了生产效率,但充盈率的提高必然会受到拌和料质量变坏的限制。这是因为随着充盈率的增大及材料翻拌的削弱,沸腾效应也会随着减弱,导致搅拌效果恶化。另外在充盈率增至65%以上时,搅拌功率也会急剧增加。因此为保证有较好的拌和质量和运行经济性及较高的效率,一般充盈率设定在45%~65%之间。

搅拌时间是运行中十分重要的参数,它直接决定了材料在搅拌锅内持续作用的时间,缩短拌和时间意味着增加搅拌器的生产率,而增加拌和时间显然会改善材料的拌和均匀性,然而过长的拌和时间也会对混合料质量产生负面影响,当拌和时间超过90 s时质量会明显变坏,当延长至200 s时,混合料已不能使用。

5. 贮料与卸料离析

搅拌设备配置的贮料仓一般为过渡料仓,在生产过程中仅起缓冲作用,其结构比较简单,如图10.7所示,贮料时形成同心圆状,粗料滚向外环,细料留在内环,特别是在锥部会形成死角。在卸料时形成了锥形移动,如图中虚线所示,当料位下降到锥部时,往往聚集的粗料会突然下落,这样一批严重离析的粗集料、含量很多的混合料卸

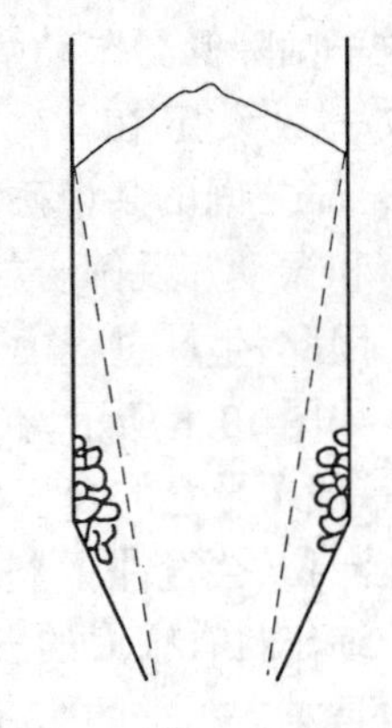

图10.7 出料仓卸料离析

入了卡车，这就是在施工过程中总会发现最后一车料粗料多、细料少现象的原因。若卸料过程中频繁地将贮料仓中材料卸空，路面就会出现严重的离析。

当仅向一个方向移动车辆时，混合料就会形成如图10.8、图10.9所示的大量粗颗粒滚到卡车的前部、后部、中部的车厢底部和两侧的离析。卡车向摊铺机卸料时，开始卸下的料和最后卸下的料多为粗料，卡车两侧的粗粒料也同时卸入摊铺机受料斗的两侧，导致摊铺层出现片状离析。

图10.8　不移动料车的卸料　　图10.9　向一个方向移动料车的卸料

6. 摊铺离析

在材料离析的各个环节中摊铺离析往往没有引起足够的重视。即使搅拌设备生产出优质均匀的混合料，在卸料、运输中不存在离析现象，但在摊铺过程中仍可能产生严重的材料离析。

首先是摊铺机受料斗中的混合料由于卡车卸料时产生了受料斗两侧粗料多、细料少的离析现象，如图10.10(a)所示。那么在车辆交替卸料衔接时，由于过长的间隔时间，或施工人员对受料斗中材料长时间的整理，或者操作人员不合理的操作等原因，使受料斗中间的混合料被刮板输料器过分地输送而形成凹谷，两侧粗料滚入或被整体倾入刮板输料器，送入螺旋分料器，产生集中的片状离析。程度严重时，在摊铺机后的铺层上可以明显看到有规律的几乎每车都会出现的离析现象。

其次是由于摊铺螺旋分料器的安装位置不当，或固定螺旋的支架形状不合理，或螺旋直径与材料直径不相适应等原因，造成在铺层上产生纵向条状离析带，如图10.10(b)所示。

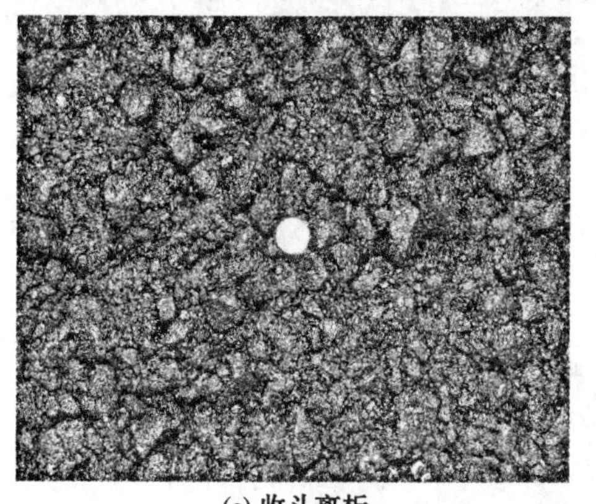

(a) 收斗离析

(b)纵向条状离析带

图10.10　摊铺离析

再次是由于熨平板拼装不合理或熨平板由于受力过大产生变形造成的离析，在摊铺过程中混合料中较大的碎石不停地嵌入熨平板形成的斜契中，将铺层刻出一条离析带。

最后是由于螺旋分料器中的料位高度不合理，过高或过低而造成铺层出现离析。

10.1.2　温度离析现象及影响因素

在热拌沥青路面施工中混合料的温度是保证施工质量的关键，如果热骨料温度低或者温度变化大，混合料就不易拌和均匀，摊铺就不能平整，后续碾压也就难于达到规定的压实度，施工质量就无法保证。因此对不同标号的重交沥青和改性沥青都规定了应该达到的拌和温度与碾压温度。温度太高，混合料老化太严重，缩短其疲劳寿命；温度太低，沥青粘度很大，难于压实，降低了路面的抗水损害能力。

1. 搅拌设备出料温度离析

搅拌设备的温度控制系统多为闭环控制形式，即矿料的加热温度与设定温度存在偏差超过允许差时，控制系统的执行元件自动调节燃烧的油门开度，改变火焰强度来控制混合料温度。在这个系统中存在两个惯性环节，表现为机械惯性和热惯性同时存在，影响混合料出料温度的稳定性。一个惯性环节是干燥滚筒，通常干燥滚筒的长度为 7 ~ 10 m(1 千型 ~ 4 千型)，安装角度为 3° ~ 6°，矿料在滚筒中做螺旋式运动，在筒内的滞留时间为 3 ~ 4 min。当加热冷料的温度改变时，需要约 3.5 min 左右的滞后时间测温元件才能感受到，这对于控制系统是十分不利的；第二个惯性环节是热电偶，由于热电偶存在很大的热惯性，即灵敏度较低，当材料温度大幅度变化时，其跟踪能力较差，往往存在较大的滞后，这给矿料出料温度的准确控制带来了困难，再加上原材料中含水量的变化、材料供给量的波动以及控制系统的控制精度等因素的影响，造成一些搅拌设备出料温度波动较大，发生严重的温度离析。

2. 混合料运输过程中的温度离析

即使搅拌设备生产的混合料出料温度十分稳定，如果措施不得当，在运输过程中产生的温度离析可达到相当惊人的程度，资料表明这种离析可使预期寿命为 15 年的路面缩短一半。这种离析不像材料离析那样易于判别，用肉眼不容易观察到，但当借助红外摄相机来测定时，温度离析便清晰地显现出来了。长安大学《沥青混合料的离析控制技术》课题组采用美国进口红

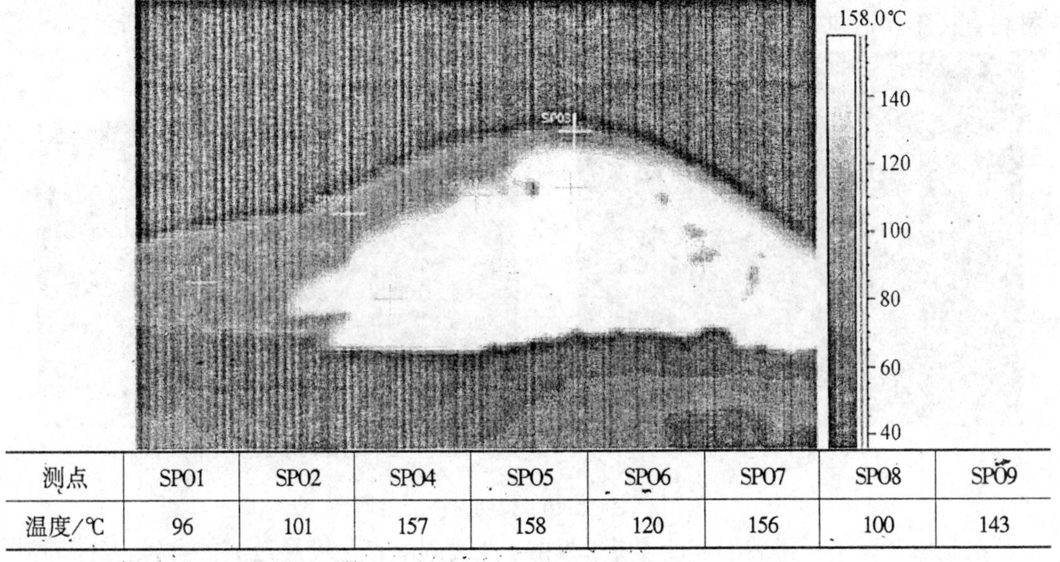

测点	SP01	SP02	SP04	SP05	SP06	SP07	SP08	SP09
温度/℃	96	101	157	158	120	156	100	143

图 10.11　卡车卸料

外摄相仪进行了施工全过程拍摄。图 10.11 为卸料过程中料车内、外温差，图 10.12 为摊铺到路面上混合料温差，运输过程中的散热量可表示为

$$Q = U \cdot A \cdot v \cdot t(T_s - T_a) \tag{10.1}$$

式中，Q 为散热量；U 为与保温材料有关的单位时间、单位面积、单位风速下的散热系数；A 为散热面积；T_s 为混合料表面温度；T_a 为环境温度；v 为风速；t 为运行或待机时间。

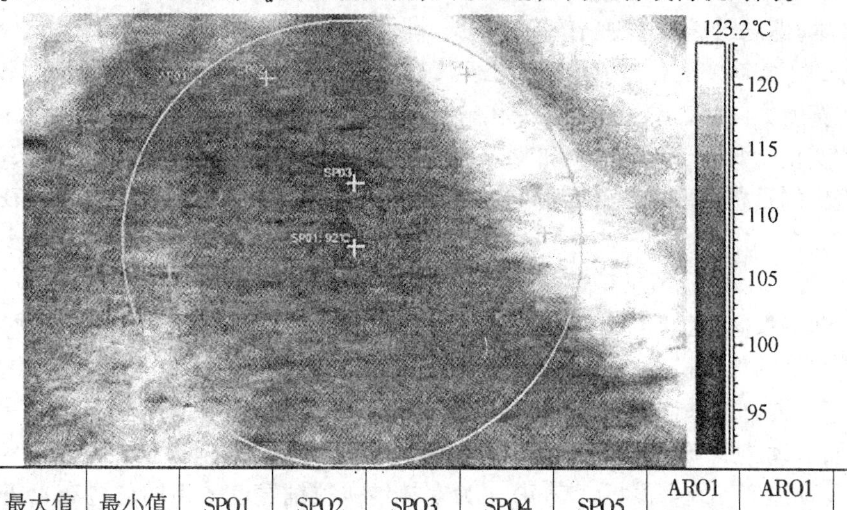

测点	最大值	最小值	SP01	SP02	SP03	SP04	SP05	AR01 最大值	AR01 最小值	ARO 平均值
温度/℃	124	88	92	111	89	122	121	124	88	107

图 10.12　摊铺现场

3. 摊铺过程的温度离析

在摊铺过程中，由于卡车车厢的前端到后端及四周温度的离析和摊铺机受料斗侧板附近温度的离析，以及摊铺机摊铺过程中停顿等原因造成铺层发生温度离析。图 10.13 为摊铺过程中温度变化历程曲线点，点 37 和点 91 的低温为卡车交替时的温度变化，点 64 为摊铺机发生故障暂时停机时的温度变化，该曲线表明，如果卡车没有很好的保温措施，会造成摊铺温度的大幅度变化，同时摊铺过程中停机待料，也会产生很大幅度的降温。

混合料的温度离析发生在拌和、运输、摊铺的各个环节，并且这种离析许多时候难于发现，

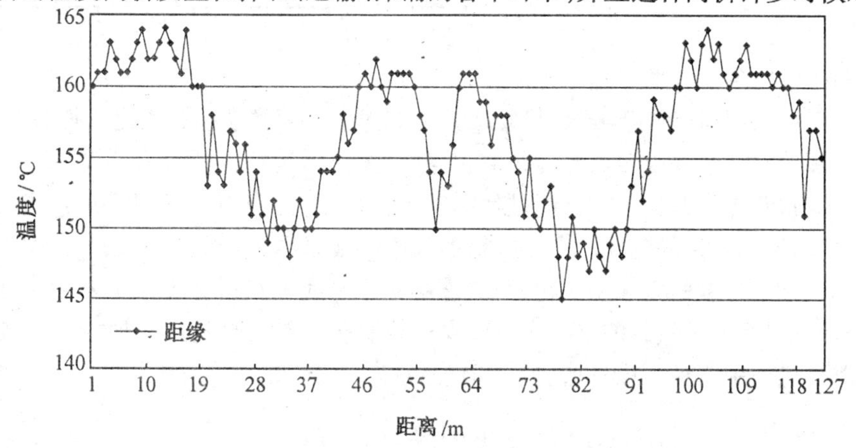

图 10.13　摊铺过程中降温曲线

一旦存在就难于校正,在整个过程中任何的疏漏和施工缺陷往往都隐藏着大的质量缺陷。

10.1.3　碾压离析现象及影响因素

沥青混合料在施工过程中出现的材料离析和温度离析是常见的两种离析,前面详细分析了混合料在生产、运输及摊铺过程中的离析现象及影响因素。最近长安大学《沥青混合料的离析控制技术》课题组提出一种新的离析形式,即碾压离析。碾压离析是指碾压过程中,不同的区域施加的压实功的变化造成的路面压实度和空隙率的变异。如由于摊铺机摊铺过程中,在熨平板的宽度方向存在着压实功的变化;在振动压路机碾压过程中的起振与停振阶段存在着压实功的变化;钢轮压路机在轮宽的不同部位,特别是接近轮外缘时存在着压实功的变化;在碾压时钢轮的重叠宽度存在着压实功的变化;压路机起步与停机的重叠区域存在着压实功的变化等等。

10.1.3.1　摊铺机预压实离析

1.摊铺机横向预压实变化

沥青混合料摊铺机的工作装置上,一般装备有两个振动装置,一个为振动器,另一个为振捣梁,用于对混合料进行初步的预压实。由于在摊铺宽度上离摊铺机中心越远,熨平板的支承刚度越弱,振动施加于混合料上的总作用力将减小,造成沿着熨平板方向对混合料的压实功发生变化,其预压实度发生离析。表 10.1 为在摊铺机摊铺宽度的不同位置布点进行检测的数值,试验时对摊铺机刚刚摊铺出混合料立即进行测量,此时跟在摊铺机后面的压实机还未开始碾压。

表 10.1 表明,摊铺机的预压实度沿宽度方向在变化,在基本宽度内(不大于 3 m)预压实度变化很小,超出基本宽度后预压实度在下降,距离摊铺机中心愈远下降的愈多,也愈迅速。

表 10.1　摊铺机预压实横向离析值

距摊铺机中心距离/m	−4	−2.5	−1	0	+1	+2.5	+4
预压实度/%	85.5	87.3	88.8	89.0	88.8	87.0	85.2
	86.1	87.9	89.1	89.3	89.2	88.6	85.6
	84.9	86.8	88.2	88.8	89.0	87.3	85.1

2.摊铺机纵向预压实度变化

目前生产的摊铺机,其振动或振捣频率并未与摊铺速度联动控制或建立相关关系,也就是说一旦熨平板的振动频率或振捣器的频率调定后,无论摊铺速度的快慢,其频率均保持恒定,除非操作人员重新进行调整。在摊铺过程中,往往由于作业阻力,或行驶阻力,或材料供应方面的原因,造成摊铺速度的变化。由于振捣器的厚度很薄约 2～3 cm,且振动频率较低,一般小于 25 Hz,因此摊铺速度的大幅度变化,造成铺层初压密实度在行走方向上发生变化。摊铺速度加快,振动器对所经过每点的击实次数减少;摊铺速度减慢,振动器对所经过每点的击实次数增加。摊铺过程中对每一经过点的击实次数 n 为

$$n = 0.6\,\frac{s \cdot f}{v} \tag{10.2}$$

式中, n 为通过某点的击实次数;v 为摊铺速度,m/min;s 为夯锤宽度,cm;f 为夯锤频率,Hz;

由于夯锤厚度较薄，相对于单位时间作业距离的变化而言就显得十分敏感，速度的变化会造成击实次数的大幅度变化。如摊铺速度由 2 m/min变化为 4 m/min 时，对某点的击实次数下降了约 50%，由于击实功的变化，势必造成对混合料压实密度的变化，发生了摊铺机纵向的碾压离析。对于振动熨平板而言，由于其宽度较宽(大于350 mm)，振动频率较高(大于 55 Hz)，相对于单位时间摊铺作业距离的变化而言，对某点的击实次数的变化相对较小，即无论速度快或慢对某点的击实次数已足够，因此对材料的击实密度影响较小。图 10.14 是预压实度变化曲线，从图可以看出在摊铺机作业速度较低时，速度变化对预压实度的影响很大，速度低预压实度大，速度加快时预压实度迅速下降。预压实度对速度的敏感性很大。从图中还可以看出当摊铺速度大于 4 m/min 以后，摊铺作业的纵向预压实度变化趋于平稳，即预压实度不再随速度的变化而大幅度降低，其变化很平缓。由于目前国内设备配套方面的原因，往往搅拌设备的产量较低，而摊铺宽度较大，造成摊铺速度往往处于较低水平，一般小于 4 m/min，因此在施工过程中速度的大幅变化必然带来摊铺机预压实度的离析。

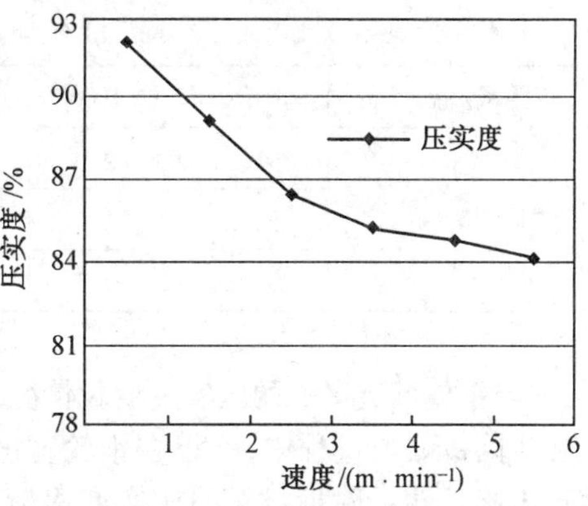

图 10.14　预压实度变化曲线

10.1.3.2　压路机产生的碾压离析

压路机特别是振动压路机在碾压过程中不可避免的会造成碾压离析，这是由于沿钢轮宽度方向对混合料施加的作用力不同。接近轮缘处，由于材料的推移，使压实功发生变化；由于碾压过程中重叠宽度的影响，使压实功发生变化；由于钢轮碾压过程中对邻近钢轮的材料产生推移发生密实度的变化；由于碾压铺层边缘处的无侧限产生压实功的变化；以及振动压路机起振、停振而随之产生的过渡过程造成的压实功的离析。而这些压实功的变化并未引起工程技术人员的足够重视，但这种离析在某些情况下表现得相当严重。

1. 振动压路机碾压过程中压实功的横向离析

振动压路机在沥青路面和基层材料施工中，使用十分广泛，由于其高效的压实作业和一机多用的功能具有广泛的适用性，在路面施工中已不可或缺。压路机在压实作业中与材料的相互作用力如图 10.15 所示，钢轮压路机在碾压沥青混合料铺层时，钢轮正下方力直接通过面层传递给下承层，下承层即产生大小相等的反力，在这一对方向相反的力的作用下铺层被压实；在钢轮的边缘如 A 点和 C 点，作用力返回到表面层时，反作用力仅来自于铺层而不是钢轮，这种现象会产生三个结果。

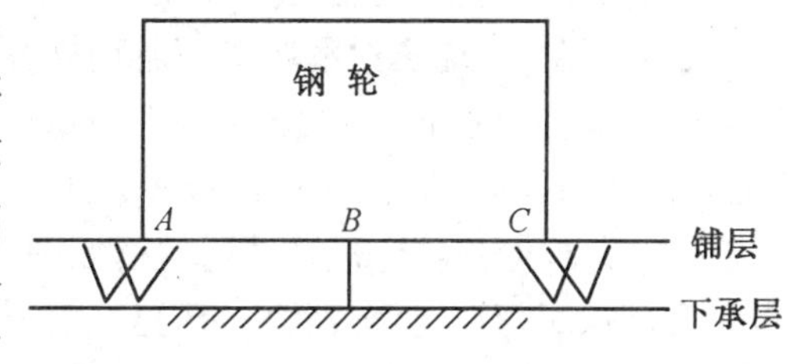

图 10.15　钢轮压路机对铺层作用力

(1)钢轮宽度范围内的压实度变化。由于在钢轮的边缘附近反作用力未受限制，使材料的密实度较其他区域低，难于密实，表 10.2 为施工现场钢轮(宽度 1 970 mm)碾压一遍后在轮宽范围内的压实效果。

表 10.2 钢轮碾压离析检测表

距离/mm	0	100	200	300	400	500	1 000
压实度/%	91.8	92.0	92.7	93.2	93.5	93.5	93.8
	90.9	91.6	92.5	93.0	92.9	93.5	93.7
	91.2	92.3	92.7	93.5	93.7	93.6	93.8

(2)与钢轮邻近区域的压实度变化情况

在压路机碾压过程中,不仅在钢轮宽度范围内表现出接近轮沿附近材料的压实度逐渐变小,同时也发现与钢轮相邻的碾压带,由于钢轮碾压过程中的推移,使已压实的铺层在一定的区域内压实度降低了许多,如图 10.16 所示,*bc* 区域由于相邻区域钢轮碾压使其原有压实度降低。

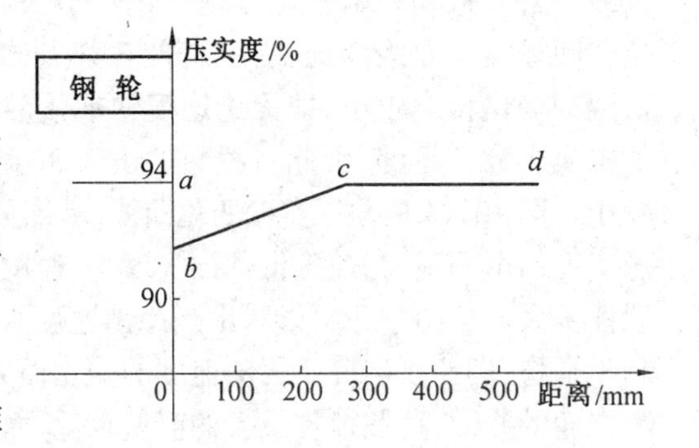

图 10.16 钢轮邻近区域压实度变化

(3)铺层边缘有无侧限产生的压实离析

铺层边缘无侧限的情况下,碾压时材料的推移不受限制,可以自由移动,铺层边缘区域的密度难于保证。在设置挡板或路缘石后,碾压推移受到限制,铺层边沿的压实度得到提高,表 10.3 为铺层边缘有无挡板两种情况下的压实情况。

表 10.3 有无压挡板对铺层边缘压实效果的影响

距边沿距离/mm	0	50	100	150	200	250	300	400	500	备注
压实度/%	/	94.1	94.4	95.9	97.9	98.3	98.5	98.7	98.6	无挡板
	/	97.6	97.8	97.8	/	/	/	/	/	有挡板

2. 压路机产生的纵向压实离析

振动压路机在碾压过程中进行着周期性的循环作业,即起步→起振→停振→停机→返回。在起振阶段和停振阶段,振动轮的频率从 0 到设定值或从某振动值降低至 0,此过渡过程如图 10.17 所示,在起振和停振过渡过程中,压路机对材料的压实功是在变化的。设定的振动频率越高,这种变化越大。

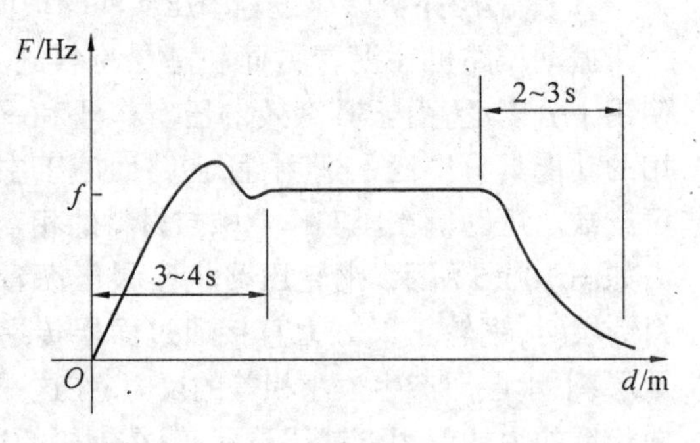

图 10.17 振动压路机起步 - 停机过程

除以上所述之外,振动压路机在碾压过程中的速度变化,振动频率变化,起步、停机、转弯、换向等均会造成压路机的纵向碾压离析。

10.2　沥青混合料离析的检测方法

国内外针对沥青路面集料离析的检测方法开展了许多方面的相关研究,归纳起来,常用的检测方法主要有:(1)视觉观察法;(2)铺砂法;(3)钻芯法;(4)核子密度仪法;(5)激光构造仪法;(6)热图像分析法;(7)数字图像路面表面离析分析法。

10.2.1　视觉观察法

沥青面层是否产生集料离析首先在于研究人员对路面表观状况的判定。传统上,人们通常采用目测或视觉观测的方法来确定离析,就是将路面表观状况通过视觉上的观测和观察者的经验来检测是否离析的方法,这是对沥青混合料集料离析最直观的定性评价方法。但是这种方法具有很大的主观性,又缺乏明确的离析程度评定标准,经常会使研究人员在路面离析程度上的认识上产生分歧。如果做进一步检测,会发现有时是沥青混合料级配和密度发生了变化,有时仅仅是密度发生变化。越来越多的研究表明,这种目测法并不能很好地判别出集料离析,不均匀的面层不仅仅表现在粗骨料的离析,还有细集料的集中、离析部位的低密度以及空隙率变化等等。

目测法一般只适用于大粒径及较粗的沥青混合料的集料离析判别,而小粒径和细级配的沥青混合料集料离析以及密度变异就不适用了。目前沥青混合料结构形式多种多样,仅仅凭借着主观的观察判断是远远不够的。所以,公路工作者越来越多地采用先进仪器来检侧沥青混合料的集料离析,如红外线摄像仪、激光构造深度仪、核子仪和无核仪等。

10.2.2　铺砂法

沥青面层集料离析区域与非离析区域的表面纹理深度会有明显的变化。一般情况下,发生集料离析的地方表面构造深度比没有发生集料离析的地方粗糙或致密,而且这种纹理的变化与集料离析程度具有一定的相关性,依据这一理论可以通过测量沥青面层表面的构造深度来判别路面是否发生集料离析。

铺砂法就是试验规程中所说的“沥青混合料表面构造深度试验”,这种方法是采用 25 mL 粒径为 0.15 ~ 0.3 mm 的标准砂铺设在沥青面层上填补表面空隙,根据填补的面积计算构造深度。测试时,试验人员用扫帚或毛刷子将测点附近的面层清扫干净,用圆筒、推平板组成的人工砂铺仪将定量的特制砂子铺到检测的路面上,当砂子在推平板的作用下摊铺到要求的程度时,用构造深度尺、钢尺或卷尺测量构造深度值,将测出值与要求值相比较来判断集料离析的程度。

但是铺砂法经常受许多主观因素和客观因素的影响,如所用砂子的干燥洁净程度、受检路面含水量的大小、摊铺砂表面的凹凸程度、铺砂区的形状等,使检测结果受测试者主观意志和测试方法的影响,而且比较费时,劳动强度大。尽管如此,该方法原理简单,测量方便,造价十分低廉,仍是目前最常用的检测构造深度的方法,也是最简单、最直观的判别集料离析的手段,它可以用来发现面层集料离析的区域,定量确定集料离析的程度。

江苏省采用砂铺法对省内的高速公路进行了抽样调查,以 $TD_{离析处}/TD_{平均}$作为离析的评定指标,同时对调查路段钻取芯样,分析面层芯样密度与构造深度的变化关系,在大量检测结果的基础上,确定了集料离析的评定标准,如表10.4所示。

表10.4　江苏省建议的砂铺法评定集料离析标准

评定条件	无离析	轻度离析	中等离析	严重离析
$TD_{离析处}/TD_{平均}$	≤1.3	1.3~1.6	1.6~1.9	>1.9

10.2.3　钻芯法

对成型的沥青面层进行钻芯取样,分析芯样的材料组成及芯样密度,来评定面层发生集料离析的程度。取芯法费时费力,同时上面层一般不允许过多取芯,所以应仅在发现面层明显离析时,才采用此法进行调查。由于面层集料离析处级配、沥青用量、芯样密度都可能发生变化,因此这3个指标均可作为集料离析的评定指标。

另一种方法是在摊铺机后面取样,分析沥青混合料级配、沥青用量的变化,来评定集料离析的程度。美国许多州都规定,在施工质量过程控制中,沥青混合料的检测样品应在碾压之前,从摊铺机后面取样,这样可使承包商关注沥青混合料在拌和、运输、摊铺整个过程中的均匀性。

10.2.4　核子密度仪法

1. 核子密度仪

核子密度仪可以检测路面的密度,根据检测路段路面密度的变化范围,确定该路段沥青面层集料离析程度的等级。核子密度仪是路面无破损检测的重要工具,采用核子密度仪检测具有快速、简便,且对路面无损坏的优点。在我国公路建设中,应用核子密度仪检测压实度是20世纪80年代由国外引进的一种高效快捷的检测方法。它是一种以微处理机为核心的仪器,用于测量建筑材料和现场土体等的密度及含水率。

核子密度仪的内部装有两种放射源,一种是用来测量密度的铯-137-γ源;一种是用来检测水分的镅-241-中子源。在测量密度时,铯-137-γ源发出的放射线进入被测物体中,如果被测材料的密度较低,穿过它的放射线就多,反映在仪器内接收器的数值就大;反之,如果材料密度较高,因为高密质的材料能吸收部分γ射线而起到了辐射屏蔽的作用,则反映在接收器的数值就小。微处理器把检测管接收到的数值与存储在仪器内的密度标准计数值相比,得到计数比,然后自动送入密度计算程序,即可得到被测材料的密度。其测量原理如图10.18和图10.19所示。

由于沥青面层集料离析处是粗料集中的地方,级配偏粗、沥青用量偏少,因此该处的密度未必会小,核子密度测定仪可能检测不出这种集料离析。另外,采用核子密度仪测定不同级配沥青混合料时检测结果差异较大,这对用核子密度仪检测、判定沥青混合料的集料离析造成了一定的难度。因此本方法一般只适用于施工质量的现场快速评定,不宜用作仲裁试验或评定验收。

美国一些州制定了核子密度仪检测集料离析的方法和标准,不同地区标准各异。在佐治亚州,如果沥青面层密度差异超过0.163 g/cm³,就认为路面离析;堪萨斯州采用在路面上测4条纵向密度线的方法,如果密度差异大于0.08 g/cm³,或最小值比平均值小0.04 g/cm³,就认为路面离析；爱荷华州的方法认为，如果集料离析处的密度与非离析处的密度比值在 98% ~ 95.1%，就认为是明显离析；如果低于 95%就认为是严重离析。

核子法可以测定沥青路面密度，但受检测方向和路面水分的影响，检测结果有一定的离散性，而且对人体有潜在的危害，因此这种方法的使用受到一定限制。

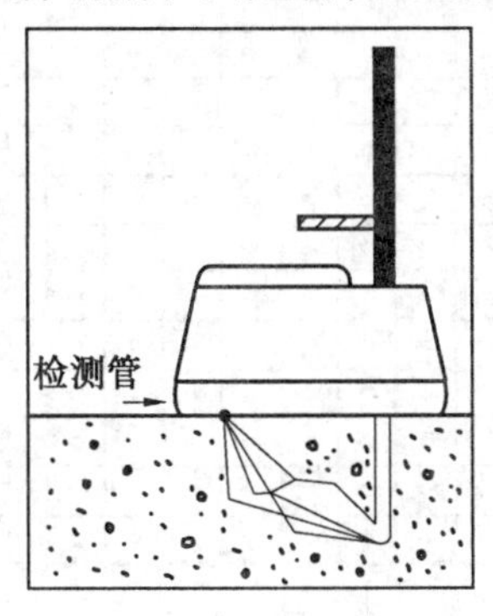

图 10.18　透射法

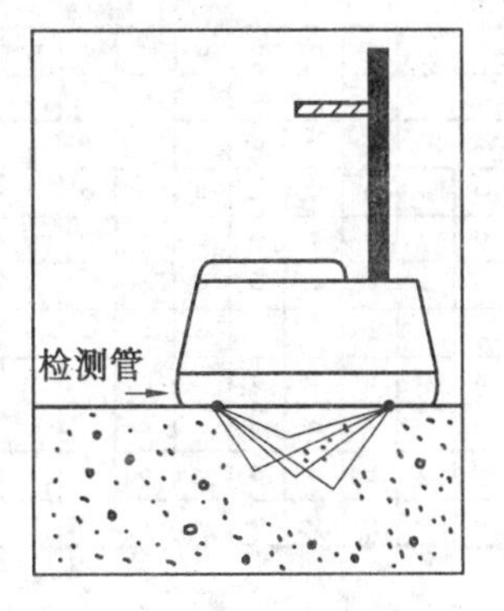

图 10.19　反射法

2. 无核密度仪

无核密度仪法是通过无损检测沥青路面的密度来反映离析的程度的一种方法，具有体积小、重量轻、便于携带，检测迅速（一次 5 s）的优势；与核子仪法相比，虽然存在检测前需要提前标定的缺点，但是具有检测结果稳定、不受检测方向的影响、对人体无危害的优势。

无核密度仪是美国 PQI 公司最近研究开发的密度测定设备，如图 10.20 所示，其原理是根据密度与电感成正比的关系计算沥青路面的密度，其工作原理如图 10.21 所示，由于材料介电常数的不同引起电容量不同，通过发射电磁波检测沥青路面的电感值。沥青路面为主要由集料、沥青、空气组成的三相材料，当沥青路面密度低时，其空隙率大，空气含量多，反之亦然。各种材料的介电常数都不一样，空气的介电常数为 1，是最小的；沥青的为 2.4，集料的为 8.2。无核密度仪通过发射和吸收电磁波实测电感，转换计算为密度。当对具体的沥青路面结构进行标定后，将离析和不离析路面视为均匀的材料，因此，在某种程度上对离析的影响更明显。

图 10.20　无核密度仪

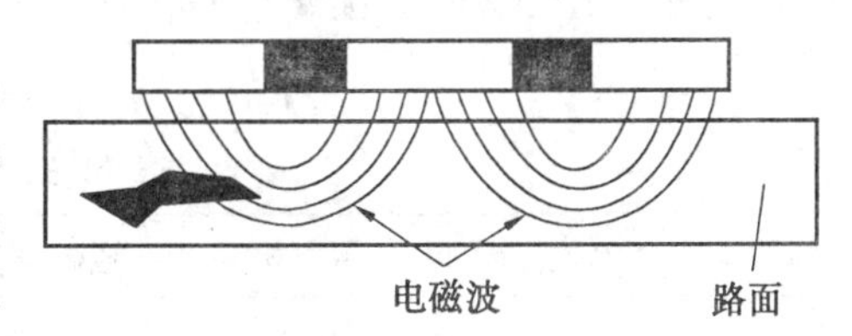

图 10.21　无核密度仪工作原理

华南理工大学道路工程研究所采用无核密度仪评价沥青路面内部的离析情况，具体测定方法如图 10.22 所示，在横向宽度在 11.25 m 的试验路段上，沿路线纵向每隔 1 m 作为一个测量基准线，测量长度为 40 m，沿路线横向方向上，从中央分隔带开始，每隔 1 m 取一个基准点，测量长度为 11 m，从而形成一个 1 m×1 m 的基本单元格，在此单元格中心作为无核密度仪的测量点。

为了更直观反映路面内部离析状况，通过统计分析，对不同空隙率采用不同的阴影图表示，即不同的颜色代表不同的空隙率，对应不同的离析程度来直观分析路面内部离析状况，测量结果如图 10.23 所示。

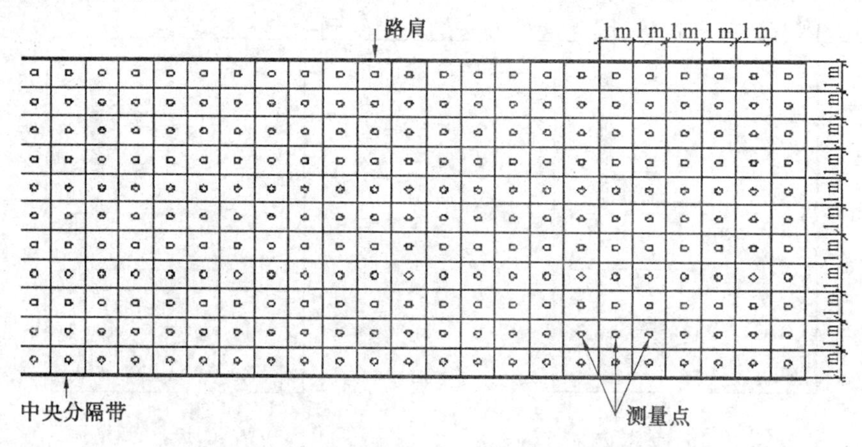

图 10.22　利用无核密度仪评价沥青路面表面离析的测量方法

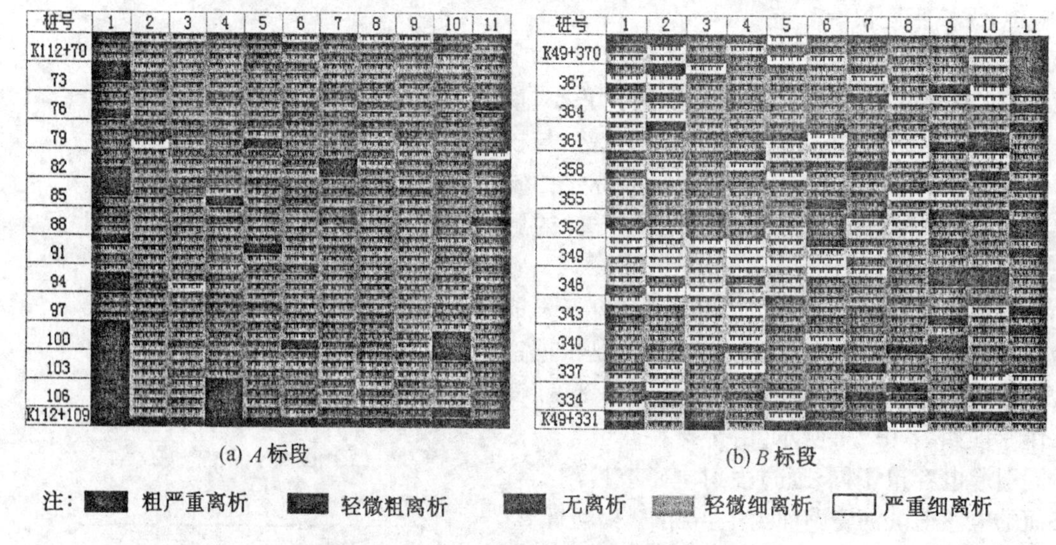

(a) *A* 标段　　(b) *B* 标段

图 10.23　下面层内部离析状况阴影示意图

表 10.5　离析程度统计表

标段	单位	无离析	轻微细离析	轻微粗离析	严重细离析	严重粗离析
A	%	46.5	1.3	43.6	0.4	8.1
B	%	33.2	17.4	31.7	8.4	9.1

从图 10.23 的阴影示意图中可以看出以下两点。

(1)*A* 标段沥青路面内部均匀性好，严重离析百分率仅占 8.5%，但在靠近中央分隔带的位置存在粗集料的带状离析，同时在路面分布有少量的粗集料离析点，结合施工现场观察主要有以下几点原因：螺旋布料器在向熨平板前沿分料时，粗集料随螺旋布料器被分散到两侧，在边缘挡板处形成大集料离析带；同时，边缘处较难压实，使得靠近中央分隔带的压实度不足，因此造成在靠近中央分隔带处产生明显的离析带。

(2)*B* 标段沥青路面内部的离析比 *A* 标段离析严重，严重离析百分率达到 17.5%；左幅沥青混合料的空隙率偏小，右幅沥青混合料的空隙率偏大；但离析并没有出现带状离析，而是离析点呈分散状态，这是因为摊铺机在摊铺作业时，如果料斗中剩余的料不足以刮板满载输料，就需要收合料斗向刮板上集料。在料斗收合的过程中，大粒料顷刻间向刮板上滚落，集成堆，经刮板输往螺旋，由螺旋横向分料，再经过熨平板熨平后，摊铺层上就形成片状离析。其次由于两幅的压实机压实次数不同产生不同的压实效果。

10.2.5　激光构造仪法

沥青面层集料离析与非离析处的构造深度有所区别。激光构造深度仪又称激光纹理测试仪，它利用高速脉冲半导体激光器产生红外线投射到道路表面，投影面上的散射光线由接收透镜聚焦到线形布置的光敏二极管上，接收光线最多的二极管位置给出了这一瞬间到道路表面的距离，通过一系列计算可以得出构造深度，其工作原理示意图如图 10.24 所示。检测速度为 5 km/h，适宜测定沥青面层干燥表面的构造深度，但不适宜于较多坑槽、显著不平整或裂缝过多的路段，其实物照片如图 10.25 所示。

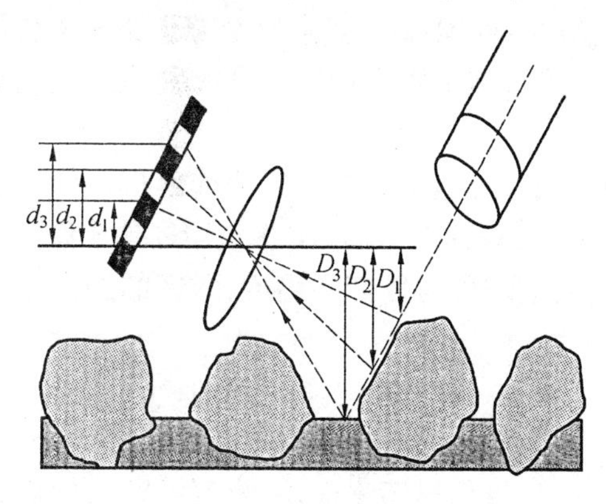

图 10.24　激光纹理测试仪工作原理

图 10.25　激光纹理测试仪

激光构造深度仪可以高速连续地测量沥青面层的表面纹理轮廓，检测的数据类似于视觉观测得到的路面纹理构造数据；可以快速得到连续的纵向表面构造深度，及时反馈施工中的集料离析情况来指导施工，这一点是有别于铺砂法的。铺砂法反映的是一定面积内的平均构造深度，激光法反映的是一定长度内的平均构造深度，而集料离析通常是以一定面积形式出现的。因此，铺砂法更适合判别与评价沥青面层的集料离析状况，但激光法解决了方便、准确、连续测量的问题。激光构造深度仪比较轻便，便于携带，也可以车载，并且能实时进行数据分析。激光构造深度仪的测量精度与车速有关车速的快慢直接影响到测量的结果。车速慢时，分辨率较高；车速快时，分辨率较低。而且路面的含水量大小也会影响到构造深度值的大小，路面过于潮湿会使激光构造深度仪的激光梁变形，从而也会影响检测结果。

NCAT 推荐 ROSAN 车载式路面构造深度仪进行沥青面层集料离析的检测，推荐评定标准为根据沥青混合料设计的级配、最大粒径，计算路面的构造深度 ETD，依据路面实测的构造深度与估算的 ETD 的比值来判定沥青混合料的集料离析。

10.2.6　热图像分析法

前述几类测试方法主要用于判别沥青混合料的集料离析，而热图像分析法是从沥青混合料温度变化的角度来判别其温度离析状况的方法。

任何物体都以热的形式释放红外线，这为利用红外技术探测沥青混合料的温度差别提供可能。相关研究表明：在沥青混合料摊铺过程中，粗集料集中、空隙率较大的沥青面层区域温度下降较快；相反，细集料集中、沥青含量较大的区域路面保温时间更长。

任何一种红外线成像仪的组成都有一个光学扫描仪，这是一个用来检测红外光谱辐射的元件，是红外成像仪的主要组成。其他组成元件包括显示器、电视摄录机、计算机及其用于存储、分析数据的软件。成像仪成像范围取决于设备定位离地面的高度和所需要的最小分辨率，如果设定到合适的位置就可以检测到全幅路面的温度变化情况。使用前要先根据环境温度设定最低温度，一般情况下，设定的最低温度比环境温度要高出 5～10 ℃。从成像的图中可以看到温度越低颜色越暗，温度越高颜色越亮，根据图像颜色的变化可以反映沥青混合料温度的变化。

通过使用红外成像仪，利用它的录像能力和其对特定区域的成像能力，沥青混合料的温度差异可以明显地反映出来，通过成像仪对所成的像进行处理，可以绘制整个施工路面的热量分布图，评价摊铺路面的温度离析状况，为及早处理、预防施工中出现的温度差别提高供检测依据。

红外摄像仪主要用于沥青面层施工过程中的控制，对施工完成后路面的离析评价精确度不够。美国在 NCHRP441 报告(Segregation in Hot Mix Asphalt Pavements)中使用红外成像仪对成型路面观测时发现，在晴天时，空隙率较大的沥青面层表现为较低的温度，致密的沥青面层由于在吸收热量后散热程度较低而表现出较高的温度。

10.2.7　数字图像路面表面离析分析法

数字图像路面表面离析分析法是指先使用数码相机拍摄沥青面层表面的状况，然后通过计算机分析这些小区域的数字图像，得到沥青面层的构造深度值。根据构造深度值的差别来判定沥青面层是否产生离析现象。

华南理工大学道路工程研究所开发出了一套基于数字图像技术的沥青混凝土路面表面构造深度检测方法(图像法)。

该方法采用普通数码相机拍摄沥青混凝土路面表面特征，通过人的视觉感官的“灰度变化”，来识别路面数字图像像素的灰度等级，经计算机图像处理即可获得具有面积属性的道路表面构造深度信息。对不同类型的沥青混合料路面(AC 型、AK 型和 SMA 型等)进行检测，并与铺砂法平行试验结果进行比较，发现两者间具有非常好的相关性。图像法具有操作简单、成本低廉、检测精度高、可以永久保存形象化图像信息等方面的优点，可进一步开发，可以采用数码摄像机实现道路表面构造的连续检测，进而实现工程质量的无风险验收。因此，图像法是一种非常有前途的路表面构造检测和路表面离析识别方法。

第 11 章 新型沥青混合料

11.1 SMA 混合料

11.1.1 概述

沥青玛蹄脂碎石混合料(Stone Mastic Asphalt,简称 SMA)是由沥青结合料与少量的纤维稳定剂、细集料以及较多量的填料(矿粉)组成的沥青玛蹄脂,填充于间断级配的粗集料骨架的间隙中,组成一体形成的沥青混合料。SMA 于 20 世纪 60 年代中期在德国出现,当时为了抵抗带钉轮胎对路面的磨损而在浇注式沥青混凝土(Gussasphalt)的基础上增加碎石用量而发展起来的。后来尽管不再使用带钉轮胎,但因为 SMA 路面高温抗车辙能力、低温抗裂性能、耐疲劳性能、抗滑性能等路用性能优良,以至逐渐在高速公路、重交通道路、交叉口、机场跑道、桥梁铺装、车站与码头的货物装卸区等得到广泛应用。

从 20 世纪 80 年代起,SMA 首先在北欧的瑞典、芬兰等国得到了广泛的应用,并很快推广到全欧洲。许多国家,如荷兰、挪威、捷克等铺筑了相当数量的 SMA 路面。瑞典自 1974 年起首先在支线道路上应用 SMA,从 1998 年起成为高速公路和干线公路的标准结构类型。丹麦自 1982 年以来开始在载重道路、矿厂道路、机场道路应用 SMA 结构,哥本哈根机场跑道是世界上有名的最早使用 SMA 路面的机场。挪威从 1985 年起在交通量 AADT > 5 000 的重交通道路和机场跑道上使用 SMA 路面。

EAPA 为了推广 SMA 技术,于 1998 年出台了 SMA 设计草案,欧洲一些国家在自己研究和应用的基础上,分别提出了各自的设计规范或指南。

美国于 1990 年 9 月组成了大型考察团,去欧洲学习 SMA 技术。回国后在许多州作了进一步的研究和应用,仅 1991 年就有 23 个州采用 SMA 结构铺筑了高速公路表面层试验段。到 1997 年,至少有 28 个州的 100 多个工程项目铺筑了 SMA 路面,其中,以乔治亚州和马里兰州最多。到 1998 年,美国已累计生产 SMA 混合料达 300 多万吨。与此同时,美国联邦公路管理局(FHWA)、美国沥青路面协会(NAPA)等机构组织有关研究单位和高等院校,积极开展 SMA 的研究,并结合美国的具体条件,制订了 SMA 路面的设计与施工技术规范。

日本近年来对 SMA 进行了研究,他们认为 SMA 尤其适合用作桥面铺装材料。中西弘光曾对 SMA 混合料、浇注式沥青混合料和树脂改性沥青混合料的性能作了研究比较,他发现 SMA 弯拉强度虽比其他两者低,但低温抗拉应变大;在短时间荷载作用下,SMA 的复数回弹模量最低,表现出良好的可扰性,因而适合于用作钢桥桥面的铺装材料。

1991 年,北京市公路局组织专家对奥地利、意大利等国进行了技术考察,当时考察的主要目标是改性沥青技术,同时附带了解到一些 SMA 的情况和资料。1992 年在建设首都机场高速公路过程中首次提出试用改性沥青、SMA 技术。1993 年 9 月,吉林省公路局在梅河口首次使用德国木质素纤维铺筑了 SMA 试验路。1994 年 10 月,江苏省在南京至连云港的一级公路上也使用德国木质素纤维铺筑了 SMA 试验路。河北省、辽宁省也在 1996 ~ 1997 年间铺筑了 SMA 试验段。

我国第一个采用 SMA 路面的高速公路是广佛高速公路,并且使用了 PE 改性沥青,但没有使用纤维材料。该路完成于 1993 年 3 月,由于当时未能对 SMA 的特性予以充分的了解和研究,只是照搬了国外的方法和标准,忽略了当地的气候特点,所以铺筑的 SMA 路面未能收到好的效果,通车后路面出现了泛油、变形、开裂、坑洞和破损等破坏形式。

1993 年在首都机场高速公路上铺筑了 18 km 的 SMA 路面,并且使用 PE 改性沥青和 PE + SBS 复合改性沥青,在混合料中添加了石棉纤维。由于 PE 改性沥青低温性能不良,铺筑的路面在当年就出现了裂缝。这条高速公路总的使用情况良好,但由于主要行驶车辆是小汽车,所以这种路面的优越性能未能真正体现出来。北京随后在八达岭高速公路、东西长安街陆续使用了 SMA 混合料铺筑路面,沥青材料由复合改性沥青逐渐改用单一的 SBS 改性沥青。在不断的实践中,铺筑 SMA 路面技术取得了进步,工程质量得到了提高,SMA 路面的优点逐步显现出来。SMA 技术在北京公路和城市道路中的应用,对这项技术在我国的研究和应用起到了推动作用。

1996 年,深汕高速公路铺筑了 SMA 路面,采用 PE 改性沥青,沥青用量为 6.0% ~ 6.5%,到 1998 年出现了轻重不一的泛油现象,严重泛油路段长 2 000 多米,由于路表光滑曾引发严重的交通事故,使许多人对 SMA 路面的优越性产生了怀疑。

1997 年,民用航空部门首次在北京机场东跑道铺筑了 SMA 路面,虽然当时使用的 PR + SBS 复合改性沥青并不十分理想,但为 SMA 技术在我国机场跑道面上的应用开创了先例。

1997 年,虎门大桥采用了 SMA 铺装,1998 年全桥车道上出现了 10 ~ 15 mm 深的轮辙,表明 SMA 混合料高温稳定性明显不足,结果只能铣刨后直接加铺。

实践证明,对于 SMA 的材料选择、级配设计和施工方法等关键技术,不能一味地照搬国外的经验并直接套用国外的技术标准,而必须结合我国的气候特点、交通状况、施工机械和材料等实际情况,对其进行深入的研究和改进,以便更好地推进 SMA 技术在我国的推广使用。

目前,SMA 技术在我国已日趋成熟,SMA 路面里程迅速增加。在《公路沥青路面施工技术规范》(JTJ F40 - 2004)中,对 SMA 组成材料、矿料级配和施工技术等都作了明确的规定。

11.1.2 SMA 的组成结构及路用特性

11.1.2.1 SMA 混合料的组成结构

SMA 是由沥青玛蹄脂填充碎石骨架组成的骨架嵌挤型密实结构混合料。粗集料颗粒石与石接触和紧密嵌挤,形成骨架结构,由沥青、矿粉和纤维等材料组成的玛蹄脂填充其空隙,成为一种密实结构的沥青混合料。可以说 SMA 是由相互嵌挤的粗集料骨架和沥青玛蹄脂两部分组成的。

对于玛蹄脂的组成,有人将细集料(0.075 ~ 2.36 mm)、矿粉、沥青和纤维组成的混合料作为玛蹄脂,称为粗玛蹄脂;而将无细集料的玛蹄脂称为细玛蹄脂。美国 E·Rar Brown 等人对细玛蹄脂和粗玛蹄脂的性能,采用动态剪切流变仪(DSR)等方法做了试验,结果表明二者的性能相关性非常好。很明显,细玛蹄脂的性能可以代表粗玛蹄脂的性能。

SMA 混合料的组成结构具有以下特点。

(1)SMA 混合料粗集料用量高,细集料用量少,是一种间断级配的沥青混合料。以 SMA－16 为例,4.75 mm 以上的粗集料颗粒的比例高达 70%～80%,其中 9.5 mm 以上的占 50%;很少使用细集料,其中细集料用量仅为 10%～20%,而矿粉的用量达 8%～13%,由此形成间断级配。在瑞典 1998 年的建议规范中曾将 SMA 的级配总结为“30－20－10”规律,即通过 4.75 mm、2.36 mm、0.075 mm 的比例分别为 30%、20%和 10%。表 11.1 为 SMA－16 与我国规范规定的几种级配的比较。其中,密级配沥青混凝土、抗滑表层混合料、沥青碎石混合料级配逐步变粗;抗滑表层 AK－16 和沥青碎石混合料的级配,粗集料用量增加,接近 AC－16Ⅱ型,矿粉接近 AC－16Ⅰ型,SMA 的 4.75 mm 以上的粗集料含量与沥青碎石接近,但 0.075 mm 通过量却远高于 AC－16Ⅰ型沥青混凝土。图 11.1 为密级配沥青混凝土、SMA 与排水式开级配沥青混合料的剖面图。

表 11.1　各种沥青混合料矿料级配的比较(规范规定范围的中值)

混合料类型	筛孔/mm										
	19	16	13.2	9.5	4.75	2.36	1.18	0.6	0.3	0.15	0.075
AC－16Ⅰ型沥青混凝土	100	97.5	82.5	68	52.5	41	29.5	22	16	11	6
AC－16Ⅱ型沥青混凝土	100	95	75	60	40	26.5	19	13	9	6	3.5
AM－16 沥青碎石混合料	100	95	72.5	56.5	30	15.5	10.5	7.5	5	4	2.5
AK－16A 抗滑表层混合料	100	97.5	80	60	40	29.5	22	17.5	13	9.5	6
AK－16B 抗滑表层混合料	100	95	71	57.5	35	25	17.5	13	9.5	7	5
SMA－16 沥青玛蹄脂碎石混合料	100	95	75	55	25	19.5	18	15	12.5	10.5	9.5

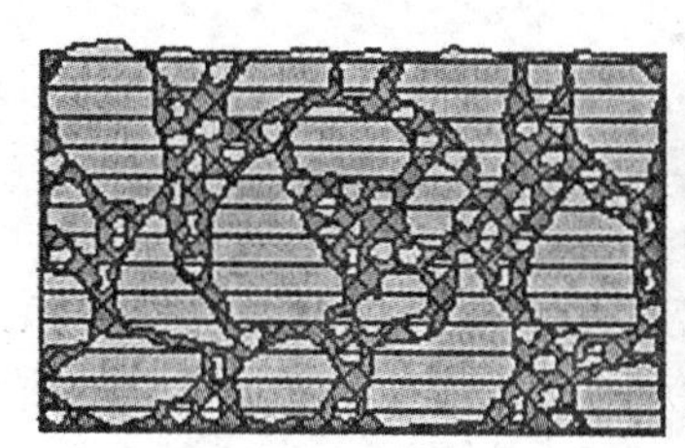
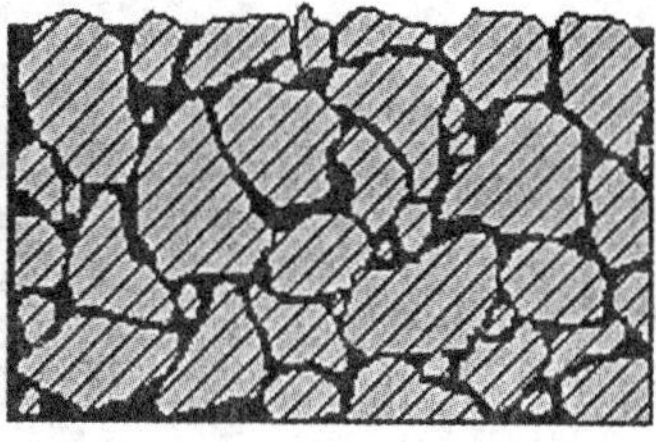

图 11.1　密级配沥青混凝土、SMA 与排水式开级配沥青混合料的剖面比较图

(2)矿粉用量高。SMA 混合料中矿粉用量高达 8%～13%,且 0.075 mm 筛的通过率一般高达 10%,粉胶比远超出通常的 1.2 的限制值。

(3)使用纤维作为增强剂。通常采用木质素纤维,用量一般为混合料质量的 0.3%～0.4%。也可采用矿物纤维,用量为混合料质量的 0.4%～0.6%。

(4)沥青结合料用量多。由于 SMA 混合料中矿粉用量高,而且添加了纤维材料,因此,SMA 混合料的沥青结合料用量比普通沥青混合料要高 1%以上。

综上所述,SMA 组成结构的特点可归纳为“三多一少”,即粗集料多,矿粉多、沥青结合料多、细集料少,掺纤维增强剂。

11.1.2.2　SMA 混合料的路用特性

SMA 混合料使用的实践表明,它与传统沥青混合料相比较,具有以下特点。

(1)优良的高温稳定性

SMA 混合料由于粗集料石与石接触和良好的嵌挤作用形成骨架结构，使混合料产生非常好的抵抗荷载变形的能力，能够支承车轮荷载，并将荷载传递至下层路面，路面能够承受大的车轮荷载而不大容易产生挤压变形，即使在高温条件下，也始终能够保持良好的平整度，表现出优良的高温抗车辙能力。

(2)良好的低温抗裂性

SMA 混合料骨架空隙中填充了相当数量的沥青玛蹄脂，它包裹在粗集料表面，其本身所具有的较好的粘结作用、韧性和柔性使混合料具有良好的低温变形性能，增强了 SMA 混合料的低温抗裂性能。

(3)良好的耐久性

SMA 混合料粗集料所形成的大空隙由沥青、矿粉和纤维等材料组成的玛蹄脂填充，形成密实结构，空隙率很小，混合料受水的影响很小，沥青与空气的接触也较少，而且集料颗粒表面的沥青膜较厚，再加上沥青玛蹄脂与集料间的粘结力较好，混合料的水稳定性、耐老化性能和耐疲劳性能均较好，所铺筑的路面具有良好的耐久性。一般情况下 SMA 路面的使用寿命比传统沥青路面长 20% ~ 40%。

(4)良好的表面特性

SMA 混合料粗集料多，所用石料坚硬、粗糙、耐磨，路面表面形成大的孔隙，构造深度大，这就决定了 SMA 路面具有良好的抗滑性能；同时减轻雨天高速行车时的溅水现象，提高了行车的安全性。试验结果表明采用 SMA 混合料铺筑的路面噪声可降低 3 ~ 5 dB。

综上所述，SMA 混合料具有良好的路用性能，能够全面提高沥青路面的使用性能，延长使用寿命，减少维修养护费用，因此尽管铺筑 SMA 路面的初期投入要高 20% ~ 25%，但总体上将产生更大的经济效益。

11.1.3 SMA 组成材料要求

11.1.3.1 粗集料

SMA 混合料主要是依靠粗集料之间的紧密嵌挤而形成的骨架结构。可以说粗集料是 SMA 质量控制的关键。为防止碎石颗粒在车辆荷载的挤压过程中发生破碎，对粗集料的质量必须有严格的要求。一般要求使用坚韧的、粗糙的、有棱角的轧制粗集料，其岩石应坚韧，具有较高的强度和刚度。根据 SMA 材料特性，在有条件的地方最好采用玄武岩、辉绿岩等硬质的碱性石料或中性石料。砾石往往比较坚硬，石质较好，是作为 SMA 的粗集料比较好的材料，在美国、欧洲、日本等国应用较为广泛。

美国和我国对 SMA 粗集料的技术要求分别见于表 11.2 和表 11.3。美国以洛杉矶磨耗试验来检验粗集料的坚韧性，认为洛杉矶磨耗损失与集料抗压碎性能具有良好的相关关系，要求洛杉矶磨耗值不大于 30%。我国在《公路沥青路面施工技术规范》(JTJ F40 - 2004)中要求洛杉矶磨耗值不大于 28%。

粗集料的针片状颗粒含量是个重要指标。针状和片状的粒料，在车轮荷载的作用下，很容易断裂破碎，使混合料的细料增多，近而使级配发生变化。不仅如此，集料破碎后形成的破裂面没有沥青裹覆，造成混合料的内部损伤和缺陷。而粗集料的形状越接近立方体，嵌挤后形成的内摩阻力越高。研究认为，石料中针片状颗粒含量与混合料通过 4.75 mm 颗粒含量的变化有直接关系，而 SMA 混合料的性质对 4.75 mm 通过率十分敏感，要求针片状颗粒(细长比为

1:3)含量不超过 20%。德国主要采用辉绿岩、闪长岩等岩石,要求细长比大于 1:3 的颗粒含量也不超过 20%。瑞典要求 4 mm 以上的集料其形状系数小于 1.4。

表 11.2 美国 SMA 粗集料技术要求

技术指标		测试方法	技术标准/%
洛杉矶磨耗值		AASHTO T96	< 30
针片状颗粒含量	1:3	ASTM D4791	< 20
	1:5		< 5
吸水率		AASHTO T85	< 2
坚固性损失(5 个循环)	硫酸钠	AASHTO T104	< 15
	硫酸镁		< 20
破碎颗粒含量	1 个破裂面以上	ASTM D5821	> 100
	2 个破裂面以上		> 90

表 11.3 我国 SMA 粗集料技术要求

指标	单位	技术标准		试验方法
石料压碎值,不大于	%	26		T 0316
洛杉矶磨耗损失,不大于	%	28		T 0317
表观相对密度,不小于	t/m^3	2.60		T 0304
吸水率,不大于	%	2.0		T 0304
坚固性,不大于	%	12		T 0314
针片状颗粒含量(混合料),不大于	%	15		T 0312
其中粒径大于 9.5 mm,不大于	%	12		
其中粒径小于 9.5 mm,不大于	%	18		
水洗法 < 0.075 mm 颗粒含量,不大于	%	1		T 0310
软石含量,不大于	%	3		T 0320
粗集料的磨光值 PSV,不小于		潮湿区	42	T 0321
		湿润区	40	
		半干区	38	
		干旱区	36	
与沥青的粘附性,不小于	级	潮湿区	5	T 0616
		湿润区	4	
		半干区	4	
		干旱区	3	
具有一定数量破碎面颗粒的含量	%	1 个破碎面	100	T 0346
		2 个或 2 个以上破碎面	90	

粗集料表面的粗糙度也是非常重要的，它对 SMA 的强度有很大的影响。集料表面越粗糙，形成凹凸的微表面经过压实后，颗粒之间能形成良好的齿合嵌锁，使混合料具有较高的内摩阻力。故配制 SMA 混合料要求采用轧制碎石，其具有一定数量破碎面颗粒的含量须符合规定要求。

各国对集料的性质都有各自的一套测试方法和标准，如瑞典用表面磨耗试验测抗磨性，用冲击试验测耐久性，用格栅试验测集料的性状；德国则使用冲击破碎试验、冻融试验、水中膨胀试验和分解阻力试验、形状系数试验等测集料的性质。

将美国有关 SMA 用粗集料的技术要求，同我国国家标准《公路沥青路面施工技术规范》(JTJ F40－2004)中有关高速公路及一级公路用粗集料的技术要求相比较，基本上是接近的，有些技术指标，如洛杉矶磨耗损失、针片状颗粒含量、坚固性等指标比美国的标准还高一些。

11.1.3.2　细集料

细集料(一般指小于 4.75 mm 的颗粒)在 SMA 混合料中的用量很少，仅为 10%～20%，但其性质对 SMA 的性能影响却不小。一般要求其石质坚硬、富有棱角、并有一定的表面纹理，软质含量少。

在 SMA 混合料中，细集料一般要求用机制砂，也称人工砂。原因在于机制砂采用坚硬岩石反复破碎制成，具有良好的棱角性和嵌挤性能，对提高混合料的稳定性有好处，而天然砂虽然石质较坚硬，但其与沥青的粘附性往往较差，且由于颗粒接近于球形内摩阻力小，对水稳定性和高温抗车辙能力极为不利，故不宜多用。石屑是破碎石料时的下脚料，其针片状颗粒含量较大，而且强度相对较低，因此，作为细集料也应限制其用量。但由于石屑是破碎得到的，其表面粗糙，这对提高混合料的高温稳定性是非常有利的，因此，当缺乏机制砂时，可优先考虑使用质量好的石屑代替天然砂使用。

美国 AASHTO 要求细集料至少有一半采用破碎的人工砂，并符合表 11.4 的要求。德国也规定人工砂与天然砂的比例不小于 1:1。我国对此没有明确的规定，但规范中推荐采用优质的石屑代替部分机制砂。

表 11.4 是美国对细集料的技术要求。我国在《公路沥青路面施工技术规范》(JTJ F40－2004)中对细集料的质量要求列见表 11.5。

表 11.4　美国 SMA 细集料质量要求

项　目		单位	要求值	试验方法
坚固性 (5 个循环)	硫酸钠	%	<15	AASHTO T104
	硫酸镁		<20	
棱角性		%	45	AASHTO TP33
液限		%	<25	AASHTO T89
塑性指数		%	25	无塑性

表 11.5　我国规范对 SMA 用细集料质量要求

项 目	单位	要求值	试验方法
表观相对密度，不小于	t/m³	2.50	T 0328
坚固性(> 0.3 mm 部分)，不小于	%	12	T 0340
含泥量(小于 0.075 mm 的含量)，不大于	%	3	T 0333
砂当量，不小于	%	60	T 0334
亚甲蓝值，不大于	g/kg	25	T 0349
棱角性(流动时间)，不小于	s	30	T 0345

11.1.3.3　矿粉

矿粉在 SMA 混合料中是重要的组成部分，它与沥青、纤维等混合形成玛蹄脂，从而影响 SMA 的性能。矿粉对混合料产生“加劲”效应，降低沥青的流动性，增加其粘度，其质量与混合料的稳定性有很大关系。在 SMA 中，矿粉用量高达 8% ~ 13%，比普通沥青混合料要多一倍左右，因而对矿粉的种类和用量应给予重视。

美国 AASHTO 规定矿粉可以是石灰岩破碎的石粉、石灰、粉煤灰，使用时表面干燥，能从矿粉仓中自由地流出，矿粉的塑性指数不大于 4，其中 0.075 mm 通过率必须大于 70%，矿粉的性质必须符合 AASHTO M17 的要求。

我国规定矿粉必须采用石灰岩或岩浆岩中的强基性岩石等憎水性石料经磨细得到的矿粉，原石料中的泥土杂质应除净。矿粉应干燥、洁净，能自由地从矿粉仓中流出，其质量应符合《公路沥青路面施工技术规范》(JTJ F40 - 2004)规定的技术要求，详见表 11.6。规范中还指出，高速公路、一级公路的沥青面层不宜采用粉煤灰作填料。

表 11.6　我国规范规定的 SMA 用矿粉质量要求

项　目	单　位	要 求 值	试验方法
表观相对密度，不小于	t/m³	2.50	T 0352
含水量，不大于	%	1	T 0103 烘干法
粒度范围 < 0.6 mm < 0.15 mm < 0.075 mm	% % %	100 90 ~ 100 75 ~ 100	T 0351
外观		无团粒、结块	
亲水系数		< 1	T 0353
塑性指数		< 4	T 0354
加热安定性		实测记录	T 0355

关于矿粉的细度，过去有人认为矿粉越细越好，实际上并非如此，这里有技术要求和经济性两个问题。美国 ASTM 和 AASHTO 规范要求填料(矿粉)无活性，且 200 # (粒长为 0.075 mm)筛通过率大于 65%，而在欧洲则规定通过 0.09 mm 的为填料。美国曾一度对小于 0.02 mm 颗粒含量予以限制，认为过多会使混合料变硬，而导致施工困难。但美国通过对玛蹄脂的动态剪

切流变(DSR)试验后得出结论,玛蹄脂自身的劲度与0.02 mm颗粒含量无关,故不必对0.02 mm颗粒含量加以限制;而且矿粉加工越细,成本就越高,故也没有必要。

11.1.3.4 沥青材料

SMA所使用的沥青材料要求有良好的粘结性和温度稳定性,一般应采用稠度较大的沥青。在美国,大部分地区通常采用AC-20级沥青(大体上相当于针入度为80~90),SMA使用的沥青粘度要求更高一些,针入度要小一个等级,采用AC-30级沥青(大体上相当于针入度为70左右)。欧洲多用针入度为65、80、85的沥青。我国规范要求SMA应采用道路石油沥青中的A级沥青,其指标符合《公路沥青路面施工技术规范》(JTJ F40-2004)的要求,采用的标号应根据道路所在地区的气候来确定,但一般宜采用较稠的沥青。

国外对于铺筑SMA路面是否应该采用改性沥青并无统一的结论,这与各个国家和地区的气候条件、交通条件和经济实力等都有很大关系,而且与厂商、专家的立场和宣传也有关系。例如生产纤维的公司往往夸大纤维的功效,排斥使用改性沥青;生产改性沥青的公司则往往强调改性沥青的作用,宣传必须使用改性沥青。德国规定高速公路、大交通量道路和炎热地区等特殊情况下应使用改性沥青,美国的不少州都规定必须使用改性沥青。法国、日本、澳大利亚等许多国家在铺筑SMA路面时也大多采用改性沥青。研究和实践表明,用改性沥青拌制的沥青混合料确实具有比较好的性能。

11.1.3.5 纤维

纤维在SMA中起增强作用,虽然也可以使用改性沥青来增加沥青粘度以防止滴漏,但不能完全起到纤维的作用。其实纤维在SMA混合中不仅是为了吸油,防止沥青滴漏,纤维在玛蹄脂中还起着其他重要的作用。

1.纤维在SMA中的作用

(1)吸附作用

纤维直径一般小于20 μm,有相当大的比表面积,每克纤维提供的表面积达数平方米以上。纤维分散在沥青中,其巨大的比表面积成为浸润界面。在界面层中,沥青和纤维之间会产生物理和化学作用,如吸附、扩散、化学键合等作用。这种物理和化学作用,使沥青呈单分子状态排列在纤维表面,形成结合力较大的结构沥青界面层。结构沥青比界面层以外的自由沥青粘结性强,稳定性好。与此同时,由于纤维及其周围的结构沥青一起裹覆在集料表面,使集料表面的沥青膜厚度增加,同普通密级配沥青混合料相比,沥青膜约增厚65%~113%。集料表面厚的沥青膜与SMA的密实型结构,有利于减缓沥青的老化速度,提高混合料的耐久性,延长路面使用寿命。

(2)稳定作用

纵横交错的纤维所吸附的沥青,增大了结构沥青的比例,减少了自由沥青的比例,使玛蹄脂的粘性增大,软化点提高,其提高的程度比传统沥青混合料中沥青砂浆的软化点要高20 ℃以上。在高温条件下,沥青受热膨胀,纤维内部的空隙还将提供一些缓冲的余地,从而使SMA混合料温度稳定性得到提高。

(3)分散作用

SMA中矿粉和沥青的用量均较大,且矿粉较细,比表面积大,在拌和过程中极易结团,不能均匀地分散在集料之间,铺筑过程中较易形成“油斑”。而纤维可以使沥青和矿粉形成的胶团适当地分散,增加混合料的均匀性。

(4)“加劲”作用

在我国民间,在抹墙的灰浆中掺加纸筋、切碎的稻草杆可以起到防止灰浆开裂、增加强度的作用,这种作用就是“加劲”作用。玛蹄脂中纤维是成三相随机分布的,且数量众多,这些纤维对混合料受外力作用而出现的开裂有阻滞作用,从而有助于提高沥青路面裂纹的自愈能力,减少裂缝的出现。

此外,纤维对沥青还具有增韧作用,能够增强对集料颗粒的握裹能力,保持路面的整体性而不易松散,开裂的路面也因为纤维的牵连作用而不致破碎散失。

2.纤维的种类

纤维材料的种类很多,SMA 中广泛使用的主要有木质素纤维、矿物纤维和聚合物有机纤维 3 大类。此外还有玻璃纤维,不过很少使用。

(1)木质素纤维

木质素纤维是木材经过物理、化学处理得到的有机纤维。由于处理温度高达 250 ℃以上,因此,在通常条件下其化学性质非常稳定,不会被一般的溶剂、酸、碱腐蚀。

传统的木质素纤维多呈絮状。絮状木质素纤维长期储存会吸湿而结块,而且体积大,给包装、运输带来不便。为了减小体积和提高运输效率,保证在拌和过程中分散均匀,避免拌和时出现扬尘,现在国外又开发了颗粒状木质素纤维。预混沥青的颗粒状木质素纤维是近几年开发出来的又一种纤维产品,通常其纤维含量为 50%和 66%,沥青含量分别为 50%和 34%。

由于木质素纤维是生产纸浆或纤维浆过程中的副产品,所以它的料源丰富,价格也较低廉。如德国使用木质素纤维的 SMA 项目占 95%,瑞典使用木质素纤维的 SMA 项目占 85%。木质素纤维的主要缺点是易吸水腐烂、耐热耐磨性较差。

将美国和我国规范规定的木质素纤维质量要求分别见表 11.7 和表 11.8。

表 11.7　美国木质素纤维技术要求

试验项目:筛分析	单位	指标要求
方法 A:充气筛分析 纤维长度,不大于	mm	6
0.15 mm 筛通过率	%	70 ± 10
方法 B:普通筛分析 纤维长度,不大于	mm	6
0.85 mm 筛通过率	%	85 ± 10
0.425 mm 筛通过率	%	65 ± 10
0.106 mm 筛通过率	%	30 ± 10
灰分含量	%	18 ± 5,无挥发物
pH 值		7.5 ± 1.0
吸油率	%	纤维质量的(5.0 ± 1.0)倍
含水率(以质量计),不大于	%	5

表 11.8 我国规范规定的木质素纤维质量技术要求

项 目	单位	指 标	试验方法
纤维长度,不大于	mm	6	水溶液用显微镜观测
灰分含量	%	18 ± 5	高温 590 ~ 600 ℃燃烧后测定残留物
pH 值		7.5 ± 1.0	水溶液用 pH 试纸或 pH 计测定
吸油率 ,不小于	%	纤维质量的 5 倍	用煤油浸泡后放在筛上经振敲后称量
含水率(以质量计), 不大于	%	5	105 ℃烘箱烘 2 h 后冷却称量

(2)矿物纤维

在矿物纤维中,最早使用的是石棉纤维。石棉纤维是一种结晶硅酸盐矿物纤维,以包含数百根单丝纤维的纤维束的形式存在。石棉纤维耐腐蚀、耐高温,但易脆断。石棉纤维有很大的比表面积和很强的吸附性。但由于石棉对人体有害,长期吸入石棉粉尘会引起石棉沉着病和支气管癌,而且还会对环境造成污染,故现在一般不直接使用。

随着技术的进步,采用玄武岩等矿石制造的矿物纤维得到广泛的发展和应用。1987 年,美国率先将矿物纤维用于 SMA,在乔治亚、亚特兰大周围的 1 – 75 号州际高速公路等工程中大量使用了这种纤维。

美国 NCAT、AASHTO 关于 SMA 使用的矿物纤维的质量要求见表 11.9。

表 11.9 矿物纤维质量要求

试验项目:筛分析	单位	指标要求
纤维长度,小于	mm	6
纤维厚度,小于	mm	0.05
球状颗粒含量:通过 0.25 mm 筛	%	90 ± 5
通过 0.063 mm 筛	%	70 ± 10

注:①纤维长度是由 Bauer McNett 分离器测定的;

②纤维直径是由相差显微镜测定至少 200 根纤维的平均值;

③球状颗粒含量是对非纤维状材料的质量要求,按 ASTM C612 方法通过振动筛测定。

(3)聚合物有机纤维

在聚合物有机纤维中,聚酯纤维(涤纶)和丙烯酸纤维(腈纶)是最通用的纤维品种。聚合物有机纤维的掺加可以有效改善 SMA 混合料的强度、疲劳寿命等性能。

由于腈纶纤维具有弯曲弹性,在混合料中可以任意的变形而不会被折断,且强度较高,在沥青路面中能够吸收拉应力,有一定的增强作用。但因其价格较高,使用受到一定限制。

(4)玻璃纤维

玻璃纤维是非结晶型的无机纤维,由熔化的玻璃以极快的速度抽拉制成。玻璃纤维强度高、耐腐蚀、耐高温、不燃烧,常用在电气绝缘、隔热保温、隔声吸音等制品中,在很多行业中都有应用。玻璃纤维的抗折性较差,但由于其直径可细至 3 μm 以下,而其柔软性与直径的 4 次方成反比,故较细的玻璃纤维其柔软性还是很好的。在国外,如瑞典、加拿大等国家采用玻璃纤维铺筑 SMA 路面。我国尚没有生产出专用于 SMA 的玻璃纤维。

11.1.4　SMA 混合料的配合比设计

11.1.4.1　美国 SMA 配合比设计方法简介

国际上尚无公认的、成熟的 SMA 混合料的配合比设计方法。其中较为完整的系统设计方法当属美国联邦公路局(FHWA)、国家沥青路面协会(NAPA)和美国州公路工作者协会(AASHTO)提出的"SMA 混合料配合比设计方法"。这其中又包含采用 SUPERPAVE 的旋转压实试验机(Superpave Gyratory Compactor,简称 SGC)的设计方法和马歇尔试验设计方法两种。

根据我国的实际情况,此处重点介绍对我国有更多参考价值的马歇尔试验方法。美国 SMA 混合料配合比设计分成粗集料骨架设计和沥青玛蹄脂填充料设计两部分,其目标就是确定骨架和玛蹄脂部分各种材料的规格和比例,以便保证真正形成粗集料骨架,而沥青玛蹄脂恰好能填充骨架的空隙,且能够真正发挥胶结作用,使混合料成为坚强整体。

美国 SMA 混合料配合比设计流程如图 11.2 所示。

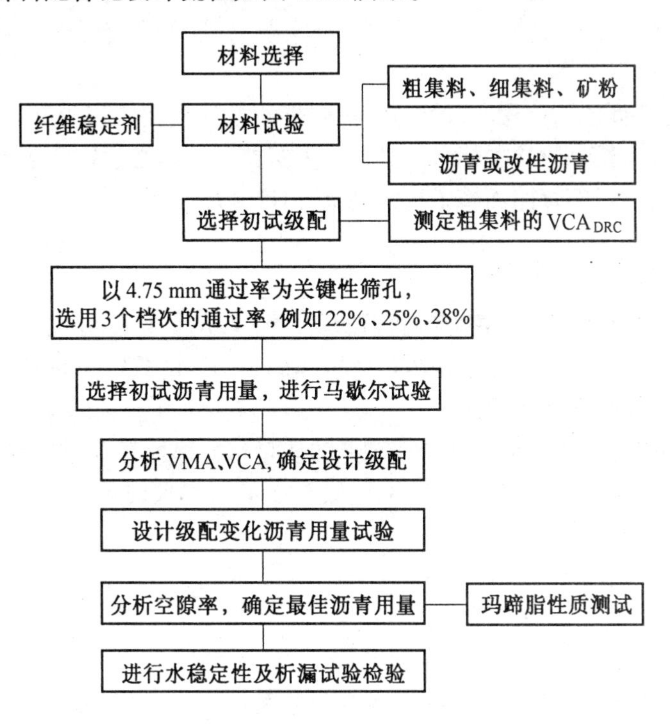

图 11.2　美国 SMA 配合比设计流程图

11.1.4.2　我国 SMA 配合比设计方法

对于 SMA 混合料的配合比设计,我国道路工作者进行了长期的探索。结合多年的试验研究,通过总结 SMA 技术使用的工程经验,同时参考国外的配合比设计经验,在《沥青路面施工技术规范》(JTJ F40－2004)中提出了我国 SMA 的技术指标及配合比设计方法。规范明确规定,SMA 混合料的配合比设计采用马歇尔试件的体积设计方法进行,具体设计步骤如下。

1.材料选择

材料是沥青混合料的基本组成单元,其质量、性质直接影响混合料的性能。工程实践表明,要使 SMA 得以成功,首先要选择优质的、符合要求的材料。

(1)粗集料

为了充分发挥粗集料的骨架嵌挤作用,粗集料采用坚硬、耐磨的岩石所轧制的碎石,其质量和规格必须符合《沥青路面施工技术规范》(JTJ F40 – 2004)中规定的要求。根据道路所在的气候区域,采用的粗集料的磨光值不得低于规范规定值,且不允许在硬质粗集料中掺入部分较小粒径的、磨光值达不到要求的粗集料。

(2)细集料

细集料最好采用石质坚硬的机制砂,不宜使用天然砂。机制砂宜采用专用的制砂机制造,并选用优质石料生产。细集料应洁净、干燥、无风化、无杂质,并有适当的颗粒级配,其质量应符合《沥青路面施工技术规范》(JTJ F40 – 2004)中的规定。

(3)填料

沥青混合料的矿粉必须采用石灰岩或岩浆岩中的强基性岩石等憎水性石料经磨细得到的矿粉,原石料中的泥土杂质应除净。矿粉应干燥、洁净,能自由地从矿粉仓流出,其质量应符合《沥青路面施工技术规范》(JTJ F40 – 2004)中的技术要求,且不宜使用粉煤灰作填料。

(4)沥青结合料

除已有成功经验证明的使用非改性普通沥青能符合使用要求以外,SMA 宜采用改性石油沥青,且采用比当地常用沥青更硬标号的沥青。美国要求沥青必须符合 AASHTO MP1 的要求。我国要求沥青必须符合《沥青路面施工技术规范》(JTJ F40 – 2004)中对道路石油沥青的质量要求。

(5)纤维稳定剂

在 SMA 混合料中掺加的纤维稳定剂宜选用木质素纤维、矿物纤维、有机聚合物纤维等。目前,我国的规范中只对木质素纤维的质量要求作出了明确的规定。在使用过程中,对于其他种类的纤维,可参考国外的技术要求。

纤维稳定剂的掺加比例以沥青混合料总量的质量百分率计算,通常情况下用于 SMA 路面的木质素纤维不宜低于 0.3%,矿物纤维不宜低于 0.4%,必要时可适当增加纤维用量。纤维掺加量的允许误差不宜超过 5%。

2.设计矿料级配的确定

(1) 设计初试级配

SMA 路面的工程设计级配范围宜直接采用表 11.10 规定的矿料级配范围。公称最大粒径不大于 9.5 mm 的 SMA 混合料以 2.36 mm 作为粗集料骨架的分界筛孔,公称最大粒径不小于 13.2 mm 的 SMA 混合料以 4.75 mm 作为粗集料骨架的分界筛孔。

表 11.10 沥青玛蹄脂碎石混合料矿料级配范围(JTJ F40 – 2004)

级配类型		通过下列筛孔(mm)的质量百分率/%											
		26.5	19	16	13.2	9.5	4.75	2.36	1.18	0.6	0.3	0.15	0.075
中粒式	SMA-20	100	90 ~ 100	72 ~ 92	62 ~ 82	40 ~ 55	18 ~ 30	13 ~ 22	12 ~ 20	10 ~ 16	9 ~ 14	8 ~ 13	8 ~ 12
	SMA-16		100	90 ~ 100	65 ~ 85	45 ~ 65	20 ~ 32	15 ~ 24	14 ~ 22	12 ~ 18	10 ~ 15	9 ~ 14	8 ~ 12
细粒式	SMA-13			100	90 ~ 100	50 ~ 75	20 ~ 34	15 ~ 26	14 ~ 24	12 ~ 20	10 ~ 16	9 ~ 15	8 ~ 12
	SMA-10				100	90 ~ 100	28 ~ 60	20 ~ 32	14 ~ 26	12 ~ 22	10 ~ 18	9 ~ 16	8 ~ 13

①初试级配的选择

在工程设计级配范围内,调整各种矿料比例设计 3 组不同粗细的初试级配。3 组级配的粗集料骨架分界筛孔的通过率处于级配范围的中值及中值 ± 3% 的附近,矿粉数量均为 10% 左右。

②初试级配的体积参数的计算

参数的计算按热拌沥青混合料配合比设计的方法进行,包括矿料的合成毛体积相对密度 γ_{sb}、合成表观相对密度 γ_{sa}、有效相对密度 γ_{se}等。其中各种集料的毛体积相对密度、表观相对密度试验方法遵照《沥青路面施工技术规范》(JTJ F40 - 2004)附录 B 的规定进行。

矿料混合料的合成毛体积相对密度 γ_{sb}为

$$\gamma_{sb}=\frac{100}{\dfrac{P_1}{\gamma_1}+\dfrac{P_2}{\gamma_2}+\cdots+\dfrac{P_n}{\gamma_n}} \tag{11.1}$$

式中,P_1、P_2、…、P_n 分别为各种矿料成分的配比,其总和为 100;γ_1、γ_2、…、γ_n 分别为各种矿料相应的毛体积相对密度,粗集料按 T 0304 方法测定,机制砂及石屑可按 T 0330 方法测定,也可以用筛出的 2.36 ~ 4.75 mm 部分的毛体积相对密度代替,矿粉以表观相对密度代替。

矿料混合料的合成表观相对密度 γ_{sa}为

$$\gamma_{sa}=\frac{100}{\dfrac{P_1}{\gamma_1'}+\dfrac{P_2}{\gamma_2'}+\cdots+\dfrac{P_n}{\gamma_n'}} \tag{11.2}$$

式中,P_1、P_2、…、P_n 分别为各种矿料成分的配比,其总和为 100;γ_1'、γ_2'、γ_n'分别为各种矿料按试验规程方法测定的表观相对密度。

由于 SMA 混合料是难以分散的混合料,其矿料的有效相对密度宜直接由矿料的合成毛体积相对密度与合成表观相对密度按式(11.3)计算确定。其中沥青吸收系数 C 值根据材料的吸水率由式(11.4)求得,材料的合成吸水率按式(11.5)求得。即

$$\gamma_{se}=C\times\gamma_{sa}+(1-C)\times\gamma_{sb} \tag{11.3}$$

$$C=0.033w_x^2-0.293\,6w_x+0.933\,9 \tag{11.4}$$

$$w_x=\left(\frac{1}{\gamma_{sb}}-\frac{1}{\gamma_{sa}}\right)\times 100\% \tag{11.5}$$

式中,γ_{se}为合成矿料的有效相对密度;C 为合成矿料的沥青吸收系数,可按矿料的合成吸水率按式(11.4)求得;w_x 为合成矿料的吸水率,按式(11.5)求得,%;γ_{sb}为材料的合成毛体积相对密度,按式(11.1)求得,无量纲;γ_{sa}为材料的合成表观相对密度,按式(11.2)求得,无量纲。

把每个合成级配中小于粗集料骨架分界筛孔的集料筛除,按《公路工程集料试验规程》(T 0309 - 2005)的规定,用捣实法测定粗集料骨架的松方毛体积相对密度 γ_s,按式 11.6 计算粗集料骨架混合料的平均毛体积相对密度 γ_{CA}。

$$\gamma_{CA}=\frac{P_1+P_2+\cdots+P_n}{\dfrac{P_1}{\gamma_1}+\dfrac{P_2}{\gamma_2}+\cdots+\dfrac{P_n}{\gamma_n}} \tag{11.6}$$

式中,P_1、P_2、…、P_n 分别为粗集料骨架部分各种集料在全部矿料级配混合料中的配比;γ_1、γ_2、…、γ_n 分别为各种粗集料相应的毛体积相对密度。

各组初试级配的捣实状态下的粗集料松装间隙率 VCA_{DRC}为

$$\mathrm{VCA_{DRC}} = (1 - \frac{\gamma_s}{\gamma_{CA}}) \times 100\% \tag{11.7}$$

式中，$\mathrm{VCA_{DRC}}$为粗集料骨架的松装间隙率，%；γ_{CA}为粗集料骨架的毛体积相对密度；γ_s为粗集料骨架的松方毛体积相对密度，g/cm^3。

③初选沥青用量的确定

按式(11.8)或式(11.9)预估沥青混合料适宜的油石比P_a或沥青用量P_b，作为马歇尔试件的初试油石比，即

$$P_a = \frac{P_{a1} \times \gamma_{sb1}}{\gamma_{sb}} \times 100\% \tag{11.8}$$

$$P_b = \frac{P_a}{100 + \gamma_{sb}} \times 100\% \tag{11.9}$$

式中，P_a为预估的最佳油石比(与矿料总量的百分比)，%；P_b为预估的最佳沥青用量(占混合料总量的百分数)，%；P_{a1}为已建类似工程沥青混合料的标准油石比，%；γ_{sb}为集料的合成毛体积相对密度；γ_{sb1}为已建类似工程集料的合成毛体积相对密度。

④矿料级配的确定

按照选择的初试油石比和矿料级配进行马歇尔试验，确定矿料级配，制作SMA试件，马歇尔标准击实的次数为双面50次，根据需要也可采用双面75次，一组马歇尔试件的数目不得少于4~6个。SMA马歇尔试件的毛体积相对密度由表干法测定。

按式(11.10)计算不同沥青用量条件下SMA混合料的最大理论相对密度，其中纤维部分的比例不得忽略，即

$$\gamma_t = \frac{100 + P_a + P_x}{\frac{100}{\gamma_{se}} + \frac{P_a}{\gamma_a} + \frac{P_x}{\gamma_x}} \tag{11.10}$$

式中，γ_{se}为矿料的有效相对密度；P_a为沥青混合料的油石比，%；γ_a为沥青结合料的表观相对密度；P_x为纤维用量，以沥青混合料总量的百分数代替，%；γ_x为纤维稳定剂的密度，由供货商提供或由比重瓶实测得到。

按式(11.11)计算SMA马歇尔混合料试件中的粗集料骨架间隙率$\mathrm{VCA_{mix}}$，试件的集料各项体积指标空隙率VV、集料间隙率VMA、沥青饱和度VFA按《沥青路面施工技术规范》(JTJ F40-2004)附录B的方法计算。

$$\mathrm{VCA_{mix}} = \left(1 - \frac{\gamma_f}{\gamma_{ca}} \times P_{CA}\right) \times 100\% \tag{11.11}$$

式中，P_{CA}为沥青混合料中粗集料的比例，即大于4.75 mm的颗粒含量，%；γ_{ca}为粗集料骨架部分的平均毛体积相对密度；γ_f为沥青混合料试件的毛体积相对密度，由表干法测定。

从3组初试级配的试验结果中选择设计级配时，必须符合$\mathrm{VCA_{mix}} < \mathrm{VCA_{DRC}}$及$\mathrm{VMA} > 16.5\%$的要求，当有1组以上的级配同时符合要求时，以粗集料骨架分界集料通过率大且VMA较大的级配为设计级配。

3.设计沥青用量的确定

根据所选择的设计级配和初试油石比试验的空隙率结果，以0.2%~0.4%为间隔，调整3个不同的油石比，制作马歇尔试件，计算空隙率等各项体积指标。一组试件数不宜少于4~6

个。进行马歇尔稳定度试验，检验稳定度和流值是否符合本规范规定的技术要求。根据期望的设计空隙率，确定油石比，作为最佳油石比 OAC。所设计的 SMA 混合料应符合表 11.11 规定的各项技术标准。需要明确的是，进行 SMA 混合料的配合比设计时，马歇尔试验的稳定度和流值并不作为配合比设计接受或者否决的惟一指标。

表 11.11 SMA 混合料马歇尔试验配合比设计技术要求(JTJ F40 – 2004)

试验项目	单位	技术要求		试验方法
		不使用改性沥青	使用改性沥青	
马歇尔试件尺寸	mm	ϕ101.6×63.5		T 0702
马歇尔试件击实次数	次	两面击实 50		T 0702
空隙率 VV	%	3~4		T 0705
矿料间隙率 VMA，不小于	%	17.0		T 0705
粗集料骨架间隙率 VCA_{mix}，不大于		VCA_{DRC}		T 0705
沥青饱和度 VFA	%	75~85		T 0705
稳定度 不小于	kN	5.5	6.0	T 0709
流值	mm	2~5	–	T 0709
谢伦堡沥青析漏试验的结合料损失，不大于	%	0.2	0.1	T 0732
肯塔堡飞散试验的混合料损失或浸水飞散试验，不大于	%	20	15	T 0733
车辙试验动稳定度，不小于	(次/mm)	1 500	3 000	T 0719
浸水马歇尔试验残留稳定度，不小于	%	75	80	T 0709
冻融劈裂试验的残留强度比，不小于	%	75	80	T 0729
渗水系数，不大于	mL/min	80		T 0730

注：①对集料坚硬不易击碎、通行重载交通的路段，也可将击实次数增加为双面 75 次；

②对高温稳定性要求较高的重交通路段或炎热地区，设计空隙率允许放宽到 4.5%，VMA 允许放宽到 16.5%(SMA – 16) 或 16%(SMA – 19)，VFA 允许放宽到 70%；

③试验粗集料骨架间隙率 VCA 的的关键性筛孔，对 SMA – 19、SMA – 16 是指 4.75 mm，对 SMA – 13、SMA – 10是指 2.36 mm；

④稳定度难以达到要求时，容许放宽到 5.0 kN(非改性)或 5.5 kN(改性)，但动稳定度检验必须合格；

⑤车辙试验不得采用二次加热的混合料，试验必须检验其密度是否符合试验规程的要求。

4.配合比设计检验

按确定的沥青用量和设计级配，拌制 SMA 混合料，成型试件，按规定方法进行混合料性能检验。除《沥青路面施工技术规范》(JTJ F40 – 2004)附录 B 规定的高温稳定性、水稳定性、渗水系数等项目以外，SMA 混合料的配合比设计还必须进行谢伦堡析漏试验及肯特堡飞散试验。配合比设计检验应符合表 11.11 的技术要求，不符合要求的必须重新进行配合比设计。

5.配合比设计报告

配合比设计结束后，必须按规范的要求及时提供配合比设计报告。配合比设计报告应包括工程设计级配范围选择说明、材料品种选择与原材料质量试验结果、矿料级配、最佳沥青用量及各项体积指标、配合比设计检验结果等。试验报告的矿料级配曲线应按规定的方法绘制。

11.2 再生沥青

11.2.1 定义

旧沥青的再生,就是在旧沥青中加入某种组分的低粘度油料(即再生剂)或适当稠度的沥青材料,经过调配,使得调配后的再生沥青具有适当的粘度和所需要的路用性能,以满足铺路的要求。

11.2.2 沥青的老化特性

沥青为感温性材料,随着环境温度、时间的变化,沥青材料具有材质变硬的现象,并且这种现象随时都在进行。在高温拌和沥青混凝土时,沥青在高温下的老化作用明显,当沥青混凝土铺筑冷却开放交通使用后,沥青材料的老化仍然在进行中。沥青材料的老化作用主要包括以下几点。

1.氧化作用

沥青中形成的极性含氧基团逐渐联结成高分子量的胶团促使沥青的粘度提高构成的极性羟基、羰基和羧基团形成更大更复杂的分子使沥青硬化,缺乏柔性。它的氧化与温度、时间和沥青膜厚度有关。

2.挥发作用

沥青中较轻的组分容易蒸发和散失,这主要受温度以及暴露在空气中的程度的影响。

3.聚合作用

聚合作用是指沥青和蜡质缓慢结晶。沥青的物理硬化是可逆的,一旦加热它又可以恢复到原来的粘度。

4.自然硬化

沥青处在自然环境温度下发生的硬化称为自然硬化或物理硬化。这通常是由于沥青分子的重新定位而引起的。

5.渗流硬化

渗流硬化是指沥青的油质成分流动而渗入到集料中去的现象。渗流主要受沥青内烷烃部分的低分子量的数量、沥青质的数量和类型等影响。渗流硬化主要发生在多孔性材料中。

11.2.3 沥青的老化机理

从沥青高温加热进入拌和楼开始,直到路面使用寿命结束,沥青在化学组成与物理形式上均不断发生变化。所谓化学组成变化是指沥青混凝土中的沥青不断与空气中的氧气发生反应,形成酮基与硫氧基结构,增加了部分沥青胶泥分子的极性并改变其属性,慢慢由芳香成分转变为树脂成分等。老化反应就是沥青材料在氧化作用下,芳香成分减少,而稠度增加的一个不可逆的过程。

定义一个表征沥青老化程度的指标:老化指数 AI。老化指数是指老化后沥青的粘度与未用过的沥青的粘度的比值,即

$$AI=\frac{\eta_a}{\eta_0} \tag{11.12}$$

式中，η_a 为老化后沥青的粘度；η_0 为未用过的沥青的粘度。

图 11.3 表示了沥青在从加热拌和、运输、施工、通车的整个生命周期过程中的老化指数的变化过程。可以看出，在沥青与集料加热拌和过程中，沥青的老化最为严重；施工过程中沥青老化速度也比较快，但相对于拌和中的老化显得较为轻微；然后在路面的使用过程中经受环境和荷载的作用，沥青仍然在不断老化，但老化的速度比较平缓。

沥青混凝土中的沥青膜厚度对沥青的老化有重要的影响，一般随着沥青膜厚度的增加，沥青的老化指数降低，也即沥青越不容易老化，如图 11.4 所示。

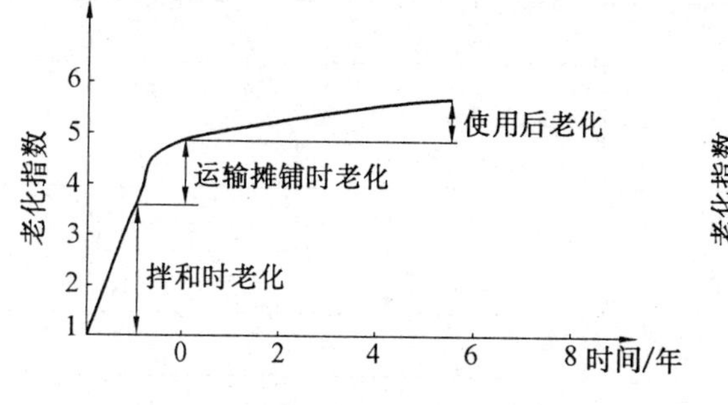

图 11.3　沥青生命周期中的老化示意图

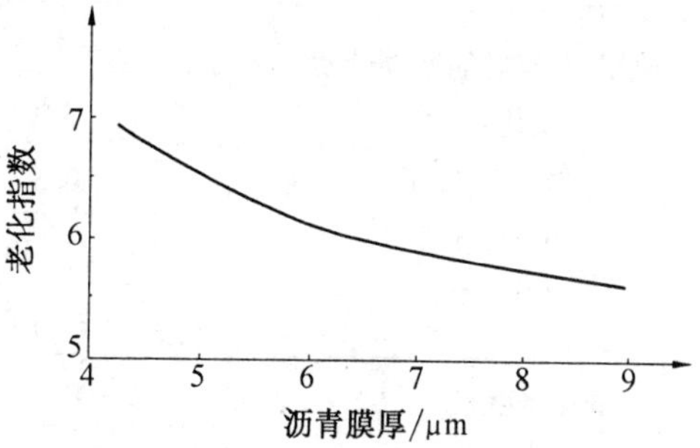

图 11.4　沥青膜厚度与沥青老化的关系

在道路的使用过程中，影响沥青老化的主要因素是混合料的空隙率。根据 Hanson 的研究，表 11.12 指出了使用了 15 年后的 3 种沥青混凝土混合料中回收沥青的数据。最小空隙率的混合料取样沥青稍有老化；而空隙率较大的混合料取样由于长期的空气入侵而发生严重老化。具有最高空隙率的混合料的取样其针入度指数 PI 明显增大，限制了可能产生的应力松弛量，从而极易导致混合料在低温下开裂。

从而，可以把影响沥青老化的原因归结为如下几点。

(1)拌和厂作业方面

在沥青储油罐加热时，有局部的过度加热；粒料与沥青加热过度；拌和时间。

(2)现场摊铺、碾压方面

沥青混凝土摊铺后没有及时进行碾压；压实度不够造成路面空隙率过大。

(3)混合料本身方面

集料级配的空隙率过大；细集料和矿粉过多，导致沥青膜较薄；集料本身的吸油率较大。

(4)环境方面

如温度以及空气污染等原因。

表 11.12　沥青在使用过程中的老化

道路	A	B	C
混合料空隙率/%	4	5	7
拌和摊铺后的沥青性质			
软化点/℃	64	63	66
针入度指数	0.7	0.7	0.9
10^4 s,25 ℃	1.4×10^3	1.4×10^3	2.5×10^3
10^4 s,0 ℃	5.0×10^5	5.0×10^5	7.0×10^5
使用 15 年后的沥青性质			
软化点/℃	68	76	88
针入度指数	0.8	1.1	2.1
10^4 s,25 ℃	4.0×10^3	20×10^3	150×10^3
10^4 s,0 ℃	13×10^5	40×10^5	80×10^5
老化指数(S_{15}/S_0)			
10^4 s,25 ℃	2.8	14	60
10^4 s,0 ℃	2.6	8	11

11.2.4　沥青的再生方法

沥青在运输、施工和沥青路面使用过程中,由于各种自然因素和人为的反复加热作用而逐渐老化。老化的结果是沥青组分发生移行,胶体结构改变,沥青的流变性质也随之发生变化。沥青材料随着老化时间的延长,老化加深、粘度增大,反映沥青流变性质的复合流动度降低,沥青的非牛顿性质更为显著。

旧沥青路面的再生关键在于沥青的再生。从理论上说,沥青的再生是沥青老化的逆过程。分析沥青材料在老化过程中流变行为的变化规律,给我们以启迪:当使用旧沥青材料的流变行为反向逆转,使之恢复到适当的流变状态,那么,旧沥青的性能也将恢复而获得再生。因此,从流变学的观点来看,旧沥青再生的方法可以归纳为以下两种:沥青的粘度调节到所需要的粘度范围以内;将旧沥青的复合流动度予以提高,使旧沥青重新获得良好的流变性质。

沥青材料是由油分、胶质、沥青质等几种组分组成的混合物。在石油工业中,根据沥青是混合物的原理,将几种不同组分进行调配,可以得到性质各异的调和沥青;或者将某种组分,如富芳香酚油与某种高粘度的沥青相调配;或者将某种低粘度的软沥青与高粘度的沥青相调配,都可以获得不同性质的新沥青材料。用这种方法所生产的沥青称之为调和沥青。

旧沥青的再生,就是根据生产调和沥青的原理,在旧沥青中,或者加入某种组分的低粘度油料(即再生剂);或者加入适当稠度的沥青材料,经过调配,使调配后的再生沥青具有适当的粘度和所需要的路用性质,以满足筑路的要求。这一过程就是沥青再生的过程,所以,再生沥青实际上也是一种调和沥青。当然,旧沥青与再生剂、新沥青的混合是在伴随有砂石料存在的条件下进行的，远不及石油工业中生产调和沥青调配得那么好。尽管如此，两者的理论基础却是相同的。

在旧沥青中添加再生剂、新沥青所调配成的再生沥青，其粘度为

$$\log\eta_r = X^a \log\eta_b + (1 - X)^a \log\eta_0 \tag{11.13}$$

式中，η_r 为再生沥青的粘度，Pa·s；η_b 为再生剂的粘度，Pa·s；η_0 为旧油的粘度，Pa·s；X 为再生剂用量，以小数计；a 为粘度偏离系数。油料粘度 η 为

$$\eta = 2.06 \times 10^9 / P^{2.0} \tag{11.14}$$

式中，P 为油料的针入度，0.1 mm；η 为油料的粘度，Pa·s。

11.2.5 再生剂的作用及其技术标准

1.再生剂的作用

沥青路面经过长期老化后，当其中所含旧沥青的粘度高于 10^6 Pa·s，或者其针入度低于 40 (0.1 mm)时，就应该考虑使用低粘度的油料作为再生剂。再生剂的作用有以下两点。

(1)调节旧沥青的粘度，使其过高的粘度降低，达到沥青混合料所需沥青的粘度；在工艺上使过于脆硬的旧沥青混合料软化，以便在机械和热的作用下充分分散，和新沥青、新集料均匀混合。

(2)渗入旧料中与旧沥青充分交融，使在老化过程中凝聚起来的沥青质重新溶解分散，调节沥青的胶体结构，从而达到改善沥青流变性质的目的。

可以作为再生剂的低粘度油料，主要是一些石油系的矿物油，如精制润滑油时的抽出油、润滑油、机油以及重油等。有些植物油也可以作为再生剂。在工程中可以利用上述各种油料的废料，以节省工程投资。

2.再生剂技术标准和要求

我国目前还没有制定再生剂的相应规范，只是在 20 世纪 80 年代初少数单位曾有过企业标准，见表 11.13。许多国家如美国、日本等都有详细的再生剂质量标准，再生剂的质量要求主要有以下几点。

表 11.13 再生剂推荐技术指标

技术指标	粘度(25 ℃) /(Pa·s)	复合流动度 (25 ℃)	芳香酚含量 /%	表面张力(25 ℃) /(10^{-3}N·m^{-1})	薄膜烘箱试验 粘度比
建议值	0.01~20	>0.90	>30	>36	<3

(1)适当的粘度。由于再生剂在实际工程应用中是喷洒到旧料上去的，要使再生剂渗透到旧沥青中与其充分融合，以达到再生改性的目的，所以再生剂必须具有可喷洒性和很强的渗透能力。一般来说，粘度越低，则再生剂的渗透力越强，所以再生剂首先必须具备低粘度。但是如果低粘度的油分太多，则加入到老化沥青中后在施工热拌(热再生)以及以后的使用中挥发也越快，因为低粘度往往也意味着易挥发，所以再生剂的粘度也不能太低。因此在再生剂的粘度选择上需兼顾这两方面。

(2)不含有损沥青路面其他路用性能的有害物质，再生剂中的油分主要是芳香族和饱和族，有些油分含有较多的饱和酚(包括有蜡质和非蜡质的饱和物)，加入到老化沥青中对沥青的性能产生不利的影响，具体说蜡质含量过大使沥青的高温和低温性能变差，严重影响到路面的

使用性能。所以从组分上讲,再生剂中的油分应是富芳香酚而少饱和酚。但对于这一点看法不尽相同,有的国家标准中明确规定了芳香酚的含量范围,有的规定了饱和酚的含量上限值,有的则没作要求,我们认为,作为国家标准应该包括这一项,但实际工程中考虑到废油利用、经济因素、环境因素等,要求可以适当放宽。

(3)能有效延长再生路面的使用寿命,这就是要求再生剂具有良好的抗老化能力,这一点普遍采用薄膜烘箱试验前后的粘度和重量损失率来衡量。

(4)不含对人体有害的物质,同时必须注意到不能使用对环境有不利影响的再生剂。

(5)在施工喷洒和加热拌和时,不产生闪火或烟雾现象。这就要求再生剂具有较低的闪点。

第十三届太平洋沿岸沥青规范会议曾制定过热拌再生沥青混合料再生剂的质量标准,见表11.14。

表 11.14 热拌再生沥青混合料再生剂规范(太平洋会议)

技术指标	ASTM	RA5	RA25	RA75	RA250	RA500
粘度(140 ℃)/(Pa·s)	D 2170 或 D 2171	0.2~0.8	1.0~4.0	5.0~10.0	15.0~35.0	40.0~60.0
闪点/℃	D 92	>400	>425	>450	>450	>450
饱和酚/%		<30	<30	<30	<30	<30
回转薄膜烘箱残渣 粘度比/% 质量变化/%	D 2872	 <3 <4	 <3 <4	 <3 <4	 <3 <4	 <3 <4

11.2.6 再生沥青混合料组合设计方法

再生沥青混合料因用了相当数量的旧路面材料,而使得在混合料的设计方法上有别于普通全新沥青混合料。国内外一般的思路是:添加再生剂以调节粘度,并使旧油性能得以改善,然后在此基础上考虑混合料集料级配的调整,并根据混合料试验结果,来确定用油量。以下是国内外常用的设计方法。

11.2.6.1 美国的配合比设计方法之一

美国联邦公路局西部地区热拌再生方法(注:本法中所说的再生剂是广义的,即新加沥青和再生剂的总称)。

1.对旧沥青混合料的评价

对所用旧沥青混合料要了解以下内容。

(1)沥青含量(根据 ASTM D 2172);

(2)回收沥青的针入度(根据 ASTM D 946);

(3)集料的级配(根据 ASTM C 136)。

2.确定再生沥青混合料所需的沥青的针入度

3.根据再生剂性质选定再生剂类型

4.确定再生剂的用量

再生剂的用量是根据回收沥青的针入度、设计针入度来确定的,它要能使旧沥青混合料恢复到与一般沥青相同的性质。

5.根据设计要求进行结合料的复核试验

旧沥青混合料中的沥青和再生剂要进行复核,看是否符合 ASTM 的要求,在设计说明中主要的问题如下。

(1)等粘度沥青(ASTM D 3381)

①在 60 ℃时的粘度;

②薄膜烘箱试验、旋转薄膜烘箱试验后的粘度和延度。

(2)按针入度考虑的沥青(ASTM D 946)

①针入度、延度;

②薄膜烘箱试验、旋转薄膜烘箱试验后的针入度。

通过上述试验,如果不符合要求,必须改变再生剂的种类。

6.确定新集料用量

根据再生混合料中的集料级配要求,对比旧集料的级配,不足部分用新集料来补足。

7.确定结合料用量

室内配合的最佳沥青用量,由离心煤油当量试验(简称 CKE)求得,决定室内配合混合物最佳沥青用量时的旧集料与新加集料的配合比例。

8.确定配合比

求最佳沥青用量的方法与一般沥青混合料的方法不同,即在一般沥青混合料的情况下,保持集料量一定,而由离心煤油当量试验求得的沥青用量约在 4% ~ 7% 的范围内,再据维姆试验等求得最佳沥青用量。在再生沥青混合料方面,旧沥青混合料中的沥青用量与再生剂的配合比例,要能在最后保证沥青具有便于操作的稠度。它是根据新加集料量的多少来确定的,式(11.15)可以满足上述条件,可以由它求得当结合料含量变化时的新加集料的用量。当由这个公式求得的新加集料量很少或为负值时,则应使用高粘度的再生剂。一般来说,为求出最佳沥青用量需要进行试验,用离心煤油当量试验来求得最佳沥青用量,再用这个用量 ±0.5%、±1.0%进行试验,即

$$A = \frac{100(S - D) + R \times D}{S} \tag{11.15}$$

式中,A 为整个集料用量中新加集料的质量百分率,%;S 为旧沥青混合料中结合料的含量,%;R 为再生剂用量(再生后结合料中再生剂的含量);D 为再生混合料中结合料的设计用量。

9.混合料的制备与试验

用上步决定的配合比例制成试件,进行马歇尔试验或维姆试验,确定最佳沥青用量。试件的制作除加入旧沥青混合料外,都按 ASTM 的试验规定进行。

10.工地配合比的确定

最后的配合是根据马歇尔试验或维姆试验结果来决定旧沥青混合料、再生剂、细集料和粗集料的用量。

11.2.6.2　美国的配合比设计方法之二

1.对旧沥青混合料的评价

(1)集料级配(根据 ASTM C 177 和 C 136);

(2)沥青含量(根据抽提试验 ASTM D 2172);

(3)沥青在 60℃的粘度(ASTM D 2171)。

2.对集料的级配要求预估旧沥青混合料中的集料和新加集料之间的掺配比例。

3.预估整个混合料中所需的沥青百分量

由离心煤油当量试验求得或由下列计算公式求得再生混合料中所需沥青的预计百分量,即

$$P = 0.035a + 0.045b + kc + f$$

式中,P 为再生混合料中所需沥青的预计百分量;a 为集料中留在 2.36 mm 上的筛余百分量;b 为集料中通过 2.36 mm 筛而留在 0.075 mm 筛上的百分量;c 为通过 0.075 mm 筛的百分量;k 为 0.15(0.075 mm 筛通过量为 11% ~ 15%时),0.18(0.075 mm 筛通过量为 6% ~ 10%时),0.20(0.075 mm 筛通过量不大于 5%时);f 为 0 ~ 2%,由集料的吸油能力确定,如果缺乏这方面的数据,推荐值为 0.7%。

4.预估混合料中新加沥青(含再生剂)的百分量

$$P_{nb} = \frac{(100^2 - rP_b)}{100(100 - P_{sb})} - \frac{(100 - r)P_{sb}}{100 - P_{sb}} \tag{11.16}$$

式中,P_{nb}为混合料中新加沥青的百分量;r 为集料中新加集料所占的百分量;P_b 为由上一步得到的 P 值;P_{sb}为旧集料中沥青含量。

5.选择新加沥青的等级

先算出新加沥青在整个混合料中的沥青的百分量,即

$$R = \frac{100P_{nb}}{P_b}$$

选择新加沥青等级时利用图 11.5。如图 11.5 所示,横坐标表示新加沥青占整个混合料沥青中的百分量,纵坐标表示粘度对数值,A 点纵坐标值表示旧沥青的粘度,B 点由目标粘度(其值根据路面结构、气候、交通量、交通性质等方面综合选择)和 R 决定,过 A 点和 B 点作直线

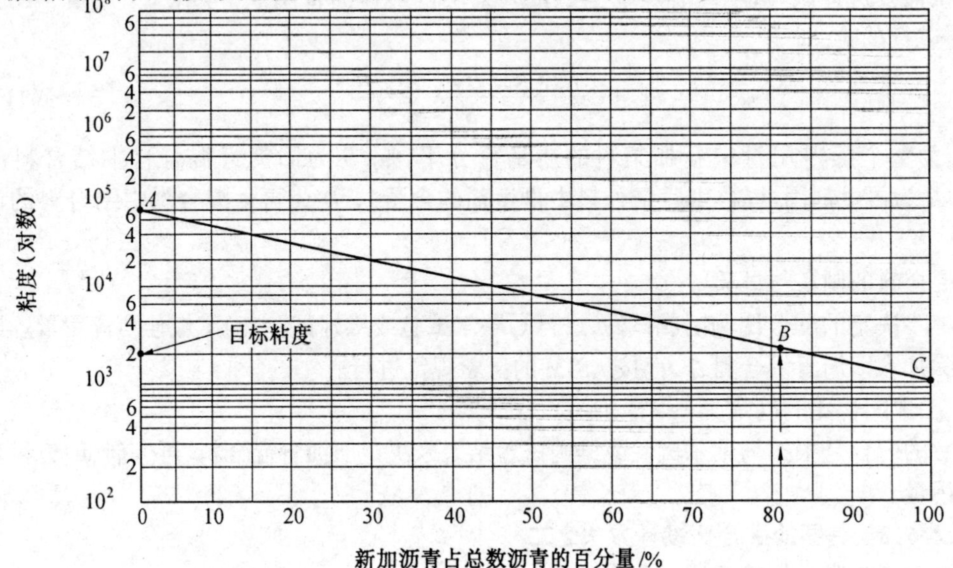

图 11.5 根据粘度确定新加沥青量

AB 与直线 $R=100$ 的交点即得到 C 点，C 点所对应的纵坐标值即为新加沥青的粘度值。据此来选择沥青等级，必要时可添加适当的再生剂来调节粘度。

6.确定最佳沥青用量

利用第 2 步的集料掺配比例选择不同的沥青用量(0.5%的间距)，进行马歇尔试验或维姆试验来确定最佳沥青用量。

7.施工配合比的确定

由以上结果算出旧混合料用量、新加沥青和集料及再生剂的用量。

11.2.6.3　我国的配合比设计方法

目前我国各省份使用的设计方法虽在具体环节上有些差别，但大致思路基本一致。

1.基础试验

掌握旧混合料的含油量、旧沥青的常规指标、旧集料的级配等几个基本数据。

2.选定旧料掺配率

根据基础试验指标、路段交通量及再生混合料使用层位、旧料可供数量与拟定铺筑面积的需要量，先初定可供对照的比例，通过物理力学试验，最后选优确定。

3.确定新集料级配

参照规范对沥青混合料的集料级配要求和旧集料级配来确定。

4.确定外掺剂的用量

外掺剂(包括再生剂和新沥青)的选择视旧沥青的品质而定，确定掺量系以地区常用针入度为控制指标，通过掺配试验最后选定掺配比例。

5.参照规范及地区经验

选择再生混合料油石比，经马歇尔稳定度试验最后确定最佳油石比。

6.按上述各项设计，计算再生混合料组成所需的各种材料(数量、规格)，为备料施工提供依据。

11.2.6.4　旧料与新料配合比例的确定

旧料的掺配率是旧料占整个再生混合料的重量百分率，即

$$P = G_0/G_R \times 100\% \tag{11.17}$$

式中，P 为旧料掺配率，%；G_0 为再生混合料中旧料的重量；G_R 为再生混合料重量。

旧料掺配率的确定需考虑以下因素。

1.旧料经过抽提、回收试验，取得旧沥青及集料的品质评价，根据沥青的老化程度、旧料的强度及旧料的级配确定。

2.再生混合料的用途及质量要求，再生沥青混合料处于路面的结构层位，交通量的大小，要求混合料具有的品质等都是需要考虑的因素。根据资料，日本旧料掺配率确定方法如下。

(1)100%使用旧料，施工时不作任何级配调整，也不添加再生剂来调整旧油指标，仅为调整油量而添加一些新沥青，主要用于低交通道路路面、路面基层。

(2)在级配调整可能的范围内尽可能多地使用旧料，旧料的掺配率可达 70% ~ 80%，同时为调整旧沥青性能加入低标号沥青材料，主要用于轻交通量道路。

(3)旧料和新料的比例大致相当，约为 40% ~ 60%，混合料的级配经过认真调整，并且为调整旧沥青的粘度，掺加再生剂，或直接加入高针入度的沥青材料，用于中等道路面层。

(4)旧料掺配率在 20% ~ 30%，新料占大部分。由于旧料用量少，不需要专门对再生混合

料的沥青粘度加以调整，再生混合料的主要性能受新集料和新沥青材料的支配，可用于各种路面面层。

3.经济因素

旧料掺配率过低，导致工程不经济，再生的优越性无法得以体现。从经济的角度来看应尽可能多地使用旧料。一般根据再生混合料性能要求和经济效益，在50%~70%的范围内选取旧料参配率。

4.施工条件

当采用间歇式拌和机拌制再生混合料时，新集料在干燥筒内过热，温度高达250 ℃，然后进入拌缸，加入旧料，旧料通过热传导吸收新集料的热量而升温。为保证再生混合料出料温度不致过低，必须限制旧料的掺配比例，一般不超过30%。而采用滚筒式拌和机拌制时，根据滚筒式拌和机改装的不同，旧料掺配比例为40%~80%。

11.2.7 再生工艺及路面施工

再生沥青路面施工，是将废旧路面材料经过适当加工处理，使之恢复路用性能，重新铺筑成沥青路面的过程。施工工艺水平的高低和施工质量的好坏，对再生路面的使用品质有很大影响，故施工是最为重要的环节。

一些欧美国家，再生沥青路面施工基本上都已实现了机械化，有的国家甚至已向全能型再生机械发展。由于机械设备条件的优越，再生路面的施工可以根据需要而采取各种不同的工艺和方法。如有应用红外线加热器将路面表层几厘米深度范围内加热，然后用翻松机翻松，重新整平压实的"表面再生法"；有用翻松破碎机将旧路面翻松破碎，添加新沥青材料和砂石材料，再经拌和压实的"路拌再生法"；有将旧路面材料运至沥青拌和厂，重新拌制成沥青混合料，再运至现场摊铺压实的"集中厂拌法"。

现在我国大多数地区尚缺乏大型的专用再生机械设备，近几年，有的单位研制了路面铣刨机、旧料破碎筛分机；有的单位设计安装了结构较为完善的再生沥青混合料拌和机械、再生机；还有的单位从国外引进全电脑控制的现代化再生沥青混合料拌和设备。再生沥青路面施工工艺水平正在逐步提高。

国内外目前普遍使用的是厂拌工艺，以下为其一般步骤。

11.2.7.1 旧料的回收与加工

1.旧路的翻挖

用于再生的旧料不能混入过多的非沥青混合料材料，故在翻挖和装运时应尽量排除杂物。翻挖面层的机械一般有刨路机、冷铣切机、风镐及在挖掘机上的液压钳，也有的是人工挖掘。路面翻挖是一项费工费时且必不可少的工序。

2.旧料破碎与筛分

再生沥青混合料用的旧料粒径不能过大，否则再生剂掺入旧料内部较困难，影响混合料的再生效果。一般来说，轧碎的旧料粒径一般小于25 mm，最大不超过35 mm。破碎方法有人工破碎、机械破碎和加热分解等。目前使用的破碎机械有锤击式破碎机、颚式破碎机、滚筒式碎石机和二级破碎筛分机等。加热分解的方法有间接加热法(即混合料置于钢板上，在钢板下加热)、蒸汽加热分解和热水分解等。也有的单位将旧料铺放在地坪上，用履带拖拉机、三轮压路机碾碎，然后筛分备用。国外曾采用格栅式压路机破碎旧料，其压路机钢轮表面不是光面，而是做成格栅式,以助于减少旧料被压碎的可能。

11.2.7.2 再生沥青混合料的制备

1.配料

旧料、新集料、新沥青及再生剂(如有需要)的配置方法视再生混合料的拌和方式不同而异。人工配料拌和的方法较为简单,这里不予介绍。采用机械配料拌和再生混合料,按拌和方式分为连续式和间歇分拌式两种。连续式是将旧料、新料由传送带连续不断地送入拌和筒内,在与沥青材料混合后连续地出料。间歇分拌式是将旧料、新料、新沥青经过称量后投入拌和缸内拌和成混合料。

2.掺加再生剂

再生剂的添加方式有以下两种。

(1)在拌和前将再生剂喷洒在旧料上,拌和均匀,静置数小时至一两天,使再生剂渗入旧料中,将旧料软化。静置时间的长短,视旧料老化的程度和气温高低而定。

(2)在拌和混合料时,将再生剂喷入旧料中。先将旧料加热至70~100 ℃,然后将再生剂边喷洒在旧料上边加以拌和。接着将预先加热过的新料和旧料拌和,再加入新沥青材料,拌和至均匀。这种掺入方式由于再生剂先与热态的旧料混合,便于使用粘度较大的再生剂,简化了施工工序,所以大多都采用这种掺加方式。

3.再生混合料的拌和

总的来说,拌和工艺按拌和机械来分主要有滚筒式拌和机和间歇式拌和机两大类。

现在欧美国家滚筒式拌和机已成为拌和再生混合料的最主要设备。美国目前约90%的拌和厂采用这种工艺。拌和过程中将旧料和新集料的干燥加热及添加沥青材料拌和两道工序同时在滚筒内进行。

间歇分拌式拌和机拌和,与一般生产全新沥青混合料工业相比较,其不同之处在于新集料经过干燥筒加热后分批投入拌缸内,而旧料却不经过干燥筒加热,就按规定配合比直接加入拌和缸。在拌和缸内,旧料和新集料发生热交换,然后加入沥青材料或再生剂,继续拌和直至均匀后出料。该工艺的生产率和旧料掺配率都较低(一般在20%~30%范围内),其主要症结在于旧料未加热,温度太低。为此,有些单位采取将旧料预热的措施,其方式也因设备而异。

由于拌和工艺对整个再生路面的质量影响最大,所以各国都十分重视工艺的改进和拌和机械的研制工作。

11.2.7.3 再生混合料的摊铺与压实

由于再生混合料摊铺前与普通沥青混合料的性能已基本相同,所以其摊铺与压实的过程与普通沥青混合料是基本一致的。要注意的是,在翻挖掉旧料的路面上摊铺混合料前,更应注意基层表面的修整处理工作。

以施工时材料的温度来分,沥青路面再生施工工艺可分为热法施工和冷法施工。以上所说的就是热法再生工艺。冷法再生与普通沥青混合料冷法施工工艺基本一致,所以这里不再赘述,但冷法再生的经验告诉我们,旧路面材料的充分破碎是保证再生路面表面致密均匀、成型快、质量好的关键技术。总的来说,由于经济和技术的原因,目前国内外普遍使用的还是热法再生。

11.3 浇注式沥青混凝土

11.3.1 概述

浇注式沥青混凝土指在高温状态下(约 220～260 ℃)进行拌和,混合料摊铺时流动性大,依靠自身的流动性摊铺成型,无需碾压,沥青、矿粉含量较大,空隙率小于 1%的一种特殊的沥青混合物 。它作为一种悬浮密实型结构,粗颗粒集料悬浮于沥青胶砂中,不能相互嵌挤形成骨架,其强度主要取决于沥青与填料交互作用而产生的粘结力,基本上无空隙,不透水,耐侵蚀性好,变形能力强,低温时不易产生裂纹。依据拌和工艺,分为浇注式沥青与沥青玛蹄脂两种类型。浇注式沥青混凝土(Gussasphalt)源于德国,在日本得到较普遍的应用,并称为"高温拌和式摊铺沥青混凝土";而沥青玛蹄脂混合料(Masticasphalt)源于英国,主要在英联邦国家得到应用,为提高这种路面的抗滑性,在浇注时乘热撒上预拌沥青碎石,经碾压使碎石嵌入,故又称为"热压式沥青混凝土"。两种混合料的共同特点是两阶段高温拌和,拌制的混合料具有一定的流动性,浇注式摊铺(不需要碾压)一般使用天然硬质沥青(德国也已开始使用聚合物改性沥青),混合料组成相近,混合料结构的强度形成原理一致。

近十几年来,随着大跨径桥梁技术的发展,国内开展了一系列桥面铺装技术的研究,主要包括桥面铺装结构力学分析、桥面铺装结构层研发、防水粘结体系研发与铺装结构体系 4 大内容。其中浇注式沥青混凝土以其变形追随性与整体性好、层间结合力强、防水性能优良、耐久性好、期望使用寿命长(20～25 年)、在服务期内性能表现良好、维修量小等优点备受关注。作为铺面材料在国外应用广泛,因而浇注式沥青混凝土被引入我国,有关单位开展了初步的实践与科学研究。浇注式沥青混凝土虽然在欧洲地区成功地应用,但由于它属于典型的悬浮密实结构,混合料的高温稳定性相对较差,而采用粘质沥青、较大的粉胶比,又降低了混合料的低温抗裂性能,这就构成了一对矛盾。我国北方地区的气候与欧洲、日本相比最为恶劣,这一矛盾更加难以平衡,没有成熟的技术可以借鉴。其路用性能对于这种材料的性能评价、配合比设计与原材料选择及评价,尚不成熟,有待于深入的研究与实践检验。

11.3.2 浇注式沥青混凝土的特点

从制备过程来看,浇注式沥青混凝土由两部分组成,一部分为细料和沥青组成的基质沥青玛蹄脂(Mastic Epure,简称 ME);另一部分为粗集料。这两部分在温度为 200 ℃左右的拌和车中混合即成为浇注式沥青混合料。浇注式沥青混凝土与一般的沥青混凝土相比,在材料使用与组成结构上的特点如下。

1.胶结料一般采用特立尼达湖沥青和直馏沥青混合而成的掺配沥青,一般湖沥青和直馏沥青的掺配比例从 20:80 到 50:50 不等,有时根据需要,湖沥青所占比例可以更多。因湖沥青的显著优点之一是它的高粘性,这使得沥青与矿料之间的粘结度十分高,抗剥落能力远远高于一般要求。同时,由于浇注式混凝土流动的特点,用油量较 AC 沥青混凝土多,以提供足够的自由沥青,但由于湖沥青软化点较高,一般不会出现泛油。

工程上使用较多的湖沥青通常是指南美洲岛国特立尼达－多巴哥的特立尼达湖所出产的天然沥青(Trinidad Lake Asphalt,简称 TLA),该沥青的特性在前面有关沥青材料的内容中已经介绍,它在路面气候环境中性能相当稳定,是理想的沥青路面材料。将高粘度的湖沥青和普通直馏沥青掺配,可有效地改善沥青结合料的温度敏感性,从而提高整个混合料的使用性能。

2.与一般沥青混凝土的组成相比,矿粉和细集料占的比例较多,约占整个混合料的 50%左右,它们和沥青混合形成的基质沥青玛蹄脂在拌和高温时具有良好的流动性,常温下则非常坚硬且可以加工成块状半成品,用塑料薄膜或木桶装好,便于运输。其余部分为粗集料,它们在混合料中起一定的骨架作用,但由于混合料为明显的悬浮密实结构,粗集料的骨架作用不是十分突出。

浇注式沥青混凝土在路面使用性能上的特点如下。

(1)由于湖沥青较强的抗老化能力,浇注式沥青混凝土路面的使用寿命比一般沥青混凝土路面长,从综合的角度考虑,这有利于提高工程的经济使用效率。

(2)路面在高温下或渠化交通处的抗车辙能力还有待于进一步提高。

(3) 常温下具有较强的抗压能力以及抵抗重复荷载疲劳作用的能力。

(4) 低温时具有很高的抗劈裂强度以及一定的变形能力。

(5) 空隙率几乎为 0,这一特性使得浇注式沥青混凝土具有十分强的抵抗水损害的能力,有利于延长路面的服务周期。

(6) 若用作钢桥面铺装,它具有良好的适合于钢板变形的随从性。

(7) 维修方便,只需采用小型维修工具及 2~3 个工作人员,操作简单。

由于浇注式沥青混凝土具有一些传统沥青混凝土难以达到的适合于路用性能的优点,因此它在某些场合有着广泛的应用前景,如用作钢桥面铺装等。但从工程建设投资来看,采用湖沥青的浇注式沥青混凝土的费用会高于一般的沥青混凝土,所以应统筹兼顾,从工程的投入、效益等综合角度考虑是否采用该种混合料。

11.3.3　浇注式沥青混凝土配合比设计方法

1. 原材料的选择

(1)沥青

浇注式沥青混凝土必须采用粘质沥青结合料,保证夏季高温稳定性,所采用的沥青结合料必须具有加热稳定性。在寒冷地区使用的浇注式沥青混凝土,必须具有较好的低温抗裂性能,建议使用聚合物改性沥青,基质沥青的标号以 70 # 与 90 # 为宜,标号选择由冬季气温确定——沥青结合料的选择必须保证混合料具有满足要求的低温抗裂性。改性剂掺加量不能过低,必要时通过试验验证。

沥青结合料所需测定指标除我国标准规定内容外——如 5 ℃延度,还建议测定 0 ℃针入度与弗拉斯脆点,以前者为低温性能的一个控制指标。聚合物改性沥青的有关标准建议参照俄罗斯有关规范,为使用方便,现将其列于表 11.15。在夏季温度较高地区,添加天然沥青时必须进行混合料低温弯曲试验予以检验。

表 11.15　俄罗斯规范中关于道路石油沥青与聚合物改性沥青的规定

指标名称	单位	沥青标号	沥青标号
		40	60
25℃ 针入度(100 g,5 s)	mm	50 ~ 120	30 ~ 70
0 ℃针入度,不低于(200 g,60 s)	mm	50	30
软化点(环与球法),不低于	℃	77	94
闪点,不低于	℃	210	210
TFOT 后软化点变化,不大于	℃	25	15
TFOT 后 5 ℃延度,不小于	%	50	60
针入度指数		-1 ~ 1	
均匀性		均匀	

上述指标与标准,只建议在寒冷地区使用,在无法满足表内要求时必须进行混合料性能检验。全国范围内适用的技术标准,必须综合考虑多方面因素。

(2)矿粉

矿粉在很大程度上影响着浇注式沥青混凝土的性能,温度的区域也很广。矿粉的用量在已知的沥青混凝土当中,这种材料的用量是最大的。因此矿粉的孔隙率很大程度上影响着浇注式沥青混凝土矿物部分空隙率,因而影响到了混合料所必需的沥青用量。

矿粉用量由级配曲线确定,在满足条件时建议对沥青胶浆进行性能评价。

浇注式沥青混凝土的矿粉必须采用石灰岩等憎水性石料经磨细得到的矿粉,应干燥、洁净,除必须满足我国规范要求之外,还必须保证级配的连续性。

表 11.16 是俄罗斯有关规范中的规定,供寒冷地区使用浇注式沥青混凝土时参考使用。

表 11.16　俄罗斯有关规范中关于矿粉的技术标准

指标名称	单位	国标 16557 - 78
岩石名称与 Al_2O_3 + Fe_2O_3 含量	%	不大于 5%
粒度组成,质量百分比,不小于		
小于 1.25 mm 的	%	100
小于 0.315 mm 的	%	85
小于 0.071 mm 的	%	90
增水性		应该是憎水的
均匀性		应该是均匀的
含水量,质量百分比,不大于	%	0.5%
沥青容量,不大于	($g \cdot cm^{-3}$)	65
空隙率,体积百分比,不大于	%	30%
矿粉与沥青混合物体积膨胀率,不大于	%	2.5

俄罗斯相关研究认为具有活性的矿粉对于浇注式沥青混凝土的性能有很重要的意义，这种矿粉可以增强同沥青的结构作用，并降低沥青混凝土当中的沥青体积分数。此时，沥青用量可以减少 10% ~ 15%，这样就为沥青混凝土性能的改善创造了更多的机会。应用活性矿粉可以显著降低浇注式沥青混合料拌和温度，减少能源的消耗。

(3)碎石与砂

出于流动性能的要求，浇注式沥青混凝土中一般采用天然砂。此时碎石与天然砂的比例必须严格控制，以免影响到混合料的力学性能。

与交通荷载属性对应，浇注式沥青混凝土类型应不同，其中天然砂的含量各不相同。参照国外规定与已有研究，高等级公路适用的浇注式沥青混凝土当中天然砂的含量不宜超过集料总量的 20%。

路面(桥面铺装)铺设时，建议采用辉长 - 辉绿岩，其与结合料粘附性为中等；在采用表面活性物质来保证必需的粘附性时，可以使用花岗岩。

碎石颗粒应该是立方体形状的，粉状与粘性颗粒含量不大于 1%，不能含有其他杂质。软弱颗粒含量不应该超过质量总数的 5%。

表 11.17、11.18 为俄罗斯规范中的有关规定，可供寒冷地区使用浇注式沥青混凝土时参考。

表 11.17　俄罗斯规范中关于碎石的要求

指标名称	单位	混合料类型标号	
		Ⅰ	Ⅱ
碎石颗粒粒径	mm	3 ~ 10(15)	5 ~ 15(20)
圆柱体抗压(压碎)强度标号，不低于 “A”型 “B”型		 1 000 —	 1 000 —
抗冻标号，不低于 “A”型 “B”型		F 50	F 50
洗涤法确定的粉土、粘土颗粒含量，质量分数，不大于	%	1	1
软弱岩石颗粒含量 质量分数，不大于	%	5	5
片状和针状颗粒含量 质量份数，不大于	%	15	15

表 11.18 俄罗斯规范中关于砂的要求

指标名称	混合料类型标号		
	Ⅰ	Ⅱ	Ⅳ
砂的类型			
天然砂	+	+	+
人工砂	+	+	+
人工砂的标号,不小于	800	800	600
砂的粒组,不低于	大	中	小
天然砂与人工砂比例(建议值)	1:1	1:1	3:1
大粒砂与细粒砂比例(建议值)	1:2	1:2	—
粉状粘性颗粒与泥土含量,质量分数不大于/%			
天然砂	3	3	3
人工砂	4	4	4

2.级配曲线的确定

现将各国规范中适用于重交通的浇注式沥青混凝土级配汇总于表 11.19 中,以供参考使用,但必须根据当地气候与交通特点通过试验选定(筛孔尺寸采用我国标准方孔筛尺寸)。

表 11.19 各国规范规定级配范围(经过修正)

筛孔尺寸/mm	德国规范级配范围		日本规范级配范围		俄罗斯规范级配范围	
	通过百分率/%		通过百分率/%		通过百分率/%	
	下限	上限	下限	上限	下限	上限
13.2	95.9	100.0	95.0	100.0	93.7	97.8
9.5	84.1	92.7	85.3	95.2	78.1	92.0
4.75	63.7	73.7	65.0	85.0	54.2	79.0
2.36	48.6	58.6	45.0	62.0	42.9	65.3
1.18	40.7	50.7	40.4	55.9	31.2	51.9
0.6	35.3	45.3	35.0	50.0	22.9	39.4
0.3	29.7	39.7	28.0	42.0	21.9	31.7
0.15	24.1	34.1	25.0	34.0	20.2	27.4
0.075	18.5	28.5	20.0	27.0	18.2	23.3
<0.075	0.0	0.0	0.0	0.0	0.0	0.0

进行混合料设计时，建议测定包含全部集料的矿料间隙 VMA。在寒冷地区应用浇注式沥青混凝土，在满足高温稳定性与流动性能要求时，尽量增大 VMA，此时必须相应增加沥青用量，以保证混合料密实。测定 VMA 还为以后采用体积设计方法进行浇注式沥青混凝土配合比设计奠定基础。

3.配合比设计方法

流动性能使用刘埃尔流动度试验评价；高温稳定性以贯入试验为主，辅以车辙动稳定度试验评价；低温抗裂性能以低温弯曲试验评价。各种试验方法的试验条件根据当地气候特点自行决定，技术标准依据结构层位置与功能决定。

进行浇注式沥青混凝土配合比设计时，在保证流动性能与低温抗裂性能的条件下，应减少沥青用量，尤其是避免富余沥青的存在。

11.4　多碎石沥青混凝土

11.4.1　概述

自 20 世纪 80 年代末，我国开始修建高速公路。为保证车辆在高速公路上安全舒适地高速行驶，要求沥青面层除必须具备良好的热稳性、不透水性和耐久性等性能外，还必须有良好的抗滑性能，在满足摩擦系数要求外，还要有较深的表面构造深度。

我国早期修建的高速公路大多采用《沥青路面施工技术规范》(JTJ 032)中的Ⅰ型和Ⅱ型沥青混凝土。Ⅰ型沥青混凝土由于是连续级配，细集料多，空隙率仅为 3% ~ 6%，因此透水性小，耐久性好；但其表面构造深度只有 0.3 mm，接近于光面，远达不到要求，这是Ⅰ型沥青混凝土的明显缺点。

Ⅰ型和Ⅱ型沥青混凝土的主要差别在于空隙率。Ⅱ型沥青混凝土的碎石含量大，按级配范围的中值达 60%，但其中细料和填料的含量少，因此混合料的空隙率大，一般在 6% ~ 10% 之间。Ⅱ型沥青混凝土的优点是表面构造深度大，能满足抗滑性能的要求，而且抗变形能力较强。但较大的空隙率，使表面层透水性大、耐久性差，容易导致严重的早期损坏，这是Ⅱ型沥青混凝土突出的缺点，因此Ⅱ型沥青混凝土不宜做高速公路的表面层。

Ⅱ型沥青混凝土中 4.75 mm 以上碎石含量较多，因此它具有较好的抗变形能力和较好的表面构造深度，Ⅰ型沥青混凝土中细颗粒含量较多，具有较小的空隙率。沙庆林院士在 1988 年根据Ⅰ型和Ⅱ型沥青混凝土各自的特点首次提出了多碎石沥青混凝土的理论。其设想是将Ⅰ型级配导致空隙率小的特点与Ⅱ型级配导致表面构造深度大的特点结合在一起，构成一种新的级配，使其空隙率小、表面构造深度大，也就是集Ⅰ型和Ⅱ型两种级配的优点于一身，同时避免这两种级配各自的缺点。通过多碎石结构来达到既保持有传统Ⅰ型密实级配沥青混凝土的优点，又适当地提高了粉料成分，以达到密实、不透水，同时又具有Ⅱ型半密实级配沥青混凝土的粗集料多，以粗集料为骨架，以沥青胶砂来粘结骨架并填充其间隙，形成具有较粗糙的表面构造深度的优点。根据这一设想组成的矿料级配，0.6 mm 的集料多(其量接近于Ⅱ型级配)，0.3 mm 以下的细集料也多(其量接近于Ⅰ型级配)。

在当时《沥青路面施工技术规范》(JTJ 032)的 LH – 20Ⅰ型级配中，大于 5 mm 的碎石含量中值为 42.5%，新组成矿料级配的最大粒径相同，但其中大于 5 mm 的碎石含量中值为 59%，后者较前者多16.5%。为了区别这两种不同级配,沙庆林院士为新组成的矿料级配取名多碎石沥青混凝土,并用SLH-20表示。改用方孔筛后,用SAC-16表示。

多碎石沥青混凝土自1988年铺筑试验段以来,已在我国1 000多公里的高速公路上得到应用。多碎石沥青混凝土是粗集料断级配的沥青混凝土,它既能提供满足要求的表面构造深度,又具有较小的空隙率,同时又具有较好的抗变形能力,而且不增加工程造价。

11.4.2　多碎石沥青混凝土的技术要求

11.4.2.1　多碎石沥青混凝土的级配

多碎石沥青混凝土的矿料级配范围建议值见表11.20。

表11.20　多碎石沥青混凝土的级配范围

级配类型	通过下列方筛孔的质量百分率/%												
	31.5	26.5	19	16	13.2	9.5	4.75	2.36	1.18	0.6	0.3	0.15	0.075
SAC-9.5					100	95~100	30~40	22~31	16~24	12~30	10~17	8~15	6~10
SAC-13				100	95~100	60~75	30~40	22~31	16~24	12~30	10~17	8~15	6~10
SAC-16			100	95~100	75~90	55~70	30~40	22~31	16~24	12~30	10~17	8~15	6~10
SAC-19		100	95~100	78~94	66~83	51~66	30~40	22~31	16~24	12~30	10~17	8~15	6~10
SAC-26.5	100	95~100	60~78	52~70	45~61	38~52	30~40	22~31	16~24	12~30	10~17	8~15	6~10

11.4.2.2　多碎石沥青混凝土的材料

1. 沥青

重交通道路所用的石油沥青必要时可用改性沥青,具体如下。

寒区 用作表面层,AH-90、AH-110、AH-130;

用作中面层和(或)底面层,AH-70、AH-90、AH-110;

温区 用作表面层AH-70、AH-90;

用作中面层和(或)底面层AH-50、AH-70;

热区 用作表面层AH-50、AH-70;

用作中面层和(或)底面层针入度接近下限的AH-50、AH-70。

通常中面层和(或)底面层所用沥青应较表面层低1~2个等级。

在纵坡较大的上坡路段,特别是重载车行驶的上坡路段,城市道路交叉口附近和公共汽车车站前后等特殊路段以及超薄沥青面层可采用改性沥青。

2. 粗集料

粗集料可以是用岩石、圆石和矿渣砸制的碎石,但圆石的粒径应大于所需碎石最大粒径的3倍。为保证粗集料的扁平、长条颗粒不超过规定,应采用两次破碎工艺。第一次可以用颚式碎石机,第二次应采用反击式碎石机。对于用作抗滑表层的碎石,更应该采用这种两次破碎工艺。

粗集料应有良好的颗粒形状(接近立方体),同时应该洁净、干燥、无风化和无杂质。粗集料的质量应符合表11.21所示技术要求。

用作表面层的硬质岩粗集料,如其级配不能满足要求,可以掺加部分其他岩质碎石,但仅限9.5 mm以下(SAC-16、SAC-13)和4.75 mm以下(SAC-10)。

表11.21 粗集料质量技术要求

指 标	单位	高速、一级公路	其他等级公路
集料压碎值,不大于	%	20	23
洛杉矶磨耗值,不大于	%	30	40
视密度,不小于	$(g\cdot cm^{-3})$	2.50	2.45
吸水率,不大于	%	2.0	3.0
对沥青的粘附性(粘结力),不小于	级	表面层5、其他层4	4
坚固性,不大于	%	12	——
扁平细长颗粒含量,不大于	%	15	20
粒径<0.075 mm颗粒含量(水洗法),不大于	%	1	1
软石含量,不大于	%	5	5
石料磨光值(PSV),不小于		42	——
破碎砾石的破碎面积,不小于 表面层、中面层 底面层	%	 90 50	 40 40

注:①花岗岩碎石不大于28%;

②无条件时可以不做;

③对于多孔隙玄武岩碎石,吸水率大于3%也可以用;

④达不到要求时,应填加水泥或消石灰,此时只做混合料的水稳定性试验,确定其是否符合要求;

⑤仅对抗滑表层。

3. 细集料

细集料可以用质量(颗粒形状)较好的石屑、机制砂。必要时可以掺加部分天然砂,但天然砂在全部矿料中的含量宜控制在7%以内。

4. 填料(或矿粉)

美国Freddy L. Roberts(罗伯特)等人在1996年指出,矿质填料包括破碎集料和石屑中的石粉、石灰、硅酸盐水泥和粉煤灰。填料用于填充孔隙,由此减少最佳沥青含量;使集料级配满足要求;增加稳定度;改善沥青与集料间的粘结。通常,增加填料会降低沥青用量,增加密实度和稳定度。

用消石灰粉和水泥作填料时,除上述作用外,还可以增强沥青混合料的抗剥落能力,从而大幅度提高沥青混凝土的水稳定性;同时还会大幅度提高沥青混凝土的高温强度。

在沥青与集料的粘附性符合要求的情况下,为节省投资,可以用石灰石矿粉或高钙粉煤灰。

5. 抗剥落剂

如已用水泥和消石灰作了填料,则一般情况下可以不再加化学抗剥落剂(多数为液体胺类)。但碎石与沥青的粘结力只有1级或2级时,除用水泥或消石灰作填料外,还应再加化学抗剥落剂。

在用石灰石矿粉作填料而沥青与碎石的粘附性又不符合要求时,需要加抗剥落剂。消石灰粉(常用1%~2%)和水泥(可以是325号水泥,也可以是425号水泥),用量可以是4%~5%(替代部分矿粉)直到替代全部矿粉。

在沥青与碎石的粘附性只有1级和2级时,建议同时用消石灰和液体抗剥落剂或水泥和液体抗剥落剂。消石灰粉或水泥如同填料一样,与集料一起加入拌和室中,先干拌15 s,然后喷入沥青,液体抗剥落剂应先加入沥青中并拌和均匀。

11.4.2.3　多碎石沥青混凝土的技术指标

1.马歇尔试验技术指标

(1)马歇尔击实仪

采用马歇尔试验方法做SAC的混合料设计,确定其最佳沥青用量(油石比)。对于SAC-20、SAC-25用大型马歇尔试验仪(模筒直径152.4 mm,高95.3 mm)制作试件,两面各击实112次;对于SAC-16,SAC-13和SAC-10,用常用的标准马歇尔试验仪(模筒直径101.6 mm,高63.5 mm)制作试件,两面各击实75次。

(2)制件时混合料的温度

制件时混合料的温度对制成试件的密实度和一系列技术指标(包括马歇尔试件的技术指标和沥青混凝土的力学性质,如高温强度、水稳定性、疲劳特性和低温特性等)都有很大影响,对竣工沥青面层的实际使用性能和使用寿命也有很大影响。

因此,制作马歇尔试件时,应该十分认真地掌握矿料和沥青的加热温度以及沥青混合料的击实温度。马歇尔试件的相关温度值见表11.22。

表11.22　马歇尔试件的相关温度值/(单位:℃)

用纯沥青和石灰石矿粉作填料	用纯沥青、水泥作部分或全部填料,或加消石灰粉或化学抗剥落剂	改性沥青
矿料加热温度 160~170	170~180	180
沥青加热温度 150~160	160~170	170
混合料拌和温度 150~155	160~165	165
开始击实时混合料的温度 140~145	150~155	155
击实终了时混合料的温度 130~135	140~145	145

注:①温度范围的高限值适用于AH-50沥青,低限值适用于AH-90沥青;
②通常矿料加热比沥青加热温度高10 ℃。

(3)马歇尔试验技术指标

马歇尔试验技术指标及其建议值见表11.23。

2.抗永久形变技术指标(高温强度)

对用于高速公路和一级公路沥青面层的SAC进行混合料设计后,应通过轮辙试验检验混合料的抗永久变形能力。一般情况下,试验温度为60 ℃(针对某种特殊情况,可根据实际情况提高试验温度),轮压为0.7 MPa(针对某种特殊情况,可根据实际情况调整轮压)。试验结果用相对形变(荷载轮作用规定周次后试件产生的形变与试件的原始高度的比值,以百分率表示)表示。SAC 要求的抗形变能力 ε_R 建议值见表 11.24。

表 11.23　SAC 马歇尔试验技术指标及其建议值

试验项目		高速、一级公路	其他等级公路
击实次数	大型击实仪	112	112
	标准击实仪	75	75
空气率/%		3~4	3~5
沥青饱和度/%		65~75	65~78
稳定度/kN	大型击实仪	>16	>11
	标准击实仪	>7.5	>5
流值/10^{-1} mm	大型击实仪	30~60	30~67
	标准击实仪	20~40	20~45
残留稳定度/%		>75	>75

注:中型以上货车较多的公路,饱和度的高限为 70%。

表 11.24　抗形变能力 ε_R 建议值/%

一般交通道路	作用 3 000 周期	$\varepsilon_R < 10$
重交通道路	作用 3 000 周期	$\varepsilon_R < 7.5$
	作用 10 000 周期	$\varepsilon_R < 10$
特殊重载交通公路	作用 3 000 周期	$\varepsilon_R < 5$
	作用 10 000 周期	$\varepsilon_R < 7.5$

11.4.2.4　SAC-16 混合料设计实例

1. 材料及其要求

材料:重交通道路石油沥青 70#,针入度 76 mm×0.1 mm,其他指标均符合要求。

碎石与沥青的粘结力为 4 级。

各种矿料的毛体积密度和视密度见表 11.25。

表 11.25　各种矿料的毛体积密度和视密度见表

矿料	10~20 mm 碎石	5~10 mm	石屑	砂	矿粉
毛体积密度/(g·cm^{-3})	2.866	2.833	2.663	2.560	
视密度/(g·cm^{-3})	2.916	2.905	2.738	2.608	2.701

用 325 号水泥作填料,以提高碎石与沥青的粘结力。水泥中粒径小于 0.075 mm 的颗粒含量占 87.9%,水泥的相对密度为 2.920 g/cm^3。

2. 级配

采用的级配范围和实际配合比设计后的级配曲线见表 11.26。

3. 沥青用量

各个不同沥青用量时沥青混合料的最大理论密度见表 11.27。

表 11.26　矿料级配范围和设计曲线

	通过下列筛孔(mm)的质量百分率/%										
	19	16	13.2	9.5	4.75	2.36	1.18	0.6	0.3	0.15	0.075
级配范围	100	95 ~ 100	75 ~ 90	55 ~ 70	30 ~ 40	22 ~ 31	16 ~ 24	12 ~ 20	10 ~ 17	8 ~ 15	6 ~ 10
目标配合比曲线		98.2	80	57.5	38.5	26.6	21.9	17.0	13.7	10.5	8.5

表 11.27　沥青混合料的最大理论密度

沥青用量/%	3.5	4.0	4.5	5.0	5.5	6.0
最大理论密度/($g \cdot cm^{-3}$)	2.628	2.609	2.590	2.572	2.554	2.536

4. 配合比设计

根据下述几点计算马歇尔试件的各个指标值。

(1) 马歇尔试件均为两面各击实 75 次制成。

(2) 称量试件的质量时,准确到小数点后三位数。

(3) 试件的体积均用蜡封法测定,准确到小数点后三位数。

(4) 计算试件的毛体积密度(P_{sb})时,准确到小数点后三位数。

(5) 矿料的毛体积密度和视密度都准确到小数点后三位数。

(6) 用各级矿料的毛体积密度与视密度的平均值(但矿粉和水泥等填料只能测定其视密度)和沥青的密度计算混合料的最大理论密度(G_{mm})并准确到小数点后三位数。

(7) 用矿料的毛体积密度(G_{sb})和混合料中矿料的质量(m_s)计算矿料间隙率 VMA。

(8) 用矿料间隙率 VMA 和空隙率 V_a 计算沥青的体积。

(9) 用矿料间隙率和矿料的体积计算饱和度。

室内混合料组成设计第 1 阶段目标配合比结果见表 11.28。

表 11.28　马歇尔试验结果

沥青用量/%	密度/($g \cdot cm^{-3}$)		空气率/%		饱和度/%		矿料间隙率/%		稳定度/kN		流值/10^{-1} mm		残留稳定度
	均 值	Cv/%	均值	Cv/%	均值	Cv/%	均值	Cv/%	均值	Cv/%	均值	Cv/%	/%
3.5	2.435	0.42	7.3	5.13	52	2.30	15.4	2.03	7.6	7.21	18	5.77	77
4.0	2.445	0.35	6.0	6.55	60	2.39	15.2	2.00	8.5	8.76	24	4.24	78
4.5	2.469	0.35	4.7	9.03	68	2.37	15.1	2.02	9.6	6.57	30	5.06	82
5.0	2.481		3.5		76		15.1		10.7		36		85
5.5	2.478		3.0		80		15.7		10.8		40		89
6.0	2.468		2.7		83		16.4		9.4		44		80

根据表 11.28 中的试验结果,可以绘制 7 个曲线图,如图 11.6 所示。根据《公路沥青路面

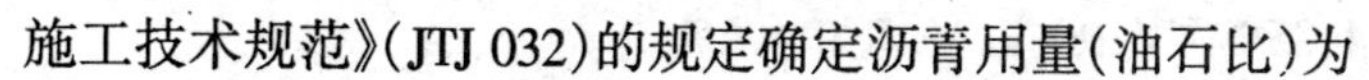
施工技术规范》(JTJ 032)的规定确定沥青用量(油石比)为

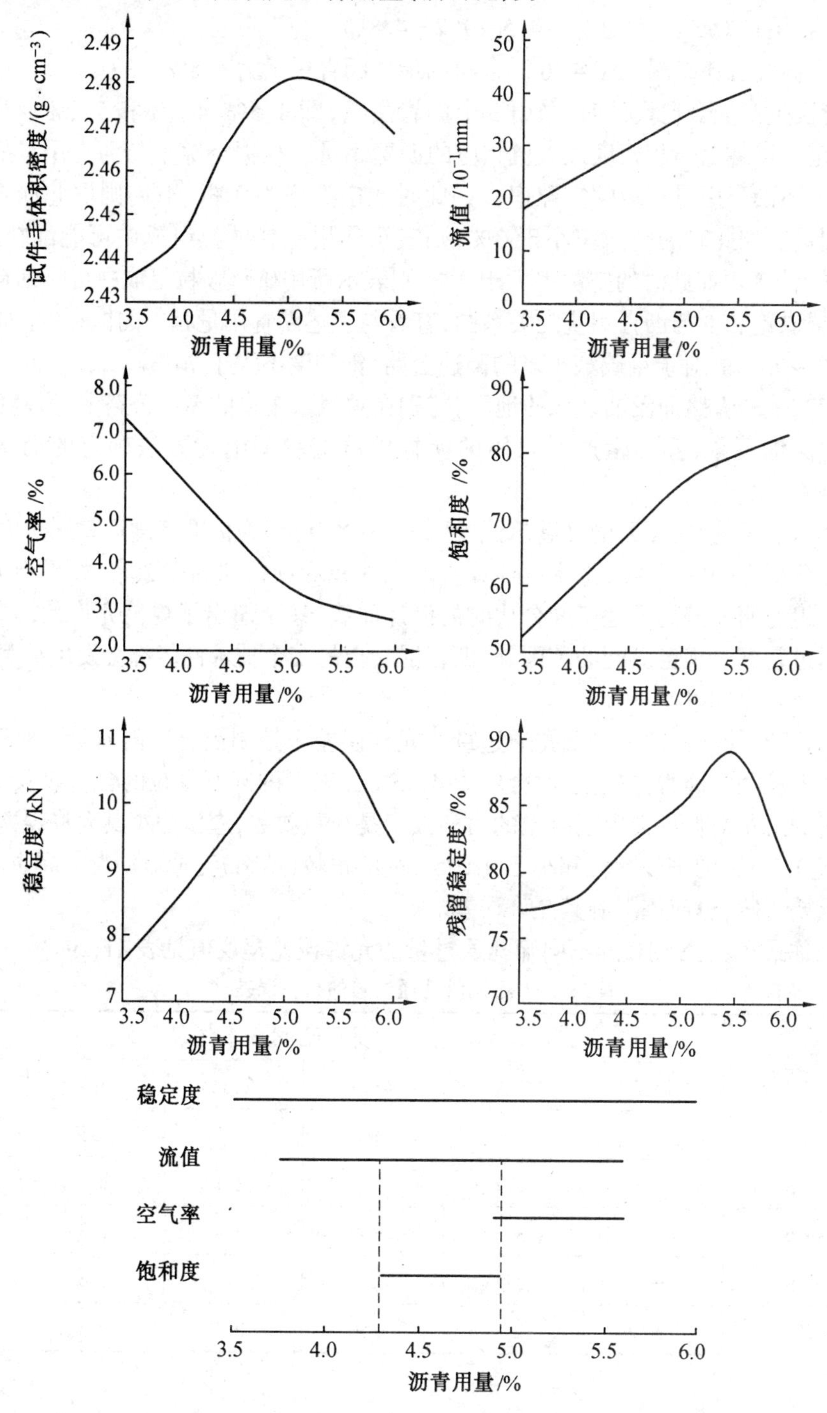

图 11.6　马歇尔试验结果汇总图

$$\text{OAC}_1 = \frac{1}{3}(a_1 + a_2 + a_3) = \frac{1}{3} \times (5.0\% + 5.0\% + 4.7\%) = 4.9\%$$

如按最大干密度时的沥青用量和空隙率为 3% ~ 4%时的沥青用量考虑,则可直接取 5.0%。

$$OAC_1 = 4.25\% \sim 4.90\%，平均为4.6\%$$

最佳沥青用量 $OAC_1 = (4.6\% + 4.5\%)/2 = 4.8\%$

因此，目标配合比结果 SAC－16 混合料的最佳沥青用量为 4.8%。

第二阶段生产配合比设计时，采用 3 个沥青用量，即 4.5%、4.8%和 5.1%。马歇尔试验做完后，确定与试件毛体积密度最大值相应的沥青用量。根据空隙率与沥青用量的关系曲线图，查看与上述沥青用量相应的空隙率。如此时的空隙率为 3%～4%，则取此沥青用量作为最佳沥青用量。如此时的空隙率小于 3%，则表示作用矿料颗粒组成中可能细粒(粒径小于 0.3 mm颗粒)偏多。如此时的空隙率大于 4%，则表示所用矿料颗粒组成中可能细料偏少。

同时，提供饱和度与沥青用量的关系图，查看与上述沥青用量相应的饱和度。此时的饱和度应为 65%～75%。对于重载汽车多的高速公路，饱和度不大于 70%。

在可能产生沥青路面泛油现象的地区，特别在重载汽车多的高速公路上，为避免沥青路面可能产生的泛油现象，实际生产时采用的沥青用量应较用上述方法确定的沥青用量减少 0.3%～0.4%。

从压实角度看，应用当天的马歇尔试验所得平均密度作为标准密度计算压实度，并用当天马歇尔试件分析得到的最大理论密度计算室内试件和现场钻件的空隙率，如果当天生产的混合料的颗粒组成明显偏离了生产配合比时的设计曲线，甚至超出了规范允许的偏离范围或部分筛孔的通过量到了规定级配的范围外，沥青混凝土的多个技术性能都会发生显著变化，而现场压实度或空隙率却可能是合格的。

因此，需要有较严格的一些筛孔通过量的允许误差来控制混合料的质量。对于不同标称(或公称)最大粒径的沥青混凝土，混合料中 4.75 mm 以上的碎石颗粒的含量以及 2.36 mm 以上的粗集料的总量对保证沥青混凝土的力学强度是很重要的，应该缩小其允许误差。同时，混合料中小于 0.3 mm 的细砂颗粒和小于 0.075 mm 的粉粒(填料)含量对沥青混凝土的空隙率和透水性有重要影响，也应该限制其允许误差。

不同公称最大粒径 SAC 的不同筛孔通过量的允许误差建议值见表 11.29。

表 11.29　不同筛孔通过量的允许误差/%

级配类型	筛孔尺寸/mm					
	13.2	9.5	4.75	2.36	0.3	0.075
SAC－9.5			±4	±4	±3	±2
SAC－13		±5	±4	±4	±3	±2
SAC－16		±5	±4	±4	±3	±2
SAC－19	±6	±5	±4	±4	±3	±2
SAC－26.5	±6	±5	±4	±4	±3	±2

11.4.3　多碎石沥青混凝土路面施工的技术要求

为了更好地使多碎石沥青混凝土发挥其特点，针对以前使用中的经验与教训，沙院士对多碎石沥青混凝土的级配及施工技术进行了总结，在以后多碎石沥青混凝土的施工中应注意以下几方面。

1.原材料

沥青的选用应根据所处的温度区选择,对超载车辆多、交通量大的高速公路应选用改性沥青。

粗集料应具有良好的、接近立方体的形状,同时洁净、无风化和杂质,采用两次破碎工艺,用锤式破碎机破碎并符合粗集料的质量技术要求。

细集料可用机制砂,也可掺加部分天然砂,但天然砂在全部矿料中的含量不超过7%。

填料(矿粉)包括破碎集料和石屑中的石粉、石灰、硅酸盐水泥和粉煤灰。

通过多条高速公路的实践经验我们不难发现,多碎石沥青混凝土出现的早期损坏与原材料的质量控制有很大关系。因此在原材料进场时,应严格控制其变异性,认真筛选集料,保证原材料颗粒的规格及力学性能,对不同石场的材料进场后应进行重新筛分,对料场加强管理,保证场地硬化,分别堆放各规格集料,搭棚保护细集料等。

2.级配

现在的沥青混合料的材料选择与配合比设计,实际是在各种路用性能之间寻找平衡或做优化设计,因此应根据当地气候条件及交通情况做具体分析,尽量互相兼顾。希望设计的混合料内部的空隙率达到4%左右,而表面的构造深度能满足规范要求,且抗变形能力强。

原多碎石沥青混凝土的级配早在1997年就列入了《公路沥青路面设计规范》(JTJ 014－97)中,即抗滑表层AK－16A。各条高速公路在施工中应结合自身特点,分别选用调整前后的多碎石沥青混凝土级配。沙庆林院士根据多条高速公路的设计经验提出了多碎石建议级配。

为了保证沥青混合料的性能,施工中应严格控制混合料现场的级配,如果生产过程中混合料的颗粒偏离了生产设计曲线,沥青混凝土的技术性能会发生显著变化,而使现场检测的压实度、空隙率等不具备可靠性。因此,需要控制部分筛孔通过量的误差。如为保证沥青混凝土的力学强度,应控制4.75 mm以上的碎石颗粒的含量和2.36 mm以上的粗集料的总量的误差;以及为控制沥青混凝土的空隙率,应对混合料中小于0.3 mm的细砂颗粒和小于0.075 mm的粉粒含量等误差进行严格控制。

3.密度标准

因为在相同碾压功的情况下,沥青混合料在现场能够达到的密实度因矿料级配而异。因此只有矿料级配符合生产配合比确定的级配曲线时,才能使用当天的马歇尔试件的平均密度作为标准密度,而当天生产的沥青混合料只作两次筛分,不能完全反映当天沥青混合料的实际矿料颗粒组成情况。生产配合比是根据规定的技术指标而选定的颗粒级配,以此马歇尔试件密度作为标准密度,去验证每天生产的沥青混合料是否符合要求,能够准确地反映沥青混凝土路面的实际压实情况。

4.压实度标准

在不同压实度的情况下,现场空隙率有明显差别。在压实度为96%时,现场空隙率接近8%;在压实度为97%时,现场空隙率接近7%;而压实度达到98%时,现场空隙率在6%左右。为了尽可能提高沥青混凝土面层的不透水性,应提高沥青面层的压实度,所以建议表面层的压实度不小于98%,中、下面层的压实度不小于97%。

5.现场空隙率

现场空隙率是指面层碾压结束和冷却后沥青混凝土矿料和沥青以外的空隙所占的总体积百分率。用现场空隙率可以准确地反映沥青混凝土的压实结果。建议表面层的现场空隙率不大于6%,中、下面层的现场空隙率不大于7%。

用确定的生产配合比所得沥青混合料的最大理论密度作为标准密度计算空隙率,用此时得到的试件毛体积密度作为计算压实度的标准密度。

6.控制施工中混合料的离析

混合料发生离析现象,表现在粗集料和细集料分别集中在某一位置,呈片状或条状。在粗集料集中处,由于其周围没有足够的细集料,空隙率过大,造成雨水容易渗入,在车辆作用下极易遭到破坏;在细集料集中处,在高速车辆作用下,易产生泛油或油斑。沥青混合料的矿料粒径越大,越容易产生离析现象。

为防止离析现象的发生,应注意以下几点。

(1) 集料的堆放

堆料采用小料堆,避免大料堆放时大颗粒流到外侧,防止集料产生离析。

(2) 填料的含量

严格控制填料的含量。混合料中小于0.075 mm颗粒的含量,能显著影响沥青的裹覆质量和沥青膜厚度,减少小于0.075 mm的颗粒含量到容许范围低限,可以防止离析现象的发生。

(3) 拌和时间

沥青混凝土的足够拌和时间对保证沥青混合料的均匀性非常重要,拌和时间偏短,沥青混合料就不均匀。通常的干拌时间不少于10 s,对于粗集料断级配混合料的干拌时间应是13~15 s,混合料的湿拌时间一般在35 s左右。

(4) 混合料的运输

尤其是对于碎石含量较多的多碎石沥青混合料,卡车在储料仓下面装料时,较大颗粒常滚到卡车前部、后部和两侧,使卡车卸料时开始卸下的料和最后卸下的料都是粗粒料,然后两侧的粗粒料被卸入摊铺机受料斗的两块侧板上,这样的后果是每车料铺出的路面都有一片粗料。

卡车装料应分3个不同位置往卡车中装料,第1次装料靠近车厢的前部,第2次装料靠近后部车厢门,第3次装料在中间,这样可以消除装料时的离析现象。

当卡车将料卸入摊铺机受料斗时,要尽量使混合料整体卸落,而不是逐渐将混合料卸入受料斗。使用混合料再拌转输车时,可允许上料车很快卸料,并能对混合料进行保温,可使混合料颗粒均匀和稠度均匀,有利于达到较均匀一致的密实度,从而提高整个沥青面层的质量。

(5)摊铺

摊铺是沥青路面施工中易发生离析的最后一道工序。卸料车离开摊铺机后,如摊铺机受料斗两侧板竖起较晚,则两侧板上大碎石较多的混合料将集中在混合料很少的送料链板上,如果下一车料又不能及时向受料斗喂料,链板将把大碎石较多的混合料输送到分料室,使摊铺层出现片状离析。当摊铺机的螺旋分料器和熨平板安装得不协调时,摊铺层将出现条状离析。因此,在摊铺时应注意:在每辆卡车卸料之间,不要完全用完受料斗中的混合料,应留少量部分混合料在受料斗内;尽可能减少将两侧板翻起的次数,仅在需要受料斗中的混合料弄平时,才将受料斗的两块侧板翻起;尽可能宽地打开受料斗的后门,以保证分料室中料的饱满,并使分料器连续运转;尽可能连续摊铺混合料,只有在必要时才可停顿和重新启动;调整摊铺机的速度,使摊铺机的产量与拌和机的产量相匹配等。

7.施工温度的控制

沥青混合料路面的压实性能受配合比设计、沥青品种和压实温度等因素的影响,但是受压实温度的影响最大。为了保证混合料的摊铺温度,需要严格控制拌和厂的加热温度和混合料的出厂温度。从混合料出厂开始直到运料车准备后退到摊铺机受料斗前卸料为止,在此期间应严格采取保温措施。

沥青混合料只有在某一温度以上碾压才能起作用。有效压实时间是指混合料从摊铺后温度降至最低碾压温度所需的时间。可用于压实的有效时间取决于混合料摊铺后的冷却速度。因此,混合料的施工应注意以下几点。

(1)施工时间

沥青面层,特别是表面层应安排在气温最高的 2~3 个月内施工,切忌在低气温季节安排沥青面层施工;同时,应安排在白天气温最高的时间段施工。

(2)施工温度要求

建议的混合料施工温度见表 11.30。

表 11.30　沥青混合料的施工温度

项　　目	单位	填料为石灰石石粉沥青混合料	填料为水泥或消石灰石粉或掺加抗剥落剂的沥青混合料	填料为水泥的改性沥青混合料
沥青加热温度	℃	150~160	155~165	160~170
矿料加热温度	℃	165~175	170~180	175~185
混合料出厂温度	℃	160~170	165~175	170~180
摊铺温度,不小于	℃	150~160	160~170	170
初压温度,不小于	℃	145~155	150~160	160
终压温度,不小于	℃	90~100	100~110	110

(3)施工环节

①必须配备足够数量的压实设备,力争在有效的压实时间内完成碾压作业。

②初压压路机要紧跟随摊铺机进行碾压,复压压路机也要及时跟上,以减缓温度下降的速率。

③当风力在四级以上时,应停止施工。

④摊铺机的作业速度比常温施工应适当降低,以保证在有效压实时间内将碾压作业段的摊铺量及时碾压成型。在气温为 5 ℃时,压路机的作业速度应不大于 2 m/min,以免在短的碾压作业段内配备太多的压实机械。

11.5　OGFC

11.5.1　OGFC 简介

与常规沥青混合料不同,OGFC(Open Graded Friction Course)是一种特殊用途的沥青混合料,是为了提高雨天行车的安全性与舒适性、降低行车噪声而开发的一种开级配混合料。美国开发 OGFC 始于 20 世纪 70 年代初期，与欧洲开发 PA(Porous Asphalt)差不多同步。美国开发 OGFC 的主要目是提高路面的防滑能力，而欧洲的侧重点更倾向于降低噪声。因此，二者既有共同点，也有区别。

美国早期的 OGFC 是从沥青砂泥演变而来的，首先将沥青砂泥铺于路面，然后铺上 9.5~12.5 mm 的集料，经过常规摊铺机的轻型碾压获得一层大约 19 mm 的磨耗层。这一磨耗层非常有利于提高路面的摩擦性能，但由于很薄，内部的空隙率比常规混合料高得不多，因此其排水性和降噪声能力比常规混合料并没有明显提高。至 20 世纪 70 年代中期，美国大约 15 个州广泛地使用了 OGFC；至 1988 年，美国共铺设了 56 400 英里(1 英里 ≈ 1.61 km)单车道里程 OGFC 磨耗层。各州最常用的集料公称尺寸是 9.5 mm，但在 2.36 mm 筛通过率上有很大的差别，有些州强调混合料的稳定性而使用了更多的细集料，有些州强调空隙率而采用了更多的粗集料。亚利桑那和佛罗里达州大量使用了 OGFC，其厚度只有 16 mm；俄勒冈州则采用了最大公称尺寸 25 mm 的集料，厚度为 38~50 mm，与欧洲的 PA 比较接近；马里兰州在 1989~1990 年及 1990~1991 年的两个冬季，其 OGFC 磨耗层遭遇了大面积的松散剥落破坏而暂时中断采用 OGFC；乔治亚州在 20 世纪 70 年代初期开始采用 OGFC，由于剥落问题严重而于 1982 年停用，但在 20 世纪 90 年代初期由于解决了早期破损问题而规定州际公路必须采用 OGFC 磨耗层。

欧洲是在 20 世纪 70 年代初期开始开发与 OGFC 类似的多孔性沥青混合料 PA 的，以路面面层排水与降低噪声为目的。1971 年，荷兰公路建设研究中心承担了改善雨天行车路面安全及路面特性的研究项目。德国大约在同一时期开发了称为排水层(Dranasphalt, Drainage Course)或消声磨耗层(Larmmindernde Deckschicht, Noise - Abating Wearing Course)的沥青混合料。西班牙也相继开发了 PA，西班牙肯塔堡大学(Cantabria University)开发了评价交通荷载作用下 PA 混合料颗粒松散脱落的试验方法，现在称为肯塔堡飞散磨耗试验并被广泛采用。欧洲的 PA 更侧重于消声功能，因此比美国早期的 OGFC 具有更大的空隙率。

由于解决了 OGFC 沥青膜厚度和强度的问题，现代 OGFC 的寿命与常规混合料并没有区别。OGFC 的降低噪声能力与混合料空隙率成正比，与表层集料直径成反比。欧美的 OGFC 空隙率一般都大于 15%，由于空隙率大，可降低噪声 3~6 dB，因而可以取消城市高速公路的隔声板。美国联邦公路总署(FHWA)1974 年提出了一套 OGFC 混合料设计方法，其报告也说明了 OGFC 具有以下优点：改善高速行车的防滑能力，尤其对于潮湿气候；路面积水最小化；较少水雾和溅水；改善雨天行车时对路面标志的夜视力；降低路面噪声水平。

如图 11.7 所示为 NCAT 关于各种级配混合料的表面宏观构造深度的比较，OGFC 的表面宏观构造深度明显大于 SMA 及 Superpave 混合料(ARZ——从限制区上方通过的级配，BRZ——从限制区下方通过的级配，TRZ——穿过限制区的级配)，因而具有良好的路面摩擦性能。表面粗糙度排序依次为 OGFC > SMA > BRZ > TRZ > ARZ。

11.5.2 NCAT 的 OGFC 配合比设计方法

NCAT 在 2000 年公布了新一代 OGFC 级配设计方法，其中包括材料选择、配合比设计及实验室试验方法与性能标准等，图 11.8 为 NCAT 建议的 OGFC 设计流程。

11.5.3 我国的 OGFC 混合料的配合比设计方法

OGFC 混合料的配合比设计采用马歇尔试件的体积设计方法进行，并以空隙率作为配合

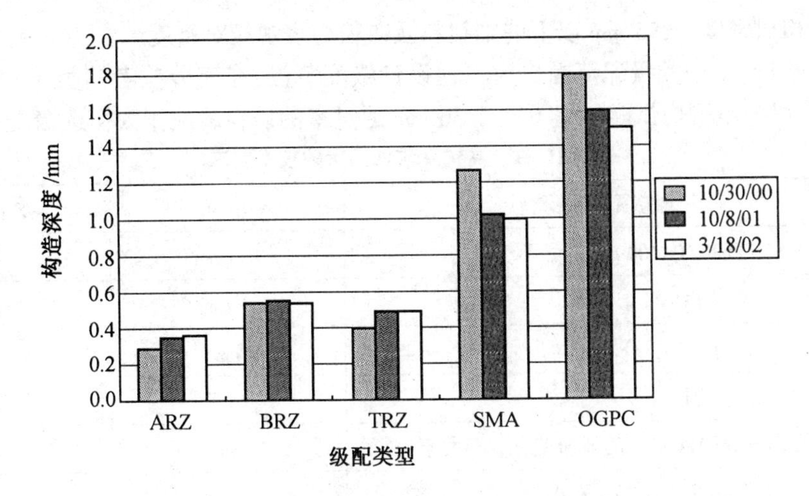

图 11.7　不同级配沥青混合料的表面宏观构造深度

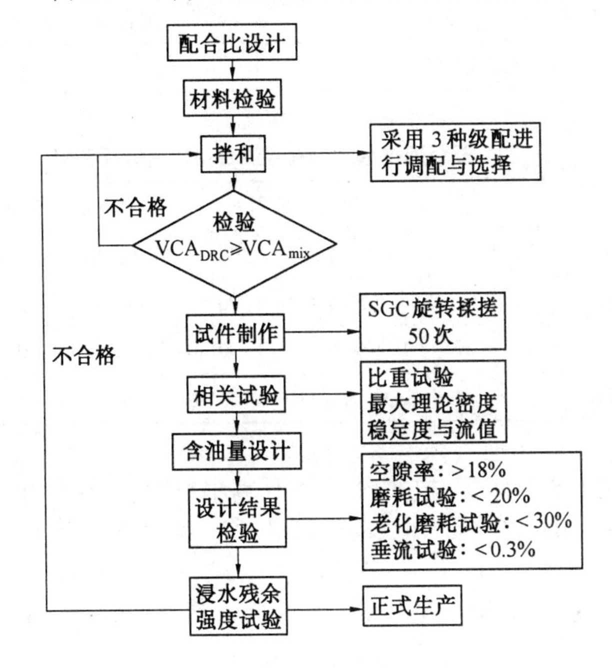

图 11.8　NCAT 建议的 OGFC 设计流程

比设计主要指标。配合比设计指标应符合规范规定的技术标准。OGFC 混合料配合比设计后必须对设计沥青用量进行析漏试验及肯特堡试验，并对混合料的高温稳定性、水稳定性等进行检验。配合比设计检验应符合规范的技术要求。

1. 材料选择

用于 OGFC 混合料的粗集料、细集料的质量应符合规范对表面层材料的技术要求。OGFC 宜在使用石粉的同时掺用消石灰、纤维等添加剂，石粉质量应符合规范的技术要求。

OGFC 宜采用高粘度改性沥青，其质量宜符合表 11.31 的技术要求。如实践证明采用普通改性沥青或纤维稳定剂后能符合当地条件，也允许使用。

2. 确定设计矿料级配和沥青用量

(1) 按试验规程规定的方法精确测定各种原材料的相对密度，其中 4.75 mm 以上的粗集料为毛体积相对密度,4.75 mm 以下的细集料及矿粉为表观相对密度。

(2) 以表 11.32 中的级配范围作为工程设计级配范围,在充分参考同类工程的成功经验的基础上,在级配范围内试配 3 组不同 2.36 mm 通过率的矿料级配作为初选级配。

表 11.31　高粘度改性沥青的技术要求

试验项目	单位	技术要求
针入度(25 ℃,100 g,5 s), 不小于	0.1mm	40
软化点($T_{R\&B}$), 不小于	℃	80
延度(15 ℃), 不小于	cm	50
闪点, 不小于	℃	260
薄膜加热试验(TFOT)后的质量变化, 不大于	%	0.6
粘韧性(25 ℃), 不小于	N·m	20
韧性(25 ℃), 不小于	N·m	15
60 ℃粘度, 不小于	Pa·s	20 000

表 11.32　开级配排水式磨耗层混合料矿料级配范围

级配类型		通过下列筛孔(mm)的质量百分率/%										
		19	16	13.2	9.5	4.75	2.36	1.18	0.6	0.3	0.15	0.075
中粒式	OGFC-16	100	90 ~ 100	70 ~ 90	45 ~ 70	12 ~ 30	10 ~ 22	6 ~ 18	4 ~ 15	3 ~ 12	3 ~ 8	2 ~ 6
	OGFC-13		100	90 ~ 100	60 ~ 80	12 ~ 30	10 ~ 22	6 ~ 18	4 ~ 15	3 ~ 12	3 ~ 8	2 ~ 6
细粒式	OGFC-10			100	90 ~ 100	50 ~ 70	10 ~ 22	6 ~ 18	4 ~ 15	3 ~ 12	3 ~ 8	2 ~ 6

(3) 对每一组初选的矿料级配,按式(11.18)计算集料的表面积。根据期望的沥青膜厚度,按式(11.19)计算每一组混合料的初试沥青用量 P_b。通常情况下,OGFC 的沥青膜厚度 h 宜为 14 μm,即

$$A = (2 + 0.02a + 0.04b + 0.08c + 0.14d + 0.3e + 0.6f + 1.6g)/48.74 \tag{11.18}$$

$$P_b = h \times A \tag{11.19}$$

式中,A 为集料的总的表面积;a、b、c、d、e、f、g 分别为 4.75 mm、2.36 mm、1.18 mm、0.6 mm、0.3 mm、0.15 mm、0.075 mm 筛孔的通过百分率,%。

(4)制作马歇尔试件,马歇尔试件的击实次数为双面 50 次。用体积法测定试件的空隙率,绘制 2.36 mm 通过率与空隙率的关系曲线。根据期望的空隙率确定混合料的矿料级配,并再次按(3)的方法计算初始沥青用量。

(5) 以确定的矿料级配和初始沥青用量拌和沥青混合料,分别进行马歇尔试验、谢伦堡析漏试验、肯特堡飞散试验、车辙试验,各项指标应符合规范《公路沥青路面施工技术规范》(JTG F40 - 2004)的技术要求,其空隙率与期望空隙率的差值不宜超过 ± 1%。如不符合要求,应重新调整沥青用量拌和沥青混合料进行试验,直至符合要求为止。

(6) 如各项指标均符合要求,即配合比设计已完成,可提供配合比设计报告。

主要参考文献

[1] 张肖宁. 沥青与沥青混合料的粘弹力学原理及应用[M]. 北京:人民交通出版社, 2006.

[2] 沈金安. 沥青及沥青混合料路用性能[M]. 北京:人民交通出版社, 2001.

[3] BAHIA H U, HANSON D L, ZENG M, et al. Characterization of Modified Asphalt Binders in Superpave Mix Design[R]// NCHRP Report 459, National Cooperative Highway Research Program. National Academy Press, Washington D C: 2001.

[4] 过梅丽. 高聚物与复合材料的动态力学热分析[M]. 北京:化学工业出版社, 2002.

[5] 顾国芳,浦鸿汀. 聚合物流变学基础[M]. 上海:同济大学出版社,2000.